固体废物环境管理

SOLID WASTE ENVIRONMENTAL MANAGEMENT

周志强 李金惠 主 编

黄启飞 郑 洋 副主编

中国环境出版集团·北京

图书在版编目（CIP）数据

固体废物环境管理 / 周志强，李金惠主编． -- 北京 ：中国环境出版集团，2024. 12. -- ISBN 978-7-5111-6096-6

Ⅰ. X705

中国国家版本馆 CIP 数据核字第 2024Y4N983 号

责任编辑 田 怡
封面设计 彭 杉

出版发行 中国环境出版集团
（100062 北京市东城区广渠门内大街 16 号）
网　　址：http: //www.cesp.com.cn.
电子邮箱：bjgl@cesp.com.cn.
联系电话：010-67112765（编辑管理部）
发行热线：010-67125803，010-67113405（传真）

印　　刷 玖龙（天津）印刷有限公司
经　　销 各地新华书店
版　　次 2024 年 12 月第 1 版
印　　次 2024 年 12 月第 1 次印刷
开　　本 787 × 1092　1/16
印　　张 22.75
字　　数 424 千字
定　　价 98.00 元

前　言

固体废物环境污染是我国最为突出的生态环境问题与挑战之一，固体废物污染防治是深入打好污染防治攻坚战的重要任务。相关统计数据显示，我国每年产生固体废物超过 110 亿 t，其中，工业固体废物超过 40 亿 t，农业固体废物超过 50 亿 t，建筑垃圾超过 20 亿 t，生活垃圾约为 4 亿 t，危险废物约为 1 亿 t。“十四五”时期，我国生态文明建设进入以降碳为重点战略方向、推动减污降碳协同增效、促进经济社会发展全面绿色转型、实现生态环境质量改善由量变到质变的关键时期，蓝天、碧水、净土成为人民群众的期待，“无废城市”建设是促进环境质量改善的重要举措，固体废物环境管理的战略定位进一步凸显。

面对固体废物领域的新形势、新使命和新要求，为加强固体废物相关从业人员，高校、科研院所的科研工作者及公众等对我国固体废物环境管理工作的了解，我们回顾并总结了近年来固体废物环境管理的发展历程、工作重点以及成效，编写完成本书。

全书共 12 章，由生态环境部固体废物与化学品司指导，中国环境科学研究院、巴塞尔公约亚太区域中心、生态环境部固体废物与化学品管理技术中心共同撰写完成。

全书由周志强、李金惠、黄启飞、郑洋策划、组织编写大纲、审核定稿，由刘宏博负责统稿。各章的主要撰写分工如下。

“第 1 章 固体废物概述”由赵彤、王菲、杨玉飞撰写；“第 2 章 国际固体废物环境管理”由董庆银、魏冉撰写；“第 3 章 我国固体废物环境管理基本情况”由陈小宇、柳溪、靳晓勤撰写；“第 4 章 工业固体废物环境管理”由刘宏博、陈超撰写；“第 5 章 生活垃圾环境管理”由姚光远、刘宏博、黄启飞撰写；“第 6 章 建筑垃圾环境管理”由迭庆杞、胡雨晴撰写；“第 7 章 农业固体废物环境管理”由郭月莎、王雅薇、许言撰写；“第 8 章 危险废物环境管理”由丁鹤、葛惠茹撰写；“第 9 章 医疗废物环境管理”

由王兆龙、矫云阳撰写；“第 10 章 固体废物减污降碳协同增效”由刘丽丽、梁扬扬、梁菊撰写；“第 11 章‘无废城市’建设”由许晓芳、牛茹轩撰写；第 12 章“‘无废城市’建设典型案例”由许晓芳、刘真真撰写。

本书基本涵盖了我国固体废物环境管理的重点内容，可为“无废城市”建设提供借鉴，也可供相关政府管理部门、企事业单位，以及固体废物研究领域的高等院校师生和科研院所研究人员及相关技术人员参考。由于水平有限，文中错误与疏漏之处在所难免，敬请读者批评指正！

此外，感谢中国环境出版集团对本书出版给予的大力支持以及为书籍顺利出版付出的努力。

编　者

2024 年 12 月

目 录

第1章 固体废物概述

SOLID WASTE ENVIRONMENTAL MANAGEMENT

1.1　固体废物的定义和属性

1.1.1　国外固体废物的定义

1.1.1.1　美国固体废物的定义

（1）《资源保护与再生法》（Resource Conservation and Recovery Act，RCRA）中固体废物的定义

美国 RCRA 中对固体废物的定义为："'固体废物'是指来自任何垃圾、废料、废物处理厂、给水处理厂、空气污染控制设施产生的污泥以及其他废弃材料，包括产生于工业、商业、采矿业和农业生产以及社会活动的固体、液体、半固体或装在容器内的气体材料，但是不包括市政污水或灌溉水和满足排放要求的点源工业排放废水中的固态或溶解态材料，以及根据原子能法定义的核材料和副产品。"

（2）《美国联邦法规》（U.S. Code of Federal Regulations，CFR）中固体废物的定义

①固体废物分章 40 CFR 240.101 固体废物热处理指南中固体废物的定义

来自工业和商业活动中、团体活动中产生的垃圾、废渣、污泥和其他丢弃的固态物质，不包括生活污水中的固态或溶解物质，也不包括水源中的其他重要污染物，如泥沙、工业废水排放中的溶解或悬浮的固态物质、灌溉回流水中的溶解物质或其他普通水污染物。

②固体废物分章 40 CFR 261.2 危险废物的鉴别和名录中固体废物的定义

固体废物是指以处置、焚烧、在处置或焚烧之前的堆积、贮存或处理（但不是再循环）的方式永远放弃的物质。废料、污泥、副产物、商业化学产品、废金属等二次材料以表 1-1 中列出的方式，包括以处置为目的的利用、能量回收的燃烧、回收利用、投机性堆积（期望市场好转而囤积可以作为原料的固体废物）时属于固体废物的情况（标有"—"的除外）。

该定义还包括一些固有的属于固体废物的物质：①多氯联苯、二噁英、呋喃类（编号分别为 F020、F021、F022、F023、F026 和 F028）危险废物（如果它们在产生现场作为配料生产产品则除外）；②显示有危险废物特征，供应给氢卤酸熔炉的二次材料以任何方式被再循环利用时都属于固体废物（符合一定标准的含溴原料除外）。

此外，在 40 CFR 266.202 中，废弃军火也属于固体废物。

表 1-1　美国有关二次材料的固体废物判别

	以处置的方式被使用	能量回收 / 燃料	回收利用（矿物加工再生材料除外）	投机性堆积[1]
废料	*	*	*	*
污泥	*	*	*	*
显示出危险特性的污泥	*	*	—	*
副产物	*	*	—	*
显示出危险特性的副产物	*	*	*	*
商业化学产品	*	*	—	—
没有被排除的非金属	*	*	*	*

1 投机性堆积：如果堆积者不可以证明该材料具有潜在的可回收性，并且不具有可行的回收手段；并且在日历年（自 1 月 1 日起）内，不能回收或转移到其他地点进行回收的材料（数量至少等于开始时累计的材料重量的 75%）。

1.1.1.2　欧盟固体废物的定义

欧盟废弃物框架指令（2008/98/EC，Directive［EU］2018/851 修正）（以下简称“2008/98/EC 指令”）对废物（固体废物）的定义为：“‘废物’是指那些被所有者丢弃或者准备丢弃或者被要求丢弃的材料或者物品。”

此外，定义中列举了 16 类固体废物，依据产生源可以分为丧失原有利用价值的产品类固体废物、生产过程中产生的副产物类固体废物、环境治理过程中产生的固体废物和其他类固体废物四大类，具体如下：

（1）丧失原有利用价值的产品类固体废物

除了下列列出的其他生产或消费过程产生的残余物。

①不合格产品。

②过期产品。

③材料散料、丢失或发生其他事故而引起污染的材料和设备等。

④不能用的部分（如废弃的电池、失效的催化剂等）。

⑤不能满意地长久使用的物质（如受污染的酸、污染的溶剂、失效的回火盐等）。

⑥掺入次品的材料（如被 PCBs 污染的油等）。

⑦土地治理过程中所产生的被污染材料、物质或产品。

⑧持有者不再继续使用的产品（如农用、家用、办公、贸易和商店的废弃物等）。

（2）生产过程中产生的副产物类固体废物

①工业生产过程中的废渣（如炉渣、釜残等）。

②机械加工、修理的残余物（如车床的车屑、磨屑等）。

③原料提取和处理过程中的残余物（如尾矿、油气开采废物等）。

（3）环境治理过程中产生的固体废物

来自消除污染过程的残留物（如洗涤器污泥、袋式除尘器灰尘、失效的过滤器等）。

（4）其他类固体废物

①被污染的材料或即使按照既定操作却同样被污染的材料（如清洗作业、包装材料、容器等的残留物）。

②法律禁止使用的任何材料、物质或产品。

③上述分类中未包含的其他废弃的材料、物质或产品。

1.1.1.3　日本固体废物的定义

日本的《废弃物处理和清扫法》对废弃物（固体废物）的定义为："所谓'废弃物'是指垃圾、粗大垃圾、燃烧灰、污泥、粪便、废油、废酸、废碱、动物尸体以及其他污物和废料，包括固态和液态物质（不包括放射性物质和被放射性污染的物质）。"

1.1.1.4　其他定义

《巴塞尔公约》定义的固体废物是指处置的或打算予以处置的或按照国家法律规定必须加以处置的物质或物品。

经济合作与发展组织（Organizationfor Economic Co-operation and Development，OECD）定义的固体废物是指被处置的或正被回收的，或打算进行处置或回收的，或被国家法律要求进行处置或回收的物质或物体。

西班牙定义的固体废物是指符合现行法附件中提到的任何目录中的所有者丢弃的、打算或必须丢弃的物质或物品。在任何情况下，物质和物品（符合前面条件）和经欧共体机构批准的欧洲废物目录所列的物质应当一直作为固体废物。

挪威定义的固体废物是指丢弃的物品或物质。废物同时也包括服务活动，生产和处理场中多余的物品，废水和废气不是废物。特殊废物是指由于其尺寸，或由于其能引起严重污染或对人体或动物造成伤害风险，而不能与消费废物一同处理的固体废物（危险废物）。

荷兰定义的固体废物是指拥有者丢弃、希望或必须丢弃的所有物质、材料和其他产品。

澳大利亚《危险废物（进出口法规）法》中，将固体废物定义为：被建议进行处置，或被处置，或被联邦、州或地区法律要求进行处置的物质或物体。

加拿大定义的固体废物是指任何被处置，即将处置，或被要求处置，不属于可回收物质或任何利用其原始目的的物质。

新加坡《危险废物（出口、进口和转移控制）法》中，定义的固体废物是指打算处理、处理或根据法律必须处理的物质或物品。

《俄罗斯联邦生产和消费固废法》中对固体废物的定义是指在生产或消费过程中产生的原料、产品材料、半成品或其他产品的残渣或废品以及丧失原有使用价值的商品或产品。

从这些定义可以看出，所谓固体废物的定义包括两层含义，一是“废”，即这些物质已经失去了原有的使用价值，如废汽车、废塑料和绝大部分生活垃圾；或者在其产生的过程中就没有明确的生产目的和使用功能，是某种产品在生产过程中产生的副产物，如粉煤灰、水处理污泥等大部分工业废物；二是“弃”，即这些物质是被其持有人所丢弃，也就是说其持有人已经不能或者不愿利用其原有的使用价值。

1.1.2　我国固体废物的定义

1.1.2.1　固体废物的定义

我国固体废物的定义主要来源于《中华人民共和国固体废物污染环境防治法》（以下简称《固废法》）。《固废法》于 1995 年出台，2004 年进行了第一次修订，2013 年、2015 年、2016 年分别对特定条款进行了修正，2020 年进行了第二次修订。

1995 年《固废法》中固体废物的定义：是指在生产建设、日常生活和其他活动中产生的污染环境的固态、半固态废弃物质。这一定义将重点落于产生行为是“污染环境”，没有体现固体废物的本质。

2004 年修订的《固废法》中将固体废物定义修改为：在生产、生活和其他活动中产生的丧失原有利用价值或者虽未丧失利用价值但被抛弃或者放弃的固态、半固态和置于容器中的气态的物品、物质以及法律、行政法规规定纳入固体废物管理的物品、物质。该定义将重点落于物质的产生源上，体现了固体废物两个最本质的特征，即丧失原有利用价值和被抛弃。

2020 年修订的《固废法》（现行）中规定，固体废物指在生产、生活和其他活动过程中产生的丧失原有的利用价值或者虽未丧失利用价值但被抛弃或者放弃的固态、半固态和置于容器中的气态物品、物质以及法律、行政法规规定纳入废物管理的物品、物质。经无害化处理，并且符合强制性国家产品质量标准，不会危害公众健康和生态安全，或者根据固体废物鉴别标准和鉴别程序认定不属于固体废物的除外。

关于固体废物的来源。固体废物有可能来自生产、生活和其他活动。生产活动是指包括农业、采矿业、工业、建筑业等在内的活动，生活活动是指日常生活活动，其他活动是指服务业以及其他对生产活动和生活活动的补充，属于兜底性规定。从法律定义可知，固体废物可以来自一切人类生产、生活活动。

关于固体废物的形态。固体废物的形态不仅仅是固态，即固体废物不是“固态废物”。根据《固废法》（现行）的规定，固体废物实际上包括固态、半固态废物，除排入水体的废水之外的液态废物和置于容器中的气态废物。

1.1.2.2　危险废物的定义

危险废物是需要特别管理的一类固体废物，《固废法》中对危险废物的定义是指列入国家危险废物名录或者根据国家规定的危险废物鉴别标准和鉴别方法认定的具有危险特性的固体废物。

1.1.2.3　固体废物鉴别

我国固体废物鉴别的工作始于口岸进口货物管理。2006 年我国颁布的《固体废物鉴别导则（试行）》（以下简称《导则》）是首个针对固体废物属性鉴别的文件。为加强进口固体废物的环境管理，2008 年环境保护部、海关总署、质检总局联合颁布了固体废物鉴别的专门鉴别机构和《固体废物属性鉴别程序（试行）》，规范固体废物属性鉴别工作。

随着固体废物属性鉴别工作的开展，《导则》在应用中逐渐显现出问题。为弥补《导则》的不足，2017 年《国务院办公厅关于印发〈禁止洋垃圾入境推进固体废物进口管理制度改革实施方案〉的通知》（国办发〔2017〕70 号），提出全面禁止洋垃圾入境、完善进口固体废物管理制度、切实加强固体废物回收利用管理的目标和要求。固体废物鉴别成为打击非法进口固体废物的技术支持依据。2018 年，《生态环境部关于发布〈进口货物的固体废物属性鉴别程序〉的公告》（生态环境部　海关总署公告 2018 年第 70 号），建立了依据进口物品产生来源和利用处置过程的属性鉴别判断准则和鉴别技术方法，成为我国进口物品固体废物属性鉴别最重要的技术标准和管理文件，有力地支持了海关系统打击洋垃圾入境行动。

我国现行的《固体废物鉴别标准　通则》（GB 34330—2017）根据物质的产生源和管理过程，制定固体废物属性鉴别的原则，限定固体废物的范围包括丧失原有利用价值的产品类废物、生产过程中的副产物以及环境污染防治过程中产生的废物三个方面。

除使用列举法列出以上三类物质外，还有根据固体废物的管理过程进行鉴别的情况，包括两个主要方面，一是根据固体废物处置方式进行判别，即明确以处置为目的的物质，在处置全过程中均属于固体废物；二是固体废物综合利用过程的物质在任何情况下仍然属于固体废物。同时也使用了固体废物排除的方法，避免将本不属于固体废物的一些物质纳入管理范围，造成范围的扩大化。

1.1.2.4 危险废物鉴别

我国危险废物鉴别的依据是《危险废物鉴别标准》（GB 5085）系列标准和《国家危险废物名录》。我国对危险废物的鉴别采取的是列表定义法（《国家危险废物名录》）、危险特性鉴别法（危险特性鉴别标准）以及专家判定相结合的方法。需要说明的是，危险废物鉴别的前提是该物质属于固体废物，如果一个物质不属于固体废物，那么它就不属于危险废物。

《国家危险废物名录》是判定一种固体废物是否属于危险废物的充分条件，即一种固体废物如果被列入《国家危险废物名录》，那么该固体废物就属于危险废物。《国家危险废物名录》最早制定于 1998 年，此后分别在 2008 年、2016 年和 2021 年进行了修订。其中在 2016 年《国家危险废物名录》中增加了危险废物豁免管理清单。

通过鉴别标准进行判定是我国危险废物鉴别的另一种重要手段。我国最早于 1996 年制订了《危险废物鉴别标准　腐蚀性鉴别》《危险废物鉴别标准　浸出毒性鉴别》和《危险废物鉴别标准　急性毒性初筛》。2007 年对该三项鉴别标准进行了修订，并制定了易燃性、反应性、毒性物质含量三种危险特性鉴别标准，制定了《危险废物鉴别标准　通则》和《危险废物鉴别技术规范》，构建了完善的危险废物鉴别标准和技术体系。2019 年对《危险废物鉴别标准　通则》和《危险废物鉴别技术规范》进行了修订，2021 年发布了《危险废物排除管理清单》，进一步完善了危险废物鉴别标准和技术体系。

除了鉴别技术体系建设，国家也高度重视危险废物鉴别管理，生态环境部于 2021 年发布了《关于加强危险废物鉴别工作的通知》，加强危险废物鉴别环境管理工作，规范危险废物鉴别单位管理。

1.1.3 固体废物的资源和环境属性

从固体废物的定义可以看出，所谓固体废物的“废物”属性是主观属性，不是自然属性。有些人认为是废物的物质其他人可能认为是资源；在此处是废物的物质在另外地区可能具有很大的利用价值；今天是废物，明天也许是资源。理论上讲，任何废物都是有可能作为资源加以利用，但是由于经济、技术等原因，目前尚不能将所有的固体废物都加以利用。因此，利用过程必须考虑到其经济性和可行性，如果为了利用某种废物而消耗更多的能源和资源或产生更大的污染，那么这种利用就丧失了应有之义。所以，固体废物具有资源和废物（环境）双重属性。“有用”和“无用”不是固体废物的特征，即资源属性并不能作为判断一种物质不属于固体废物的依据，不能因为某种物质“有用”就认定其不属于固体废物。

1.1.3.1　固体废物的资源属性

固体废物的资源属性具有鲜明的时间和空间特征，“固体废物是放错地方的资源”的说法，是对固体废物资源属性具有时空特征的形象表达，即在不同的时间和空间，固体废物体现出的资源属性特征不同。具体来说，固体废物的资源属性与其使用时期及地域、使用者及其利用目的、技术水平等紧密相关。例如，粉煤灰在南方具有很大的利用空间，但在北方却难以消纳利用，常常需要大量堆存。需要说明的是，固体废物的资源属性需满足一定条件。当其作为原料或燃料进行使用并提供有效成分时，是其资源属性的具体体现，如焚烧垃圾发电、厨余垃圾的资源利用、废金属作为制取合金的原料、废塑料的再生回收、固体废物用作建筑材料的原料等。若只是为了减少固体废物数量、缩小固体废物体积、减少或者消除其危险成分、无实际功能价值的混合等行为，均不能认为其体现资源属性。

固体废物综合利用主要为以下几种方式：

①提取有价值成分。例如，从金属冶炼渣中提取Cu、Fe、Au、Ag等有价金属；从粉煤灰中提取玻璃微珠；从煤矸石中回收硫铁矿。

②回收各种有用物质。例如，纸张、玻璃、金属、塑料等固体废物的再生利用。

③回收能源。热值很高且燃烧产物无害的固体废物，具有潜在的能量，可以充分利用。例如，热值高的固体废物通过焚烧供热、发电；利用餐厨垃圾、植物秸秆、人畜粪便、污泥等经过发酵可生成可燃性的沼气。

④替代生产原料。例如，以粉煤灰、煤矸石、赤泥等为原料生产水泥；用铬渣代替石灰石作炼铁熔剂等。

⑤替代天然原料。将固体废物直接放置于土地上，代替天然砂石等在工程中充当填充材料，例如，将钢渣、工程渣土等用作修路填坑，堆坡造景等。

⑥梯次利用。例如，车用动力蓄电池退役后用作储能电池，利用贝壳边角料制作纽扣等。

1.1.3.2　固体废物的环境属性

固体废物没有专用的环境受纳体，其污染途径较为复杂，主要包括人体的直接接触和不恰当的处理处置两大类。固体废物含有的污染物，以及在利用处置过程中产生和释放的污染物均可能造成环境污染。同一种固体废物，采用不同的利用处置方式，产生的污染也存在较大差异。例如，废塑料，露天焚烧产生的污染物要远大于物理回收和化学回收利用。另外，同一种处置方式，在不同的区域产生的污染风险也出现较大差异。例如，粉煤灰的回填，在多雨且地下水较浅的南方地区，其对地下水污染的风险要远远大于干旱、地下水深的西北地区。

长期以来，固体废物的环境属性在水、气、土的污染治理中被忽视。但是，究其根源，固体废物与废水、废气及土壤污染环境及其治理之间存在着“三重耦合”关系，即固体废物既是水、气、土污染治理污染物的“汇”，也是水、气、土污染的“源”。在废气、废水的污染治理过程中，一部分有害物质被转化成无害或稳定状态，大部分污染物则被转移到固相并以固体废物的形式进入环境，例如，烟气脱硫石膏和飞灰、污水处理污泥等。同时，固体废物中有害物质也会在堆存、焚烧、填埋处置和利用过程中，因雨淋、蒸发、风蚀、自燃、化学变化等作用，通过渗滤液、VOCs、焚烧烟气等途径，重新进入环境而污染大气、水体和土壤。因此，水、气、土污染治理和固体废物污染防治的协同，是我国环境污染防治工作面临的亟待转变的思路。

固体废物的污染不同于水、大气污染。水、大气污染具有直接性，固体废物的污染具有隐蔽性、长期性和多途径性。固体废物的污染和危害主要通过人为非法倾倒、不规范的地面堆置产生的直接污染，以及预处理、利用、焚烧和填埋等处理处置过程中产生的二次污染。主要的污染和危害包括：

（1）污染土壤

固体废物堆放以及没有适当的防渗措施的填埋或者填埋场的渗漏，产生的渗滤液会造成土壤化学结构的变化，形成土壤污染。同时固体废物直接进入土壤也会改变土壤的化学和物理结构，造成土壤性质的恶化。例如，美国历史上的重大污染事件——拉夫运河污染事件，原被用作化学垃圾填埋场的河道，用泥土填埋后建造了住宅和学校，由于化工废料没有被清除，长期居住在这片土地上的居民罹患各种疾病，包括哮喘、肺炎、尿道异常等，婴儿先天缺陷的案例也不在少数，因此美国 EPA 建立的土壤超级基金制度，用于污染场地的管理。又如破损残留的农用薄膜、塑料包装袋没有被及时收集清理，残留于耕地中，或四处飘散导致的“白色污染”，均是通过污染土壤进而影响人们的正常生活。

（2）污染水体

渗滤液的排放、固体废物向水体中的直接倾倒都会造成水体的污染。固体废物随天然降水和地表径流进入江河湖泊，或随风飘迁落入水体使地面水污染；污染物随渗沥水进入土壤污染地下水；直接排入河流、湖泊或海洋，造成更大的水体污染。例如，某地不法企业将大量工业废水直排入河，大量废渣也被雨水冲入河中，当地河流变成“黑水河”，河里鱼虾绝迹，沿岸粮食大幅度减产。又如某地尾矿库泄漏等突发环境事件，造成约 340 km 河道钼浓度超标，约 6.8 万人饮用水受到影响。

（3）污染大气

固体废物污染大气包括直接途径和间接途径。直接途径是固体废物在堆存、填埋过程中，含有的有机物直接挥发或通过颗粒物进入大气。例如，细粒状废渣和垃圾，在大风吹动下会随风飘逸，四处扩散，造成大气的粉尘污染；在运输和处理过程中，固体废物产生有害气体和粉尘等。垃圾填埋场臭气也对周边环境和居民的生活质量造成影响。间接途径是固体废物在不规范的利用处置中造成的大气污染，例如，20 世纪 90 年代广东、浙江电子废物集中非法拆解地，露天焚烧树脂粉造成的大气污染。

（4）其他危害

固体废物还会造成土地浪费。固体废物不加利用时，需占地堆放，堆积量越大，占地也就越多。据估算，每堆积 1 万 t 固体废物，约占地 1 亩 *。我国许多城市曾经利用市郊堆存生活垃圾、建筑废物等，侵占了大量农田，严重地破坏了地貌、植被和自然景观，并对人们的生产、生活带来了恶劣影响。例如，农田堆放垃圾事件，原本种植蔬菜、玉米的良田，被建筑垃圾和生活垃圾侵占，耕地变成了大型垃圾场，不仅造成了土地浪费，对耕地安全、粮食安全也构成了巨大挑战。

另外，某些固体废物还可能造成视觉污染、人身伤害等特殊损害。因此，固体废物若不经过科学的利用处置技术处理、规范化管理以及严格的监管，对人类健康和生态环境将造成诸多危害。

1.2　固体废物的分类

1.2.1　国外固体废物的分类

（1）美国

美国的固体废物管理与分类体系依据《资源保护与再生法》《资源保护和再生法条

*　1 亩≈666.67 平方米（m^2）。

例》，主要将固体废物分为一般固体废物和危险废物两大类。一般固体废物包括市政固体废物与工业非危险废物，美国对市政固体废物做了分级分类管理要求，但对工业非危险废物无相应的分类和分级方法。美国对危险废物的分类主要根据其判定方法进行，具体分为列表危险废物和特性危险废物。其中，列表危险废物是指列入美国危险废物名录中的废物，又将名录细分为 F 表、K 表、P 表、U 表四类，分别收录不同危险特性与来源的危险废物。特性危险废物是经鉴别具有易燃性、腐蚀性、反应性和毒性的危险废物。美国的固体废物分类体系按照固体废物是否具有危险特性划分，便于分级分类管理，同时危险废物依据危险特性及来源分类，重点突出，主次分明。

（2）欧盟

欧盟的固体废物管理与分类体系主要依据《欧洲废物名录》进行构建。该名单按照行业来源和废物种类相结合的方法将固体废物分为 20 类。每一大类又根据生产工艺及不同工艺过程的废物和所含物质成分划分为 839 种废物，其中含有 405 种危险废物，又分为无须进行特性鉴别的“绝对危险废物”（约为 200 种）和仍须进行鉴别的“含有危险成分的废物”。欧盟的固体废物分类体系按照产生源和危险特性分类，危险废物和非危险废物共享一套分类系统，便于固体废物管理和统计。

（3）日本

日本的固体废物分类体系主要依据《废弃物处理法》进行构建。按照处理责任人的不同，将废弃物分为一般废弃物和产业废弃物两大类，并在每个大类中将危害较大的列为“特别管理废弃物”。日本将一般废弃物细分为可回收的容器包装、可回收的纸类布类、可回收的厨余垃圾、可燃垃圾、不可燃垃圾、其他专门用途处理的分类垃圾、粗大垃圾等 7 类废物；同时将含有多氯联苯（PCB）的零部件、粉尘及粉尘处理物、含有二噁英类的粉尘或燃烧残渣及其处理物、含有二噁英类的污泥及其处理物、感染性一般废物划分为特别管理的一般废物。产业废弃物细分为燃烧灰渣、污泥、废油、废酸、废碱、废塑料、橡胶废料、金属废料、矿渣等 20 类废物；同时日本规定废油、废酸、废碱、感染性产业废物、特性有害产业废物等 5 类为特别管理产业废弃物。日本的固体废物分类体系按照处理责任人进行大项分类，避免漏分，且便于各处理责任主体落实执行。

（4）俄罗斯

俄罗斯的固体废物分类体系主要依据《俄罗斯废物分类名录》进行构建，对废物做了 6 个层级的分类。其中，一级分类采用国际通用的国民经济行业标准，将废物分为 9 大类：农林渔业废物、采矿业废物、制造业废物、批发和零售业废物、电力热力燃气行业废物、给排水行业废物、建筑业废物、消费废物、其他行业产生的废物。每种废物分别对应一个 11 位废物代码，前 8 位数字表示废物来源，第 9 位和第 10 位表示废物的物理状态，第 11 位数字表示危险废物特性分级，1～4 级属于危险废物，5 级属于非危险废物。该目录类似《欧洲废物名录》，既包含危险废物也包含非危险废物。俄罗斯建立了较完善的废物分级体系，并对废物按照危害性进行分级，有利于把握废物管理的重点。

1.2.2　中国固体废物的分类

1.2.2.1　固体废物主要类别

固体废物有多种分类方法，按其组成可分为有机废物和无机废物；按其危害特性可分为一般固体废物和危险废物；按其形态可分为固态废物、液态废物和含气态固体废物；按其产生源可分为工业固体废物、生活垃圾、农业固体废物、医疗废物等。根据《固废法》，我国固体废物分为工业固体废物、生活垃圾、建筑垃圾、农业固体废物和危险废物等大类。

为了贯彻落实《固废法》的有关规定，推进固体废物规范化、精细化信息管理，2024 年 4 月，生态环境部印发《固体废物分类与代码目录》。该目录按照“五大种类、三级分类”的框架，将工业固体废物、生活垃圾、建筑垃圾、农业固体废物、其他固体废物等五大类固体废物细分为 35 类 200 余种。该分类适用于工业固体废物管理台账制定、排污许可管理、固体废物跨省转移信息公开等工作，不作为固体废物属性鉴别的依据。

（1）工业固体废物

工业固体废物是指在工业生产活动中产生的固体废物。工业固体废物的来源非常广泛，所有与工业生产直接相关的活动都可能是工业废物的产生源。工业生产产生的固体废物种类非常多，主要包括生产过程中产生的属于固体废物的副产物或中间产物、报废原材料和设施设备、报废和不合格产品、下脚料和边角料，污染控制设施产生的飞灰、脱硫石膏、污泥等。《固体废物分类与代码目录》中按行业和工业过程将工业固体废物分为 18 大类，主要分为冶炼废渣、粉煤灰、炉渣、煤矸石、尾矿、脱硫石膏、污泥、赤泥等。其中，大宗工业固体废物是指年产生量在 1 000 万 t 以上、对环境和安全影响较大的固体废物，主要包括尾矿、粉煤灰、煤矸石、冶炼废渣、炉渣、脱硫石膏等。

（2）生活垃圾

生活垃圾是在日常生活中或者为日常生活提供服务的活动中产生的固体废物，以及法律、行政法规规定视为生活垃圾的固体废物。生活垃圾主要分为有害垃圾、厨余垃圾、可回收物、大件垃圾等。

（3）建筑垃圾

建筑垃圾是指建设单位、施工单位新建、改建、扩建和拆除各类建筑物、构筑物、管网等，以及居民装饰装修房屋过程中产生的弃土、弃料和其他固体废物。主要包括工程渣土、工程泥浆、工程垃圾、拆除垃圾、装修垃圾等。

（4）农业固体废物

农业固体废物是指在农业生产活动中产生的固体废物。主要包括农作物秸秆、畜禽粪便、废弃农膜。《固体废物分类与代码目录》根据产生源，将农业固体废物归纳为农业废物、林业废物、畜牧业废物、渔业废物四大类。

（5）危险废物

危险废物是指列入国家危险废物名录或者根据国家规定的危险废物鉴别标准和鉴别方法认定的具有危险特性的固体废物。目前我国危险废物分类依据是《国家危险废物名录（2021 年版）》（以下简称《名录》）。《名录》按照行业来源、产生工艺以及废物特性，将危险废物分成 46 大类共 467 种废物，并为每一种危险废物编制了唯一的 8 位危险废物代码。需要说明的是，我国目前《名录》进入动态修订阶段，危险废物的种类数也有动态的变化。

医疗废物是一类特殊危险废物，是指医疗卫生机构在医疗、预防、保健以及其他相关活动中产生的具有直接或者间接感染性、毒性以及其他危害性的废物。根据《医疗废物分类目录》，医疗废物分为感染性废物、病理性废物、损伤性废物、药物性废物和化学性废物五类。

1.2.2.2 可再生资源类

可再生资源一般包括工业化和城镇化过程产生和蕴藏在废旧机电设备、电线电缆、通信工具、汽车、家电、电子产品、金属和塑料包装物以及废料中，可循环利用的钢铁、有色金属、稀贵金属、塑料、橡胶等资源，其利用量相当于原生矿产资源。目前我国正处于工业化和城镇化迅速发展时期，但国内矿产资源不足，难以支撑经济增长，同时我国城市中每年产生大量废弃资源，例如，废弃电器电子产品（电子废物），含有 Cu、Al、Fe、Au、Ag、Pd 和塑料等数十种可回收资源，具有极高的资源回收利用价值。近年来我国再生资源行业发展逐步加快，随着近些年在全国推行的生活垃圾强制分类等措施，可再生资源综合利用产业迎来巨大的发展机会；与此同时，随着国际技术交流的深化，以及互联网等现代化信息技术的应用，再生资源回收企业的技术创新不断提速，针对废电器电子产品、报废汽车等的综合利用的先进技术不断得到研发和推广。随着我国城镇居民收入水平的提高，居民日常用品例如手机等电器电子产品更新迭代速度加快，再生资源已经成为国家资源供给的重要来源，在缓解资源约束、提高资源利用效率，减少环境污染、推动绿色生产和绿色消费等方面发挥了积极作用。

2024 年 1 月，商务部联合国家发展改革委、工信部等 9 部门发布《关于健全废旧家电家具等再生资源回收体系的通知》（商流通发〔2024〕18 号），明确提出到 2025 年，在全国范围内建设一批废旧家电家具等再生资源回收体系典型城市，培育一批回收龙头企业，推广一批典型经验模式，形成一批政策法规标准，全国废旧家电家具回收量比 2023 年增长 15% 以上，废旧家电家具规范化回收水平明显提高。2024 年 2 月，国务院办公厅印发《关于加快构建废弃物循环利用体系的意见》，对加快构建废弃物循环利用体系作了顶层设计和总体部署，旨在加快构建起覆盖全面、运转高效、规范有序的废弃物循环利用体系，推动发展方式全面绿色转型。构建废弃物循环利用体系是实施全面节约战略、保障国家资源安全、积极稳妥推进碳达峰碳中和、加快发展方式绿色转型的重要举措。

2024 年 9 月，财政部、生态环境部制定印发《废弃电器电子产品处理专项资金管理办法》（财资环〔2024〕119 号），通过设立废弃电器电子产品处理专项资金的方式推动废旧物资循环利用。主要支持具有废弃电器电子产品处理资格、满足申领专项资金标准和条件的企业回收处理列入《废弃电器电子产品处理目录》的电视机、电冰箱、洗衣机、空气调节器、微型计算机等五类废弃电器电子产品。专项资金由财政部会同生态环境部负责管理，实施期限为 2024—2027 年。对 2024 年及以后年度开展的废弃电器电子产品回收处理，专项资金采取“以奖代补”的方式，按照因素法分配。相关省（自治区、直辖市、计划单列市）上一年度废弃电器电子产品规范回收处理量、地方固体废物污染防治投入、居民实际拥有家电数量、废弃电器电子产品许可核定回收处理产能实际运行负荷率，权重分别为 70%、15%、10%、5%，共计 100%。截至 2027 年期满前根据法律法规、国务院有关规定就废弃电器电子产品环境管理工作形势开展评估，并结合绩效等情况确定是否继续实施和延续期限。

1.2.2.3　特殊类别固体废物

（1）“白色污染”类废物

“白色污染”是对废塑料污染环境现象的一种形象称谓，是指用聚苯乙烯、聚丙烯、聚氯乙烯等高分子化合物制成的包装袋、农用地膜、一次性餐具、塑料瓶等塑料制品使用后被弃置成为固体废物。由于随意乱丢乱扔，难以降解处理，给生态环境和景观造成的污染。塑料是重要基础材料，在社会生产和居民生活中应用广泛。但不规范生产、使用、处置塑料会造成资源能源浪费，带来生态环境污染，甚至会影响群众健康安全，特别是超薄塑料购物袋容易破损，大多被随意丢弃，成为“白色污染”的主要来源。国家在积极应对和加强塑料污染治理，保障我国生态文明建设和高质量发展，部署了一系列的塑料污染治理行动，系统性开展废塑料污染治理。

早在2008年，国务院办公厅印发《关于限制生产销售使用塑料购物袋的通知》（国办发〔2007〕72号），2020年1月，国家发展改革委、生态环境部联合发布《关于进一步加强塑料污染治理的意见》（发改环资〔2020〕80号），明确指出到2025年，禁止、限制部分塑料制品的生产、销售和使用。为进一步加强塑料污染全链条治理，推动“十四五”白色污染治理取得更大成效，2021年9月，国家发展改革委、生态环境部联合发布《“十四五”塑料污染治理行动方案》，明确提出到2025年，塑料污染治理机制运行更加有效，地方、部门和企业责任有效落实，塑料制品生产、流通、消费、回收利用、末端处置全链条治理成效更加显著，白色污染得到有效遏制。以上政策出台后，各地政府陆续制定了一系列配套政策，明确了“禁塑令”的实施范围、时间表和责任主体。消费者减少使用一次性塑料制品的意识明显增强，禁限塑料措施取得了一定积极成效和突破。

（2）新兴固体废物

新兴固体废物通常指废动力电池、废光伏组件、废风机叶片等由于新技术、新材料和新产品的出现而产生的一类新的废弃物。随着我国“双碳”目标的实施，这些固体废物的产生量将出现大幅度增加。据估计到2035年，我国每年产生的废光伏组件、废风机叶片以及废动力电池将分别达到105万t、100万t和300万t。

新兴固体废物物质组成与相应产品基本相同，含多种有价金属，资源回收价值较高。以“退役”光伏组件为例，晶体硅光伏组件中玻璃、铝和半导体材料比重可达92%，另外还含约1%的银等贵金属。而薄膜光伏组件中含有的Te、In、Ga等稀贵金属。动力锂电池中富含锂、镍等有价金属。

虽然新兴固体废物资源禀赋较高，但若利用不好，处置不当，不仅会造成战略资源浪费、影响行业可持续发展，而且会对生态环境造成威胁。大部分新兴固体废物含有重金属等有毒有害组分，如晶体硅电池中含Pb，Cd，Te和铜铟镓硒（CIGS）等薄膜电池含Cd，新能源动力锂电池含$LiPF_6$等有毒有害物质。另外，新能源汽车及分布式光伏等行业固体废物产生源分散，规范收集难度大，流入非正规渠道将造成严重的水、气和土壤污染，危害生态环境安全和人民群众身体健康。

国家高度重视新兴固体废物的收集、利用和处置。2021 年 3 月国家发展改革委等 10 部委联合发布的《关于“十四五”大宗固体废弃物综合利用的指导意见》（发改环资〔2021〕381 号）2022 年 1 月工信部等 8 部门联合印发的《关于加快推动工业资源综合利用的实施方案》中，以及 2024 年国务院办公厅印发的《关于加快构建废弃物循环利用体系的意见》（国办发〔2024〕7 号）中针对废动力电池、废光伏组件、废风机叶片等新兴固体废物的综合利用技术和设备研发、产业化应用和推广、规范回收体系建设，以及配套政策制定等方面做了相应的要求，进一步推动新兴固体废物的资源回收。

第2章 国际固体废物环境管理

SOLID WASTE ENVIRONMENTAL MANAGEMENT

2.1　国际环境公约

2.1.1　巴塞尔公约

2.1.1.1　公约介绍

1972 年，联合国人类环境会议上通过《联合国人类环境会议宣言》，从原则上规定了任何国家有责任保证在其管辖范围内的任何活动不应损害其他国家的环境。就危险废物而言，宣言原则要求各国应对危险废物进行有效管理或控制，确保不致损害其他国家的环境或其国家管辖范围以外地区的环境。但 20 世纪 80 年代后期，工业化国家越来越严格的环境法规导致危险废物处置费用急剧增加，为寻找低成本的废物处理方式，一些贸易商开始向发展中国家和东欧国家贩运危险废物，以转嫁危险废物的处理责任。1986—1988 年，发达国家向非洲、加勒比和拉丁美洲以及亚洲和南太平洋的发展中国家出口危险废物达 350 万 t 以上。

随着危险废物在全球范围内越境转移的日益增多，因越境转移过程中的管理或处置不当而造成的重大环境污染事件和国际纠纷频繁发生，危险废物越境转移及其污染成为最严重的全球环境问题之一。而且，危险废物往往从环境管理严格的经济发达国家越境转移到经济发展相对落后、环境管理较弱的国家，这些国家由于缺乏足够的环境意识，危险废物处理、监测和执法能力相对薄弱，导致流入的危险废物被无序堆放或不当处置，对人体健康产生严重的危害，对地下水、土壤和空气等生态环境造成严重污染。

面对危险废物越境转移对人类健康和环境带来的严重威胁，联合国环境规划署（United Nations Environment Programme，UNEP）将危险废物的处置和国际运输问题列入其法律行动计划的优先议题。1987 年 6 月 17 日，联合国环境规划署理事会第十四届会议通过了第 14/30 号决定，批准了“关于对危险废物进行环境无害化管理的开罗准则和原则”，授权联合国环境规划署执行主任召集特设法律和技术专家工作组（以下简称“工作组”）起草一项控制危险废物越境转移的全球公约。《控制危险废物越境转移及其处置巴塞尔公约》（以下简称《巴塞尔公约》）是唯一旨在控制危险废物和其他废物越境转移及其处置的全球性国际法律文件，在 1989 年初召开的外交大会上通过并开放供各国签署。1992 年 5 月 5 日，《巴塞尔公约》获得 20 个国家批准后自动生效。中国政府代表于 1990 年 3 月 22 日正式签署《巴塞尔公约》，全国人民代表大会常务委员会于 1991 年 9 月 4 日批准该公约。1992 年 8 月 20 日，《巴塞尔公约》对我国生效。截至 2024 年 2 月，《巴塞尔公约》的缔约方为 191 个。

《巴塞尔公约》还规定应“建立区域的或分区域的培训和技术转让中心”。目前，全世界共有 14 个巴塞尔公约区域中心和协调中心（以下简称区域中心）。这些区域中心的重点是关于危险废物和其他废物管理及尽量减少其产生的培训和技术转让，在缔约方会议的授权下运作。区域中心通常设在政府间机构，或者设在拥有相关专门知识和能力的国家机构，以承担在区域一级提供技术援助和能力建设的任务，并通过东道国政府 / 机构与代表缔约方大会的秘书处之间的框架协议建立。每个区域中心的框架协议指导它们发挥作用和承担责任，其核心职能和责任已得到明确授权。还根据具体标准制定了评估其业绩的方法，这些任务和指导旨在确保以高度专业的方式有效地在区域内提供技术援助。

《巴塞尔公约》是一项管控废物环境污染的综合性环境公约，旨在促进危险废物在产生地实现环境无害化处理，减少危险废物在国家之间越境转移，特别是遏制发达国家向发展中国家出口和转移危险废物。危险废物和其他废物的减量化、环境无害化和越境转移控制是《巴塞尔公约》的三大宗旨，它不仅管辖越境转移，还强调减量化和环境无害化。随着发展中国家工业化进程的快速发展，《巴塞尔公约》对全球特别是对发展中国家的可持续发展、生态环境和人类健康保护具有更加重要而深远的意义。

《巴塞尔公约》核心内容是危险废物监督和控制系统，包括事先知情同意程序、禁止向非缔约方出口危险废物、再进口责任的规定以及越境转移过程中国家责任的规定。《巴塞尔公约》由序言、29 项条款和 9 个附件组成，涵盖《巴塞尔公约》的适用范围、定义、缔约方的一般义务、指定主管部门和联络点、缔约方之间危险废物越境转移的管理、防止非法贩运、国际合作、资料和信息交流等。

附件一列出了应加控制的废物类别；附件二列出了需加特别考虑的废物类别；附件三列出了危险特性清单；附件四列出了处置作业要求；附件五列出了通知书内应提供的资料及转移文件内应提供的资料；附件六列出了仲裁条款；附件七“缔约方和作为经济合作与发展组织、欧洲共同体成员的缔约方和其他国家、列支敦士登”，是缔约方会议 1995 年第三次会议在其第Ⅲ/1 号决定中通过的修正的一个组成部分；附件八“废物名录 A”和附件九“废物名录 B”针对附件一和附件三所列受《巴塞尔公约》管制的废物提供了进一步阐述。

2.1.1.2　主要修正情况

自 1989 年《巴塞尔公约》通过以来，取得了许多重大进展，并针对正文和附件做了若干次的修订。

① 1995 年第三次缔约方大会通过《禁令修正案》，并自 2019 年 12 月 5 日生效。围绕《禁令修正案》，公约序言增加第 7 段之二“意识到危险废物的越境转移，特别是对发展中国家的危险废物越境转移，极有可能不是按照本公约的要求对危险废物进行环境无害管理”；正文增加第 4A 条“附件七所列各缔约方应禁止按照附件四 -A 拟作处置的危险废物向附件七未列国家的任何越境转移”；增加附件七，于 1995 年第三次缔约方大会增加附件七“缔约方和作为经济合作与发展组织、欧洲共同体成员的缔约方和其他国家、列支敦士登”，并自 2019 年 12 月 5 日生效。

②在 1998 年第四次缔约方大会通过增加附件八和附件九的决议，以进一步阐明附件一和附件三所列《公约》所管制的废物。附件八为受公约管控的废物，附件九为不受公约管控的废物，后续缔约方大会针对塑料废物和电子废物等附件做了相应的修改调整。

③ 2019 年第十四次缔约方大会，通过塑料废物相关附件的修订，扩大受公约管控的塑料废物范围，仅“几乎未受污染的单一塑料废物”不受公约管控。决定附件二增加“Y48”条目（其他塑料废物），附件八增加“A3210”条目（具有危险特性的塑料废物），附件九增加“B3011”条目（几乎未受污染的单一塑料废物）、删除“B3010”条目（不具有危险特性的塑料废物），相关修订已于 2021 年 1 月 1 日生效。

④ 2022 年第十五次缔约方大会，通过电子废物相关附件的修订，将全部电子废物纳入公约管控。决定附件二增加“Y49”条目（不具有危险特性的电子废物），附件八修改“A1180”表述为“A1181”条目（具有危险特性的电子废物），删除附件九“B1110”条目（不具有危险特性的电子废物）、删除“B4030”条目（废一次性照相机），相关修订将于 2025 年 1 月 1 日生效。

2.1.1.3　公约最新进展

2022 年 6 月巴塞尔公约第 15 次缔约方大会面对面会议主要审议了战略框架、环境无害化管理准则等战略事项；持久性有机污染物（Persistent Organic Pollutants，POPs）废物和汞废物等技术准则、进一步审议塑料问题等技术事项；电子废物相关条目附件、附件四修订等法律事项；以及防止和打击废物非法贩运和贸易、国际合作与协调、第十三次不限成员名额工作组会议、伙伴关系等其他议题。2023 年 5 月巴塞尔公约第 16 次缔约方大会通过 28 项决定，会议的主要成果包括：通过关于塑料废物无害环境管理的最新技术准则；通过关于持久性有机污染物废物和电子废物的最新技术准则；持续提升法律清晰度，推进附件修订；以及启动改善事先知情同意（PIC）程序的运作和制定新的战略框架的工作。

2.1.1.4　我国履约情况

中国于1991年正式批准该公约后，按照环境无害化管理原则严格限制危险废物越境转移活动，中国从危险废物管控范围、进出口控制措施、越境转移执行程序、法律责任等方面已全面落实公约要求。在控制危险废物入境方面，中国已通过立法禁止经中国过境转移危险废物，且明确国家逐步实现包括危险废物在内的固体废物零进口；控制危险废物出境方面，主要通过实施危险废物出口核准管理制度，由生态环境部代表中国政府履行事先知情同意程序，并向符合出口条件的申请单位签发危险废物出口核准通知单。体现了中国全面履行公约要求的负责任大国形象。

中国签署《巴塞尔公约》推动了国内《固废法》的出台，全面规定了工业固体废物、生活垃圾、危险废物以及固体废物进出口的要求，是中国固体废物管理的重要基础和主要依据。危险废物定义方面，中国危险废物名录（第一版）基本是以巴塞尔公约附件一为基础编制而成，并配套制定了《危险废物鉴别标准》。废物进出口管理方面，中国根据公约赋予各缔约方有权禁止危险废物和其他废物进口的权利，建立了固体废物进出口管理制度，出台了《危险废物出口核准管理办法》。废物环境无害化管理方面，制定出台了《危险废物经营许可证管理办法》《医疗废物管理条例》《废弃电器电子产品回收处理管理条例》等系列法律法规及其配套的污染控制标准，上海市、天津市等全国十几个省市还颁布实施了危险废物管理的地方条例。

在废物入境管控方面，1995年全国人民代表大会常务委员会首次颁布的《固废法》明确禁止经中国过境转移危险废物，且禁止中国境外的固体废物进境倾倒、堆放、处置。在危险废物出口方面，根据《巴塞尔公约》国家报告统计，2016至2020年我国生态环境主管部门已累计核准危险废物出口申请约130份，总核准出口量约23.3万t，我国核准出口的均为再利用价值高、倾倒风险低的危险废物，主要包括含贵金属的废催化剂、污泥和除尘灰、废电池、电子废物、废电路板等，进口国的利用企业主要是将这些废物作为工业原材料，回收其中的有价金属组分。从出口去向来看，出口目的国均为利用技术和环境保护水平较高的经济发达国家，主要包括新加坡、韩国、德国、比利时、日本等。

在推进危险废物和其他废物处置设施建设方面，2004年，国家环境保护总局、国家发展和改革委员会联合发布《关于印发〈全国危险废物和医疗废物处置设施建设规划〉的通知》（环发〔2004〕16号）。截至2023年年底，全国各级生态环境部门共颁发危险废物经营许可证7 903份，核准利用能力为15 123万t/a，核准处置能力为

5 595 万 t/a，单独收集单位的核准收集能力 5 625 万 t/a。

中国政府一直高度重视加强巴塞尔公约履约能力建设。在中国政府的努力下，巴塞尔公约亚太区域中心（简称“亚太中心”）于 1997 年成立。亚太中心是全球 14 个巴塞尔公约区域中心之一，2009 年亚太中心还被确认为斯德哥尔摩公约区域中心，为亚太中心在持久性有机污染物领域开展工作赋予了新的职能。亚太中心兼具促进巴塞尔公约和斯德哥尔摩公约区域履约的职责，协助区域内的发展中国家和经济转型国家实现两公约的各项目标。

在推动国际环境治理、区域履约活动、国家履约技术支持上，自 2002 年以来，亚太中心支持中国政府参加历次巴塞尔公约缔约方大会和工作组会议谈判，从 2016 年开始支持参加联合国环境大会谈判，以及《关于汞的水俣公约》、塑料公约谈判工作。建立巴塞尔论坛，促进信息交换，逐步引导区域履约和发展方向。发起固体废物管理与技术国际会议，已连续成功举办十九届，为公约发展、履约以及国家固体废物管理提供平台。支持我国“无废城市”建设试点工作，发展无废国际城市网络，宣传、推广我国“无废城市”建设模式和经验。从国际公约、国家塑料污染防治政策、回收利用技术、地方塑料污染治理等方面支持全球禁塑限塑工作。从国际公约、国家政策制定、技术研发、工程示范、国际交流合作等多方面支持全球电子废物治理。通过编制并发布区域技术导则、研究报告和指导手册，推动国际和区域层面医疗废物、报废动力电池、钢铁烟尘等典型废物的管理。

经过二十余年的发展，亚太中心的国际国内影响力日益提升。2009 年 11 月，亚太中心成为亚洲区域 3R（减量化、资源化和再利用）论坛发起单位之一；2010 年 5 月，亚太中心获准成为由联合国大学发起的“解决电子废物问题倡议（StEP）”的东北亚区域联络点。2015 年 4 月，亚太中心获准成为联合国区域发展中心 IPLA 东亚次区域秘书处。自 2016 年起，与南亚环境合作署等十余机构和地方政府签署了战略合作协议，共同推动亚太区域公约履约。从 2015 年缔约方大会开始，《巴塞尔公约》每隔四年对区域中心绩效表现和可持续性工作进行评估。亚太中心在历次（2013—2014 年、2015—2018 年、2019—2022 年）巴塞尔、鹿特丹和斯德哥尔摩公约联合缔约方大会组织的全球巴塞尔公约 14 个区域中心和斯德哥尔摩公约 17 个区域中心的评估中均获得第一名（满分），被评为优秀，成为全球唯一一个获此殊荣的区域中心。

中国环境科学研究院固体废物污染控制技术研究所是我国最早成立的固体废物处理处置技术和环境管理技术的研究机构，在我国固体废物履约支撑以及进出口管理方面承担了大量技术支撑工作。如制修订进口固体废物系列环境保护控制技术标准（GB

16487.1～GB 16487.13），为我国有限进口固体废物资源建立了通关检验的依据，既大力支持了经济发展的再生资源的保障供给，又有力地支持了打击固体废物非法入境工作；制修订《进口物品的固体废物鉴别程序》《固体废物鉴别标准　通则》，为我国进口废物规范化管理和固体废物鉴别工作发挥了重要作用；同时，支撑公约下《危险废物及其他废物环境无害化填埋处置技术准则（D5）》《危险废物及其他废物环境无害化焚烧技术准则（D10&R1）》、POPs 废物无害化处理技术系列导则以及公约附件的修订工作，多项技术准则完成修订并于巴塞尔公约缔约方大会上审议通过。

除此之外，中国在履约能力建设上，于 1994 年成立了国家环境保护总局废物进口登记管理中心，于 2006 年依托该中心成立了国家环境保护总局固体废物管理中心，作为国家固体废物管理工作的技术支持单位，并在全国陆续建立了各省级固体废物管理中心和市级固体废物管理中心。2013 年，成立环境保护部固体废物与化学品管理技术中心（2018 年更名为生态环境部固体废物与化学品管理技术中心）。

2.1.1.5　我国禁止洋垃圾进境改革的基本情况

为促进国内固体废物无害化、资源化利用，保护生态环境安全和人民群众身体健康，我国全面禁止洋垃圾入境，推进固体废物进口管理制度改革。2017 年 7 月，国务院办公厅印发《禁止洋垃圾入境推进固体废物进口管理制度改革实施方案》，要求全面禁止洋垃圾入境，完善进口固体废物管理制度，加强固体废物回收利用管理，大力发展循环经济，切实改善环境质量、维护国家生态环境安全和人民群众身体健康。明确提出要分行业、分种类制定禁止固体废物进口的时间表，分批、分类调整固体废物进口管理目录，综合运用法律、经济、行政手段，大幅度减少进口种类和数量，并加强国内固体废物的回收利用和管理，发展循环经济。并正式通知世界贸易组织（World Trade Organization，WTO），由于中国进口的一般可回收利用的固体废物中常掺杂较多的高污染垃圾与危险废物，为保护环境与人体健康，中国将调整固体废物进口法规，自 2017 年底起将不再接收废弃塑料、废纸、废弃炉渣、纺织品等 24 类外来垃圾。

自 2017 年固体废物进口管理制度改革以来，海关总署等部门持续加大执法力度，先后开展了“国门利剑”“蓝天”“绿篱”等专项行动，保持对“洋垃圾”走私的严打态势。其中，2020 年两轮次“蓝天”行动共打掉走私犯罪团伙 64 个，抓获犯罪嫌疑人 141 名；全年立案侦办走私废物犯罪案件 217 起，查证涉案废矿渣等涉案废物 1.631 万 t。

2020 年 11 月，生态环境部、商务部、国家发展改革委、海关总署联合发布《关于全面禁止进口固体废物有关事项的公告》，正式明确了我国全面禁止进口固体废物的时间：自 2021 年 1 月 1 日起，我国将禁止以任何方式进口固体废物，禁止我国境外的固体废物进境倾倒、堆放、处置；彰显了我国政府维护国家生态环境安全和人民群众身体健康的坚定决心。

2021 年 8 月，在国务院新闻发布会上，生态环境部部长黄润秋在答记者问时讲道："发达国家将我国作为'垃圾场'的历史一去不复返了。坚决禁止洋垃圾入境，从 2017 年到 2020 年的 4 年间，我国固体废物的进口量从 4 227 万 t 降低到了 879 万 t，直至 2020 年底清零，累计减少固体废物进口量 1 亿 t。各项改革任务圆满完成。我们如期实现了在 2020 年底固体废物进口清零的目标。"

全面禁止进口洋垃圾作为我国生态文明建设的标志性成果，已写入《中共中央关于党的百年奋斗重大成就和历史经验的决议》。同时，中国全面禁止进口洋垃圾也为全球生态环境保护贡献了中国智慧，引领国际对"洋垃圾"说"不"，体现了大国的责任与担当。自 2021 年 1 月 1 日起，欧盟禁止其成员国向其他非经合组织国家出口塑料垃圾；澳大利亚众议院通过《2020 年回收利用和减少废品法案》（*Recycling and Waste Reduction Bill* 2020），禁止澳大利亚每年向海外输出 40 000 个集装箱的垃圾。同时，周边国家也纷纷效仿，泰国决定，从 2021 年开始完全禁止从国外进口塑料废品。韩国环境部表示，从 2022 年起，将全面禁止从海外进口塑料废弃物。

2.1.2　其他公约

2.1.2.1　斯德哥尔摩公约

（1）公约介绍

持久性有机污染物（POPs）指的是一种有毒的有机化学污染物。公众对于 POPs 的关注起源于 20 世纪六七十年代。1962 年，一本名为《寂静的春天》的环境著作详细介绍了滴滴涕等农药如何破坏鸟类繁殖数量并扰乱生态系统。随着研究的跟进，科学家们进一步证实这些有害物质广泛存在于野生动物和人体组织中，导致大量的人类疾病和健康缺陷。

随着公众环保意识的提高，从 20 世纪 90 年代中期，人们开始着手建立一个具有法律约束效力的 POPs 公约。1995 年 5 月，联合国环境规划署通过了一项决议，将 POPs 视为对人类健康和环境的主要及日渐严峻的威胁。该决议列出了由 12 类 POPs 物质组成的初步清单，并邀请政府间化学品安全论坛评估现有的应对策略，并报告其调查结果。1996 年，国际化学品安全论坛组建了 POPs 专门工作组，全面评估 POPs 的全球策略。次年 2 月，联合国环境规划署收到了国际化学品安全论坛的报告，且完全通过报告中的建议，并要求联合国环境规划署执行主任组建政府间谈判委员会来准备关于全球 POPs 的公约。

1998—2001 年，POPs 政府间谈判委员会召开了五次会议，并于 2001 年 2 月就公约文本达成一致。2001 年 5 月，《关于持久性有机污染物的斯德哥尔摩公约》（简称《斯德哥尔摩公约》）在斯德哥尔摩召开的一次全权代表会议上正式通过并开放签署。2004 年 5 月 17 日，《斯德哥尔摩公约》正式生效。2004 年 11 月 11 日，《斯德哥尔摩公约》对我国生效。截至 2024 年 2 月，《斯德哥尔摩公约》的缔约方为 186 个。

《斯德哥尔摩公约》是一项全球条约，旨在保护人类健康和环境免受长期在环境中保持完整、在地理上广泛分布、在人类和野生动物的脂肪组织中积累并对人类健康和环境产生有害影响的化学品。其由序言、30 项条款和 7 个附件组成，涵盖《斯德哥尔摩公约》的目的、受管制的化学品的信息、特定豁免登记、减少或消除源自库存和废物的排放的措施、实施计划、增列化学品的程序、信息交流、公众宣传等各个方面。《斯德哥尔摩公约》的核心内容是减少或消除持久性有机污染物的排放，以达到保护人类健康和环境免受持久性有机污染物的危害的目的。

（2）主要修正情况

自《斯德哥尔摩公约》通过以来，缔约方大会通过了一系列决定，修正《斯德哥尔摩公约》附件 A、B 和 C，以列入更多的持久性有机污染物。

经过数次缔约方大会的讨论，根据化学品发展与使用的需求，将数种化学品增列入了管理的范畴，并分别对列入化学品的豁免情况和可接受用途等加以规定。这些增列的化学品包括：甲型六氯环氧己烷、乙型六氯环己烷、十氯酮、六溴联苯、六溴联苯醚和七溴联苯醚、林丹、四溴二苯醚和五溴二苯醚、五氯苯及全氟辛磺酸及其盐类和全氟辛磺酰氟、硫丹原药及其相关异构体、六溴环十二烷、六氯丁二烯、五氯苯酚及其盐类和酯类、多氯化萘、十溴二苯醚、短链氯化石蜡、六氯丁二烯、三氯杀螨醇、全氟辛酸（PFOA）和其盐类及 PFOA 相关化合物、全氟己基磺酸及其盐类和其相关化合物，甲氧滴滴涕、得克隆、紫外线吸收剂 328（UV-328）。

在第六次缔约方大会通过的决议中，对特定豁免登记簿中所列缔约方被允许的六溴环十二烷的生产及其用于建筑物中的发泡聚苯乙烯和挤塑聚苯乙烯的使用给予特定豁免；第九次缔约方大会会议通过的决定中，修订《公约》附件 B 中列出的全氟辛烷磺酸、其盐类和全氟辛基磺酰氟的可接受用途和特定豁免。

（3）最新进展

2023 年 5 月在瑞士日内瓦举行的化学品三公约缔约方大会（以下简称 BRS

COPS)，作出决议通过《斯德哥尔摩公约》对 POPs 的合规机制，其目标是协助缔约方履行《斯德哥尔摩公约》所规定的各项义务，并为实施和履行其所规定的各项义务提供便利、促进、协助、咨询和保障。这项机制不仅强调所有签约国家履行其对减少和控制 POPs 的承诺，而且还将建立更有雄心的监测和报告机制，以确保相关国家的履约行动得到监督和跟踪，有助于保护全球生态系统的可持续性发展。

（4）我国履约情况

我国作为首批《斯德哥尔摩公约》签署国，自 2001 年 5 月签约以来，严格履行《斯德哥尔摩公约》各项责任和义务，在 POPs 污染防治方面取得积极进展：全面禁止了六溴环十二烷、硫丹等 20 种 POPs 的生产、使用和进出口；停止了全氟辛基磺酸及其盐类和全氟辛基磺酰氟（PFOS/F）的生产并严格限制其使用；清理处置了历史遗留的上百个点位的 10 万余吨 POPs 废物；提前 7 年完成了“下线和处置含多氯联苯的电力设备”的履约目标。

2.1.2.2　水俣公约

（1）公约介绍

20 世纪 50 年代后期，由于工业废水的无序排放，日本熊本县水俣市发生严重的汞污染事件。2001 年，联合国环境规划署理事会邀请环境署执行主任对汞及其各种化合物进行一项全球评估。2003 年，理事会对《全球汞评估》进行了审议，确认现已有足够的证据表明汞及其化合物在全球范围内产生了重大不利影响，必须对之采取进一步的国际行动。

2009 年，理事会决定着手拟定一项具有法律约束力的全球性文书，并设立了一个负责拟定一项具有法律约束力的全球性汞问题文书的政府间谈判委员会。2013 年 1 月，政府间谈判委员会在其第五次会议上商定形成了《关于汞的水俣公约》（以下简称《水俣公约》）案文。这一案文在 2013 年 10 月 10 日于日本举行的全权代表会议上获得通过并开放供各方签署。2017 年 8 月 16 日，《水俣公约》生效。我国是《水俣公约》的首批签约国之一。截至 2024 年 2 月《水俣公约》的缔约方为 148 个。

《水俣公约》的目标是保护人体健康和环境免受汞与汞化合物人为排放及释放的危害。《水俣公约》包括 35 项条款以及 5 个附件，对汞的供应、贸易、使用、排放及释放等提出全面管控要求。其中阐明了旨在实现这一目标的一整套措施，包括：对汞的供应和贸易实行控制，其中规定对初级汞开采等特定的汞来源实行限制；对添汞产品和那些使用汞化合物的制造工艺，以及手工和小规模采金业采取控制措施。《水俣公约》案文针对汞的排放和释放订立了不同的条款，规定在采取控制措施减少汞含量的同时，也允许在顾及国家发展计划方面保持灵活性。此外，案文还针对汞的环境无害化临时储存、汞废物和受污染场地订立了措施。案文还规定需向发展中国家和经济转型国家提供财政和技术支持，并为此规定设立一个财务机制，以提供充足、可预测且及时的财政资源。

（2）主要修正情况

缔约方大会第四次会议（COP-4）决定对《水俣公约》附件 A 第一部分进行修正，增加八种新的添汞产品，在 2025 年之后不允许制造、进口和出口这些产品。缔约方大会第四次会议还决定修正《水俣公约》附件 A 第二部分，增加两项关于牙科汞合金的补充条款。

在《关于汞的水俣公约》缔约方大会第五次会议决定对《关于汞的水俣公约》附件 A 修正，将含汞量低于 2% 的扣式锌氧化银电池以及含汞量低于 2% 的扣式锌空气电池等添汞产品增加列入《关于汞的水俣公约》附件 A，并明确禁止其生产、进出口的时限要求。为某些电池、开关、继电器和荧光灯规定新的淘汰日期。缔约方商定了一项新的要求，以推动逐步淘汰牙科汞合金，到 2025 年，化妆品中的汞含量将不被允许。大会还决定修订附件 B，将使用汞催化剂生产聚氨酯的淘汰日期定为 2025 年。

（3）最新进展

2023 年 10 月举行的《水俣公约》缔约方大会第五次会议就公约附件 A、附件 B 审议和修正、汞废物阈值、成效评估、汞的排放和释放、履约和遵约委员会、汞的供应来源和贸易、国家报告、2024—2025 年工作方案及预算等 10 大项 19 小项议题进行了磋商。会议取得了重大进展，最终通过了新增列 12 种类添汞产品的淘汰时限、建立汞废物阈值、确定首次成效评估周期以及推迟到第六次缔约方大会上审议氯乙烯（VCM）单体生产中使用无汞催化剂技术和经济可行性信息等共计 23 项决定。

（4）我国履约情况

多年来，我国主动参与国际环境治理，为达成《水俣公约》发挥了建设性引导作用，得到国际社会积极评价。同时，中国在汞污染防治方面也取得了积极进展。

一是建立履约机制。2017 年，国务院批准成立了由原环境保护部等部委组成的国家履行汞公约工作协调组，形成多部门各负其责、协同推进履约的工作格局。

二是开展大气汞污染防治工作。大气汞污染防治作为我国履约工作的重中之重，通过提出建议明确燃煤电厂总量控制目标从而控制大气汞排放；推动燃煤电厂大气汞排放限值的修订；强化多污染物控制技术的协同脱汞效果并提高技术的稳定性，同时开展高效低价专门脱汞技术的研发。

三是采取积极措施进行环境汞污染研究和汞污染控制。针对我国产汞、用汞、排汞量大造成较严重的汞污染形势，以及《水俣公约》履约需求，对我国大气汞源汇及迁移规律、汞污染的环境过程与效应、典型行业烟气汞控制与减排技术原理等进行了深入的研究。构建了基于工艺过程的大气汞排放因子模式，建立高分辨率的人为源分形态大气汞排放清单；建立国际先进的自然源排汞模型和我国的自然源排汞清单；建立我国大汞监测网络，为我国汞污染控制和履行《水俣公约》提供了重要理论和技术支持。

四是积极参与汞废物阈值设立工作。生态环境部派出生态环境部固体废物与化学品管理技术中心、中国环境科学研究院等单位的专家，以国家专家身份全程参与了《水俣公约》汞废物阈值专家组的工作，为推动公约在第五次缔约方大会上顺利通过关于汞废物阈值的决议并允许各缔约方自主采用汞废物阈值的替代方法作出了突出贡献。

五是启动履行《水俣公约》能力建设项目。在《水俣公约》生效之前，环境保护部（现“生态环境部”）联合相关部委于 2017 年 8 月 15 日共同发布《水俣公约》在我国生效的公告；并根据《水俣公约》要求，发布了一系列有关汞生产、使用和排放的管理措施。为推动我国全面履约并提高履约能力，环境保护部环境保护对外合作中心（现“生态环境部对外合作与交流中心”）与世界银行共同启动中国履行《水俣公约》能力建设项目，以提高试点省市和国家的履约能力。

2.1.2.3　具有法律约束力的塑料污染（包括海洋环境中的塑料污染）国际文书

（1）谈判背景

在 2022 年 3 月举行的第五届联合国环境大会上，通过了一项“结束塑料污染：制定具有法律约束力的国际文书”的历史性决议（第 5/14 号决议）。该决议要求建立政府间谈判委员会（Intergovernmental Negotiating Committee，INC），通过以成员国政府为主导、多利益相关方参与的方式，到 2024 年达成一项具有国际法律约束力的协议（International Legally Binding Instrument，ILBI），推动全球治理塑料污染（包括海洋环境中的塑料污染）。

①旨在制定一项具有法律约束力的塑料污染（包括海洋环境中的塑料污染）国际文书（以下简称“塑料污染国际文书”）的政府间谈判委员会第一届会议（INC-1）于 2022 年 11 月以线上线下结合的形式举行，会议现场位于乌拉圭埃斯特角城。INC-1 的顺利举行标志着塑料环境泄漏问题协同治理已成为全球共识。会议讨论了官员选举、议事规则和议程安排等组织性问题，并就 ILBI 编制的准备工作开展了一般性陈述与利益相关方对话，经过五天的磋商，各方基本达成共识。

②“塑料污染国际文书”的政府间谈判委员会第二届会议（INC-2）于 2023 年

6 月在法国巴黎召开。本届会议主要就 INC-1 会议遗留的主席团成员选举和议事规则问题，以及国际文书的编写工作进行了细致讨论。大会首先通过无记名投票表决选举来自东欧国家组以及西欧和其他国家组的副主席，确定了全部主席团成员。就议事规则草案（第 37 条、第 38 条）的临时适用问题，经全体会议、不限成员名额磋商和非正式讨论的协商，最终达成谅解，在大会报告中加入了反映不同意见的解释性声明。此后，大会设立了两个接触组，根据由秘书处基于成员国意见编写的国际文书潜在要素备选方案文件（UNEP/PP/INC.2/4）讨论国际文书的编写工作，确定达成共识的领域并缩小潜在备选方案的范围。其中，第一接触组重点探讨文书的目标与实质性义务所载要素，第二接触组重点探讨执行手段、执行措施与其他事项所载要素。代表们就各议题发表了观点，并授权主席和秘书处根据各方观点准备一份国际文书的《零草案》（Zero Draft），作为 INC-3 谈判的基础。同时，为达成在 2024 年完成国际文书制定的目标，代表们特别强调了闭会期间工作的重要性，并就此议题展开讨论。

③“塑料污染国际文书”的政府间谈判委员会第三届会议（INC-3）于 2023 年 11 月在肯尼亚内罗毕举办。本届会议主要就 INC-2 会议未讨论议题及“零草案”进行了详细讨论。大会设立三个接触组，其中，第一个接触组讨论文书的目标及核心管控义务；第二个接触组讨论资金、能力建设、技术援助和技术转让、国家计划、遵约和履约等内容；第三个接触组讨论 INC-2 未及议题，包括序言、原则、范围、附属机构、最后条款、会间工作等议题。代表们就各议题发表并提交观点，基于《零案文》进行补充和修改，以作为 INC-4 谈判基础。

④“塑料污染国际文书”的政府间谈判委员会第四届会议（INC-4）于 2024 年 4 月在加拿大渥太华举办。本届会议主要基于 INC-3 会议审议后编制的修改版本“零案文”（Revised Zero Draft）进行了细致讨论和谈判。大会设立了两个接触组，其中第一个接触组讨论文书的序言、原则、范围、目标及核心管控义务等议题，下设 3 个子小组；第二个接触组讨论资金、能力建设、技术援助和技术转让、国家计划、遵约和履约等内容，下设 2 个子小组。代表们就各议题发表和提交观点，并基于修改版本“零案文”进行修改磋商，以作为 INC-5 谈判基础。同时，作为本次会议的重要成果，各国最终达成建立“分析实现文书目标的潜在资金来源与手段”和“分析关于塑料产品、塑料产品中的化学品和产品设计的标准或非标准管理途径”两个不限成员名额会间专家组的决定。

（2）国际文书预稿案文

在 INC-2 会议上，制定一项关于塑料污染（包括海洋环境中的塑料污染）的具有法律约束力的国际文书的政府间谈判委员会，请求委员会主席在秘书处的支持下，根据联合国环境大会第 5/14 号决议的要求，编写一项具有法律约束力的国际文书预稿，供其第三届会议审议。该文书预稿将以委员会第一届和第二届会议上表达的意见为指导。可在预稿案文中通过备选方案表明各种意见。根据这一请求，委员会主席在秘书处的支持下，编写了《关于塑料污染（包括海洋环境中的塑料污染）的具有法律约束力的国际文书预稿案文》（以下简称《零草案》），供委员会审议。

《零草案》（Zero Draft）作为制定一项关于塑料污染（包括海洋环境中的塑料污染）的具有法律约束力的国际文书的一份预稿，是未经过大规模修改的文件或协议草案。它被视为正式文件的起点，作为进一步谈判和协商的基础，各方可以在其基础上进行谈判、辩论、修改和完善，最终形成正式版本的协议或文件。2023 年 9 月 4 日，联合国公布了《零草案》，意味着塑料公约的主体架构已经搭建好。

《零草案》分为 6 个部分，第一部分涵盖了文书的序言、目标、定义、原则、范围等，并为成员国可能希望纳入但未在第二届会议上讨论的内容保留了占位文本。第二部分的内容围绕塑料和塑料产品的生命周期展开，其针对塑料全生命周期维度提出了 13 个关键的要素，其中包括关于塑料限产、问题塑料限制、制品设计、生产者责任延伸（EPR）制度、使用再生塑料、废物管理等方面，旨在解决塑料污染问题。根据联合国环境大会第 5/14 号决议第 3（b）段，第二部分的备选方案旨在通过产品设计和无害环境废物管理等措施，包括通过资源效率和循环经济方法，共同促进塑料的可持续生产和消费。第三部分和第四部分概述了旨在共同解决文书实施问题的不同措施的备选方案，符合联合国环境大会第 5/14 号决议第 3（c）段至第（p）段。第五部分为机构安排的备选方案，第六部分为最后规定，包括本文可能的附件的备选方案。

2.1.2.4　化学品与废物健全管理并防止污染的科学政策委员会

（1）设立背景

2022 年 3 月 2 日，联合国环境大会在其第 5/8 号决议中决定设立一个科学与政策委员会（Science-Policy Panel to contribute further to the sound management of chemicals and waste and to prevent pollution，SPP），以进一步促进化学品和废物的健全管理并防止污染。环境大会又决定在资源允许的情况下，召集一个不限成员名额特设工作组（简称 OEWG），从 2022 年开始工作，争取在 2024 年年底前完成工作。SPP 旨在为解决化学品和废物污染问题提供科学政策支撑，从而支持各国采取行动，促进化学品和废物的健全管理，并应对污染。同时 SPP 还将进一步支持相关多边协定、其他国际文书和政府间机构、私营部门和其他相关利益攸关方的工作。联合国环境大会将“化学品及废物污染行动”与“气候行动”和“自然行动”并列，作为同等重要的行动列入其战略，拟将 SPP 建设成与联合国政府间气候变化专门委员会（IPCC）和生物多样性及生态系统服务政府间科学与政策平台（IPBES）具有同等地位的独立的政府间机构，以进一步促进化学品和废物的健全管理和防止污染。迄今为止，OEWG 已举办了三次会议，邀请各国政府和区域经济一体化组织的代表出席全体会议，联合国各实体、相关多边协定、其他国际文书和政府间机构以及其他利益相关方以观察员的身份参会。

①进一步促进化学品和废物安全管理并防止污染的科学与政策委员会的不限成员名额特设工作组第一届会议（OEWG-1）第一部分于 2022 年 10 月 6 日在内罗毕联合国环境规划署（环境署）总部举行。会议通过了不限成员名额特设工作组的议事规则，并通过了会议议程，以及按照附加说明的临时议程和设想说明（UNEP/SPP-CWP/OEWG.1（I）/2）所述内容安排工作。拟议了不限成员名额特设工作组的时间表和工作安排备选方案、编写关于设立科学与政策委员会的提案，并针对委员会的范围进行了详细讨论，最终通过会议报告。

OEWG-1 第二部分于 2023 年 1 月 30 日至 2 月 3 日在曼谷联合国会议中心举行。会议主要选举了 OEWG 主席团成员，中国政府提名的巴塞尔公约亚太区域中心李金惠执行主任（清华大学环境学院教授）当选为 OEWG 主席团副主席；此外，会议在完善 OEWG 的时间表和工作安排备选方案时，通过了第二届会议临时议程，并在已分发的报告草案基础上通过了第一次会议第二部分报告。

②进一步促进化学品和废物安全管理并防止污染的科学与政策委员会的不限成员名额特设工作组第二届会议（OEWG-2）于 2023 年 12 月 11—15 日在肯尼亚内罗毕召开。本届会议重点讨论关于 SPP 成立的相关事项。会议包括全体会议、主席团会议、各区域协调会议、接触组会议和非正式磋商。全体会议通过了四个接触组的产出报告和会议报告，四个接触组分别就 SPP 的范围、职能、运行原则和利益冲突，体制安排以及与主要利益攸关方的关系，SPP 与工作相关的流程和程序，闭会期间的工作和预算四个方面的案文进行了讨论。各区域协调会议就接触组进展情况和亚太区域各国代表意见进行了闭门会议，会上共形成三份亚太区域声明。非正式磋商会议梳理了关于 INF7 号文件中的术语定义，并围绕 2024 年资金缺口的筹资计划进行了交流和讨论，会议澄清了有关预算的详细信息，为第四接触组的会议进程提供了强有力的资助。本次大会共形成一项会议报告和六项会议文件。会议选举确定了所有主席团成员，讨论了 SPP 的范围、目标和职能、运作原则、机构设置、财务安排、工作流程和程序等机制性工作文件，但以上议题均因存在意见分歧悬而未决。

③进一步促进化学品和废物安全管理并防止污染的科学政策委员会的不限成员名额特设工作组第三届会议（OEWG-3）于 2024 年 6 月 17—21 日在瑞士日内瓦召开。本届会议重点讨论设立 SPP 的基础文件及其附件，以及标志 SPP 成立的政府间会议的筹备建议。会议设立了四个接触组，接触组 1 讨论设立 SPP 的基础文件，包括范围、目标和职能、运行原则、机构设置以及运作成效与影响；接触组 2 讨论确定工作方案的流程与交付成果的程序；接触组 3 讨论议事规则、财务程序和利益冲突；接触组 4 讨论设立 SPP 的政府间会议的筹备工作。本次会议就能力建设这一分歧较大的核心职能基本达成一致，运行原则得到精简，初步确定了 SPP 的理事机构及附属机构的职能，更新了两份提交给政府间会议的决定草案。大会决定于 2025 年初与政府间会议背靠背举办 OEWG-3 续会。

（2）主要职能

①开展“前景扫描”，以确定与决策者相关的问题，并尽可能提出应对这些问题的循证备选方案。

②对当前问题进行评估，并确定可能的循证备选方案，以尽可能应对这些问题，特别是与发展中国家相关的问题。

③提供最新的相关信息，查明科学研究中的主要差距，鼓励和支持科学家与决策者之间的沟通，为不同的受众解释和传播研究结果，并提高公众认识。

④促进与各国，特别是寻求相关科学信息的发展中国家分享信息。

⑤能力建设。在 OEWG 进程中，多数发展中国家提议将能力建设纳入 SPP 的职能，通过三次 OEWG 谈判，能力建设被确立为 SPP 的第五个职能；即需提高科学家、决策者和其他利益相关方的个人能力，以提高机构能力，特别是发展中国家的机构能力。目前存在两种形式的案文供谈判，一个由非洲国家组和拉加组联合提出，内容包括向发展中国家技术转让、性别平等、区域平衡、基础设施等具体能力建设内容；另一个由欧盟提出，内容较为宽泛，描述为支持 SPP 工作开展能力建设，未提出具体能力建设内容。

2.2　美国固体废物环境管理

2.2.1　发展历程

美国固体废物环境管理立法发展经历了起步阶段、加强阶段和体系完善阶段。

早在1965年美国国会就制定了《固体废物处置法案》(*Solid Waste Disposal Act*, SWDA)。1970年国会修正了该法案并更名为《资源回收法案》(*Resource Recovery Act*),初步将固体废物资源化提上议事日程。1976年,为适应新的环保需要,美国国会通过了《资源保护与回收法案》(*Resource Conservation and Recovery Act*, RCRA),迄今为止该法仍是美国重要的固体废物管理的综合性法律;此后,美国又对RCRA进行了几次重大修订。美国固体废物环境管理发展历程中重要的法律及其立法演变如下。

2.2.1.1 起步阶段

1950—1960年,美国家庭产生的生活垃圾占比约60%,且1960年后,美国的废物污染仍然呈现上升趋势,给周围地区的环境和人类健康带来了严重威胁。为了应对这一环境问题,美国国会在1965年通过了SWDA,这是美国第一部针对改进固体废物处置方法的法案。

1970年,随着环保运动的蓬勃发展和技术的进步,美国国会修正了SWDA,并更名为《资源回收法案》,该法的重心从废物处理转向资源回收。同年,尼克松总统设立了一个多职能的环保机构——美国国家环境保护局(U.S. Environmental Protection Agency, EPA),负责协调和改善所有与环境质量相关的项目,但由于EPA和尼克松政府关注环境污染与危险废物,而国会专注于固体废物,此种利益上的冲突导致了立法的进一步延迟。

2.2.1.2 加强阶段

为应对露天垃圾场和危险废物带来的环境与健康问题,以及1973年的石油危机,1976年10月,美国国会签署通过RCRA。该法案是美国管理固体废物和危险废物处置的主要法律,旨在解决国家因城市和工业废物量不断增加而日益严重的环境问题,重新建立了美国的固体废物管理系统,并为当时的危险废物管理项目设置了基本框架。

2.2.1.3 体系完善阶段

1984年,《危险和固体废物修正案》(*Hazardous and Solid Waste Amendments*, HSWA)出台,对RCRA进行了重要修正。其主要对RCRA中C部分:危险废物管理进行修订,将重点放在废物最小化和规范约束陆地处置措施,增加新措施的同时逐步淘汰危险废物的土地处置。该修正案还包括加强环境保护局的执行权及明确各部门之间的联系,更严格的危险废物管理标准,以及一个全面的地下储罐项目。

1992年,出台《联邦设施守法法案》(*Federal Facilities Compliance Act*, FFCA),再次对RCRA进行了重要修正。此次修正针对在联邦设施执行RCRA的权限等内容。其中明确指出,联邦政府也是法治社会的一部分,联邦政府设施也要遵循法律法规的执法要求，包括罚款和违约金。

1996 年，《陆地处置程序弹性法案》（*Land Disposal Program Flexibility Act*，LDPFA）对 RCRA 进行了修正，其对 RCRA 中陆地处置限制程序和非危险废物填埋场的地下水监测计划进行了修改，从而可以对某些废物的土地掩埋处理进行灵活的管理。

RCRA 制定和修正的过程反映了美国固体废物管理基本方针从最初重视废物末端处置向强调减少废物和节约资源的转变。

2.2.2　管理框架

2.2.2.1　组织管理体系

从 19 世纪中叶开始，美国联邦政府一直是生态资源管理主导力量，在处理区域之间的生态问题上秉承着实用主义和合作主义的原则。

美国联邦政府设有两个专门的环境保护机构：环境质量委员会（Council on Environmental Quality，CEQ）和 EPA。此外，联邦政府其他有关部门也设有相应的环境保护机构。

CEQ 是总统关于国家环境问题的咨询机构，又称为环境咨询委员会，其作用是在大量调研的基础上编制全国质量报告书，向国家提供制订环境政策和措施的科学依据，也是环境立法的科学依据。

EPA 是直属总统办公厅的联邦政府机构，负责全国的环境管理事务，其具体职责包括，根据国会颁布的环境法律制定和执行环境法规，从事或赞助环境研究及环保项目，加强环境教育以培养公众的环保意识和责任感。

RCRA 的管理范围包括一般固体废物和危险废物两大类，实行国家和地方的分级管理。EPA 负责管理危险废物，各州政府对非危险废物进行管理，州政府制定的固体废物管理计划须经 EPA 批准。同时，根据产生量不同其环境风险和产生者应承担的环境责任也应有不同的原则，EPA 按照每月危险废物产生量及危害程度，将产生者分类实施差别化管理。此外，随着对危险废物风险评估能力的不断提高，EPA 认为 RCRA 中相关法规对低风险的危险废物实行了过于严格的管理，给社会和危险废物生产者增加了不必要的、高额的处理处置费用，对此于 1995 年颁布《危险废物鉴别法规》对 RCRA 管理的危险废物做了部分豁免排除。

由于美国是一个联邦制国家，议会委托 EPA 考察和提供立法建议。EPA 将全美 50 个州划分为 10 个大区，在每个大区设立 EPA 区域环境办公室，在管辖区内代表 EPA 执行联邦的环境法律、实施 EPA 的各种项目，并对各个州的环境行为进行监督。

州设有自己的环境管理机构，不隶属于EPA，但接受区域办公室的监督检查。除非联邦法律有明文规定，州环保局不能与EPA合作。

2.2.2.2 法律体系概况

RCRA实际上是SWDA与所有后来的修正案的集合体（见图2-1）。RCRA是美国固体废物管理的基础性法律，确定了美国固体废物管理的新思路，即废物预防（源头削减）、回收利用、焚烧和填埋处置。

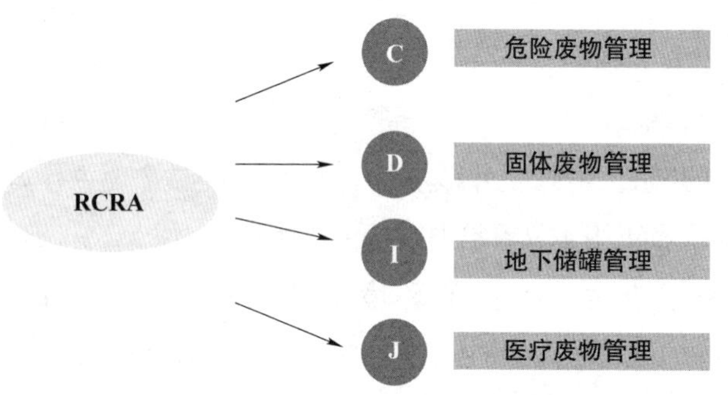

图2-1 RCRA环境项目框架

RCRA从A到J共分为10个副标题部分，为EPA提供框架和权力，以实现其管理目标。RCRA的A、B、E、F、G和H部分概述了一般规定（General Provisions）、管理者的责任（Office of Solid Waste；Authorities of the Administrator and Interagency Coordinating Committee）、执行秘书处责任（Duties of the Secretary of Commerce in Resource and Recovery）、联邦责任（Federal Responsibilities/Federal Procurement）、其他各项规定（Miscellaneous Provisions），以及研究、开发、示范和信息（Research Development，Demonstration，and Information）。C、D、I和J部分分别建立了4个环境项目的框架：危险废物管理、固体废物管理、地下储罐管理和医疗废物管理。

RCRA中副标题C危险废物管理（Hazardous Waste Management）部分建立了一个对危险废物从产生到最终处置的全过程进行控制的系统。副标题D州或地区固体废物计划（State or Regional Solid Waste Plans）部分鼓励各州制订全面的计划，首先对非危险固体废物进行管理，如家庭和工业固体废物，并针对城市固体废物填埋场规定了某些最低技术标准。副标题I地下储罐管理（Regulation of Underground Storage Tanks）部分规定了某些地下贮存罐的管理要求，为新建贮存罐建立性能标准并对地下贮存罐选址处的泄漏检测、预防和整改行动作出了规定。副标题J医疗废物追踪示范（Medical Waste Tracking Act）部分涉及医疗废物的产生到处置全过程。但该项目于1991年6月到期。

RCRA 自颁布以来，开发一个全面的系统和联邦 / 州基础设施，以管理从“摇篮到坟墓”的危险废物；为各州实施有效的城市固体废物（municipal solid waste）和无害二次材料（Non-Hazardous Secondary Materials）管理计划建立框架；恢复几乎相当于南卡罗来纳州的面积的 1 800 万英亩* 的受污染土地，并通过 RCRA 纠正行动计划使土地做好进行生产性再利用的准备；建立合作伙伴关系和奖励计划，鼓励公司修改生产实践，以减少废物的产生并安全地再利用材料；通过其可持续材料管理工作，提高人们对废物作为有价值商品的认识，这些商品可以成为新产品的一部分；增加国家的回收基础设施，将城市固体废物回收 / 堆肥率从不到 7% 提高到约 32.1%（2018 年）。

2.2.2.3　其他相关政策

美国把经济手段引入环境保护工作，应用环境经济政策已有三十多年的历史，成效显著。其建立了完善的环境经济政策体系，主要体现在以下几个方面：

（1）环境税收政策

从 20 世纪 80 年代初政府把税收手段引入环境领域至今美国已形成了一套相对完善的环境税收政策。环境税收在美国可以分为两大类别：以污染控制为主的税收和消费税。它们包括了多种具体的环境税目。在美国由联邦政府建立的基本的环境标准和环境税收的基础上，各州依据自己的立法权制定符合当地实际情况的环境税体系。此外还有开采税和环境收入税。美国的生态税收优惠政策主要体现在直接税收减免、投资税收抵免、加速折旧等税收支出措施上。在税收优惠政策管理方面美国执行得比较严格，对税收减免有总的规模控制并非无限制减少。以加利福尼亚州为例，其 3 200 万人口每年的税收减免额不能超过 16 亿美元，其中用于环保方面的占 8%～9%。

（2）排污权交易政策

美国是最早进行排污权交易实践的国家，建立了迄今为止世界上最为完善的排污权交易制度。1990 年，美国在修改《清洁空气法案》（*Clean Air Act*）时，为了达到有效防止酸雨的目的，将二氧化硫排放权交易制度在法律上制度化，从而建立起一种利用经济手段解决环境问题的有效方法。

（3）环境产业政策

环境产业又称环境技术产业，是指通过使用对环境友好的技术、产品和服务来降低环境危害，提高利用效率，改进工艺过程创造产品和工艺从而实现可持续发展目的的产业。美国的环境产业主要分为三类：环境服务、环境设备和环境资源。环境服务

*　1 英亩≈4 046.86 平方米（m^2）。

包括环境的分析与测试；废水和废物管理修复服务以及咨询设计；环境设备包括各种污染控制处理设备；环境资源包括水资源的使用、资源回收和清洁能源。

为了鼓励固体废物实现充分利用并控制固体废物填埋处置对环境造成的污染，美国在城市固体废物管理中广泛利用市场力量，充分发挥许可、税收、抵押等经济杠杆作用。例如，美国各州普遍实行产生者付费（Pay-As-You-Throw，PAYT）制度，对居民征收固体废物收集费，促进城市固体废物产生者承担社会责任；美国印第安纳州、新泽西州等对需要填埋的城市固体废物征收填埋费 / 税，倒逼城市固体废物的源头减量和综合利用。

2.2.3 典型废物管理

2.2.3.1 城市固体废物

（1）管理现状

在过去的数十年中，美国城市固体废物的产生和管理总体情况发生了重大变化，产生量从 1960 年的 8 810 万 t 增加到 2018 年的 2.924 亿 t（衰退年份除外），详见图 2-2。2005—2010 年，产生量下降了 1%，随后 2010—2017 年，产生率上升了 7%。2018 年，产生量从 2.687 亿 t 增加到 2.924 亿 t，主要原因是 EPA 将额外的厨余垃圾等食品系统中的食物浪费管理途径纳入了考虑范围。

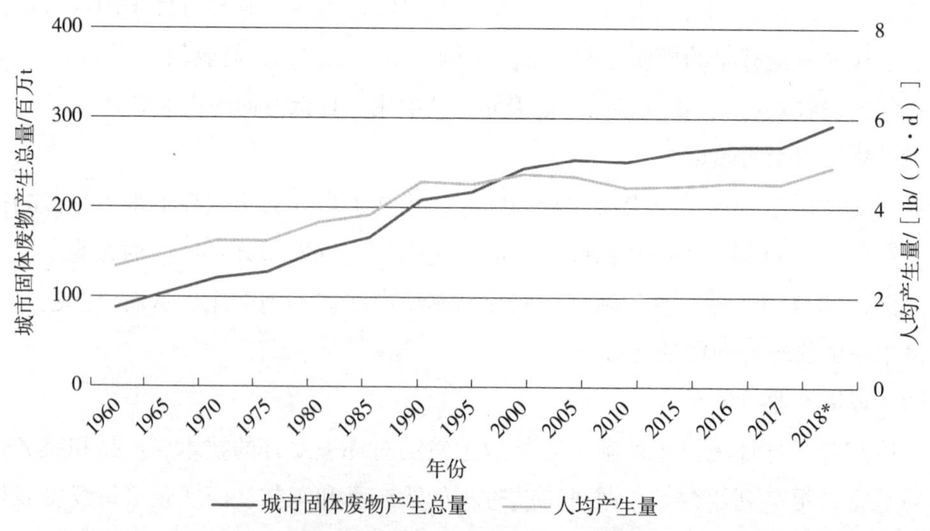

图 2-2 1960—2018 年美国城市固体废物总量及人均产量（图来源于网络）

因为认识到没有一种单一的废物管理方法适合在所有情况下管理所有材料和废物流，EPA 制定了非危险材料和废物管理层次结构。该层次结构将各种管理策略从最有利于环境到最不利于环境进行排名，强调减少、再利用、回收和堆肥是可持续材料管理的关键。这些战略减少了导致气候变化的温室气体排放。

EPA 发布《国家回收战略：建立循环经济系列》，第一部分侧重于加强和推进国家城市固体废物回收系统，并确定战略目标和利益相关者主导的行动。该系列的后续部分目前正在开发中。

城市固体废物管理也是美国州和地方政府高度优先事项，包括在废物进入废物流之前减少废物的来源，以及对回收产生的废物进行再利用、堆肥等，还包括通过燃烧进行能源回收和转化的环境无害化管理，以及符合当前标准或新兴废物转化技术的垃圾填埋做法。RCRA 副标题 D 下的固体废物项目鼓励各州制订工业固体废物和城市固体废物的环境无害化管理综合计划，为城市固体废物填埋场和其他固体废物处理设施设定标准，并禁止露天倾倒固体废物。

（2）主要成效

由于美国针对城市固体废物使用多种处理手段进行规范化管理，不断完善其管理制度，提高公众对城市固体废物的关注度，如图 2-3 所示，美国城市固体废物利用处置量得到了提升。根据《2018 年事实和数据概况》（2018 Facts and Figures Fact Sheet），2018 年美国城市固体废物的总产生量为 2.924 亿 t，其中约有 6 900 万 t 被回

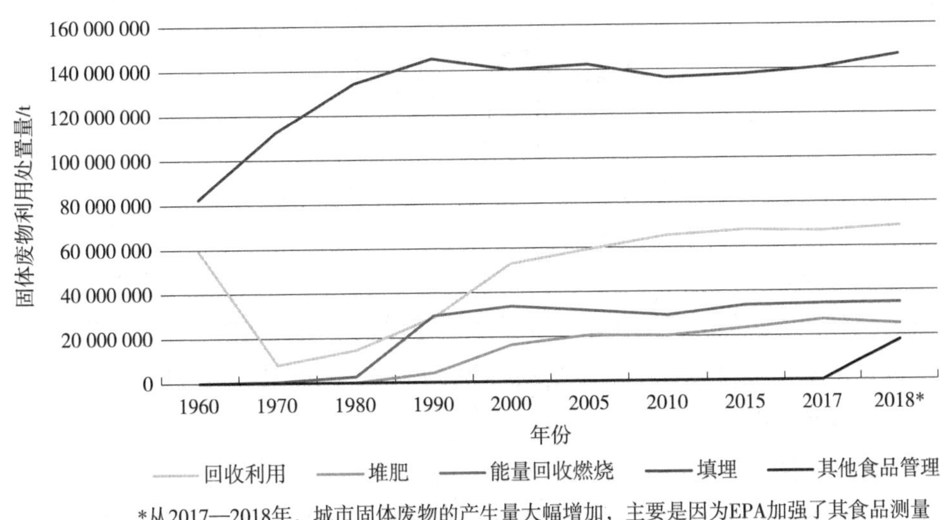

图 2-3　1960—2018 年美国城市固体废物利用处置情况（图来源于网络）

收，2 500万t被堆肥，相当于32.1%的回收和堆肥率；另有1 770万t食品系统中浪费的垃圾通过其他方法进行管理。此外，近3 500万t城市固体废物（11.8%）通过焚烧进行能源回收，超过1.46亿t（50%）城市固体废物被填埋。

在城市固体废物的所有类别中，纸和纸板产品占比最大，占总量的23.1%；其产量从2000年的8 770万t下降到2018年的6 740万t，预计该趋势将持续下去。其原因部分是报纸版面缩小，主要是新闻数字化程度的提高，以及公众的环保意识增强，办公用纸的使用量也在下降。

城市固体废物中庭院装饰物的产生量1990年约占总量的16.8%，而2018年约占总量的12.11%。其产生量占比的缩小主要原因是自1990年以来，州立法不鼓励将庭院装饰物丢弃在垃圾填埋场，而是采取包括后院堆肥和将草装饰物留在院子里等源头减量措施。

2018年美国城市固体废物总量及类别见图2-4。

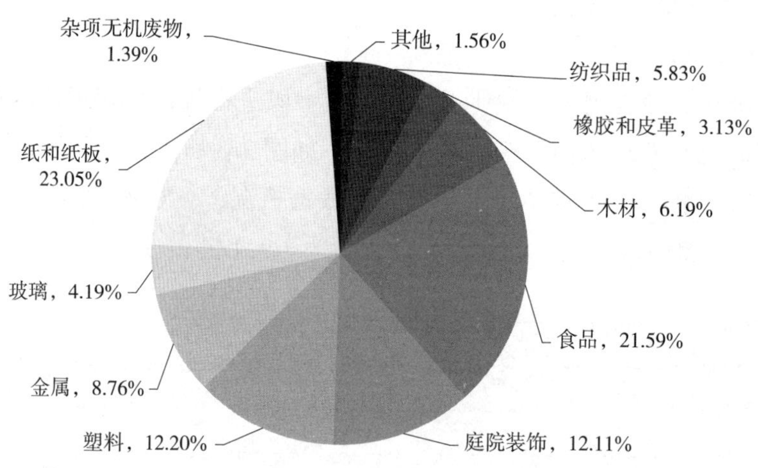

图2-4　2018年美国城市固体废物总量及类别（图来源于网络）

2.2.3.2　危险废物

由于经济、产品和服务的供求、新技术的使用、计划实施的变化以及废物最小化活动等因素影响，危险废物的产生是动态的。所有这些因素都可能影响设施的运行，从而影响危险废物的产生。

（1）管理现状

RCRA的Subtitle C章节（40 CFR parts260-273）规定了具体的危险废物管理要求，包括危险废物鉴别和分级分类等相关内容。2008年，EPA在RCRA相关法规（40 CFR parts 262 subpart K）中增加实验室危险废物产生者管理的替代规定，高校等学术机构需要制订实验室危险废物管理方案，并有权决定是否现场处置产生的实验室危险废物。

RCRA 将家庭源危险废物（Household Hazardous Waste，HHW）排除在危险废物管理范围之外，但自 1980 年起，美国各地开展了家庭源危险废物的收集活动，截至 1991 年已实施 3 000 多个项目。在收集活动前，项目发起单位和资质单位签署危险废物利用处置合同，保障收集后的家庭源危险废物由资质单位进行利用处置。1993 年 EPA 制定了家庭源危险废物管理“一天收集计划手册”（Household Hazardous Waste Management：A Manual for One-Day Collection Programs）。

EPA 认识到废物产生者产生的废物数量不同，因此在法规中基于产废量将产生者划分为 3 类：大量生产者（Large Quantity Generator，LQG）、小量生产者（Small Quantity Generator，SQG）、极小量生产者（Very Small Quantity Generator，VSQG）在 EPA 识别码申领、贮存时间和要求、联单、报告、人员培训、应急计划等要求实施差别化管理。一般废物和危险废物产生者要求比较见表 2-1。

表 2-1　一般废物和危险废物产生者要求比较

项目	一般废物要求		危险废物要求		
	小批量一般废物处理者（SQHUW）	大批量一般废物处理者（LQHUW）	极小量生产者（VSQG）	小量生产者（SQG）	大量生产者（LQG）
按处理量分类	任何时候在现场积累＜5 000 kg（11 000 lb）§ 273.9	任何时候在现场积累 5 000 kg（11 000 lb）或更多 § 273.9	产生＜100 kg（220 lb）/ 月＜1 kg 急性*/ 月＜每月 1 kg 的急性泄漏残留物或土壤 § 260.10	每月产生＞100 及＜1 000 kg（2 200 lb）§ 260.10	产生＞1 000 kg/ 月＞1 kg 急性*/ 月或＞100 kg/ 月的急性泄漏残留或土壤 § 260.10
EPA 识别号	不需要 § 273.12	需要 § 273.32	不需要	需要 § 262.18	需要 § 262.18
现场积累限额	＜ 5 000 kg § 273.9	无数量限制	＜1 000 kg ＜1 kg 急性* ＜100 kg 急性泄漏残留或土壤 § 262.14（a）（3）&（4）	＜ 6 000 kg § 262.16（b）（1）	无数量限制

续表

项目	一般废物要求		危险废物要求		
	小批量一般废物处理者（SQHUW）	大批量一般废物处理者（LQHUW）	极小量生产者（VSQG）	小量生产者（SQG）	大量生产者（LQG）
贮存时间限制（无贮存许可证）	1年，除非进行适当回收、处理或处置 §273.15	1年，除非进行适当回收、处理或处置 §273.35	无	<180天或<270天（如果运输超过20 km）§262.16（b）-（d）	<90天 §262.17（a）
清单	不需要 §273.19	不需要，但必须记录基础的运输记录 §273.39	不需要	需要 第262子部分B	需要 第262子部分B
人员培训	基础培训 §273.16	针对员工职责的基本培训 §273.36	不需要	需要基础培训 §262.16（b）（9）（iii）	需要 §262.17（a）（7）

所列一般废物相关引文可在美国联邦法规（CFR）第40条第273部分找到。
所列危险废物相关引文可在CFR第40条第262部分找到。
适用于这些法规的术语的一般定义见CFR第40条第260.10节。
注：本表中使用的“§”是指《联邦法规》第40篇中的一节（例“§273.15”表示“CFR第40条第273.15节”或“第40条，第273部分，第15节”）
*“急性”指CFR第40条第261部分中认定的急性危险废物。

为便于管理来源多样、产量巨大且具有一定资源价值的危险废物，推动其收集与回收工作，1995年，EPA发布《常见危险废物管理办法》（*Universal Waste Rule*），包括废电池、杀虫剂、含汞设备、灯具和喷雾剂罐5类，与其他危险废物相比，这5类的收集量、贮存时间、EPA识别码申领、联单等要求比较宽松。对于危险废物的运输要求与通用废物的运输要求也不一样，详见表2-2。

对于不同类型的废物产生者，EPA制定了差异化的管理规定。其中要求LQG每两年报送一次数据，而SQG和VSQG则没有这一要求，各州要求不同。另外，直接出口的危险废物不必报送，但该数据可能包括进口的数据。2019年，LQG报告产生3 490万t危险废物，产生最多危险废物的前三个行业部门分别是“基础化学品制造”（NAICS 3251），产生了2 010万t危险废物；“石油和煤炭产品制造”（NAICS 3241），产生了530万t危险废物；“废物处理和处置部门”（NAICS 5622），产生了330万t危险废物。

表 2-2　危险废物运输与通用废物运输要求的一般比较

项目	一般废物运输 CFR 第 40 条第 273 部分 子部分 D	危险废物运输 CFR 第 40 条第 263 部分
遵从交通部门 Compliance with Department of Transportation（DOT）	是 § 273.52（a）引用交通部要求 CFR 第 49 条 第 171～180 部分	是 § 263.10 交通部要求 CFR 第 49 条 第 171～179 部分
EPA ID 编码 （通知要求）	无	有 § 263.11
在转运设施中最多可存储 10 天	是 § 273.53	是 § 263.12
舱单要求	无	有 § 263.20-22
对发布条约的响应	有 § 273.54	有，提出了更复杂的要求 § 263.30-31

（2）主要成效

由于危险废物的立法不断完善，危险废物的信息公开透明度高，公众参与度高，如图 2-5 所示，美国危险废物产生量逐年降低，由 2001 年的 4 050 万 t 降至 2019 年的 3 490 万 t。图 2-5 还显示了 2001—2019 年报告的危险废物总量中废水（含水比例较高的废物）数量，原因是废水（其中大部分由化学制造业和石油及煤炭产品制造业产生）的产生量大，2019 年废水占美国产生的危险废物总量的 80%。

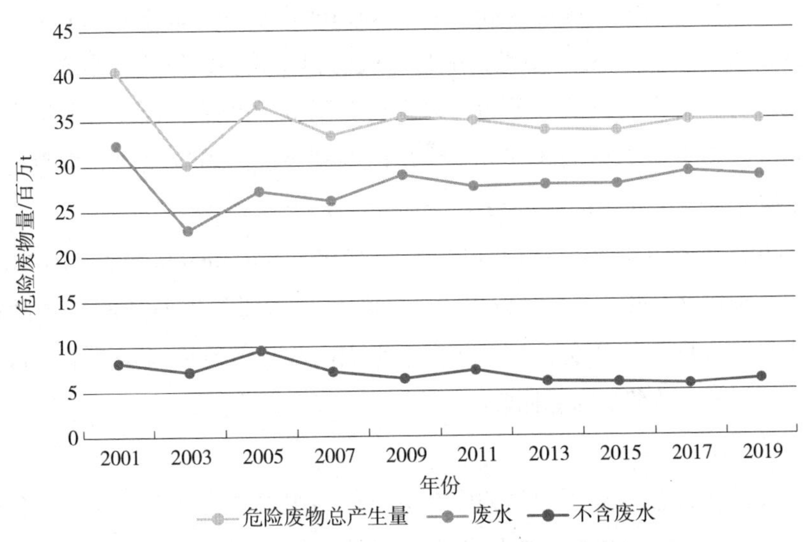

图 2-5　2001—2019 年美国危险废物产生情况（图来源于网络）

2.2.3.3　废弃电器电子产品

（1）管理现状

美国联邦政府倾向于利用市场力量实施生产者责任制，并支持各州政府探索废弃电器电子产品的各种管理途径。由于废弃电器电子产品立法进程受基金模式分歧的影响，目前，美国在联邦层次上未出台废弃电器电子产品回收管理法规。自 2003 年起，截至 2024 年 2 月，美国已有 25 个州陆续出台电子废物立法，覆盖了美国超过 84% 的人口范围。

同时，美国采用了综合措施来防止电子废物和限制不合适处理处置带来的不利影响。例如，被证明是危险废物的电子废物必须遵循 RCRA，并进行相应的管理；美国在制定电子产品新行动时遵循国家电子管理框架战略；电子产品环境影响评价工具（EPEAT）注册的产品更环保，联邦机构购买的电子产品要求是 EPEAT 注册的产品，并要求设备制造商（OEM）提供电子产品回收计划。

EPA 还鼓励电子废物处理企业参加第三方认证，认证机构采用负责回收认证（Responsible Recycling，R2）或 e-Stewards 标准进行认证。R2 认证和 e-Stewards 认证是电子产业团体针对行业参与者形成的两个独立的自愿性认证程序，以便减少电子废物的不当处置，保证适当回收和处理处置实践的责任制度框架。

2011 年，美国发布了“电子产品责任国家战略”（National Strategy for Electronics Stewardship，NSES），制定了 4 项目标，并成立了由 EPA、总务管理局和能源部组成的工作小组，以期加强对电子废物回收利用管理。2017 年 1 月，EPA 发布了国家电子管理战略的成就报告（Accomplishments Report for the National Strategy for Electronics Stewardship），指出在过去的六年里，由联邦机构和相关利益攸关者组成的 NSES 特别工作组，找出需要解决的挑战和差距，以支持美国电子产品的管理。专责小组成员在国家资助经济体系下所承诺的大部分工作均已顺利完成。尚待完成的少数行动或已接近完成，或需要重新采取新的办法来达到预期的效果。

2012 年 9 月，EPA 推出了 SMM 电子挑战赛（Sustainable Materials Management［SMM］Electronics Challenge），向 OEM、品牌所有者和零售商开放，并设置相关奖项，鼓励他们努力将其从公众、企业和自己组织内收集的废旧电子产品 100% 发送给第三方认证的电子产品翻新商和回收商。

（2）主要成效

来自 EPA 的统计数据显示回收的废弃电子产品主要分为冰箱、洗衣机和热水器等的大家电和主要包括烤面包机、吹风机和电咖啡壶等的小家电。在美国各方的不断努力下，废弃电子产品回收利用率逐年升高，成效显著。表 2-3 和表 2-4 分别列出其在 1960—2018 年的回收利用总体情况。

表 2-3　1960—2018 年大家电在美国城市固体废物中的回收利用情况（以千 NT 计）

年份	产生量	回收量	填埋
1960	1 630	10	1 620
1970	2 170	50	2 120
1980	2 950	130	2 820
1990	3 310	1 070	2 240
2000	3 640	2 000	1 640
2005	3 610	2 420	1 190
2010	4 020	2 610	1 410
2015	4 860	3 000	1 860
2016	5 030	3 060	1 970
2017	5 160	3 110	2 050
2018	5 250	3 140	2 110

表 2-4　1960—2018 年小家电在美国城市固体废物中的回收利用情况（以千 NT 计）

年份	产生量	回收量	焚烧（能量回收）	填埋
1960	—	—	—	—
1970	—	—	—	—
1980	—	—	—	—
1990	460	10	90	360
2000	1 040	20	200	820
2005	1 180	20	200	960
2010	1 830	120	310	1 400
2015	2 050	120	380	1 550
2016	2 090	120	380	1 590
2017	2 120	120	390	1 610
2018	2 160	120	400	1 640

除此之外，EPA 推出的 SMM 电子挑战赛在参与者的共同努力下取得了显著的

环保成效。仅2020年，SMM电子挑战赛参与者从垃圾填埋场转移了约15.8万t报废电子产品，100%被送往第三方认证的回收商；避免了相当于近43万t CO_2 的排放。2021年金奖获得者包括2018年该倡议的参与者共回收了约19.45万t电子产品避免直接处置，99.9%已交给获得第三方认证的电子产品翻新和回收企业，相当于减排51.12万t的二氧化碳。2021年，EPA向三星电子颁发了持续卓越奖，表彰其开发了一种由24%的回收材料组成的太阳能遥控器，估计每年可减少6 000 t温室气体排放，并防止每年数百万吨电池的浪费。该奖项还授予了戴尔技术公司，以表彰其为某些戴尔计算机中的硬盘驱动器采购铝（一种关键矿物）的循环设计方法，从而减少了10%的温室气体排放。

2.2.3.4 废塑料

（1）管理现状

塑料是城市固体废物中快速增长的一部分，2018年美国的塑料产生量为3 570万t。塑料产量占城市固体废物总产量从1990年的8.2%增长到2018年的12.2%，其中2012—2018年比例在12.2%～13.2%不等。

容器和包装类别的塑料最多，2018年超过1 450万t。虽然总体上回收塑料的数量相对较少（2018年回收率为8.7%），但某些特定类型的塑料容器的回收量更为重要。2018年PET瓶和罐的回收率为29.1%，2018年高密度聚乙烯（HDPE）天然瓶的回收率为29.3%。

2018年，美国废塑料焚烧总量为560万t，占当年所有城市固体废物焚烧量的16.3%；垃圾填埋场接收了2 700万t废塑料，占所有城市固体废物填埋量的18.5%。

2023年，EPA发布《防止塑料污染国家战略》（草案）（*the draft “National Strategy to Prevent Plastic Pollution”*），其针对的是消费后材料，特别是预计将通过城市固体废物流但泄漏或乱扔的物品，例如一次性塑料。此外，该战略还认识到与塑料制品的生产、制造和运输相关的环境污染对社区的有害影响，以及与这些过程相关的水污染。根据各组织的意见，EPA确定了该战略的三个关键目标：①减少塑料生产过程中的污染；②改善使用后材料管理；③防止垃圾和微/纳米塑料进入水道，并从环境中清除逃逸的垃圾。

《防止塑料污染国家战略》（草案）与《国家回收战略》（*National Recycling Strategy*）一起，确定了机构如何与美国组织合作，以防止塑料污染，并减少、再利用、回收和捕获来自陆地的塑料和其他废物。这些行动支持物料管理的循环方法即一种通过设计实现可再生的方法，使资源能够尽可能长时间保持其最高价值，并旨在消除浪费。

（2）主要成效

美国本土大部分的废塑料都是直接出口到发展中国家，但随着中国禁止进口废塑料，美国也逐步加大其废塑料的回收再利用率。截至 2021 年 9 月，美国最大的塑料回收加工厂年产能达 30 万 t，年产能超过万吨以上的有十几家。除此之外，美国还采取了以下措施来推动循环塑料管理：通过减少、再利用、收集和捕获陆地来源的塑料来防止塑料污染；提高美国重复使用和再填充产品的能力；提高数据可用性并进行生命周期评估，以了解塑料对环境、经济、社会和健康的影响；解决和改善消费者对塑料和其他废物的适当管理的宣传和理解；改善废水 / 雨水管理和收集系统。

2.3 欧盟固体废物环境管理

2.3.1 发展历程

2.3.1.1 早期阶段（1950—1970 年）

欧共体的早期阶段政策重点更多在于重建欧洲的经济基础结构，环境法律政策尚未成为欧共体的重点事务。仅有少量的关于环境保护的指令。1967 年，欧共体出台了《危险制品分类、包装和标签指令》，这是早期固体废物环境管理的标志性指令之一，它对危险化学品的分类和标识方法提出了要求，旨在帮助公众和工人识别相关产品的潜在危险。1970 年颁布的《机动车允许噪声级别和排气系统指令》提出了减少交通噪声的要求。这些指令为未来更全面的固体废物环境管理政策提供了雏形，并为欧共体后来的环境立法奠定了基础。

20 世纪 70 年代，欧洲的环境污染和生态环境破坏问题日益严重，公众和政府对环境保护问题愈发重视。1972 年，首次提出欧共体应当建立共同的环境保护政策框架，标志着环境保护事务开始成为欧共体的重要议题。1973 年推出第一个《环境行动规划》（*Environmental Action Programme*，EAP，1973—1976），主要在空气和水污染控制、危险废弃物处理以及生物多样性保护等方面，明确了未来五年欧共体环境政策的目标和内容，并提出具体的指导原则和措施。随后的一系列行动计划逐步扩展并细化了这些措施，为环境政策的发展提供了持续的框架。截至目前，欧盟已发布了 8 份环境行动计划，对欧盟环境政策的完善和环境保护水平的提高具有重大意义。

2.3.1.2 立法加强阶段（1980—2000 年）

由于固体废物管理措施不完善，许多工业固体废物未经适当处理直接排入环境中或被非法填埋，这对周围环境造成了严重影响，并引起了社会的广泛关注。为此，欧共体进一步加强了环境法规的立法。1987 年生效的《单一欧洲法令》首次将环境保护明确写入欧盟基本法，确立了环境政策的法律地位，使其成为决策过程中的重要考量因素。1975 年，欧盟颁布了《废物框架指令》，该指令经历了多次修订逐步明确了固体废物管理领域的诸多定义和概念，并确立了固体废物分级管理的金字塔原则（European Waste Hierarchy），规定了各类处理方法的优先级，体现了欧盟在固体废物管理领域的先进理念，欧盟各成员国也基本遵循此原则开展固体废物管理工作。随后，欧盟先后于 1991 年、1994 年颁布了《危险废物指令》《包装和包装废弃物指令》，进一步规范了危险废物、包装废弃物的管理。这一时期的固体废物管理引入了生产者责任制度，要求制造商为其产品生命周期结束时的固体废物管理负责。成员国根据这些法规，逐步建立起更完善的国内立法体系，并加强了执法力度，以确保固体废物管理的执行效果。

2.3.1.3 体系完善阶段（2000—2014 年）

2000—2014 年，欧盟建立起了一套系统的固体废物管理框架，以应对该时期的废弃物管理问题，包括：2008 年修订《废物框架指令》，设定减排和回收目标；2000 年发布《报废车辆指令》旨在减少报废车辆对环境的影响，提高汽车零部件的回收和再利用率；2004 年，修订《包装废物指令》，规范包装材料的使用，并设定包装废弃物的回收目标；2002 年发布《电气与电子设备废弃物指令》，在 2012 年进行了修订，要求各成员国设立电气与电子设备废弃物回收体系，提高电子废物的收集和回收率；自 2006 年《电池指令》生效以来，限制了含有汞和镉的电池销售，并提高电池的回收和再利用率。自 1999 年《垃圾填埋指令》发布并逐步实施，减少了垃圾填埋场的有害影响，并逐步提高了废弃物填埋的限制。《危险废物指令》为危险废物的管理和处置设定了具体要求。此外，欧盟开始将固体废物管理与其他环境政策紧密结合，制定了多个跨行业的法规和政策文件，将固体废物管理纳入更大的环境行动框架中。

2.3.1.4 循环经济计划阶段（2015 年至今）

2015 年，欧盟通过了首个循环经济行动计划（Circular Economy Action Plan，CEAP），设定了到 2030 年城市固体废物回收率提高到 65%、包装废物回收率提高到 75% 的目标。各成员国逐步制定和实施符合自身国情的循环经济政策，以推动绿色创新、提高资源利用效率。2020 年，欧盟推出《新循环经济行动计划》，进一步巩固了循环经济在固体废物管理中的核心地位，并与欧洲绿色协议保持一致。欧洲绿色协议旨在到 2030 年将温室气体排放减少 55%，到 2050 年实现碳中和。《新循环经济行动计划》

中，欧盟将重点关注资源密集型行业，数字技术与创新也被纳入政策框架，支持智能废物管理系统和先进的追踪与分拣技术。各成员国被鼓励通过这些综合性措施，实现从减少浪费到资源高效利用的全面绿色转型。此外，欧盟还先后发布了《塑料战略》《一次性塑料指令（EU）2019/904》，重点关注减少塑料废物，鼓励塑料循环利用，减少一次性塑料制品及微塑料污染，要求各成员国制定措施减少其他塑料制品的使用和污染。

2.3.2　管理框架

2.3.2.1　组织管理体系

欧洲环境管理以欧盟委员会（European Commission）下属的环境总司、欧洲议会（European Parliament）下属的环境委员会及欧盟理事会（European Council）下属的环境工作组为主导，辅以欧洲环境局、欧盟化学管理局、欧洲环境与可持续发展咨询论坛、欧洲环境法施行网络、环境政策评审组等平行机构，欧盟委员会环境总司的职能范围覆盖了大多数环境保护领域。原则上，欧盟委员会提出新的环境法律，后由欧盟议会和欧盟理事会通过，欧盟委员会监督和确保成员国依据当地情况实施法律。欧盟固体废物环境管理基于国际法律框架运作，该框架受 1989 年签订的《巴塞尔公约》约束，在此基础上，欧盟颁布了一系列配套条例、指令、决定等来应对固体废物的挑战，涵盖了从废物产生、收集、处理到回收利用的整个生命周期。

欧盟固体废物环境管理的立法体系主要包括法规（又称“条例”）、指令、决定以及建议或意见。其中法规（Regulations）对所有成员国直接适用，一旦通过立即在所有成员国生效，无须成员国通过国内立法转化，对成员国以及个人和企业具有强制性约束力。指令（Directives）指导成员国达到特定的目标，但允许各国选择实现这些目标的手段和方法，通常不具有直接效力，需要成员国通过国内立法来转化和实施，对成员国具有约束力，但给予成员国实现目标的灵活性。决定针对特定的成员国、个人或实体，具有直接效力，被指定的对象必须遵守。建议或意见不具有直接效力和法律约束力，仅具有指导性和参考价值。

除此之外，欧盟废物管理协会（European Waste Management Association，FEAD）作为代表欧洲私营废物管理和资源行业的协会，FEAD 的成员公司覆盖欧洲 19 个国家，处理大量的家庭、工业和商业废物。通过推广循环经济和提高废物回收利用率，FEAD 致力于为废物管理部门建立更佳的监管框架，并促进经济与环境成果的最优化。

欧盟现由 27 个成员国组成，各成员国的固体废物管理情况各不相同。大多数欧盟国家均为政府主管生活垃圾的收运处置，少数国家为政府和私企分摊管理责任和费用。

2.3.2.2 基础法规体系

（1）废物框架指令

1975年，欧盟理事会颁布了《废物框架指令》75/442/EEC（Waste Framework Directive，WFD），该指令是欧盟处理和管理固体废物的基础。WFD指令经过了多次修订，其2008年修订版本（2008/98/EC）提出了现代化废物管理方法，强调废物预防、回收和资源循环利用的重要性，通过引入生命周期原理实现了产品和废物之间的闭环管理，并在指令第4条中首次引入废物管理层级概念（见图2-6），但该指令依然主要关注废物处置。2022年2月14日，为应对城市固体废物产生量逐年增加、废物回收率和回收质量低、污染者付费原则未得到充分执行、某些废物非法处置等问题，欧盟委员会对WFD指令的问题、定义和目标进行针对性修订。本次审查重点关注预防、分类收集、废油和纺织品政策领域，本次修订旨在根据废物等级制度和污染者付费原则的实施，改善废物管理的整体环境结果。基于WFD指令总体法律框架，欧盟配套制定了针对某些特定类别废物管理的相关法律，如《废油指令》《包装和包装废物指令》《报废车辆指令》《废物焚烧指令》《废物填埋指令》等，欧盟废物管理立法体系见图2-7。

（2）电池指令

2008年9月26日，欧盟实施《关于电池和蓄电池以及废电池和蓄电池的指令》（Directive 2006/66/EC on batteries and accumulators and waste batteries and accumulators，简称EEA指令）。

图2-6 欧盟废物管理等级（图来源于网络）

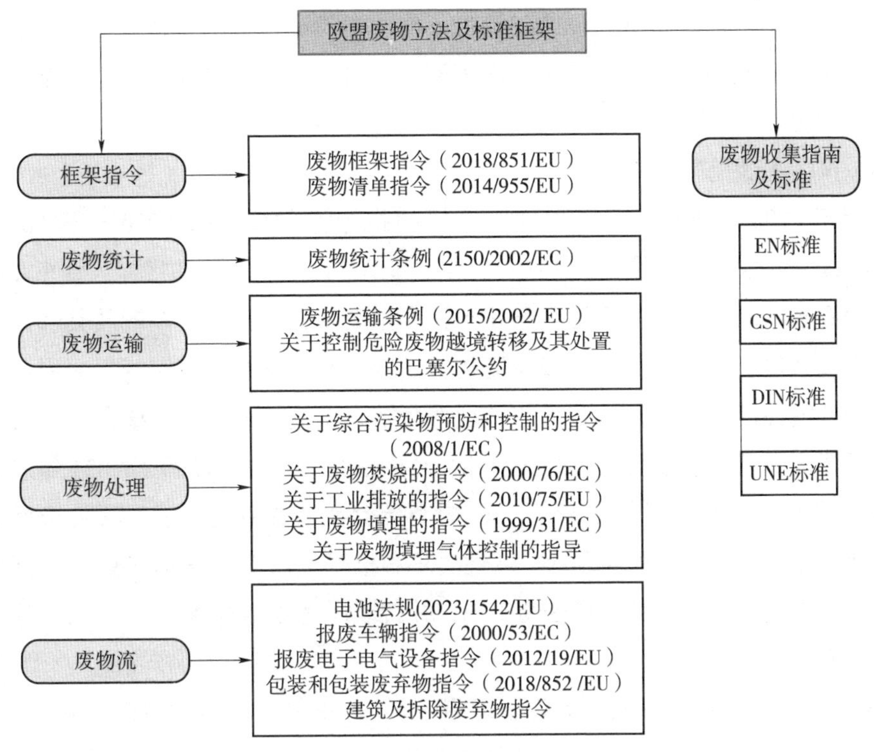

图 2-7　欧盟废物管理立法体系

注：EN：欧洲标准（European norm）；CSN：捷克斯洛伐克国家标准（Czech technical standard）；DIN：德国联邦标准（Deutsches Institut für Normung）；UNE：西班牙国家技术标准（Una Norma Española）。

该指令对有毒有害物质含量、电池标签、废旧电池及材料回收等做出了要求，旨在规范电池在欧盟市场的投放，减少电池中有害物质的使用，提高各成员国废旧电池收集、处理、回收和处置水平。随着电池技术的不断革新与碳中和要求的提出，EEA 指令中针对新能源汽车的普及、产业低碳发展、信息公开、资源利用效率等问题已无法满足当前电池产业的管理需求。为弥补 EEA 指令的不足，欧盟委员会于 2020 年 12 月 10 日公布了《欧盟电池条例》草案，该草案历经数次集中讨论、修改及审议，最终《欧盟新电池和废电池法规》（*Regulation*［*EU*］2023/1542 *concerning batteries and waste batteries*，以下简称《新电池法》）于 2023 年 7 月 10 日被欧盟理事会正式通过，自 2024 年 2 月 18 日起施行。EEA 指令将自 2025 年 8 月 18 日起被废除，但部分要求继续适用至 2027 年。鉴于在欧盟法律体系中，指令需要由成员国通过国内立法落地实施，因此 EEA 指令并未成为欧盟内通行的统一规则。与指令不同，条例可直接适用于成员国，因而欧盟《新电池法》自生效后将在欧盟各个成员国直接实施。《新电池法》

要求废电池在本地实现材料的回收，凸显了电池生产和使用的可持续性，规范了电池从设计、生产、使用和回收的整个生命周期，将对欧盟地区电池产业链的全生命周期产生深远影响。

（3）报废车辆指令

欧盟于2000年通过了《关于报废车辆的指令》（*Directive* 2000/53/*EC on end-of life vehicles*，简称ELV指令），为报废车辆及其部件设定了明确的目标，禁止在制造新车时使用有害物质。ELV指令旨在防止车辆产生废物，促进报废车辆及其部件的再利用、回收和其他形式的回收，以减少废物的处置，改善所有参与车辆生命周期的经济经营者的环境性能，特别是那些参与处理寿命结束车辆的经营者。该指令自发布以来已进行了多次修订。根据欧洲绿色交易和循环经济行动计划，欧盟于2021年启动了对ELV指令的审查。2023年7月13日，欧盟委员会在审查后提出了一项关于报废汽车的新法规提案——《关于车辆设计循环性要求和报废车辆管理条例的建议》，该提案以2000/53/EC指令、2005/64/EC指令为基础，并将取代这两项指令。

（4）废物填埋指令

1999年7月16日，欧盟《废物填埋指令》（*Directive* 1999/31/*EC on the landfill of waste*）生效，该指令对垃圾填埋场提出了严格的运营要求，旨在保护人类健康和环境。2020年7月5日，修订后的《废物填埋指令》（2018/850/ EU）生效，其规定了城市废物填埋的具体操作要求，明确以下目标：自2030年起，对所有适合进行回收处理或用于其他材料或能源回收的废物实施填埋限制；到2035年将城市废物填埋比例限制在10%；建立城市固体废物目标完成情况的统计规则；要求欧盟国家对填埋的城市废物建立有效的质量控制和可追溯系统；要求欧盟委员会与欧洲环境署起草预警报告，以识别在实现目标方面存在的问题，并提出推荐的行动措施；授权欧盟成员国采用经济手段和其他策略促进废物等级制度的应用。

（5）包装和包装废弃物指令

1994年，欧盟颁布了《包装和包装废弃物指令》（*Directive* 94/62/*EC on packaging and packaging waste*）。该指令在实施过程中经历了多次修订，2018年的修订版本（2018/852 /EU）对原指令进行了更新，该指令规定了回收和回收利用的具体目标，要求成员国采取措施减少包装废物的产生，同时确保包装材料不会对环境造成危害。旨在减少包装废物的产生，提高包装材料的回收利用率，提升包装设计的环保性，促进循环经济的发展。

2022年11月，欧盟委员会发布了《包装和包装废弃物法规》（*Packaging and*

Packaging Waste Regulation，PPWR）的提案，旨在统一欧盟成员国对包装及包装废弃物的管理，以期促进再利用和回收，解决不断增长的包装废弃物问题。作为《欧洲绿色协议》和《新循环经济行动计划》的一部分，PPWR 主要涵盖三大目标：防止包装废弃物的产生、促进高质量回收，以及增加包装中回收塑料的使用，计划到 2030 年使所有包装可重复使用或可回收。2023 年，欧洲议会、欧盟理事会先后通过了关于该法规的立场，2024 年 4 月，欧洲议会通过了 PPWR 的“一读”文本，有望在 2024 年完成该法规的立法程序。

（6）废物运输法规

2006 年，欧盟发布了《废物运输法规》（*Regulation* 2006/1013/*EC on shipments of waste*），2015 年完成了最新一次修订（2015/2002/ EU）。该法规明确了欧盟国家跨境运输废物的规则，履行《巴塞尔公约》的义务，建立了经济合作与发展组织（*Organisation for Economic Cooperation and Development*，OECD）地区废物回收与运输控制系统。该法规规定禁止将危险废物和待处置废物运输到欧盟以外的非 OECD 国家。对于运往 OECD 国家的货物，通常需要遵守事先知情同意程序，即需要所有发运、过境和目的地相关方的事先书面同意。废物运输管理由国家主管当局、检验部门和海关执行。此外，欧盟还出台了有关塑料废物出口、进口和欧盟内部运输的法规。2023 年 11 月欧盟理事会和欧盟议会达成了修订《废物运输法规》的临时性政治协议（Provisional Political Agreement）：禁止向非经合组织国家出口危险废塑料。2024 年 4 月，欧盟正式通过并发布了《新废物运输法规》（［EU］2024/1157），禁止向非 OECD 国家运送塑料垃圾，欧盟国家必须在立法生效后的两年半内停止向非 OECD 国家运送废塑料，对于向 OECD 国家出口的废塑料也将受到更严格的条件限制。

（7）报废电子电气设备指令

2003 年 2 月，欧盟颁布了《报废电子电气设备指令》（*Directive* 2002/96/*EC on Waste Electrical and Electronic Equipment*，简称 WEEE 指令）。WEEE 指令旨在促进报废电子电气设备的回收和再利用，减少对环境的影响。该指令要求成员国确保电子电气设备生产者负责其产品生命周期结束时的收集和处理。此外，WEEE 指令还鼓励设计和生产更环保的电子产品，以便于回收利用和最终的处理。该指令在 2012 年 7 月经历了重大修订（2012/19/EU），修订内容重点包括三个方面：一是重新设定分类收集率目标以及回收利用目标；二是扩大了产品范围，力争涵盖所有的报废电子电气设备；三是加强电子电气设备生命周期内所涉及的所有利益相关方的环保责任。新修订的 WEEE 指令要求自 2016 年起，成员国每年报废电子电气设备收集率至少达到 45%；

自 2019 年起所有成员国每年至少达到 65%，或达到该国产生总量的 85%。

（8）欧盟废物收集指南

随着固体废物环境管理的发展，欧盟先后发布了一系列针对废物收集的标准、指南和要求，包括废物收集种类及要求、废物收集车的一般要求和安全要求、移动废物容器外壳的要求，以及用于压实废物或可回收部分的压实机的安全要求等。例如，UNE EN 13592：2017 标准（Plastics sacks for household waste collection－Types，requirements and test methods，UNE EN 标准是欧洲标准［EN］在西班牙标准化体系中的版本）规定了家用垃圾收集塑料袋的类型、要求和测试方法。

2.3.2.3 其他相关政策

（1）财税政策

除了法律和行政手段，欧盟还辅以经济手段推进废物管理，实现了多种政策工具的结合，从而使废物管理的各项制度得以贯彻实施。欧盟废物管理大部分是以成员国各地政府财政投入为主，结合以政府许可形式引入的社会资本这一融资渠道，为废物的综合管理提供了资金保障。对此，欧盟制定了较为全面的固体废物税收政策，如城市废物收集费和废物填埋费 / 税、对包装物等具有潜在环境污染的产品征收包装费 / 税、押金回收制度（Deposit Return Scheme，DRS）等，这些措施有利于政府的宏观调控、促使生产者采用先进技术，进而优化消费模式和产业结构。

（2）循环经济行动计划

欧盟于 2015 年通过《循环经济行动计划》（*Circular Economy Action Plan*，CEAP），将循环经济纳入“欧洲 2020 战略”框架下应对气候变化和拉动经济增长的重要策略范畴。该行动计划旨在节约资源、减少废物，提出了 4 个关键领域的 54 项行动，强调产品设计的可回收性、耐用性和生产者责任延伸。提出到 2025 年，所有包装都实行强制性环境责任计划。2018 年，欧盟委员会进行了废物立法修订，范围包括《废物框架指令》《垃圾填埋指令》《包装和包装废弃物指令》以及关于报废车辆、电池和蓄电池、废弃电子电气设备等的指令。此外，本次修订还增加了城市废物和包装废物的回收目标，加强分类收集并将范围扩大到家庭危险废物（2024 年底前）、生物废物（2023 年底前）、纺织品（2025 年底前）。

2020 年 3 月，欧盟委员会发布《新循环经济行动计划》（*The Circular Economy Action Plan* 2.0），拟在未来 3 年推出 35 项立法建议，推动欧洲绿色经济发展，赋予消费者更多权益。该行动计划是欧盟委员会“绿色新政”的重要组成部分，对于欧盟实现 2050 年“碳中和”与生态多样性目标至关重要。

2023 年 5 月，欧盟委员会发布了《新循环经济监测框架》（EU *Circular Economy Monitoring Framework*），修订后的框架新增了材料足迹指标、资源生产率指标、废物预防目标进展情况指标等，有助于更好地跟踪欧盟循环经济转型进展，为气候中和、全球可持续发展作出贡献。

（3）塑料战略

2018 年 1 月，欧盟通过了《欧洲塑料战略》（*Plastics Strategy*），该战略以现有减塑措施为基础，旨在改变欧盟塑料产品的设计、生产、使用和回收方式，减少海洋垃圾、温室气体排放及对进口化石燃料的依赖。该战略是欧盟循环经济行动计划的一部分，是欧洲向“碳中和”、循环经济转型的关键政策，为更好地实现 2030 年可持续发展目标、《巴黎协定》目标和欧盟工业政策目标提供政策基础。塑料战略是循环经济发展领域第一个欧盟层面的政策框架。该战略在欧盟层面制定了带有量化目标的明确愿景，旨在到 2030 年欧盟市场上的所有塑料包装都可以重复使用或回收利用。

（4）废物预防计划

预防废物是实现循环经济的关键战略之一，它可以减少资源使用，最大限度地延长产品和材料的使用寿命，促进对更可持续产品的需求。欧盟正努力在废物预防政策和废物产生之间建立联系。《废物框架指令》（2018/851/EU）第 29 条要求成员国应制订废物预防计划，明确废物预防的目标和措施，同时在废物预防计划中采用特定的食品废物预防计划。全面的废物预防计划不仅应关注废物管理部门，还应关注采矿部门、制造业、设计者、服务提供者，以及公共和私人消费者，所有经济部门都可能成为废物预防计划的受益者（见图 2-8）。

为帮助欧盟各成员国评估其废物预防计划，欧洲环境署发布了废物预防项目评估指南。欧洲环境署报告（EEA Report No. 2/2023，Tracking waste prevention progress-A narrative-based waste prevention monitoring framework at the EU level）提出了新的废物预防监测指标，重点关注废物产生的驱动因素、废物预防政策的推动因素以及减少废物和排放的结果，专门用于监测废物预防的长期趋势。然而，充分利用该监测框架需要系统地、统一地在整个欧盟收集更具体的数据和信息。此外，欧洲环境署还发布更新“废物预防国家情况说明书”，以此展示欧洲经济区成员国和欧洲合作国家的废物预防工作的具体国家数据和分析。

（5）废物统计制度

为有效监管废物政策的实施情况，欧盟需要可靠的企业、家庭废物产生及管理的统计数据。为此，2002 年 11 月，欧洲议会和理事会通过了《废物统计法规》

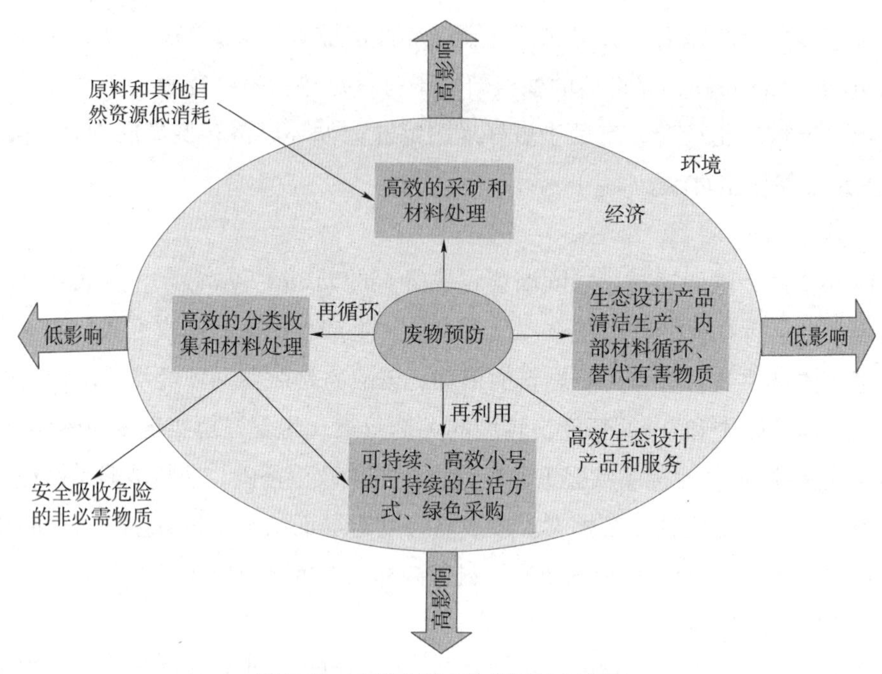

图 2-8　欧盟全面废物预防计划范围

（2002/2150/EC，也称《废物统计条例》），为欧盟废物监管治理领域的数据统计提供了一个基本框架。该法规要求各成员国必须根据废物统计命名法对废物的产生和处理进行数据统计，并规定必须使用 EWC-Stat（European Waste Classification for Statistics，欧盟废物统计分类系统）向欧盟统计局报告数据，但并未规定具体的废物分类方法。这允许各成员国在满足规定格式的前提下，自由选择废物分类系统。

根据《废物统计条例》规定，欧盟成员国每两年需提供一次关于废物产生、回收和处置的数据，以确保欧盟废物管理体系效率和经济增长的可持续性。各成员国必须对废物的产生、利用、处置情况进行统计，而欧盟委员会则负责定期汇总各成员国上报的信息，并向欧盟议会和理事会报告。成员国可以直接采用欧盟废物统计法规提供的统计表，也可以根据欧盟废物清单进行统计后转化为统计法规要求的表格形式间接获得结果。大多数成员国倾向于采用间接方式进行统计，即通过欧盟废物清单方式进行，以获得更详细、针对性更强的统计结果。

此外，2005 年颁布的《质量评估标准和废物统计质量报告条例》（2005/1445/EC）为《废物统计条例》提供了质量评估标准和质量报告的具体准则。成员国应根据此条例提供相关报告。同年 5 月发布的《废物统计结果传输条例》（2005/782/EC）对废物运输数据的价值观、保密性、计量单位等进行了规定。2010 年，欧盟发布《废物统计修订条例》（2010/849/EC），对《废物统计条例》中有关废物类别的附件进行修订，增强了该条例的直接约束力。同年发布了《废物产生和处理数据统计手册》，2013 年对该手册进行了修订。

除法规条例外，欧洲环境局发布的报告和指南也对废物统计进行了指导。例如，2000 年发布的报告《家庭和生活垃圾：欧洲经济区成员国数据的可比性》中规定了生活垃圾和数据收集的准则。2017 年发布的《生活垃圾数据收集指南》旨在为生活垃圾的范围和覆盖区域提供指导，定义了生活垃圾处理操作过程，从而使生活垃圾数据收集工作更加标准化和系统化。表 2-5 是欧盟现行废物统计数据方法文件一览表。

表 2-5 欧盟现行废物统计数据方法文件

数据类别	统计依据
废物总量	《废物统计条例》（2002/2150/EC）
城市固体废物	城市废物数据汇编和报告指南—根据（EU）2019/1004、（EU）2019/1885 及欧盟统计局和经合组织联合调查问卷（2023 年 6 月） 生活垃圾数据收集指南（2017 年 5 月）
废电池	电池和蓄电池数据报告指南—根据 2006/66/EC 指令和（EU）No.493/2012 条例（2020 年 5 月） 关于回收效率的第 493/2012 号条例应用指南（欧盟环境署文件）
报废车辆	报废车辆报告指南—根据欧盟委员会执行决定 2005/293/EC（2019 年 12 月）
厨余垃圾	厨余垃圾和预防报告指南—根据欧盟委员会执行决定（EU）2019/2000（2022 年 6 月）
包装及包装废弃物	包装及包装废弃物数据编制和报告指南—根据 2005/270/EC 的要求（2023 年 3 月）
软塑料手提袋年消耗量	关于报告软塑料手提袋年消耗量的指南—根据欧盟委员会执行决定（EU）2018/896（2023 年 2 月）
报废电子电气设备	关于报告废弃电气和电子设备数据的指南—根据欧盟委员会执行决定（EU）2019/2193 关于废物的指令 2008/98/EC 关键条款的解释指南
建筑和拆除废物回收	关于建筑废物材料回收的报告指南—根据欧盟委员会决定（EU）2011/753 和欧盟委员会执行决定（EU）2019/1004（2022 年 5 月）
矿物油、合成润滑油、工业油和废油	关于汇编和报告矿物与合成润滑油和工业油投放市场以及废油处理数据的指南—根据欧盟委员会执行决定（EU）2019/1004 附件Ⅵ的要求（2023 年 6 月）
废物运输法规	关于报告废物运输情况的指南—根据法规 No.1013/2006/EC 的要求（2023 年 11 月）

2.3.3 典型废物管理案例及做法

2.3.3.1 城市固体废物

（1）管理现状

废物产生方面，2022 年，欧盟人均城市固体废物产生量为 513 kg，48% 的城市固体废物得到回收利用，各国减少垃圾填埋的趋势明显。与《废物统计条例》报告的数据相比，城市固体废物仅占产生的废物总量的 10% 左右。各成员国间 2022 年城市固体废物产生总量差异很大，从罗马尼亚人均 301 kg 到奥地利人均 835 kg 不等，这不仅反映了不同国家消费模式和经济实力的差异，也体现了各成员国城市固体废物收集和管理方式的差异。自 2004 年以来，大多数成员国都确立了废物管理方法，因此 2004 年及以后的废物产生量统计数据比 1995 年至 2003 年更加准确和稳定（见图 2-9）。

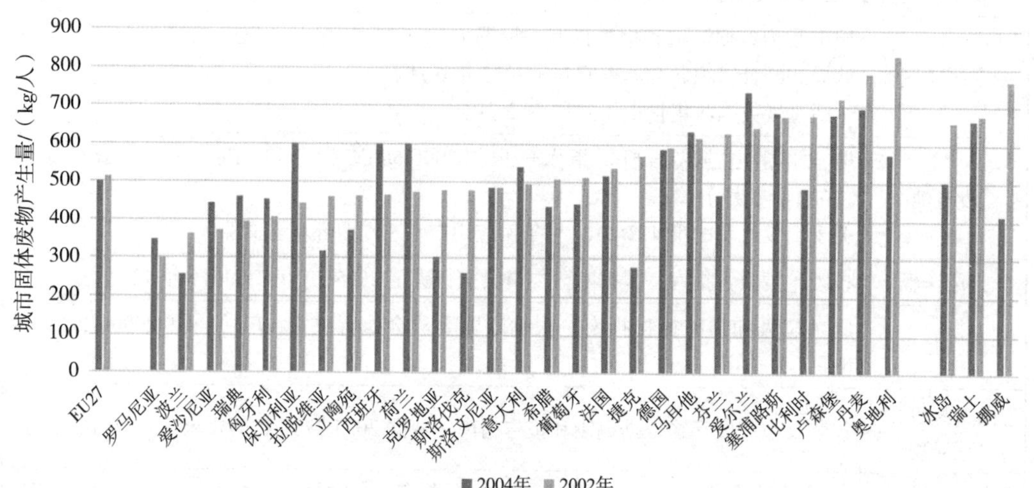

图 2-9 2004 年和 2022 年欧盟成员国城市固体废物产生情况

废物处理方面，欧盟成员国被要求区分带能量回收和不带能量回收的焚烧，但本节数据仅考虑焚烧总量，尽管欧盟产生了更多的垃圾，但填埋的城市固体废物总量却有所减少。1995—2022 年，欧盟城市固体废物填埋总量下降了 56%，废物填埋率（填埋量占产生量的比例）下降了 38%，废物回收量（回收和堆肥）增加了 200%，焚烧量增幅达 98%。德国是欧盟国家中垃圾回收量最大的国家，回收率达 69.1%。图 2-10 是欧盟城市固体废物处理情况。

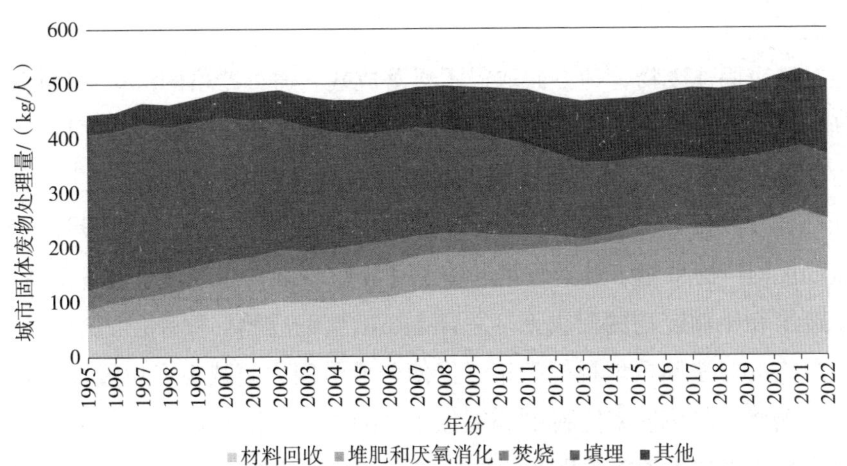

图 2-10　1995—2022 年欧盟城市固体废物处理情况

欧盟设定了到 2030 年城市固体废物再利用和回收率达到 60% 的目标。固体废物处理方面，根据欧盟垃圾填埋指令，到 2035 年，欧盟国家必须将填埋处置的废物量减少到产生量的 10% 或更少。图 2-11 展示了 2020 年欧盟国家固体废物产生量。比利时、荷兰、丹麦等国家几乎不采用垃圾填埋的方式，主要采取焚烧和回收的处理方式；意大利、法国、波兰等国家的废物填埋率小于 1/3，保加利亚和马耳他的废物填埋率超过 70%；总体上，大部分成员国 2017 年至 2020 年的废物填埋量均有大幅下降。

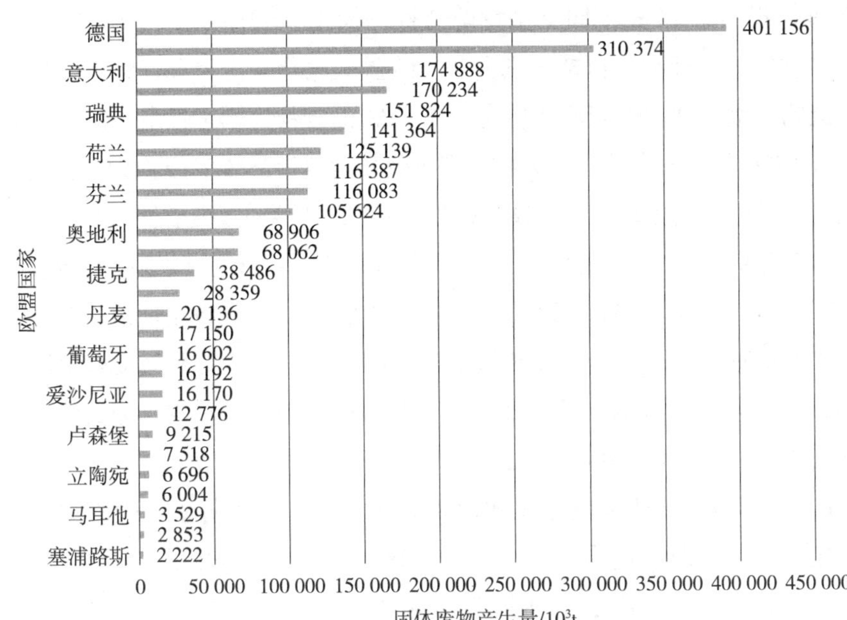

图 2-11　2020 年欧盟各成员国固体废物产生量

（2）主要成效

欧盟在城市固体废物管理方面取得了显著成效。通过严格的法规、目标导向的政策和创新的废物处理方法，欧盟成员国在减量化、回收和废物处理方面取得了诸多成就：通过实施严格的生产和消费政策，欧盟有效减少了固体废物的产生。例如，“生产者责任延伸”政策要求生产商承担产品整个生命周期的责任，推动设计更环保的产品。欧盟成员国广泛采用了分类收集和资源回收的政策。许多国家显著提高了包装废物、电子废物和生物废物的回收率。总体上，欧盟的废物回收率已经达到了约 55%。欧盟通过严格的立法和填埋税等政策，促使各成员国大幅减少了垃圾填埋场的使用。2018 年，欧盟将垃圾填埋率控制在 24% 以下。通过“废物能源利用”政策，许多成员国将无法回收的废物用于能源生产，提高了资源利用效率，并在一定程度上替代了化石燃料。欧盟逐渐从线性经济转向循环经济，强调废物的再利用和再制造。例如，《循环经济行动计划》设定了到 2030 年使城市垃圾回收率达到 65% 的目标。欧盟大力推广环保教育和宣传，提高公众对废物管理的意识，促使更多公民积极参与废物分类与回收。

2.3.3.2　危险废物

（1）管理现状

针对危险废物，欧盟主要是通过安全风险评估确定固体废物的危险特性，《废物框架指令》具体提出了 14 种不同类型危险特性，《危险废物指令》（91/689/EEC）制定了相应的鉴别方式和标准，包括鉴别方法。欧盟从危险废物的有毒物质含量方面着手开展危险废物分级管理，即剧毒物质含量≥0.1% 的废物为剧毒性危险废物；有毒物质含量≥3% 的废物为一般毒性危险废物；有害物质含量≥25% 的废物为有害性废物。另外，欧盟列出了确定或怀疑为“三致”（致癌性、致畸性和致突变性）物质的名单，并且划定了含量分级标准：致癌性 1 类或 2 类物质含量≥0.1% 为致癌性危险废物；致畸性 1 类或 2 类物质含量≥0.5%、致畸性 3 类物质含量≥5% 为致畸性危险废物；致突变性 1 类或 2 类物质含量≥0.1%、致突变性 3 类物质含量≥1% 为致突变性危险废物。此外，《欧洲废物目录》中也详细列出了哪些废物被归类为危险废物，为其识别和分类提供了标准。图 2-12 展示了 2004—2020 年欧盟危险废物的产生情况。

后续修订的《废物框架指令》（2018/851/EU）进一步完善了危险废物的管理。根据相关规定，家庭来源的危险废物应分类收集；家庭对其产生的废弃电器电子产品、废电池和蓄电池等具有收集义务；同时，要求成员国于 2025 年 1 月 1 日前建立家庭源危险废物的收集体系；针对废油管理，提出废油应优先用于再生而非其他处理方式；

欧盟现有危险废物管理仍存在问题，处理数据部分缺失，有必要建立危险废物追溯机制。同时，要求危险废物产生者建立废物产生、运输、处理处置等全过程数据系统，并以电子化方式提供至相关管理部门，成员国也应建立电子化数据系统，并定期报送年度数据。

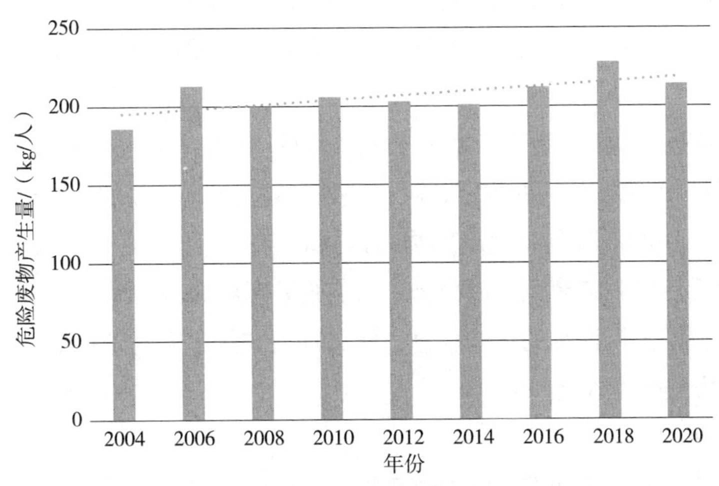

图 2-12　2004—2020 年欧盟危险废物产生情况

（2）危险废物跨境管理

危险废物的跨境转移长期以来一直是国际环境管理中的一个关键问题。1982 年，意大利和法国之间发生的危险废物越境转移事件，震动了整个欧洲社会，使得欧洲议会和公众深刻意识到危险废物非法转移的严重性。1984 年 12 月，欧共体部长理事会通过了《关于危险废物跨境运输的指令》（84/631/EEC），标志着欧共体开始正式以法律形式规范危险废物的跨境运输。该指令为危险废物在欧共体国家之间以及欧共体与非欧共体国家之间的跨境转移制定了明确的监督和控制规定，旨在确保危险废物的转移不会对人类健康和环境造成损害。随后，欧盟继续加强对危险废物跨境转移的管理。1996 年，一些欧洲国家签署了《防止危险废物越境转移和处置污染地中海的议定书》，进一步扩大了对危险废物跨境转移的监管范围，涵盖了地中海地区，这一地区因其独特的生态环境和经济结构，对危险废物的管理尤为重要。

2007 年初，欧盟建立了"污染物释放与转移登记制度"（European Pollutant Release and Transfer Register，简称 E-PRTR），要求大型集中的工业点源承担强制性污染排放申报义务，并将覆盖的污染物从 50 余种提升至 90 余种，覆盖的排放种类和点源数量也有增加，在此制度下所得的信息都会对公众开放，且不向公众收费。PRTR 系统不仅涵盖了危险废物的转移数据，还包括了污染物的排放数据，使得公众、政策制定者和企业能够更有效地监控与管理环境污染和废物转移。

欧盟在危险废物管理方面制定了严格的内部和国际政策。内部政策依据《废物框架指令》和《危险废物指令》，要求成员国对危险废物进行准确分类和标识，确保在处理、转移和处置过程中的安全。此外，处理、运输和处置危险废物的企业需获得官方许可，并遵守详细的报告制度，同时建立全面的数据追踪系统，增强透明度和可追溯性。

在国际层面，欧盟作为《巴塞尔公约》的签署方，通过《关于废物运输的第1013/2006号条例》实施公约的规定，对在欧盟内部、进出欧盟的废物运输实施了一套控制措施。该条例严格限制将危险废物出口到非经济合作与发展组织（OECD）成员国，以防止环境污染和健康风险的外溢。所有危险废物跨境转移都需遵守严格的通知和同意程序，包括提供详细的废物信息、转移计划和接收方的处理能力，以确保接收国有足够的能力安全处置这些废物。

（3）主要成效

欧盟通过严格的立法和综合性的监管框架，使欧盟成员国得以有效分类、收集和处理危险废物。《废物框架指令》为危险废物的管理提供了全面指导，《欧洲废物目录》确保了统一的分类和处理标准，并通过《报废车辆指令》和《报废电子电气设备指令》等特定法规，成功减少了这些领域中的有害物质污染。此外，危险废物跨境运输法规对运输活动进行了有效控制，减少了非法废物贸易。整体而言，欧盟的政策推动了危险废物管理体系的专业化与规范化，显著降低了废物处理对环境和公众健康的危害，同时提高了资源循环利用效率。

2.3.3.3 报废电子电气设备

（1）管理现状

欧盟最新发布的统计数据显示，2012—2021年，欧盟报废电子电气设备总量从300万t增加至490万t，回收量从260万t增加到440万t，回收率增加69.8%，回收再利用率增加64.8%，处理率增加54.2%。各成员国在回收管理情况上存在差异，2021年，奥地利的报废电子电气设备人均回收量位居前列（15.46 kg），欧盟人均回收量为11 kg。目前，欧盟没有关于电子电气设备产品从投放市场到成为废弃物的整个生命周期的监测信息。图2-13展示了2012—2021年欧盟报废电子电气设备管理情况。

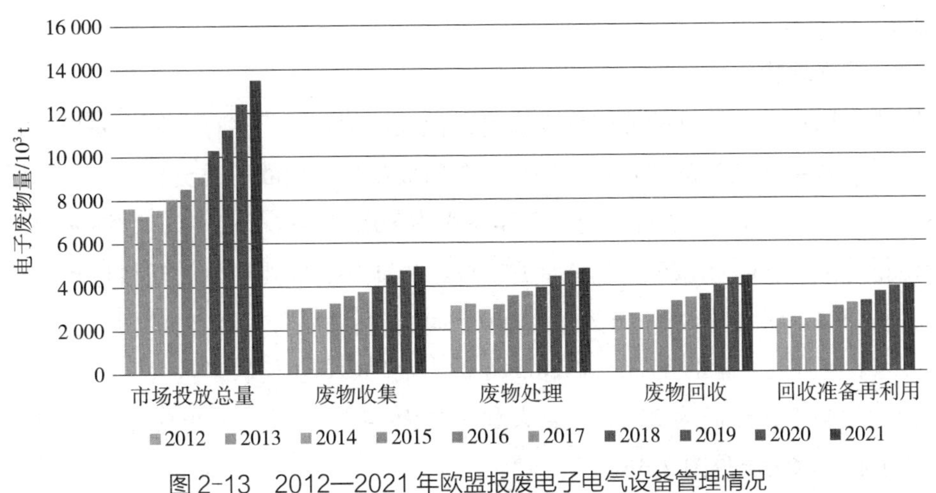

图 2-13　2012—2021 年欧盟报废电子电气设备管理情况

（2）主要成效

为应对电子废物数量增长及污染问题，2020 年 3 月，欧盟委员会提出了《新循环经济行动计划》，将减少电子废物作为优先事项之一。该计划设定了确立维修权、全面提高产品的可再利用性、引入通用充电器以及建立电子电气产品回收奖励制度等一系列目标。到 2024 年年底，USB Type-C 将成为欧盟大多数电子设备的标准充电接口；到 2026 年 4 月 28 日，笔记本电脑必须配备 USB Type-C 端口。

2023 年 3 月，欧盟委员会进一步提出促进商品维修和再利用的新提案，在法定保修期内要求卖家提供维修服务，除非更换产品成本更低；在保修期外简化维修流程。此外，欧盟还通过了一系列关于电子电气设备收集、处理和回收的规定，以应对电子电气废物数量持续增长的问题。为进一步推进 WEEE 指令实施，2023 年 2 月，欧盟委员会提出了更新 WEEE 指令的提案；欧盟议会和理事会在 2023 年 11 月达成了临时协议，同意欧盟委员会在 2026 年之前审查该指令，并在必要时提出进一步的修改建议，同时全面评估其对社会和环境的影响。

欧盟在电子电气废物管理方面取得了显著成效。通过严格执行《报废电子电气设备指令》及相关法规，欧盟成员国显著提高了电子废物的回收和再利用率。通过对生产者的延伸责任要求，生产商必须为其产品全生命周期负责，促使更多环保设计和更高效的回收体系。此外，欧盟通过设立专门的电子废物收集点并推广公众教育，提高了对电子废物分类和回收的重要性的认识，确保废旧电子电气设备得到妥善处理与再利用，从而有效减少环境污染并推动循环经济的发展。

2.3.3.4 废塑料

（1）管理现状

欧盟正以更加可持续的方式管理废物，但成员国之间仍然存在较大差异，需要特别关注并改善某些废物流的管理，特别是塑料废物。根据欧盟委员会公布的数据，欧盟每年产生近 2 600 万 t 塑料废物，海洋垃圾占 80% 左右。2020 年，欧洲人均塑料废物产生量约为 35 kg，比 2010 年增加了 25%。2021 年，欧盟产生的塑料包装废弃物总量 1 605.1 万 t，回收量为 636.6 万 t。2010—2021 年，欧盟国家产生的塑料包装废弃物总量占包装废弃物总量的 47.35%。2022 年欧洲消费后再生塑料产量为 $7\ 700 \times 10^3$ t，各成员国中德国占比最高为 22.5%，意大利次之为 14.1%。2010—2021 年欧盟塑料包装废物产生和回收情况见图 2-14。

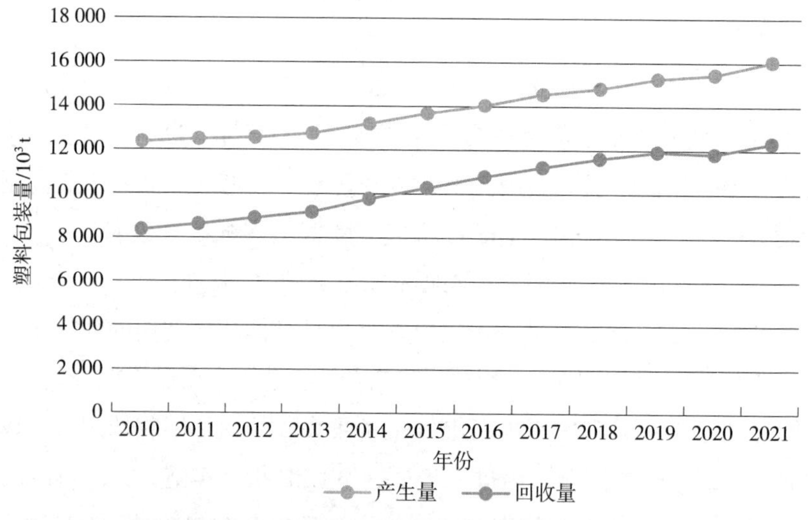

图 2-14　2010—2021 年欧盟塑料包装废物产生和回收情况统计

（2）主要成效

2018 年 1 月，欧盟委员会通过了《欧盟塑料战略》，其后欧盟基于该战略出台了多项提案和指令，扩大其影响范围。2019 年，欧盟发布一次性塑料指令，禁止使用塑料吸管、餐具、棉签、聚苯乙烯和可氧化降解塑料等制成的一次性塑料制品，鼓励使用更可持续的替代品，包括可生物降解或可堆肥塑料，要求成员国采取措施减少其他一次性塑料制品的使用。为了确保含回收塑料材料及其制品的质量安全，2022 年 10 月，欧盟《关于与食品接触的再生塑料材料和制品的法规》（2022/1616/EU），其中规定了针对 PET 材料的机械回收工艺。2022 年 11 月，欧盟委员会发布“关于生物基、可生物降解和可堆肥塑料政策框架”的政策通讯文件，阐明如何应用此类塑料才能真正对环境有益，以及应如何设计、处置和回收。2023 年 9—10 月，欧盟针对微塑料防治采取多项举措，包括发布《关于欧盟应对微塑料污染行动的手册》《关于防止颗粒损失以减少微塑料污染的法规提案》等。

在废塑料处理方面，欧盟正逐步减少对填埋和焚烧的依赖，转而采用更为环保的回收和资源回收利用方法。例如，一些先进的机械和化学回收技术正在被开发和应用。同时，欧盟正在努力建立更加高效的塑料回收和处理网络，支持跨国界的回收设施合作，以及促进回收行业的创新。总体上，欧盟的塑料回收比例较低，据估计，塑料包装材料价值的 95% 在首次使用周期后就被损失掉。为了提高塑料回收利用率，欧盟设立了具体的回收目标，引入多项激励措施，例如，对回收成果良好的成员国提供经济奖励，以及对不达标国家施加罚款。此外，欧盟也在积极推动塑料包装设计的创新，鼓励采用更易于回收的材料和设计。

欧盟回收的塑料中有一半被出口到欧盟以外的国家进行处理。出口的原因包括当地缺乏处理废物的能力、技术或财政资源。2020 年，欧盟出口到非欧盟国家的废物达到 3 270 万 t。大部分废物包括黑色金属和有色金属废料以及纸张、塑料、纺织品和玻璃废物，主要运往土耳其、印度和埃及。

2.3.3.5　废电池

（1）管理现状

欧盟各成员国投放市场的电池数量差异较大。2009—2021 年，大多数成员国的便携式电池及蓄电池销量呈现增加趋势（不包括汽车动力电池和工业电池）。2021 年，欧盟电池销售总量为 24.2 万 t，其中 10.8 万 t 废电池被循环利用，回收率约为 48%，相较 2009 年约为 5 万 t 的废电池回收量翻了一番。图 2-15 显示了欧盟便携式电池及蓄电池销量和回收量的逐年变化情况。

（2）主要成效

全球电池需求正在迅速增长，预计到 2030 年将增长 14 倍，欧盟约占 17%。欧洲议会和理事会于 2023 年 7 月 12 日通过了新的电池法规，强调了对电池全产业链实施更为全面的监管。其监管要求贯穿电池的生产、售卖和回收，最大限度地确保投放欧盟市场的所有电池（包含单独使用、集成在电气电子设备和交通工具等最终产品中的电池）在整个生命周期中可持续、高性能和高安全，减少电池生命周期环境和社会影响。在当前能源背景下，新法规促进了具有竞争力的可持续电池行业的发展，支持欧洲的清洁能源转型和摆脱燃料进口的依赖。作为《欧洲绿色新政》的一项重要成果，新法规体现了欧盟循环经济和零污染的雄心，并加强了欧盟的战略自主权。自 2024 年起，欧盟委员会将根据新电池法规通过授权和实施法案。

图 2-15　欧盟国家便携式电池及蓄电池销量和回收量逐年变化情况

2.4　日本固体废物环境管理

2.4.1　发展历程

日本的固体废物管理经历了三个主要阶段。通过立法和政策的不断完善，并与地方政府、企业、居民等合作，日本稳步构建起了循环型社会。以下从第二次世界大战后公共卫生改善、20 世纪 60 年代污染防治与环境保护、80 年代末期的循环型社会构建这三个时期，阐述日本固体废物问题的演变及相应对策。图 2-16 展示了日本固体废物环境管理发展阶段。

2.4.1.1　公共卫生改善阶段

当垃圾被随意丢弃于街道及空旷地带时，会导致蚊蝇滋生和传染病的蔓延。为改善公共卫生，日本于 1900 年颁布《污物扫除法》，建立起由市、町、村政府负责的固体废物收集和处理体系，并管理垃圾处理行业。该法律建议尽可能焚烧垃圾，但由于当时缺乏相关设施，大部分废弃物仍被简单堆积后点火焚烧。

战后，随着经济的复苏和人口集中，城市垃圾量急剧上升，原有的收集方式已经无法应对。为此，1954 年出台《清扫法》，在市、町、村负责的基础上，明确国家和都、道、府、县提供财政和技术援助，并强调居民的协作。1964 年，《生活环境设施整备紧急措施法》提出《生活环境设施整备五年计划》，促进城市垃圾焚烧设施的建立，提升了垃圾收运的机械化和效率。

时期	主要挑战
战后至20世纪50年代	作为环境卫生措施的废物管理
	保持卫生舒适的生活环境
20世纪60—70年代（高度增长期）	工业废物等的增加和快速增长造成的“污染”表现
	作为环境保护措施的废物管理
20世纪80年代	促进废物处理设施的发展
	废物管理中的环境保护
20世纪90年代	减少和回收废物
	建立各种回收系统
	针对有害物质（包括二噁英）的措施
	适应废物类型和性质的多样性
	引入适当的处理系统
21世纪至今	促进“3Rs”的发展，建立一个以回收利用为导向的社会
	加强工业废物处理措施
	加强打击非法倾倒措施

公共卫生改善
污染防治与环境保护
循环型社会构建

图 2-16　日本固体废物环境管理发展历程

2.4.1.2　污染防治与环境保护阶段

在高度经济增长期，垃圾量和种类也随之增加。与此同时，工业固体废弃物如污泥、合成树脂废料和废油等大量产生并未经妥善处理进入垃圾系统。此外，城市开发产生的建筑垃圾被不当倾倒在空地和河床。为此，1970 年通过《废弃物处理及清扫法》，明确了固体废弃物的基本管理框架，将其分为“工业废弃物”和“一般废弃物”，并分别由排放者和市镇村政府负责。

工业活动导致有害固体废物（如 Hg 和 Cd）引发了严重的公害，给周边居民带来健康损害。1967 年《公害对策基本法》明确企业需对污染防治负责，中央和地方政府则应保全环境，并鼓励居民协助实施对策。1970 年和 1971 年通过《大气污染防止法》和《水质污染防止法》，加强对工业污染物的监管。此外，日本还积极推广满足标准的废物处理设施，实施财政补助计划，培养技术管理者，以确保废物设施运营。最终，垃圾焚烧设施得到广泛应用，提升了合规处理能力。通过管理和分区的填埋场，将有害和非有害废弃物分开处理，以降低环境风险。

2.4.1.3　循环型社会构建阶段

2000 年，《循环型社会构建推进基本法》明确资源循环利用的优先顺序，并制定了具体的目标，鼓励地方政府和企业积极合作，构建循环型社会。日本政府通过举办全国垃圾减量大会、设立“3R 推广月”等，增进公众对垃圾减量与循环利用的认识。地方政府和非营利组织共同推广环保购物、资源垃圾单独收集、团体回收等项目，鼓励居民积极参与。此外，鉴于工业固体废弃物的非法倾倒和填埋场的不足，日本逐步完善法规体系，强化产废企业的责任，加强设施监管，确保工业废物的妥善处置。针对二噁英污染物，自 1983 年公众开始关注二噁英问题以来，日本在法规、设施建设和技术开发方面取得了显著进展，相关排放法规不断加强。焚烧设施排放量在 2011 年相比 1997 年下降约 99%。

2.4.2 管理框架

2.4.2.1 组织管理体系

日本将环境问题分为城市环境问题、区域环境问题和全球环境问题。在日本，城市内环境要素一般分为自然环境和人工环境两部分，城市人工环境主要由主管城市规划的国土交通省管理，其他环境问题则由环境省管理。同时，由于城市环境问题来源于人类经济活动中的资源利用和废气、废水、固体废物排放，城市环境管理也与经济产业省有关。此外，由于“内阁官房”（首相办公室）是首相直接领导的讨论、策划与调整的重要政策机构，其制定相关政策也直接影响到城市环境管理。2017 年 7 月，日本环境省废除废弃物和回收利用对策部，新设置了环境再生和资源循环局。据估计，日本从事废物行政管理的职员人数约占 20%。

日本地方行政机构分为 1 都、1 道、2 府、43 县，共 47 个行政区。在都道府县内划分为市、町或村等行政区，东京都还有特别区。都道府县与市町村都是地方自治体，既是执行上级行政指令的实体，也在法律允许范围内有制定地方法规的权利。尤其在环境保护方面，地方政府制定的环境标准往往比国家标准更严格。日本现行环境管理行政体系如图 2-17 所示。

日本废物管理及循环利用体系的建立包括分类、收集、运输、资源化、中间处理和最终处理等一系列环节，涉及生产企业、再生利用协会、市町村（地方政府）、产生者（消费者、家庭和企业）、再商品化企业、中间处理企业和最终处理企业等。责任分担制和延伸生产者责任制将这些利益相关者按照流程组成了一个各负其责、相互协作的链条，这也为监管者实施全流程链条式管理提供了便利。以东京为例，环境局提供五联或七联的废物循环利用流程单，从产生到收集、运输、中间处理和最终处理等环节，废物每经历一个环节，责任者都需要填写一张流程单，从而可通过追踪或问责的方式确保废物适当排放、合理利用和处置。

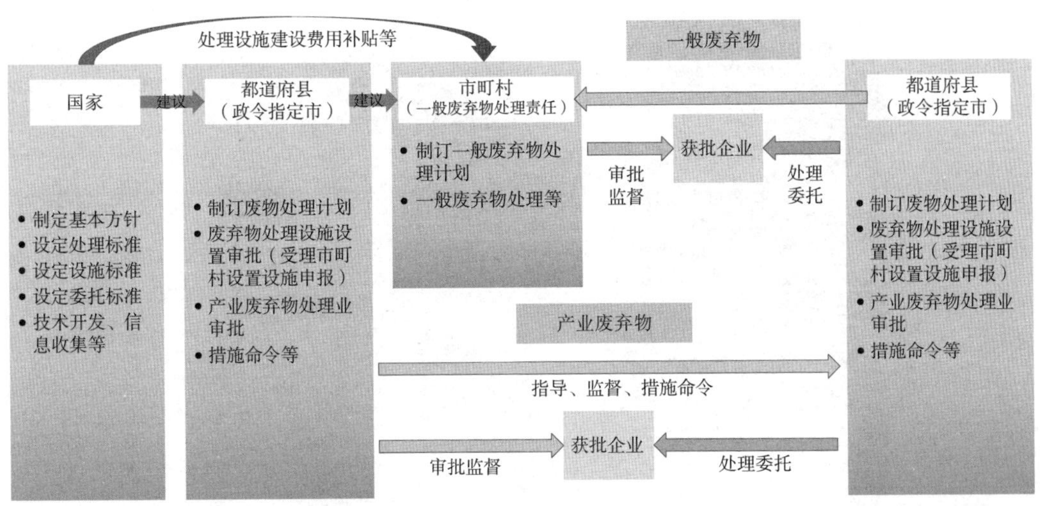

图 2-17　日本废物管理行政体系

日本将废物分为一般废物、产业废物和危险废物（特别管理废物）。一般废物包括家庭产生的人类废物和其他生活废物，以及办公室和餐馆产生的商业废物。产业废物是指因商业活动而产生的废物。实行不同层级地方政府的分级管理：一般废物由市町村负责制订处理计划和监督管理，产业废物回收运输、处理处置行业由都道府县进行许可和指导监督。日本废物管理基于“3R”（Reduce、Reuse、Recycle）原则。日本废弃物分类情况及日本物质流概况分别见图 2-18、图 2-19。

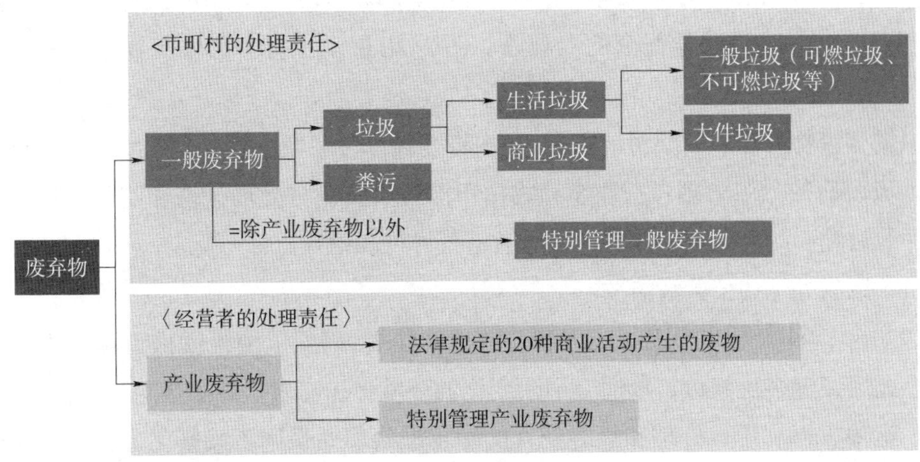

图 2-18　日本废弃物分类情况

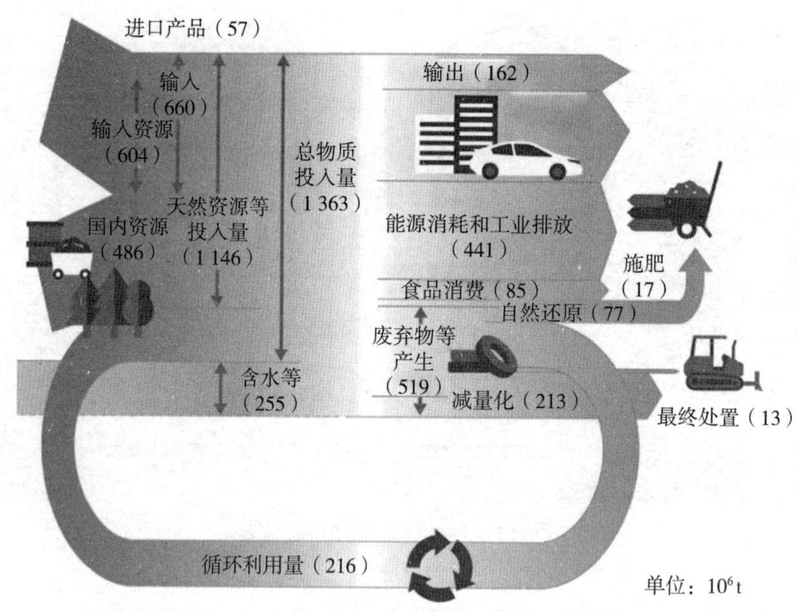

图 2-19　2020 年日本物质流概况（图来源于网络）

2.4.2.2　管理法规体系

日本基础环保法律法规包括《环境基本法》《环境法配套实施的相关法律》等共 242 项法律法规及行政命令。涉及废物管理的相关法律可以分为三个层面：第一层是基本法，即《循环型社会形成推进基本法》；第二层是综合性法律，废物合理处置和再生资源循环利用分别由《废物处理和公共清洁法》和《资源有效利用促进法》具体管理；第三层是指与综合性法律配套的专项法。图 2-20 展示了日本固体废物管理相关法律体系。

根据《废物处理和公共清洁法》，日本将废物分为一般废物和产业废物，实行不同层级地方政府的分级管理：一般废弃物由市町村负责制订处理计划和监督管理，产业废物回收运输、处理处置行业由都道府县进行许可和指导监督。

（1）废物处理和公共清洁法

1970 年，日本颁布《废物处理和公共清洁法》，确立了国内废物管理的主要法律依据。此后经过多次修订，以适应不断变化的环境保护需求。该法规定了废物的分类、收集、运输、再利用、处理和最终处置的基本框架，并强调了减量化、资源化和适当处理废物的重要性。《废物处理和公共清洁法》旨在保护公共卫生和生活环境，同时促进资源的循环利用。

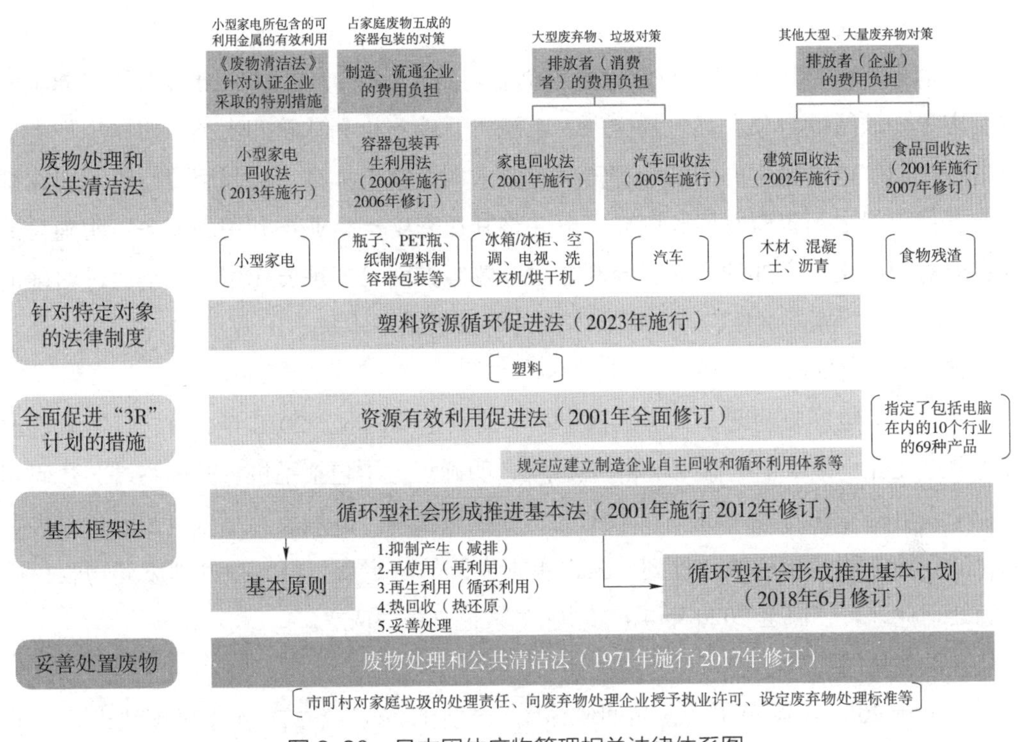

图 2-20　日本固体废物管理相关法律体系图

（2）循环型社会形成促进基本法

为了进一步强化循环经济和可持续发展的理念，日本政府于 2000 年颁布了《循环型社会形成促进基本法》，旨在通过促进资源的有效利用和废物的减量化，推动日本社会向循环型社会的转变。这一法律标志着日本在固体废物管理和资源循环利用方面的政策取向发生了根本性变化，从传统的废物处理和资源回收转向了更加全面的资源循环利用模式。该法明确了循环型社会建设的基本原则和目标，并规定了政府、企业和公民在其中的责任。法律强调减少资源消耗、提高资源利用效率和促进废物的再利用与回收是建设循环型社会的关键。为实现这一目标，法律要求制订长期和短期的政策计划，并设立了相关的指标和目标。

（3）资源有效利用促进法

2001 年 4 月，日本颁布了《资源有效利用促进法》。该法要求强化产品资源回收，通过节约资源和延长产品使用寿命减少废物产生，采取新措施重新利用收集的产品零件，减少工业副产品的产生或进行回收利用。该法涉及 10 个行业的 69 类产品，明确了节约资源、循环再利用、再资源化的产品类别，提出了相对应的管理要求。

（4）家电回收法

日本于1998年颁布了《特定家庭用机器再商品化法》，自2001年4月1日起全面强制实施。该法的对象产品包括空调、电视机、洗衣机和冰箱四大类；明确生产者负有进行废旧家电的再生利用的物理责任，要求四大家电处理、再利用费由消费者在排放时支付，规定销售商有回收废弃家电并将其送交生产企业再利用的义务，明确自治体在应对回收义务之外的产品、控制非法弃置等方面发挥重要作用。该法通过明确消费者、商家和厂家的责任，建立了日本完善的家电循环体系。

（5）小家电回收法

针对小家电回收问题，日本重视小家电的贵金属回收。2012年3月，日本政府通过《促进废弃小型电子电器回收利用法案》，明确规定了包括手机、PHS终端、数码相机、个人电脑等在内共计28种回收对象。根据该法案，开展废弃小型电子设备等再资源化的企业需制订再资源化计划，获得主管大臣的认定后，可无须办理废弃物收集搬运和处理业许可，截至2020年4月，共57家企业获得认定。

（6）食品回收法

日本于2001年颁布了《食品回收法》，分别于2007年、2014年对该法进行了修订。该法旨在减少食品制造、供应、销售等过程的废物产生，促进食品废物的再利用。该法鼓励企业减少食品废物的产生，并将无法避免的废物转化为饲料和肥料等有用资源，要求一般废物收集和运输业务必须获得许可。

（7）容器包装再生利用法

1995年，日本颁布《容器包装再生利用法》，2006年对该法进行了修订，2008年全面实施。该法明确了容器包装的定义和识别方法，建立了以“消费者分类、市町村分类收集、企业回收”为机制的容器包装废弃物回收利用体系，要求消费者、市政当局、企业三方共同努力减少容器和包装废物，规定了容器包装的再商品化责任主要由生产者承担。

（8）塑料资源循环促进法

2022年4月1日，日本《塑料资源循环促进法》正式实施。该法规要求大量使用一次性塑料的运营商减少该类产品的使用，餐饮业、零售业和酒店业经营者也需要据此减少塑料垃圾的产生。但该法规并未统一规范塑料制品的使用，而是将许多具体的减塑措施留给了经营者和消费者，能产生多大的减塑效果尚有待时间的检验。

2.4.2.3　其他相关政策

（1）经济政策和公众参与

经济政策和公众参与也是日本废物管理的重要手段。回收处理收费制度普遍应用于汽车、家电和城市废物等方面：对汽车采取预先付费方式，即在购买汽车时就预先交付报废费用；根据《家电回收法》，电视机、空调器、电冰箱、洗衣机的消费者也必须缴纳废家电处理费；城市废物方面，采取废物处理费和税并存模式，通过强制使用收费袋和处理票的方式收取生活垃圾处理费，部分地方政府还对产业废物课税。

日本垃圾收费制度真正始于 1946 年。后来随着日本进行地方分权改革，垃圾收费政策逐渐转变为政府与地方自治体合作制定。日本施行的垃圾收费制度分为计量收费制、累进计量收费制、补助组合收费制、定量免费制和定额收费制，生活垃圾有偿回收制体现了“污染者付费原则”（Polluter Pays Priciple，PPP），通过付费提高废物排放者的环保意识。日本大多市町村实施生活垃圾有偿回收制。日本政府在设计、施行收费制度的过程中，充分考虑居民的接受程度和参与意愿，注重收费制度的实施效果，并能及时跟进完善。公众参与下，日本生活垃圾分类是公认的全球典范。

（2）环境基本计划

1994 年，日本依据《环境基本法》制定了《环境基本计划》，该计划是实施《环境基本法》的具体行动方案，明确了日本环境保护的基本方针、目标和具体措施，是日本环境政策的核心文件。该计划自首次制定以来，基于对过去环境政策执行情况的评估，以及对未来环境保护方向的预测和规划，已经历了多次修订，详情见表 2-6。

表 2-6　日本《环境基本计划》修订历程

修订次数	修订时间	修订内容
第一次	2000 年	对《环境基本计划》进行了首次修订，增加了关于建立循环型社会和生物多样性保护的内容，强调了环境保护与经济发展相协调的重要性
第二次	2006 年	重点强化了气候变化对策和能源使用效率的提高，明确了到 2010 年实现特定温室气体排放量减少 6% 的目标
第三次	2012 年	修订重点包括加强环境教育和公众参与，提升自然资本的价值，以及进一步强调了地方政府和私营部门在环境保护中的作用
第四次	2018 年	对《环境基本计划》进行了更新，以响应《巴黎协定》的全球气候变化行动，强调了创新技术的开发和利用，以及推动绿色金融等

（3）循环型社会形成推进计划

日本经济发展分为三个阶段：从线性经济到循环经济，再到增长型资源自主经济。

三个阶段不仅反映了经济发展模式的演变，也体现了废物管理理念和实践的深刻变革。在线性经济阶段，日本经济模式属于大量生产、大量消费、大量处置废物的单向流程。这种模式虽然在一定时期内推动了日本经济的快速增长，但也导致了资源的极大浪费和环境污染问题的加剧。废物管理在这一时期主要以处置为中心，环境保护意识相对较弱。随着环境问题的日益严峻和资源约束的加剧，日本经济逐步转向循环经济模式。循环经济强调在生产、消费和废物管理各个阶段有效地循环利用资源，通过提高资源利用效率和降低环境影响来实现经济发展与环境保护的双赢。在这一阶段，废物管理的重点从单纯的处置转向资源的回收和循环利用，政府和企业开始重视废物的减量化、资源化。

2023 年 3 月，日本制定发布了《以增长为导向的资源独立型经济战略》文件，标志着日本进一步深化循环经济理念，完善国内资源循环体系，控制国际供给中断的风险，实现经济的自主性和弹性，对实现碳中和、经济安全保障、保护生物多样性以及缓解垃圾处置场地紧张等方面做出实质性贡献。废物管理在这一阶段将更加注重系统性的整合和创新，不仅包括传统的回收利用，还涵盖了如生物经济、共享经济等新兴模式，以及数字技术在资源循环中的应用，从而推动废物向资源的转变，促进经济社会的整体可持续发展。

为有计划地全面推动循环型社会建设的相关对策实施，日本政府于 2003 年制定了《循环型社会形成推进基本计划》（以下简称《基本计划》），该计划是建设循环型社会的路线图，确定建设的目标、明确各主体的建设任务，提出建设重点，并且每 5 年修改一次。在 2003 年、2008 年、2013 年和 2018 年分别对《基本计划》进行了 4 次修订。2018 年修订的《基本计划》，将视野扩大到经济、社会层面，提出将循环型社会建设与可持续发展社会建设进行整合、通过循环共生圈给建设地区带来活力、在产品的整个生命周期实现彻底的资源循环等 7 方面内容，并提出相应的指标。

（4）废物统计要求

日本没有专门的环境统计或废物统计立法，首要依据是《循环型社会形成推进基本法》。该法律第 14 条中对相关年度报告进行明文规定：政府应每年向国会提交一份关于流动资源产生现状、周期性使用、处置情况和政府在建立循环型社会方面采取措施的报告。同时，第 29 条对相关调查进行规定：国会需要每年都采取措施进行循环资源、周期性使用和处置状况的调查，同时政府发布白皮书，总结建立循环型社会所采取的措施。

（5）生产者责任延伸

日本生产者责任延伸（EPR）政策引入较早，尤其在家电回收和汽车回收方面有着明确的规定和系统的实施方案。日本 EPR 更侧重于物理责任，要求生产者建立或参与回收系统，确保废弃产品得到妥善处理。例如，《家电回收法》要求生产者负责旧家电的回收和再利用，通过 EPR 政策实施细致的分类回收，促进了资源的有效利用和废物处理的减量化，同时也推动了与回收相关的产业发展。

（6）应急环境管理

日本是世界上自然灾害最严重的国家之一，为此形成了完善的突发事件应急管理体系。突发环境事件作为突发事件的一类，得到日本政府的高度重视。日本在突发环境事件上遵循“立法先行”的理念，建立了完善的突发环境事件应急管理法律体系，先后颁布《灾害对策基本法》《关于重大灾害特别财政援助相关法》《大规模地震对策特别措施法》等多部应急管理法律；对突发事件的管理部门责任划分、横纵向合作机制、信息传递和联络机制、物资配置、应对措施等均作出了详细、可操作、好执行的要求，这些法律要求均对突发环境事件适用。日本突发环境事件管理机制实现了责任划分、区域间合作、信息传递和联络及应急预案制度。2021 年，日本国家补助灾害垃圾处理项目处理灾害垃圾量 39 万 t。

（7）“3R”原则

日本的固体废物管理策略基于“3R”原则：减少（Reduce）、再使用（Reuse）、回收（Recycle），并且正在逐步加入第四个 R——能源回收（Recover）。日本的固体废物管理由一系列法律和政策支持，核心法律包括《废物处理和公共清洁法》《容器包装循环利用法》以及《循环型社会形成推进基本法》。这些法律明确了废物处理的基本原则、回收目标以及政府、企业和消费者的责任。

2.4.3　典型废物管理案例及做法

2.4.3.1　城市固体废物

（1）管理现状

日本环境省对全国和地方政府进行了一般废物处理情况调查，并于 2023 年 3 月公布 2021 年一般废弃物管理数据。2021 年，日本一般废物总排放量为 4 095 万 t（同比减少 1.7%），每人每天废物收集总量为 890 g（同比减少 1.2%），自 2012 年以来废物排放总量呈下降趋势（见图 2-21）。2021 年，日本一般废弃物处理总量为 3 942 万 t，其中焚烧、破碎、分选等中间处理方式的处理量为 3 719 万 t（中间处理量），填埋量 342 万 t，废物减量化处置率 99.1%，回收率 19.9%。此外，日本还推动有效利用废物焚烧余热，2021 年废物焚烧发电设施占比 38.5%，总发电量约为 105 亿 kW·h。图 2-22 说明了日本 2012—2021 年废物处理量变化趋势。

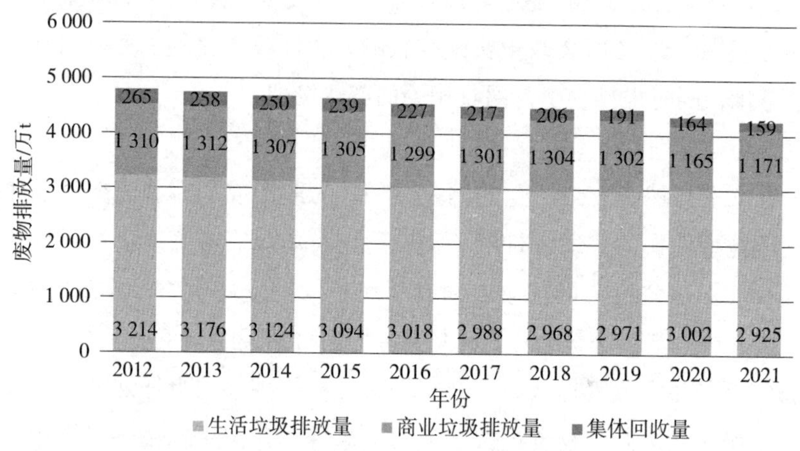

图 2-21　2012—2021 年日本一般废物排放情况统计

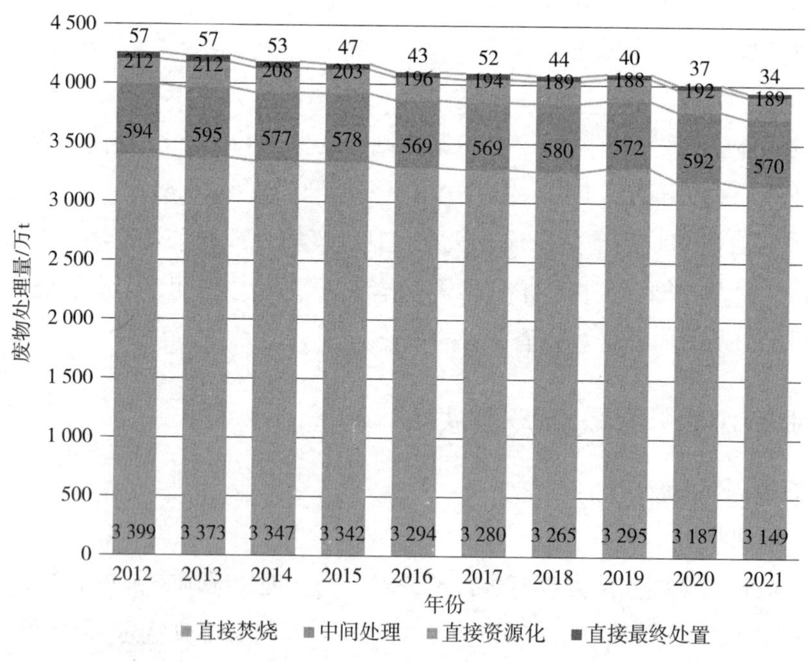

图 2-22　2012—2021 年日本废物处理量变化趋势

（2）主要成效

日本是世界上开展城市生活垃圾分类最早、成效最显著的国家，其垃圾处理政策经历了“末端处理（20 世纪 70 年代以前）—源头分类（20 世纪 70—80 年代）—回收利用（20 世纪 90 年代）—循环资源（21 世纪至今）”的渐进式演进历程，反映了日本对垃圾的认识由“废物”向“资源”的转变过程。如今，日本各城市的垃圾分类办法科学、严苛且行之有效。

日本在固体废物管理方面的成功经验主要得益于以下 4 个方面：

①完备的法律体系和严格执法：日本建立了一个层次分明、类别齐全的垃圾处理法律体系，规定细致、便于执行。这个体系包括基本法、综合法和专项法三个层次，形成了一个由基本法统领综合法与专项法的模式。例如，1993 年的《环境基本法》和 2000 年的《循环型社会形成促进基本法》为日本垃圾处理法律体系的构建与完善提供了重要基础。综合法如《废弃物处理法》和《再生资源利用促进法》奠定了制度基础，专项法则针对不同行业的具体问题制定了具有针对性的规定，提高了可操作性。日本垃圾分类领域相关法律法规见表 2-7。

表 2-7　日本垃圾分类领域相关法律法规

类比	法规名称
基本法	《环境基本法》《循环型社会形成促进基本法》
综合法	《废弃物处理法》《再生资源利用促进法》
专项法	1995—2003 年日本先后以容器包装、家用电器、建筑材料、食品、汽车和小型电子产品等为对象，针对不同行业的具体问题制定了具有针对性的循环利用专项法

②污染者付费原则和有偿回收：日本实行生活垃圾有偿回收制，体现了“谁污染、谁付费”的原则。这一制度通过不同的收费形式，促进了垃圾减量化和资源的有效利用。实施有偿回收制的市町村数量不断增加，显示了公众对这一政策的广泛接受和实施效果。

③生产者责任延伸原则（EPR）：遵循 EPR 原则，日本明确了垃圾循环利用行为主体的责任。这不仅要求生产者承担产品性能和质量的责任，还要承担产品再利用、资源化和最终处理的责任。这一原则强调生产者的主导作用，并通过社会合力共同分担责任，促进了垃圾减量化和回收再利用。

④明确各主体的责任和社会合力：日本在垃圾循环利用上明确了国家、企业、市町村自治体、民间团体和国民的责任，形成了社会合力。国家负责制定和实施政策，企业负责产品的循环利用和垃圾处理，自治体负责垃圾循环利用和最终处理措施，民间团体负责垃圾回收，国民则负责垃圾分类排放和支持回收利用。具体到个人，日本居民生活中垃圾分类意识很高，邻里相互监督，错误分类甚至可能会影响到个人品行口碑。

2.4.3.2 危险废物

日本危险废物的管理主要依据《废物处理和公共清洁法》《特定有害废弃物的适当处理法》《关于消除特定工业废物造成的环境问题的特别措施法》等相关法律。这些法律明确了产生者责任原则，规定了废物的分类、标签、记录保持、许可证制度和最终处置方法。

具有爆炸性、毒性、传染性或者具有其他可能对人体健康或者生存环境造成损害的废物，被列为重点管理一般废物或者重点管理工业废物（以下简称“危险废物”）。在其业务活动中产生危险废物的工业企业必须在其每个工作场所指定一名工业危险废物管理者，以确保妥善开展工业危险废物处理相关工作。日本根据危险的类型制定特殊处理标准，确保适当处理。此外，如需外包处置，则必须外包给获得处理工业危险废物许可的公司。

感染性废物方面，自 2020 年 1 月以来，针对新型冠状病毒感染的蔓延，日本采取了适当处理与新型冠状病毒感染相关的废弃物（包括其他废弃物）的措施，并采取措施维护处理系统。日本政府还对处理系统进行了维护，比如为垃圾处理企业安排防护用品等，确保垃圾处理所需的防护用品不出现短缺。2021 年 4 月，日本发布通知总结了新型冠状病毒感染疫苗相关废物处理的注意事项。此外，日本还根据应对新型冠状病毒感染的经验，于 2022 年 6 月基于《废弃物管理法》修订了《感染性废弃物处理手册》。

为创建安全的循环型社会，日本正在完善危险废物管理系统，以实现对废物中所含有害物质信息进行全面统计，确保对含有有害物质材料进行适当的管理和处置。具体措施包括对某些特定危险废物进行无害化处理认证咨询、为地方政府废物处理计划提供技术支持。

危险废物进出口管理方面，1992 年，日本发布《特定危险废物和其他废物进出口控制法》并于 2023 年修订。该法律明确了出口要求、进出口规定。第 25 条规定，未按要求提交通知书或提交虚假通知书等，可处 6 个月以下有期徒刑或 50 万日元（约合人民币 2.5 万元）以下罚金。

2.4.3.3 废弃电器电子产品

（1）特定家电设备

《家电回收法》将空调、电视机（阴极射线管型、液晶 / 等离子型）、冰箱 / 冰柜、洗衣机、干衣机等规定为特定家电。特定报废家电设备的零售商有义务将其回收并交给制造商等，制造商等有义务将其回收至指定收集地点并进行回收利用。2021 年制造商共收集特定报废家电设备 1 526 万台，非法倾倒车辆 45 000 辆。图 2-23 展示了 2001—2021 年日本指定收集点回收特定报废家电设备情况。

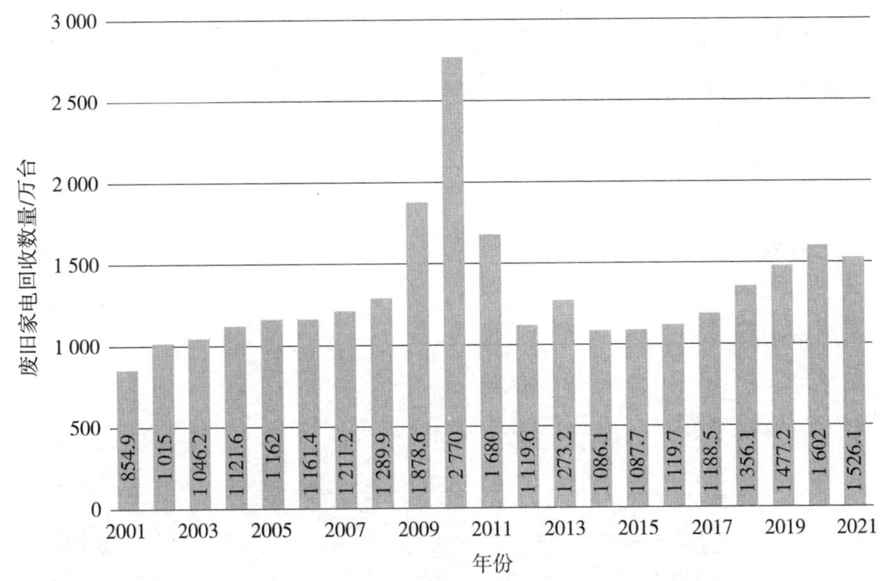

图 2-23　2001—2021 年日本指定收集点回收报废特定家电设备情况

制造商必须根据相关标准回收家电产品。2021 年，报废家电设备总体回收率为 68.2%，按家电类别分别为空调 92%、CRT 电视 72%、液晶 / 等离子电视 85%、冰箱 / 冰柜 80%、洗衣机 / 干衣机 92%。自 2021 年 4 月以来，中央环境委员会和产业结构委员会联席会议一直在评估家电回收系统，包括打击非法倾倒、提高收集率、降低回收成本等内容，从收集方式、循环经济、回收率和碳中和等方面进行了讨论，并于 2022 年 6 月编写了《关于家电回收制度执行状况评估和审查的报告》。

（2）个人计算机及其外部设备

对个人计算机（PC），《资源有效利用促进法》要求从 2001 年 4 月起收集商用 PC，从 2003 年 10 月起收集家用 PC，要求制造商等回收资源，台式电脑（主机）回收率设定为 50% 以上，笔记本电脑设定为 20% 以上，阴极射线管显示装置设定为 55% 以上，液晶显示设备，通过设定最低 55% 来促进回收。2021 年，共收集了约 66 000 台台式电脑（主要设备）、205 000 台笔记本电脑、8 000 台阴极射线管显示设备、136 000 台液晶显示设备。此外，制造商的回收率包括台式电脑（主机）82.0%，笔记本电脑 68.7%，阴极射线管显示装置 75.4%，液晶显示装置 80.2%，全部符合法律要求。

（3）小家电

根据《小家电回收法》，日本正在采取措施促进报废小家电设备的回收利用，该法设定了到2023年的年度收集量目标，预计为14万t。2013—2020年，日本报废小家电设备实际收集量逐年稳步增长（见图2-24），2020年回收量约10万t。约95%的人有意愿参与报废小家电设备回收。

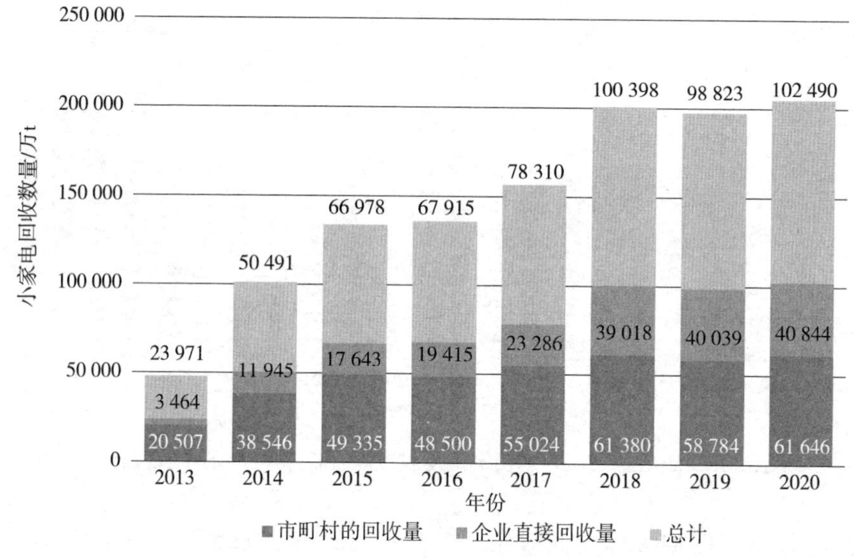

图2-24　2013—2020年日本小型电子设备回收情况统计

2.4.3.4　废塑料

日本在塑料废物管理方面采取了一系列综合措施，旨在应对塑料污染问题，推动资源循环利用，并逐步实现塑料废物的减量化、资源化和无害化。自2022年4月起，日本《塑料资源循环促进法》被强制执行，旨在推动企业、地方政府和消费者在塑料制品的设计、制造、销售、收集和回收的整个过程中践行“3R原则”，推进循环经济建设。

2020年11月，一项关于塑料袋使用情况的网络调查结果显示，日本每周不使用塑料袋的人数从30%增加到70%。据日本塑料回收协会预测，2021年塑料产量约1 045万t，废塑料排放总量约824万t，占比87%。其中，在未有效利用的废塑料中，约8%通过简单焚烧进行处理，约5%通过填埋处理。2022年，废塑料排放总量823万t，有效利用率87%，塑料废物处理量位居世界第二。此外，日本致力于对聚乙烯（PET）瓶的回收和再利用，将其再生产为日常用品、服装等。日本PET瓶回收协会的统计数据显示，2022 年日本 PET 瓶的回收率达 94.4%。图 2-25 展示了日本废塑料排放总量、有效利用 / 未利用量、有效利用率的变化趋势。

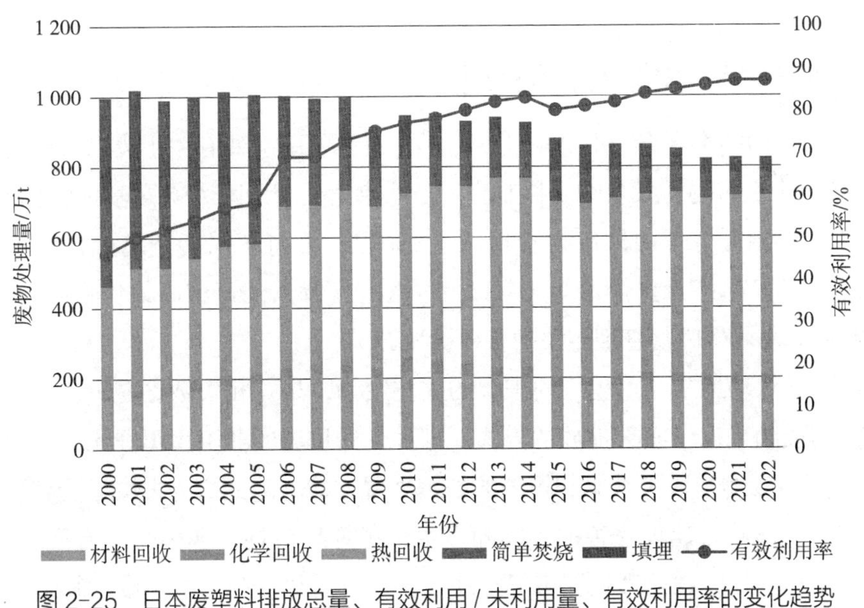

图 2-25　日本废塑料排放总量、有效利用 / 未利用量、有效利用率的变化趋势

日本企业可分为制造商、销售 / 供应商和排放企业三类。制造商必须按照政府的《塑料产品设计指南》选择材料、设计和制造产品。此外，要求制造商积极公开产品信息、评估产品生命周期环境影响，鼓励优秀的产品设计申请体系认证，从而得到绿色采购法的支持。

制造商和销售 / 供应商均应与当地政府和消费者合作，积极开展自愿收集和回收。其次，排放企业（办公室、工厂、商店等经营场所企业）在排放、收集和回收阶段，必须根据《排放企业判断标准部级条例》控制排放并回收资源。通过制定“回收事业计划”并获得国家认证，即使没有“废物处理和公共清洁法”的许可，也可以实施回收项目。地方政府（市、区、镇、村）制定并向民众发布垃圾与塑料制品分离标准，倡导垃圾分类。此外，还会对单独收集废物制订回收计划，去除不必要的分类和储存等中间处理过程。

2.5 其他国家

2.5.1 菲律宾固体废物环境管理

菲律宾于1993年签署《巴塞尔公约》，并颁布了一系列有关于废物管理的具体法律法规。《有毒有害物质及核物质控制法》是菲律宾关于危险废物管理的基本法律。其他法律法规包括《生态固体废物管理法》《菲律宾可持续消费和生产行动计划》和2022年通过的《生产者责任延伸法》以及《含有害物质的可回收物料临时进口导则》等，广泛应对与固体废物管理相关的各种挑战。

人类日常活动通常会产生不同来源的固体废物，根据相关数据显示，菲律宾约有75%的固体废物采取了露天堆放的方式处理，生活垃圾的非卫生填埋比较普遍，各有约10%的固体废物采取了堆肥和填埋的处理处置方式。除此之外，由于受到资源限制和信息的缺失影响，建设完善的废物和再生资源处理市场是菲律宾政府努力的方向。同时，菲律宾危险废物处理处置市场空缺较大，且需尽快制定电子废物管理政策法律体系。

2.5.2 泰国固体废物环境管理

1995年泰国工业部发布关于危险物质清单的通知（B.E.2538），并于1997年签署了《巴塞尔公约》。此外，泰国还通过制定《危险物质法》《货物进口法案修正案》等诸多监管框架以进行有效的固体废物管理。

在泰国，固体废物的处理处置通常包括正规和非正规两种途径。有关数据显示，有约65%的固体废物处理处置采用露天堆放的方式，10%用于堆肥，填埋和焚烧的固体废物各占5%，另有15%的固体废物以其他的形式进行处理处置。泰国生活垃圾卫生填埋场填埋能力存在不足，通过露天堆放、露天填埋方式处理的生活垃圾需要得到更妥善的处理。泰国具有废弃电器电子产品拆解、回收利用和资源利用的处理企业。但在危险废物处理处置方面，由于技术等原因，对危险废物的管理、引进先进技术和工人，增建危险废物处理厂是泰国政府正在努力的方向。

2.5.3 马来西亚固体废物环境管理

马来西亚于1993年签署《巴塞尔公约》，并颁布了《环境质量法》《环境质量（废物列表）法规》《固体废物与公共清洁法》《海关禁止进口条例》和《海关禁止出口条例》等一系列环境管理相关的法律法规。马来西亚严格禁止危险废物、生活垃圾和电子废物的进口，并对二手电器电子产品的进口有明确标准进行限制。

由于人口化和城镇化的快速增长以及社会和经济的发展，马来西亚的生活垃圾也在成倍增加，但在固体废物处理处置方式上，马来西亚最常采用露天堆放的方式，会对周边环境造成一定的污染。除露天堆放外，多采用填埋处置生活垃圾，鉴于其新建填埋场可用土地面积受限，如何利用焚烧、沼气池等方式对生活垃圾进行处理处置成为政府需要考虑的问题。马来西亚危险废物的处理处置能力尚待提高，还未达到市场饱和。对于电子废物，马来西亚具有各类废弃电器电子产品处理企业，但同时由于马来西亚非正规小规模企业的低利润竞争，该行业仍需要有更完善的管理政策支持。

第3章 我国固体废物环境管理基本情况

SOLID WASTE ENVIRONMENTAL MANAGEMENT

3.1　我国固体废物产生现状

近年来，随着工业化、城镇化进程推进和人民生活水平的提高，我国一般工业固体废物、生活垃圾、建筑垃圾、农业固体废物、危险废物等固体废物产生量持续增长。

3.1.1　一般工业固体废物

根据生态环境部环境统计数据，2010—2022 年，我国一般工业固体废物产生量、综合利用量、处置量总体呈上升趋势。2022 年，全国一般工业固体废物产生量为 41.1 亿 t，综合利用量为 23.7 亿 t，处置量为 8.9 亿 t。

2022 年，一般工业固体废物产生量排名前五的地区依次为山西、内蒙古、河北、辽宁和山东，产生量合计为 17.9 亿 t，占全国一般工业固体废物产生量的 43.4%。在统计调查的 42 个工业行业中，一般工业固体废物产生量排名前五的行业依次为电力、热力生产和供应业，有色金属矿采选业，黑色金属冶炼和压延加工业，黑色金属矿采选业，煤炭开采和洗选业。

3.1.2　农业固体废物

根据农业农村部数据，2019 年，全国畜禽粪污产生量 30.5 亿 t、农作物秸秆产生量 8.7 亿 t、农膜使用量 246.5 万 t、废弃农药包装物约 35 亿件。据行业专家估计，全国每年畜禽粪污综合利用率仅 70%，仍有 30% 未有效处理和利用，是农业面源污染的主要来源之一。此外，未利用的约 2 亿 t，农药施用后废弃农药塑料包装约 10 万 t。

3.1.3　生活垃圾

根据住房和城乡建设部办公厅统计，截至 2020 年年底，全国城市生活垃圾年清运量 2.43 亿 t，无害化处理能力 89.77 万 t/d，无害化处理率 99.3%。现建成运行的焚烧厂已超过 450 座，城市焚烧处理能力占总处理能力的比例达 52.5% 以上。46 个重点城市因地制宜设置生活垃圾分类投放装置，在 16.8 万个小区开展生活垃圾分类工作，覆盖居民 8 300 多万户，基本实现了分类投放、分类收集全覆盖的目标。分类运输体系基本建成，已配备 1 万多辆厨余垃圾运输车、1 700 多辆有害垃圾运输车。分类处理能力明显增强，日处理能力已达 48.3 万 t，总体上已超过日清运量。垃圾回收利用率平均达到 36.2%，较 2019 年同期提升 7.1 个百分点。

3.1.4 建筑垃圾

近年来，我国建筑垃圾（拆除垃圾、新建垃圾与装修垃圾）呈快速增长趋势，年均增长率为10%～15%。根据住房和城乡建设部办公厅测算，2020年全国城市建筑垃圾年产生量超过20亿t，是生活垃圾产生量的10倍左右，约占城市固体废物总量的40%。按区域分，华东、华南和华中地区建筑垃圾产生量较大，约占全国建筑垃圾产生总量的88%。

3.1.5 危险废物

2022年，全国工业危险废物产生量为9 514.8万t，利用处置量为9 443.9万t。工业危险废物产生量排名前五的地区依次为山东、内蒙古、江苏、浙江和广东，产生量合计为3 575.0万t，占全国工业危险废物产生量的37.6%。工业危险废物产生量排名前五的行业依次为化学原料和化学制品制造业，有色金属冶炼和压延加工业，石油、煤炭及其他燃料加工业，黑色金属冶炼和压延加工业，电力、热力生产和供应业。5个行业的工业危险废物产生量合计为6 879.7万t，占全国工业危险废物产生量的72.3%。

3.2 固体废物环境管理的历史沿革、问题挑战与发展趋势

3.2.1 历史沿革

3.2.1.1 早期起步阶段

1973年8月5—20日，第一次全国环境保护会议在北京召开。会议讨论了我国在环境污染和生态破坏方面的突出问题。这次会议的召开和随后国家颁布的《关于保护和改善环境的若干规定》，揭开了中国生态环境事业的序幕，也是我国固体废物环境治理领域的工作起点。

1978年3月，第五届全国人大一次会议通过的《中华人民共和国宪法》第一次对环境保护做出规定："国家保护环境和自然资源，防治污染和其他公害"，为中国环境法制建设和环境保护事业发展奠定法制基础。1979年，第五届全国人大常委会第十一次会议通过了《中华人民共和国环境保护法（试行）》。1983年，第二次全国环境保护会议正式确立了环境保护的基本国策和"预防为主、防治结合""谁污染谁治理""强化环境管理"的三大环保政策。1989年第七届全国人大常委会第十一次会议正式颁布

了《中华人民共和国环境保护法》。1990 年，《国务院关于进一步加强环境保护工作的决定》提出了环境保护的“八项制度”，即环境保护目标责任制、城市环境综合整治定量考核、排污许可证制度、限期治理、污染集中控制、环境影响评价制度、“三同时”制度和排污收费制度。这八项基本制度也是我国固体废物环境管理制度体系的基础。

1985 年，原国家经贸委设立了“资源综合利用司”。1985 年 9 月，国务院批转国家经委《关于开展资源综合利用若干问题的暂行规定》（国发〔1985〕117 号），明确了国家对资源综合利用实行鼓励和扶持政策，对《资源综合利用目录》内的资源综合利用产品给予税收减免优惠，要求企业必须将治理固体废物污染与资源综合利用相结合。

1990 年 3 月 22 日，中国政府代表正式签署《巴塞尔公约》。全国人大常委会于 1991 年 9 月 4 日批准《巴塞尔公约》。1992 年 8 月 20 日，《巴塞尔公约》对我国生效。

3.2.1.2　快速发展阶段

1995 年，我国正式颁布《固废法》，这是我国固体废物污染环境管理的重要基础与主要法律依据，标志着我国固体废物环境管理正式进入法制化阶段。自 1996 年《固废法》实施后，我国固体废物环境管理工作快速发展。国务院及其有关部门陆续制定了 30 余项配套法规和标准，一批具有可操作性的地方性法规和部门规章也相继出台。我国固体废物环境管理技术队伍和能力建设得到加强。国家环保局于 1996 年成立废物进口登记管理中心，在其基础上，国家环保总局于 2006 年成立固体废物管理中心。通过实施国家和省级固体废物管理中心能力建设项目，全国 31 个省（区、市）陆续建立了省级固体废物环境管理技术机构。

这一阶段，固体废物污染防治工作以进口废物、危险废物、电子废物、废塑料等为重点。1996 年，国家环境保护局、对外贸易经济合作部、海关总署、国家工商行政管理局、国家商检局联合印发《废物进口环境保护管理暂行规定》。2004 年，国务院颁布《危险废物经营许可证管理办法》。2005 年，铬渣污染治理列为国家“十一五”规划重点工程，《铬渣污染综合整治方案》提出力争 2006 年实现铬盐生产企业当年产生的铬渣全部得到无害化处置；在 2008 年底前实现环境敏感区域铬渣无害化处置；在 2010 年底前所有堆存铬渣实现无害化处置，彻底消除铬渣对环境的威胁。为防治电子废物污染环境，加强电子废物拆解利用处置的环境管理，国家环保总局于 2007 年发布《电子废物污染环境防治管理办法》，严厉打击电子废物非法拆解，坚决取缔焚烧、酸浴处理行为。为加强废塑料回收与再生利用过程的污染防治，保护人民群众身体健康，保障环境安全，国家环保总局于 2007 年发布《废塑料回收与再生利用污染控制技术规范（试行）》（HJ/T 364—2007）；环境保护部、国家发展改革委、商务部于 2012 年发布《废塑料加工利用污染防治管理规定》，抓住加工利用集散地和进口废塑料企业，严禁无证从事有毒废塑料的加工利用。2011 年，环境保护部、商务部、国家发展改革委、海关总署、国家质量监督检验检疫总局联合发布《固体废物进口管理办法》。

3.2.1.3 改革创新阶段

党的十八大以来，以习近平同志为核心的党中央高度重视生态环境保护工作，习近平总书记多次作出重要指示批示、亲自部署推动重大改革工作。党的十九大以来，禁止“洋垃圾”入境、生活垃圾分类、“无废城市”建设、强化危险废物监管和利用处置能力、塑料污染治理等多项工作被纳入党中央重大改革工作进程，并取得一系列重大突破，解决了很多长期难以解决的问题，切实增强了人民群众的获得感、幸福感、安全感。

禁止洋垃圾入境是党中央、国务院在新时期新形势下作出的一项重大决策部署，是我国生态文明建设的标志性举措，此项改革成果写入《中共中央关于党的百年奋斗重大成就和历史经验的决议》。2017—2020 年，进口固体废物种类和数量持续减少，固体废物进口管理法规制度不断完善，国内废旧物资循环利用体系加快构建，经过 4 年努力，全面完成禁止洋垃圾入境改革工作。改革期间，累计减少固体废物进口量 1 亿 t 左右，如期实现固体废物零进口目标，有力促进了大宗原料供给结构优化，引领了国际固体废物治理格局和理念转变，相关举措成为重塑国际固体废物循环利用秩序的重要推动力量。

2019 年 1 月，国务院办公厅印发《“无废城市”建设试点工作方案》，生态环境部会同相关部门指导深圳等 11 个试点城市和雄安新区等 5 个地区扎实推进“无废城市”试点。截至 2021 年，“11+5”个试点城市（地区）累计完成固体废物利用处置工程项目近 600 项、相关保障能力任务 1 000 多项，形成 97 项经验模式，顺利完成改革任务。在试点基础上，2021 年 12 月，生态环境部会同 17 个部门印发《“十四五”时期“无废城市”建设工作方案》，确定 113 个城市和 8 个地区开展“无废城市”建设。浙江、江苏等 14 个省份陆续印发文件，推动全省域或区域“无废城市”建设，“无废城市”建设从局部试点逐步向全国推开迈进。实践表明，“无废城市”建设通过推动形成绿色发展方式和生活方式，持续推进固体废物源头减量和资源化利用，有效提升固体废物治理整体水平，已成为推进减污降碳协同增效和生产生活方式绿色转型的综合载体。“无废城市”成为一种新型城市管理模式，“无废”理念逐步深入人心。

2021 年 5 月，国务院办公厅印发《强化危险废物监管和利用处置能力改革实施方案》，部署推动建立源头严防、过程严管、后果严惩的危险废物监管体系，补齐利用处置能力短板，坚决打击危险废物非法转移倾倒案件。一是提升能力，着力补齐短板。推动全面提升危险废物环境监管和利用处置能力，初步实现固体废物环境管理信息系统全国“一张网”。截至 2022 年年底，全国危险废物集中利用处置能力约 1.8 亿 t/a，较“十三五”末提高 29%。新冠疫情期间，紧盯全国涉疫医疗废物 100% 收集转运和安全处置，有效切断疫情传播最后链条。二是先行先试，通过政策改革创新疏解难点堵点。统筹推进废铅蓄电池收集等试点工作，有效打通小微企业危险废物收集“最后一公里”。支持中国石化等大型企业集团开展“无废集团”建设试点，促进行业龙头企业危险废物减量化、资源化和无害化。探索开展危险废物“点对点”定向利用、跨省转移审批“白名单”等试点，提高跨省转移时效，促进危险废物资源化利用。三是严管严打，化解风险隐患。组织开展危险废物专项整治三年行动和废弃危险化学品等危险废物风险集中治理，深化危险废物规范化环境管理评估，连续 3 年开展打击危险废物环境违法犯罪专项行动，有效化解环境风险隐患。

3.2.2　问题与挑战

当前，我国生态文明建设仍处于压力叠加、负重前行的关键期，生态环境保护任务依然艰巨。具体表现为五个方面：

一是生态环境结构性压力依然较大。我国产业结构高耗能、高碳排放特征依然突出，煤炭消费仍处于高位，货运仍以公路燃油货车为主。

二是生态环境改善基础还不牢固。生态环境改善由量变到质变的拐点尚未到来。大气仍未摆脱“气象影响型”，“三水统筹”尚处于起步阶段，部分地区土壤污染持续累积。

三是生态环境安全压力持续加大。生态系统质量总体水平仍不高，重要生态空间被挤占的现象仍然存在。长时间重污染天气过程时有发生，生态环境事件仍呈多发频发的高风险态势。全国尾矿库近万座，固体废物历史堆存总量高达数百亿吨。

四是生态环境治理体系还须健全。生态环境科技支撑存在短板，环境管理市场化手段运用不足，生态环境基础设施建设滞后、运行总体水平不高。有的地方存在生态环境监管流于表面、不到位的情况，有的企业法律意识淡薄，不正常运行污染治理设施、超标排放、监测数据造假等问题突出。

五是全球环境治理形势更趋复杂。当前全球生态环境问题政治化趋势增强，应对生态环境领域国际博弈任务艰巨。

3.2.2.1　利用处置能力存在短板弱项

与美丽中国建设目标相比，固体废物治理体系和治理能力尚不能满足需要。

一般工业固体废物和危险废物利用处置能力空间布局和地区分布不均衡。废酸、废盐、生活垃圾焚烧飞灰等特殊类别危险废物利用处置能力不足。一般工业固体废物综合利用率不足55%，锰渣、赤泥、磷石膏等大宗固体废物综合利用率分别仅为5%、7%和40%。

建筑垃圾、农业废物、污泥利用处置仍是薄弱环节。建筑垃圾利用处置设施不足、分布不均，一些城市没有正规的消纳场所，建筑垃圾乱堆乱放问题突出。农业固体废物量大面广，废弃农膜、农药包装物等回收体系不健全。

生活垃圾分类收运处理体系建设存在短板。有的城市生活垃圾处理仍然以填埋为主，一些垃圾填埋场建设时间久、设计标准低、论证不充分；有的填埋场超负荷运行、超期服役，有的存在渗漏问题。厨余垃圾资源化设施建设滞后，产品出路不畅。大件垃圾分拣和拆解等配套设施不足。农村生活垃圾收运处置投入不够，约5%的村庄未开展生活垃圾收运处置。

3.2.2.2 治理体系和治理能力水平不高

部分地方政府及有关主管部门对依法防治固体废物污染环境的重要性、紧迫性和治理的长期性、艰巨性认识不足；相关工作人员对法律学习领会不深不透，依法办事能力不强。监管和治理责任落实不到位，固体废物污染防治目标责任制和考核评价制度不健全，压力传导存在“上热中温下凉”逐级递减的问题。

法律规定的全过程污染环境防治责任制度、信息化监管制度、环境污染责任保险等缺乏相应的配套措施。《医疗废物管理条例》《危险废物经营许可证管理办法》等行政法规有待修订更新。配套法规标准名录覆盖领域存在空白。固体废物综合利用标准体系缺失，资源化利用产品标准体系不健全，绿色包装标准、可降解塑料制品认证方式等不完善。

部分企业依法防治污染的主体责任落实不到位，受利益驱动，习惯于将固体废物“一包了之、一转了之”，非法转移、利用、处置、倾倒工业固体废物、生活垃圾、建筑垃圾等环境违法案件仍时有发生。从源头减少固体废物产生量的责任落实不到位。

3.2.2.3 风险防控压力持续增加

当前，我国产业结构、能源结构和运输结构还没有发生根本性改变，结构性、根源性、趋势性压力总体上尚未根本缓解，固体废物增量和历史存量仍处于高位，污染治理的任务依然十分繁重，风险防控压力还在持续增加。

我国每年各类固体废物的产生量超过100亿t且依然呈增长态势。全国尾矿库近万座，存在一定环境风险隐患。危险废物环境风险防控的技术支撑能力薄弱，投入严重不足。风电、光伏、新能源等行业产生的废风机叶片、光伏组件、退役动力电池等新兴固体废物带来的环境问题日益显现。

3.2.3　管理思路与趋势展望

3.2.3.1　我国固体废物环境管理思路

（1）“减量化、资源化、无害化”原则

固体废物污染环境的防治实行“减量化、资源化和无害化”原则，促进清洁生产和循环经济发展。

固体废物减量化是指减少固体废物的产生量。《中华人民共和国循环经济促进法》（以下简称《循环经济促进法》）第二条规定，减量化是指在生产、流通和消费等过程中减少资源消耗和废物产生。例如，各级人民政府应当倡导有利于环境保护的生产方式和生活方式。国务院标准化行政主管部门组织制定有关标准，防止过度包装造成环境污染。城市政府及其有关部门改进燃料结构，发展清洁能源，组织净菜进城。企业事业单位应当合理选择和利用原材料、能源及其他资源，采用先进的生产工艺和设备，减少工业固体废物产生量。鼓励公众改变不合理的消费方式，尽量减少使用一次性用品，延长消费品的使用寿命。

固体废物资源化是指通过回收、加工、循环利用、交换等方式，对固体废物进行综合利用，使之转化为可利用的二次原料或再生资源。实际上，多数固体废物也是资源，可以利用。搞好固体废物分类回收和综合利用，就可变废为宝，化害为利，弘扬中华民族勤俭节约的优良传统和美德，按照循环经济理念，把固体废物回收利用作为一个产业来发展。必须在固体废物产生、收集、运输、贮存、处置等各个环节采取措施，使源头分类与后续利用相互衔接，形成一个完整的回收利用网络和体系。

固体废物无害化是指降低、消除固体废物的危害性，从产品生产到固体废物利用、处置等各个环节都需要落实环境无害化的要求。狭义上的无害化是指对固体废物进行最终无害化处置，即采取将固体废物焚烧和用其他改变固体废物的物理、化学、生物特性的方法，达到减少已产生的固体废物数量、缩小固体废物体积、减少或者消除其危险成分的活动，或者将固体废物最终置于符合环境保护规定要求的填埋场。在处置过程中，必须符合相关标准和技术要求，防止发生二次污染。但更准确的含义应当是指能够节约资源能源、保护公众健康和生态环境少受乃至不受负面影响的固体废物管理方式，也称为固体废物的环境无害化管理，其针对的是包括废物减量和回收利用等环节在内的“从摇篮到坟墓”的全过程。

案例：推动构建资源循环利用体系

近年来，我国先后印发《国务院关于加快建立健全绿色低碳循环发展经济体系的指导意见》《关于“十四五”大宗固体废弃物综合利用的指导意见》《“十四五”时期“无废城市”建设工作方案》《关于加快构建废弃物循环利用体系的意见》等一系列政策文件，将固体废物源头减量和资源综合利用作为加强生态环境综合治理的重要途径和推进绿色低碳发展的重要举措。

（2）全过程环境风险防控

固体废物的环境风险防控是固体废物环境管理工作的关键内容之一。固体废物含有的污染物种类繁多、性质复杂，随意倾倒、堆放等不合理的处理处置造成了潜在的环境风险。我国近年来发生的重大环境风险事件，如广东北江镉污染、云南阳宗海砷污染等，多与固体废物管理不当有关。新冠疫情初期，我国医疗废物处置能力严重不足，应急能力缺乏，增加了病毒传播及作业人员的感染风险。随着风险意识和底线思维的强化，将生态环境风险防控纳入常态化管理，系统构建全过程、多层级生态环境风险防范体系，成为我国环境管理工作的重要指导思想之一。

从固体废物全生命周期的角度考量，固体废物产生、贮存、收集、运输、利用至最终处置的全过程均存在向环境介质释放污染物的可能。固体废物处理链条长，从产生至最终处置的全过程中均可能对水体、大气、土壤等多种环境介质造成污染，环境风险范围广、不确定性高，因此精确评估固体废物的环境风险是实现科学管控的前提。

案例：危险废物等重点领域全过程环境风险管控

近年来，我国大力实施强化危险废物监管和利用处置能力改革，基本建立源头严防、过程严管、后果严惩的危险废物生态环境风险防控体系。组织开展危险废物专项整治三年行动和废弃危险化学品等危险废物风险集中治理，一大批危险废物环境风险隐患得到有效消除。连续3年开展打击危险废物环境违法犯罪专项行动，危险废物非法转移倾倒案件多发态势得到有效遏制。紧盯新冠疫情医疗废物处置，做到全国所有医疗机构及设施环境监管与服务100%全覆盖，医疗废物、医疗污水及时有效收集转运和处理处置100%全落实，有效保障全国医疗废物得到及时收运和安全处置，坚决守牢疫情防控的最后一道关口。建立尾矿库污染隐患排查治理制度和尾矿库分类分级环境监管制度，完成全国上万座尾矿库污染隐患的全面排查，持续提升尾矿库环境治理设施运行和风险防控水平。

（3）系统治理与综合治理

固体废物治理是生态文明建设的重要内容，是建设美丽中国不可或缺的重要组成部分。2023 年召开的全国生态环境保护大会肯定了禁止“洋垃圾”入境改革的成果，对固体废物环境管理提出明确要求和殷切期望，强调要加强固体废物综合治理，加快“无废城市”建设，全链条治理塑料污染，深化全面禁止“洋垃圾”入境成果等。

案例：“无废城市”建设

“无废城市”是一种先进的城市管理理念，“无废城市”并不是没有固体废物产生，也不意味着固体废物能完全资源化利用，而是指以新发展理念为引领，通过推动形成绿色发展方式和生活方式，持续推进固体废物源头减量和资源化利用，最大限度地减少填埋量，将固体废物环境影响降至最低的城市发展模式。

“无废城市”建设试点更加强调在补齐短板的前提下，协同推进，提升全市域固体废物综合管理水平。在突出不同固体废物特殊性的同时，更加强调系统集成。在具体举措上，主要围绕理顺城市层面固体废物污染防治与循环利用的体制和长效机制下功夫，包括建立部门责任清单，集成国家单项试点可推广应用的制度、机制和模式，探索建立固体废物综合管理制度和技术体系。试点实践表明，“无废城市”建设为系统解决城乡固体废物管理提供了路径，成为城市层面综合治理、系统治理、源头治理固体废物的有力抓手，对减污降碳发挥了很好效果，对深入打好污染防治攻坚和实现“碳达峰”“碳中和”有重要作用。

（4）协同治理与绿色低碳

固体废物污染防治的核心是减量化、资源化和无害化。协同推进固体废物源头减量、资源化利用和无害化处理，不仅能有效解决固体废物污染环境问题，还可以促进资源和能源节约利用，减少温室气体排放。固体废物污染防治一头连着减污，一头连着降碳，是生态文明建设的重要内容。深入实施固体废物污染防治，对于推动减污降碳协同增效具有十分重要的作用。

我国固体废物种类杂、存量多、产量大、毒性强，通过大气、水体和土壤等迁移转化形成污染叠加，造成严重的复合污染，影响生态环境安全。“十四五”时期，深入打好污染防治攻坚战需要协同打好蓝天、碧水、净土保卫战和固体废物污染防控战，广泛践行绿色生产生活方式，实施绿色工艺、清洁生产、产品生态设计，大幅降低固体废物产生强度，从源头实现固体废物减量。提高固体废物资源化利用水平，固体废物资源化可以替代原生矿产资源，有效降低原生资源开采引发的生态破坏与环境污染问题。进一步优化固体废物处理结构，减少固体废物填埋比例，加快消纳存量增量固体废物，可以降低占地堆存带来的二次污染风险，有效解决固体废物污染环境问题。

2022 年 6 月，生态环境部等 7 部门联合印发《减污降碳协同增效实施方案》，一体谋划、一体部署、一体推进“碳达峰”“碳中和”与生态环境保护工作。明确提出推进固体废物污染防治协同控制，通过固体废物减量化、资源化、无害化，助力减污降碳协同增效，对未来一段时期提升固体废物污染防治领域协同治理水平具有很强的指导作用。

案例：废铅蓄电池集中收集和跨区域转运试点

2019 年初，生态环境部等 9 部委联合出台了《废铅蓄电池污染防治行动方案》，要求充分发挥铅蓄电池生产和再生铅骨干企业的带动作用，鼓励回收企业依托生产商的营销网络建立逆向回收体系，铅蓄电池生产企业、进口商可通过自建回收体系或与社会回收体系合作等方式，建立规范的回收利用体系。生态环境部、交通运输部印发文件，组织开展铅蓄电池生产企业集中收集和跨区域转运试点。2020 年 12 月，生态环境部、交通运输部印发文件延长试点期限，要求充分发挥试点单位在落实生产者责任延伸制度中的主体作用，探索以“白名单”方式对废铅蓄电池跨省转移审批实行简化许可，强化废铅蓄电池收集转运信息化监管。废铅蓄电池集中收集和跨区域转运试点工作，推动了废铅蓄电池规范收集处理体系基本建立，纳入正规渠道废铅蓄电池收集量大幅提升，再生铅企业工艺技术水平、资源综合利用水平和产业集中度不断提高，推动了铅蓄电池生产行业绿色发展。

3.2.3.2 我国固体废物环境管理趋势展望

新时代新征程，要深入学习贯彻习近平生态文明思想，严格对标对表建设美丽中国要求，持续巩固禁止“洋垃圾”进口改革等成效，加强危险废物规范化环境管理，积极推进全程可追溯信息系统建设，高标准推进“无废城市”建设，大力推进大宗工业固体废物利用处置，发展循环经济新质生产力，积极推进新污染物治理，加强尾矿库环境风险分级管控和重金属污染治理，强化塑料污染全链条治理。坚持“打基础、建体系、控风险、守底线”，以“无废城市”建设和新污染物治理为抓手，强化固体废物综合治理的要素保障，严守生态环境风险底线，不断提升固体废物治理综合能力和整体治理水平，为全面推进美丽中国建设作出新贡献。

3.3 固体废物环境管理法律法规体系

3.3.1 主要法律法规

3.3.1.1 法律

我国固体废物环境管理领域的主要法律是《循环经济促进法》《中华人民共和国

清洁生产促进法》（以下简称《清洁生产促进法》）和《固废法》这三部法律，从全过程、多维度推动固体废物环境污染防治工作。我国固体废物环境管理的基本法是《固废法》，聚焦固体废物污染防治的“无害化”要求。《清洁生产促进法》和《循环经济促进法》则着重强调解决固体废物的“减量化”和“资源化”；这两部法律是促进法而非强制法，侧重于引导、促进方面的措施。

《固废法》以减少固体废物的产生量和危害性、充分合理利用固体废物和无害化处置固体废物为原则，建立了污染环境防治责任制度、固体废物申报登记制度等核心制度；明确了固体废物产生、收集、贮存、运输、利用、处置设施和场所管理要求；规定了固体废物污染防控措施及产生者、收集者、贮存者、运输者、利用者、处置者及管理者的责任。

《循环经济促进法》比较侧重于鼓励性手段，约束性手段比较弱。该法以减量化为优先，保障再利用和资源化过程中的生产和产品安全为原则，在主要污染物排放总量控制、评价考核、监督管理、统计、标准、名录、生产者责任、产品推广专项资金、税收优惠、信贷支持、价格政策等方面建立起了相应的制度和措施。明确了工业固体废物产生者、循环利用者、销售者、监督管理者等的责任和发展工业固体废物循环利用的措施抓手。

《清洁生产促进法》同样是一部促进法，约束性较弱。该法以源头削减污染、提高资源利用效率为原则，以清洁生产责任制度为核心，在推行经济、技术、导向目录、政府优先采购、重点企业监督、重点行业清洁生产指南、重点地区清洁生产指南、清洁生产信息管理系统、评估验收、产品宣传推广、财政税收政策、专项资金、表彰奖励等方面建立起了相应的制度和措施。明确了产生者、循环利用者、销售者、第三方评估验收者、监督管理者的责任和清洁生产的措施抓手。

3.3.1.2　行政法规

《医疗废物管理条例》对医疗废物的收集、运送、贮存、处置以及监督管理等活动做了详细规定，旨在加强医疗废物的安全管理，防止疾病传播，保护环境，保障人体健康。

《废弃电器电子产品回收处理管理条例》对废弃电器电子产品处理基金、处理企业资格、相关方责任等做了详细规定。旨在规范废弃电器电子产品的回收处理活动，促进资源综合利用和循环经济发展，保护环境，保障人体健康。

《报废机动车回收管理办法》规定了报废机动车的定义、资质认定、监督管理、拆解、环境保护等方面的内容，旨在规范报废机动车回收活动，保护环境，促进循环经济发展，保障道路交通安全。

《危险废物经营许可证管理办法》旨在加强对危险废物收集、贮存和处置经营活动的监督管理，防治危险废物污染环境。从事危险废物收集、贮存、处置经营活动的单位，应当依照该办法的规定，领取危险废物经营许可证。

《排污许可管理条例》规定排污单位应当遵守排污许可证规定，按照生态环境管理要求运行和维护污染防治设施，建立环境管理制度，严格控制污染物排放。实行排污许可管理的企业事业单位和其他生产经营者，应当依照本条例规定申请取得排污许可证。

《防止拆船污染环境管理条例》是为防止拆船污染环境，保护生态平衡，保障人体健康，促进拆船事业的发展而制定。该条例于 1988 年 6 月 1 日发布实施，共计 28 条，于 2016 年进行修订。

3.3.1.3 部门规章

生态环境部发布的固体废物环境管理领域的部门规章主要包括《排污许可管理办法》《国家危险废物名录》《危险废物转移管理办法》《尾矿污染环境防治管理办法》《危险废物出口核准管理办法》《电子废物污染环境防治管理办法》等。

此外，国家发展改革委员会、商务部、农业农村部、住房和城乡建设部、工业和信息化部、国家卫生健康委员会等部门牵头发布的固体废物环境管理领域的部门规章主要有《粉煤灰综合利用管理办法》《煤矸石综合利用管理办法》《再生资源回收管理办法》《商品零售场所塑料购物袋有偿使用管理办法》《农用薄膜管理办法》《农药包装废弃物回收处理管理办法》《城市生活垃圾管理办法》《城市建筑垃圾管理规定》《电器电子产品有害物质限制使用管理办法》《医疗卫生机构医疗废物管理办法》《医疗废物管理行政处罚办法》等。

3.3.2 主要管理制度

（1）污染环境防治责任制度

产生工业固体废物的单位应当建立健全工业固体废物产生、收集、贮存、利用、处置全过程的污染环境防治责任制度，采取防治工业固体废物污染环境的措施。

（2）清洁生产审核制度

产生工业固体废物的单位应当依法实施清洁生产审核，合理选择和利用原材料、能源和其他资源，采用先进的生产工艺和设备，减少工业固体废物的产生量，降低工业固体废物的危害性。

（3）排污许可制度

产生工业固体废物的单位应当取得排污许可证。产生工业固体废物的单位应当向所在地生态环境主管部门提供工业固体废物的种类、数量、流向、贮存、利用、处置等有关资料，以及减少工业固体废物产生、促进综合利用的具体措施，并执行排污许可管理制度的相关规定。

（4）生产者责任延伸制度

电器电子、铅蓄电池、车用动力电池等产品的生产者应当按照规定以自建或者委托等方式建立与产品销售量相匹配的废旧产品回收体系，并向社会公开，实现有效回收和利用。

（5）危险废物标识制度

危险废物的容器和包装物以及收集、贮存、运输、利用、处置危险废物的设施、场所，应当按照规定设置危险废物识别标志。

（6）危险废物管理计划制度

产生危险废物的单位，应当按照国家有关规定制订危险废物管理计划，应当包括减少危险废物产生量和降低危险废物危害性的措施以及危险废物贮存、利用、处置措施。危险废物管理计划应当报产生危险废物的单位所在地生态环境主管部门备案。

（7）管理台账和申报制度

产生固体废物（主要为一般工业固体废物和危险废物）的单位，应当建立固体废物管理台账，如实记录有关信息，并通过国家信息管理系统向所在地生态环境主管部门申报固体废物的种类、产生量、流向、贮存、处置等有关资料。

（8）危险废物源头分类制度

收集、贮存危险废物，应当按照危险废物特性分类进行。禁止混合收集、贮存、运输、处置性质不相容而未经安全性处置的危险废物。

（9）转移制度

转移固体废物的（主要为一般工业固体废物和危险废物），应当按照国家有关规定填写、运行电子或者纸质转移联单。跨省、自治区、直辖市转移的，应当向固体废物移出地省、自治区、直辖市人民政府生态环境主管部门申请或报备。未经批准的，不得转移。

（10）危险废物环境应急预案备案制度

产生、收集、贮存、运输、利用、处置危险废物的单位，应当依法制定意外事故的防范措施和应急预案，并向所在地生态环境主管部门和其他负有固体废物污染环境防治监督管理职责的部门备案。

（11）危险废物经营许可证制度

从事收集、贮存、利用、处置危险废物经营活动的单位，应当按照国家有关规定申请取得许可证。禁止无许可证或者未按照许可证规定从事危险废物收集、贮存、利用、处置的经营活动。

（12）危险废物记录和报告经营情况制度

危险废物经营单位应当按照相关标准规范要求，建立危险废物管理台账，如实记载收集、贮存、利用、处置危险废物的类别、来源去向和有无事故等事项。通过国家危险废物信息管理系统如实申报危险废物收集、贮存、利用、处置活动情况。

3.3.3 标准体系

我国高度重视固体废物环境管理工作，目前已发布了一系列国家标准、行业标准、地方标准，指导和规范固体废物处理处置行为，为相关部门的管理提供了技术支撑。

（1）法律基础

国家固体废物污染环境防治技术标准是固体废物污染环境防治的重要基础。《固废法》第十四条规定“国务院生态环境主管部门应当会同国务院有关部门根据国家环境质量标准和国家经济、技术条件，制定固体废物鉴别标准、鉴别程序和国家固体废物污染环境防治技术标准”。该条款是我国固体废物污染防治标准体系制定的法律依据。根据本条款规定，涉及固体废物的相关标准，按照其用途主要分为两个基本类别：一是鉴别类标准，包括鉴别方法和鉴别程序；二是国家固体废物污染环境防治技术标准，其中较为广泛的是技术规范与指南。同时，制定固体废物污染防治标准应充分考虑国家环境质量标准、经济条件以及技术条件。

（2）标准体系框架

国家层面制定的环境标准有生态环境质量标准、生态环境风险管控标准、污染物排放标准、生态环境检测标准、生态环境基础标准、生态环境管理技术规范六大类。其中，固体废物污染防治标准主要涉及生态环境风险管控标准、污染物排放标准、生态环境检测标准、生态环境管理技术规范等四大类，不涉及生态环境质量标准、生态环境基础标准等两类。

生态环境主管部门相继发布了多项固体废物污染控制标准，例如，针对通用固体废物发布了《固体废物鉴别标准　通则》（GB 34330—2017），针对一般工业固体废物发布了《一般工业固体废物贮存和填埋污染控制标准》（GB 18599—2020），针对冶炼废渣发布了《锰渣污染控制技术规范》（HJ 1241—2022），针对动力电池发布了《废锂离子动力蓄电池处理污染控制技术规范（试行）》（HJ 1186—2021）等。

针对危险废物种类繁多、性质复杂的特点，生态环境主管部门先后发布《危险废物鉴别标准　通则》（GB 5085.7—2019）和《危险废物鉴别技术规范》（HJ 298—2019）等危险废物属性鉴别标准。为加强危险废物污染防治管理，陆续颁布了《危险废物焚烧污染控制标准》（GB 18484—2020）、《危险废物贮存污染控制标准》（GB 18597—2023）和《危险废物填埋污染控制标准》（GB 18598—2019）等危险废物污染控制通用标准。《废硫酸利用处置污染控制技术规范》（HJ 1335—2023）、《废铅蓄电池处理污染控制技术规范》（HJ 519—2020）、《生活垃圾焚烧飞灰污染控制技术规范（试行）》（HJ 1134—2020）等危险废物污染控制专用标准。为规范危险废物处置工程的管理，发布了《危险废物处置工程技术导则》（HJ 2042—2014）、《危险废物集中焚烧处置工程建设技术规范》（HJ/T 176—2005）、《危险废物集中焚烧处置设施运行监督管理技术规范（试行）》（HJ 515—2009）、《水泥窑协同处置固体废物环境保护技术规范》（HJ 662—2013）等。另外，生态环境主管部门还发布了一系列经营许可证审查指南，如《水泥窑协同处置危险废物经营许可证审查指南（试行）》《废氯化汞触媒危险废物经营许可证审查指南》《废铅蓄电池危险废物经营单位审查和许可指南（试行）》和《废烟气脱硝催化剂危险废物经营许可证审查指南》分别对申领四类危险废物经营许可证的审批要求进行了细化。

对于具有可利用价值的固体废物，国家有关部门制定了《烟气脱硫石膏》《道路用钢渣砂》《发泡混凝土砌块用钢渣》《硅酸盐建筑制品用粉煤灰》《蒸压粉煤灰空心砖和空心砌块》《免烧砖用铁尾矿》《赤泥粉煤灰耐火隔热砖》等相应的产品标准，以及《铁尾矿砂混凝土应用技术规范》《粉煤灰混凝土应用技术规范》《土壤调理剂及使用规程 烟气脱硫石膏原料》等综合利用技术工艺的国家和行业标准。

对于监测分析方法标准，我国固体废物环境监测分析方法标准分为有机物监测分析方法标准、无机物监测分析方法标准、理化性质指标监测分析方法标准和独立的前处理分析方法标准四大类。截至 2019 年，我国现行的有机类固体废物环境监测分析方法标准有 17 项，共涉及农药、多环芳烃、多氯联苯、酚、苯系物、挥发性卤代烃以及其他有机化合物等 233 个组分的测定。有机物监测分析方法标准中涉及的样品前处理方法有 5 种，主要包含顶空、吹扫捕集、索氏提取、加压流体萃取和微波萃取等；分析方法有 5 种，主要涉及气相色谱法、气相色谱－质谱法、高效液相色谱法、高分辨气相色谱－高分辨质谱法和灼烧减量法等。现行的无机物固体废物环境监测分析方法标准有23项。涵盖了30种无机组分的测定：包括28个元素、1种盐类以及1种元素有效态等。无机物监测分析方法标准中涉及的前处理方法主要有3种：酸消解、碱消解和碱熔，其中酸消解方法最为常用。分析方法主要有8种：火焰原子吸收分光光度法、石墨炉原子吸收分光光度法、分光光度法、离子选择电极法、电感耦合等离子体发射光谱法（ICP-OES）、电感耦合等离子体质谱法（ICP-MS）、原子荧光法和滴定法等。现行独立的固体废物前处理分析方法标准有6项，能够满足当前固体废物样品前处理的相关需求。其中《固体废物　浸出毒性浸出方法　翻转法》《固体废物　浸出毒性浸出方法　水平振荡法》适用于固体废物浸出液中无机物的浸出毒性鉴别，《固体废物　浸出毒性浸出方法　硫酸硝酸法》和《固体废物　浸出毒性浸出方法　醋酸缓冲溶液法》同时适用于固体废物浸出液中无机物和有机物的浸出毒性鉴别，《固体废物有机物的提取　微波萃取法》和《固体废物　有机物的提取加压流体萃取法》适用于固体废物中有机物的提取。理化性质指标监测分析方法标准当前仅有《固体废物　腐蚀性测定　玻璃电极法》（GB/T 15555.12—1995）1项，该标准规定了用pH玻璃电极测定固体废物腐蚀性的实验方法，适用于固体、半固体的浸出液和高浓度液体的pH的测定。

此外，作为国家标准和行业标准的补充，北京、河北、辽宁等多地根据各省份固体废物污染环境防控的情况，制定了相应的地方标准。

3.4　固体废物环境管理职责

《固废法》规定，国务院生态环境主管部门对全国固体废物污染环境防治工作实施统一监督管理。国务院发展改革、工业和信息化、自然资源、住房和城乡建设、交通运输、农业农村、商务、卫生健康、海关等主管部门在各自职责范围内负责固体废物污染环境防治的监督管理工作。地方人民政府生态环境主管部门对本行政区域固体废物污染环境防治工作实施统一监督管理。地方人民政府发展改革、工业和信息化、自然资源、住房和城乡建设、交通运输、农业农村、商务、卫生健康等主管部门在各自职责范围内负责固体废物污染环境防治的监督管理工作。

《循环经济促进法》规定，国务院循环经济发展综合管理部门负责组织协调、监督管理全国循环经济发展工作；国务院生态环境等有关主管部门按照各自的职责负责有关循环经济的监督管理工作。县级以上地方人民政府循环经济发展综合管理部门负责组织协调、监督管理本行政区域的循环经济发展工作；县级以上地方人民政府生态环境等有关主管部门按照各自的职责负责有关循环经济的监督管理工作。

《清洁生产促进法》规定，国务院清洁生产综合协调部门负责组织、协调全国的清洁生产促进工作。国务院环境保护、工业、科学技术、财政部门和其他有关部门，按照各自的职责，负责有关的清洁生产促进工作。县级以上地方人民政府负责领导本行政区域内的清洁生产促进工作。县级以上地方人民政府确定的清洁生产综合协调部门负责组织、协调本行政区域内的清洁生产促进工作。县级以上地方人民政府其他有关部门，按照各自的职责，负责有关的清洁生产促进工作。

第4章 工业固体废物环境管理

SOLID WASTE ENVIRONMENTAL MANAGEMENT

4.1　工业固体废物的特征

4.1.1　工业固体废物产生特征

4.1.1.1　产生源面广且种类繁多

工业固体废物的来源非常广泛，所有与工业生产直接相关的活动都可能是工业废物的产生源。工业固体废物来源非常复杂，不但来源于各类工业行业或部门，而且由于同一行业所采用的生产工艺千差万别、产品种类众多、原材料各不相同，所产生固体废物的数量、种类、成分、性质非常复杂。根据工业废物产生过程性质，产生源大致有以下三个方面：一是不具有原有使用价值或使用价值已经被消耗的原料或产品，其原有形态没有改变，包括过期或受污染的原料，报废或不合格的产品。二是来源于生产过程中产生的、不能作为产品和原料使用的副产物，例如，各类工艺危险废渣和废液、原材料提炼有用物之后的废弃物、反应产生的各种衍生废物。这一过程特点是工业生产（或产业）要符合物料平衡法则，除了产生的废水、废气和产生的产品外，剩下的即固体废物。三是来源于工业生产中产生的污染物和报废设施设备，例如，污染的土壤、污染的物品、拆解产生的废物等。工业固体废物的详细分类与来源见表 4-1。

表 4-1　工业固体废物的分类与来源

废物大类	行业来源	废物小类
冶炼废渣	炼铁、炼钢、金属压延加工、金属冶炼等	烧结烟尘灰、高炉渣、高炉瓦斯灰、钢渣、转炉尘泥、氧化铁皮、锰渣、合金渣等
粉煤灰	非特定行业	粉煤灰（燃煤过程）及其他粉煤灰（电厂协同处置产生的粉煤灰）
炉渣	电力生产等	生活垃圾焚烧炉渣、炉渣（燃煤过程）、其他炉渣
煤矸石	煤炭开采和洗选	煤矸石
尾矿	铁矿采选、有色金属矿采选、稀土金属矿采选等	铁尾矿、铜尾矿、铅锌尾矿、锡尾矿、铝尾矿、金尾矿、化学尾矿等
脱硫石膏	煤炭加工、炼铁、电力生产等	焦化脱硫石膏、焦化脱硫灰、炼铁脱硫石膏、炼铁脱硫灰、电厂脱硫石膏、电厂脱硫灰等
污泥	屠宰及肉类加工、食品制造业、纺织业、酒饮业、电子器件制造等	屠宰污泥、食品加工污泥、酒饮污泥、纺织污泥、含氟污泥、含铜污泥、有机污泥等

续表

废物大类	行业来源	废物小类
赤泥	铝冶炼	赤泥
磷石膏	基础化学原料制造	磷石膏
其他工业副产石膏	基础化学原料制造、常用有色金属冶炼等	氟石膏、钛石膏、盐石膏、芒硝石、膏铜石膏渣等
钻井岩屑	天然气开采、石油开采等	水基钻井岩屑和泥浆、酸化残渣、废弃石油钻井液、天然气钻井液等
食品残渣	植物油加工、屠宰及肉类加工、酒饮业等	脱色废白土、废皂脚、屠宰废物、酒糟等
纺织皮革业废物	机织服装制造、皮革鞣制加工等	革屑和革灰、废弃动物毛、废丝等
造纸印刷业废物	纸浆制造、造纸、印刷等	碎浆废物、脱墨渣、绿泥、造纸备料废渣、废版等
化工废物	精炼石油产品制造、煤炭加工、基础化学原料制造、合成材料制造等	废瓷球、废沥青、废白土、焦渣、气化炉渣、硫铁矿煅烧渣、盐泥、钡泥、电石渣、废胶等
可再生类废物	非特定行业	废钢铁、废有色金属、废塑料、废纸、废橡胶、废光伏组件、废电池等
其他工业废物	非特定行业	铸造废砂、废旧内衬、废耐火材料、废催化剂、废吸附剂、废过滤材料等

根据生产工艺和废物产生特性，工业固体废物的产生有连续产生、间歇产生、一次性产生和非正常性产生等多种方式。

①连续产生。指固体废物在整个生产过程中连续不断地产生，通过输送泵站和管道、传送带等排出。如热电厂粉煤灰浆、冶炼厂瓦斯泥、磁选尾矿浆、煤矸石等。连续产生往往产生于自动化程度比较高的生产过程中，废物的物理性质相对稳定，化学性质则根据原料的不同呈现周期性变化。

②间歇产生。指固体废物在某一相对固定的时间段内分批产生，多以一个生产周期或一个生产班次、数日或数月产生一批。例如，部分冶炼高炉渣和钢渣是以煤渣罐的形式产生，有的食品加工产生的废物是按生产班次产生，部分除尘灰、废药品是数日产生一批，部分废水处理污泥、废溶剂是数月产生一批等。间歇产生是比较常见的废物产生方式。根据生产的稳定程度，批量产生的废物质量或体积大体相等。同批产生的废物，物理化学性质相近，不同批次间可能存在较大的差异。

③一次性产生。多指产品更新或设备淘汰、更新、检修时产生固体废物的方式。例如，石油炼油工艺中的废催化剂只有当催化剂失去活性后才会更换，可能是一年或几年更换一次；又如废吸附剂、设备检修或清洗产生的废物都是一次性的，可能是几个月产生一次；这类废物的产生量大小不等。

④非正常性产生。指生产试运行、设备故障、突发性事故（如因停水、停电使生产过程被迫中断等）产生的报废原料和产品等。这类固体废物不是正常工况产生的，没有相应的产生规律，污染物含量差异极大。

4.1.1.2　产生量大且保持增长趋势

由于所有的工业行业都产生固体废物，我国工业固体废物产生量巨大。据统计，近十年来，我国工业固体废物产生量呈逐年增长趋势（2020 年受新冠疫情影响，产生量下降）。2021 年我国一般工业固体废物产生量高达 39.70 亿 t，相比 2010 年的 24.1 亿 t 上升了 64.73%（见图 4-1）。

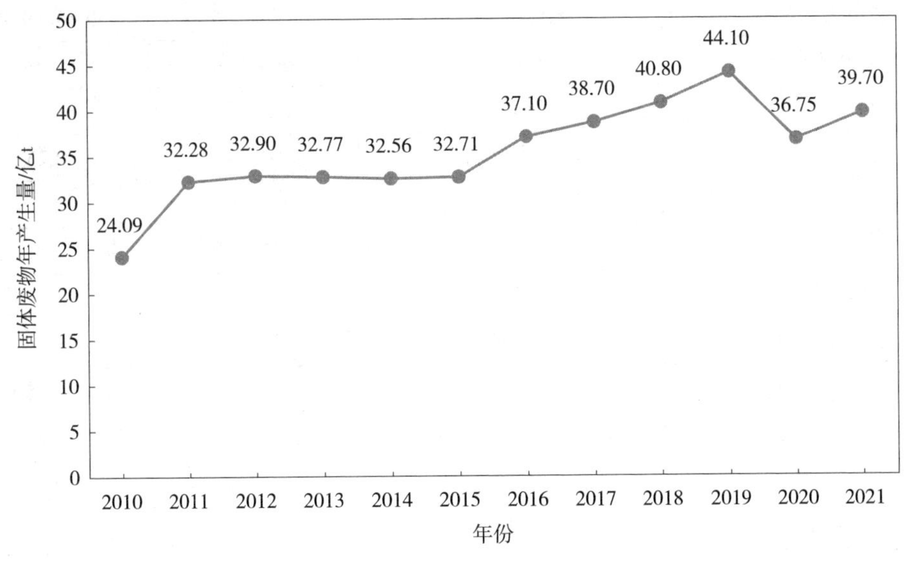

图 4-1　全国一般工业固体废物年产生量情况

工业固体废物的产生系数具有一定的稳定性，例如，一个工业产品的生产在工艺条件没有较大改变的情况下，会维持在一个相对稳定的区间，我国部分工业固体废物的产生系数见表 4-2。

表 4-2　我国部分工业固体废物的产生系数

产品（工艺）	固体废物	单位	系数
重铬酸钠（氧化焙烧法）	铬渣	t/t- 产品	1.8～3
重铬酸钠	含铬芒硝	t/t- 产品	0.5～0.8
	含铬铝泥	t/t- 产品	0.04～0.06
铬酸酐	含铬硫酸钠	t/t- 产品	1.0～1.7
	含铬酸泥	t/t- 产品	0.3～0.6
氰化钠（氨钠法）	氰渣	t/t- 产品	0.057
黄磷	富磷泥	t/t- 产品	0.1～0.15
	贫磷泥	t/t- 产品	0.3～0.6
合成氨	悬浮物	kg/t- 氨	11.6
	油	kg/t- 氨	0.45
	氰化物	kg/t- 氨	0.4
烧碱（水银法）	含汞盐泥	t/t- 产品	0.04～0.05
磷酸（湿法）	磷石膏	t/t- 产品	3～4
氮肥生产	变换废催化剂	kg/t- 氨	0.47
	合成废催化剂	kg/t- 氨	0.23
	甲醇废催化剂	kg/t- 甲醇	4～18
	硝酸氧化炉废渣	kg/t- 硝酸	0.1
纯碱（氨碱法）	蒸馏废液	m^3/t- 产品	9～11
氢氧化钠	盐泥	kg/t- 产品	40～60
硫酸	酸洗工艺后的污酸	l/t- 产品	30～50
	废渣（以硫铁矿为原料）	kg/t- 硫酸	700
硝酸	废渣	t/t- 产品	57
氢氟酸	氟硅尘	kg/t- 产品	13.6
盐酸	废液	kg/t- 产品	23～41
硼砂	硼泥	t/t- 产品	4～5
氧化铝（拜耳法）	赤泥	t/t- 产品	1.0～1.8
生铁（高炉法）	瓦斯灰	kg/t- 产品	35～90
粗钢	钢渣	kg/t- 产品	80～150
原煤	煤矸石	kg/t- 产品	100～200
生铁	高炉渣	t/t- 产品	0.3～1

4.1.1.3　行业特征显著且聚集度高

虽然所有工业行业都产生工业固体废物，但不同行业企业产生固体废物量的差异非常大。我国一般工业固体废物主要产自电力、热力生产和供应业，有色金属矿采选业，煤炭开采和洗选业，黑色金属冶炼和压延加工业，黑色金属矿采选业，分别占全国一般工业固体废物产生量的 17.5%、14.9%、14.0%、12.8% 和 12.2%。2019 年一般工业固体废物产生量行业构成见图 4-2。这 5 个工业行业产生的一般工业固体废物产生量占全国所有工业的 71.4%，这一现象与我国能源以煤炭为主、冶金产业发展迅速等工业基本特点有关。此外，我国工业危险废物产生量排名前 5 位的行业依次为化学原料和化学制品制造业，有色金属冶炼和压延加工业，石油、煤炭及其他燃料加工业，黑色金属冶炼和压延加工业，电力、热力生产和供应业。

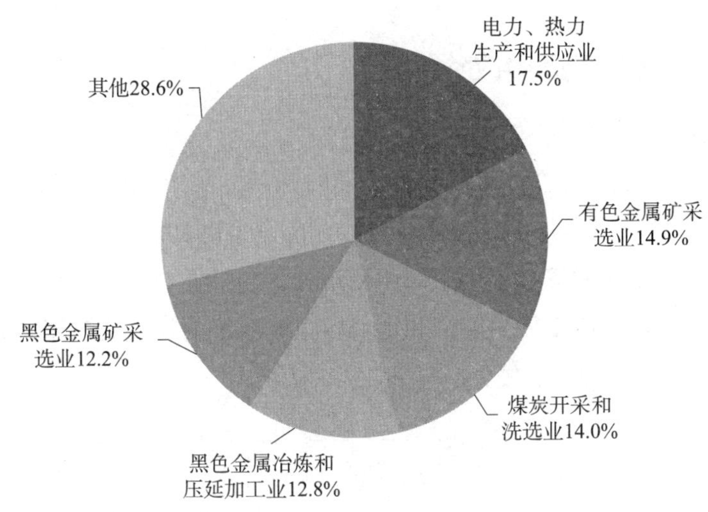

图 4-2　2019 年一般工业固体废物产生量行业构成

4.1.1.4　区域特征显著且分布不均衡

固体废物产生量与产业结构高度相关，体现出工业固体废物的产生分布具有区域性，不同地区、不同的经济发展程度、不同的工业结构类型所产生的工业固体废物的性质和数量差异都很大。图 4-3 是 2021 年各地区一般工业固体废物产生情况，产生量排名前 5 位的地区依次为山西、内蒙古、河北、山东和辽宁，分别占全国一般工业固体废物产生量的 10.56%、10.38%、10.30%、6.36% 和 6.20%。从中可以看出一般工业固体废物产生量大的地区都是我国煤炭、矿产和冶金等重工业发达的地区。

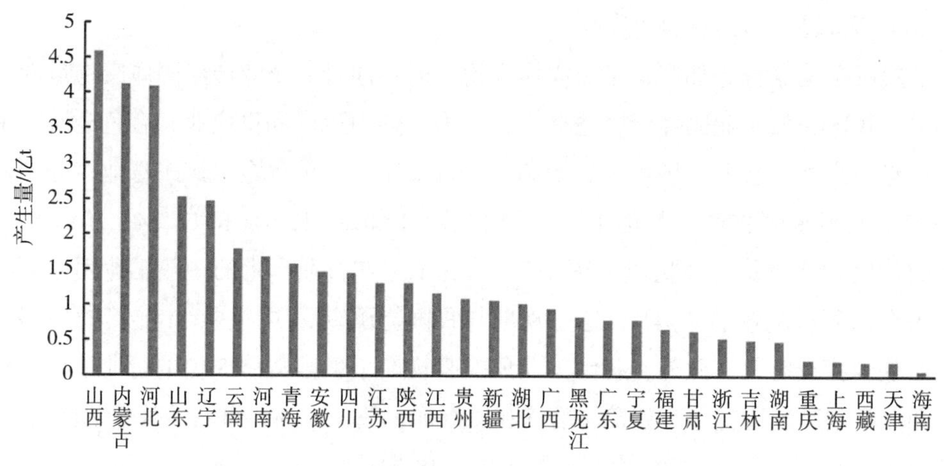

图 4-3　2021 年各地区一般工业固体废物产生情况

4.1.2　工业固体废物利用处置特征

（1）总体利用水平不高

随着技术的发展以及“无废城市”建设的开展，2010—2021 年，我国工业固体废物的综合利用量不断增加，从 2010 年的 16.18 亿 t 到 2021 年的 22.67 亿 t，提高了 40.11%，但其十余年间的综合利用率却不见增长，维持在 50%～60%（见图 4-4）。另外，目前我国对工业固体废物的综合利用仍仅限于初级的粗放式利用，如铺路、生产水泥建材等，高附加值的产品较少。

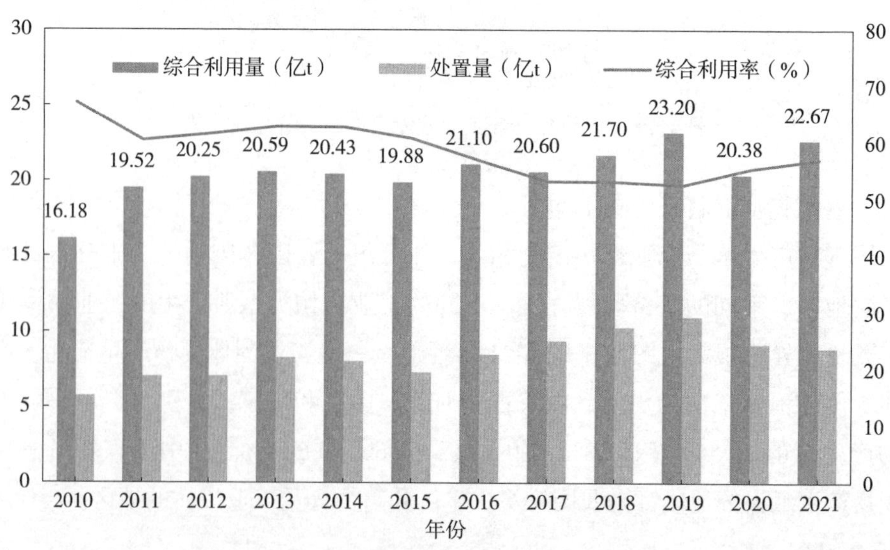

图 4-4　全国一般工业固体废物利用处置情况

（2）规模化利用途径不多

工业固体废物的规模化利用途径目前较为有限，主要集中在建材化应用，例如，生产水泥、混凝土和砖等建材产品，这类应用极大地受制于当地的建筑市场的需求。回填、充填等作为工业固体废物规模化处理的另一重要途径，具有较大的应用潜力。以矿山采坑回填为例，利用尾矿、粉煤灰、煤矸石等工业固体废物进行回填，不仅能够解决固体废物堆存问题，还能有效改善生态环境，实现废弃矿山的生态修复。然而，由于技术瓶颈、标准缺失、政策监管及公众认知等多方面因素的制约，这类项目的推进速度较为缓慢，其应用仍十分有限。

4.1.3 工业固体废物污染特征

4.1.3.1 工业固体废物污染特征

（1）污染途径多样

工业固体废物在一定的条件下会发生化学的、物理的或生物的转化，对周围环境造成一定的影响。固体废物对环境造成污染的途径一般有以下几种：①污染水环境，固体废物弃置于水体，将使水质直接受到污染，危害水生生物的生存条件，并影响水资源的利用。②污染土壤，固体废物及其渗滤液中所含的有害物质会改变土壤的性质和土壤结构，并对土壤中微生物的活动产生影响。③污染空气环境，工业固体废物中有很多呈细微颗粒状，如选矿尾矿砂、高炉渣、除尘灰、石棉粉尘、产品的切磨废料等，从而对空气环境造成污染。

（2）污染形式隐蔽

工业固体废物的污染形式往往较为隐蔽，不易被察觉。很多工业固体废物如废渣等在外观上与普通土壤或石块无异，难以通过肉眼识别其污染性，导致随意倾倒、堆放和丢弃现象频发。此外，某些固体废物在短期内不会表现出明显的污染特征，但随着时间的推移，其有害物质会逐渐释放，造成长期和大面积污染。如某地于 2000 年起停止硫铁矿开采，但因尚未进行生态修复或风险管控等措施，矿洞和山区深沟露天堆放的矿渣在雨水和泉溪的冲刷下仍源源不断地向下游输送“磺水”，威胁汉江流域水质。

4.1.3.2 典型大宗工业固体废物污染特点

（1）钢渣的污染特性

钢渣中的 CaO 将有部分以 f-CaO 的形式存在，溶于水会导致强碱环境；钢渣中也富含 f-MgO（游离氧化镁）、钙硅酸盐、铝硅酸盐等成分，这些物质溶解和水合反应均

能产生 OH^-，导致钢渣及渗滤液具有较高的 pH 值。高碱性钢渣长期堆存，受雨水淋溶及场地积水等影响，可能会产生高碱、高氟等渗滤液污染；对钢渣堆存场及周边地表水等生态环境也造成潜在危害，尤其是水系相对丰富、雨水充沛、地下水埋深较浅的南方地区，钢渣堆存场易存在污染隐患。

（2）煤矸石的污染特性

煤矸石存量超过 70 亿 t，其已成为我国规模最大的固体工业废弃物。煤矸石山堆构造不规则，易受非自然爆炸、自然降雨、山地洪水或地震的影响，造成泥石流、滑坡等地质灾害。此外，煤矸石中未燃煤和黄铁矿会在微生物分解时释放热量，达到燃点时会发生自燃，据统计，我国现在 3 000 余座煤矸石山中，不少存在自燃现象，对矿区空气存在污染隐患。煤矸石含有部分重金属离子也可能在雨水淋溶和渗滤作用下进入地表水和地下水。

（3）赤泥的污染特性

我国赤泥产量巨大，主要以堆存的方式处理赤泥，常见的堆存方式有两种：一是湿式堆存，将泥浆状的赤泥利用管道输送到堆存场地，沉降后的上清液到氧化铝厂回用；另一种是干式堆存，将赤泥洗涤、过滤后添加增塑剂，降低赤泥浆液的黏度后再进行堆存处理。堆存会占用大量的土地资源，且需要堆存场地的筑坝投资和运行维护，另外，赤泥中含有较高的碱性物质（pH 在 10～13）会随着降水渗入土壤环境，造成土地盐碱化并造成地下水的污染。

（4）磷石膏的污染特性

磷石膏产生的渗滤液具有强酸性、总磷和氟化物浓度高以及重金属种类多等特点，大量堆存的磷石膏不仅占用土地资源，也会造成水体重金属和氟化物污染、水体富营养化、大气污染等环境问题。如“三磷”整治调查中发现，长江沿线 97 个磷石膏库中有 53.61% 存在生态环境问题。此外，磷石膏中所含的杂质还会降低磷石膏建材制品的品位，如其中的磷会延长制品凝结时间、降低产品强度等。

4.2　工业固体废物环境管理主要政策法规

工业固体废物与其他固体废物相同，其污染防治以坚持“三化”和“污染担责”为总体原则。从“十三五”坚决打好污染防治攻坚战，到“十四五”深入打好污染防治攻坚战，国家相继发布了工业固体废物相关的法律法规政策标准，积极推动落实一系列举措，形成了我国工业固体废物全过程管理体系，见图 4-5。

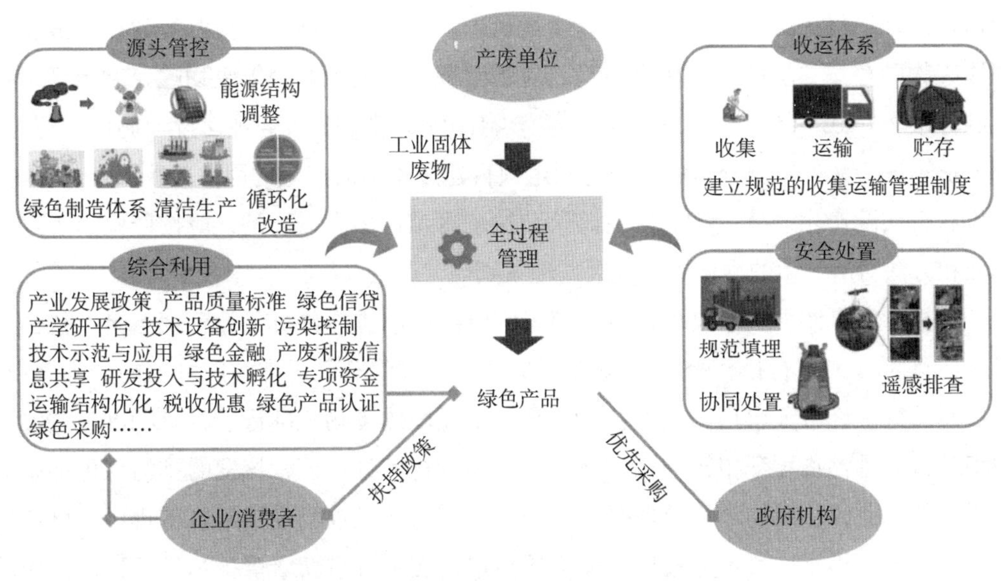

图 4-5 我国工业固体废物全过程管理体系

4.2.1 管理制度

2020 年修订后的《固废法》设立工业固体废物专章，从规划、标准、目录、制度等方面，较为系统地构建了工业固体废物污染环境防治的法律体系。在工业固体废物管理台账、工业固体废物排污许可、工业固体废物委托等方面提出了新制度新要求，明确产生工业固体废物的单位应当建立健全工业固体废物全过程的污染环境防治责任制度。为推动落实《固废法》关于一般工业固体废物管理的各项要求，压紧压实一般工业固体废物产生单位的主体责任，提高一般工业固体废物规范化管理水平，生态环境部组织编制《一般工业固体废物规范化环境管理指南》（以下简称《指南》），并于 2024 年 7 月向社会公开征求意见。该文件尚未正式发布，但已基本明确相关管理制度情况，主要包括：

①环境影响评价制度。明确环境影响评价文件内应含有的内容，包括一般工业固体废物的产生环节、种类、名称、物理性状、年度产生量、贮存方式、利用方式和去向、利用或处置量、环境管理要求等。填报建设项目环境影响登记表应载明一般工业固体废物的种类及最终流向（自行利用、委托利用、自行处置、委托处置）。预测分析一般工业固体废物的产生情况及产生量，并可以参照同类原材料、同类生产工艺产生的固体废物危险特性判定结果预测分析工业固体废物的属性。拟配套建设一般工业固体废物贮存、利用、处置设施的建设项目，应当在环境影响评价文件中明确设施建设

和运行的环境保护标准，用于指导建设项目的初步设计和施工。拟配套建设一般工业固体废物贮存场、填埋场的建设项目，应当对照《一般工业固体废物贮存和填埋污染控制标准》（GB 18599—2020），在环境影响评价文件中分析合规建设设施的可行性。环境影响评价文件预测分析内容作为判定项目建成投运后产生的固体废物属性的参考。项目运行实际产生固体废物后，在监管和执法等工作中有需要的，应按照国家规定的标准和方法对所产生的固体废物开展属性鉴别。

②排污许可制度。产废单位应按照《固定污染源排污许可分类管理名录》依法取得排污许可证或进行排污登记。2022 年 1 月 1 日后首次申请排污许可证的产生单位，应按照《排污许可证申请与核发技术规范　工业固体废物（试行）》（HJ 1200—2021）和相关行业排污许可证申请与核发技术规范申领排污许可证，核发的排污许可证中应载明一般工业固体废物环境管理要求。2022 年 1 月 1 日前已经申请取得排污许可证的产生单位，在排污许可证有效期内无须单独申请变更或重新申请排污许可证，待排污许可证有效期届满或由于其他原因需要重新申请、变更时，按照固废技术规范和相关行业排污许可证申请与核发技术规范，在排污许可证中增加一般工业固体废物环境管理要求。应当按照排污许可证规定的内容、频次和时间要求提交执行报告。执行报告应按照固废技术规范的要求编写，并说明一般工业固体废物产生、贮存、利用、处置等信息。从一般工业固体废物的后续管理需求出发，重点说明在建设项目环评阶段需要开展的相关工作，以及环境影响评价文件和固体废物监督管理之间的关系。

③清洁生产制度。产废单位应当依据《固废法》《清洁生产促进法》等有关法律法规之规定实施清洁生产审核。实施强制性清洁生产审核的企业，应当采用先进工艺和设备，合理选择和利用原材料、能源和其他资源，减少一般工业固体废物产生量，并将实施情况纳入清洁生产审核报告。

④管理台账制度。产废单位应当按照《一般工业固体废物管理台账制定指南（试行）》要求，建立管理台账，全面、准确地记录一般工业固体废物种类、数量、流向、贮存、利用、处置等信息。鼓励优先使用信息系统建立电子台账，建立电子台账的产废单位，无须再记录纸质台账。无法建立或者不适于使用电子台账的，建立纸质台账。产生尾矿的单位应当按照《尾矿污染环境防治管理办法》的有关规定，通过信息系统填报有关信息。

⑤贮存管理。产废单位应当执行《一般工业固体废物贮存和填埋污染控制标准》（GB 18599—2020）等有关标准规范要求，建设一般工业固体废物贮存设施。采用库房、包装工具（罐、桶、包装袋等）贮存一般工业固体废物，其贮存过程应当设置一

般工业固体废物贮存库。贮存库设有雨棚、围堰或围墙，仓库内部地面干净平整无损，地面应当做硬化或其他防渗措施处理，满足防扬散、防流失、防渗漏、防雨淋等环境保护要求，不应露天堆放一般工业固体废物。应在贮存设施显著位置张贴符合《环境保护图形标志——固体废物贮存（处置）场》（GB 15562.2—1995）规定的环境保护图形标志，并注明相应固废类别。对照《固体废物分类与代码目录》，将一般工业固体废物分类分区贮存。一般工业固体废物不得混入生活垃圾和危险废物，不得向生活垃圾收集设施中投放工业固体废物。鼓励有条件的产生单位在贮存场所出入口、磅秤位置等关键节点设置视频监控，配备智能称重设备。尾矿库应按照《尾矿库污染隐患排查治理工作指南（试行）》有关规定，建立尾矿库污染隐患排查治理制度，在每年汛期前至少开展一次全面排查治理。

⑥利用处置管理。产废单位应当按照“宜用则用、全程管控”的原则，根据经济、技术条件对一般工业固体废物进行综合利用，综合利用应遵守环境保护法律法规和有关标准规范要求。对一般工业固体废物进行无害化处置的，应当符合《一般工业固体废物贮存和填埋污染控制标准》（GB 18599—2020）、《生活垃圾焚烧污染控制标准》（GB 18485—2014）、《水泥窑协同处置固体废物污染控制标准》（GB 30485—2013）等有关标准规范要求。鼓励在利用处置设施处（点）安装视频监控，确保利用处置过程全程监管。

⑦转移管理。一是委托他人运输利用处置工业固体废物管理制度。产废单位直接委托利用处置一般工业固体废物的，应当在发生委托行为之前，对照环境影响评价、排污许可证等相关文件要求核实受托方的主体资格和技术能力，并与受托方缔结委托合同时，合同内容应满足《一般工业固体废物管理台账制定指南（试行）》所列相关要求。二是跨省转移制度。转移一般工业固体废物出省、自治区、直辖市行政区域贮存、处置的，按照省级行政许可审批管理规定依法办理转移活动审批，未经批准不得转移。转移一般工业固体废物出省、自治区、直辖市行政区域利用的，应当在转移行为发生前，将固体废物转移种类、数量、利用合同、接受单位营业执照等有关信息报移出地的省级生态环境主管部门进行备案；备案信息一旦发生变化的，应在转移活动前，撤销原备案信息，并重新进行备案。

⑧产废单位内部管理。一是污染环境防治责任制度。建立涵盖全过程的一般工业固体废物污染环境防治责任制度，明确责任部门和责任人员，相关人员应当熟悉一般工业固体废物相关法规、制度、标准、规范，熟练掌握固体废物专业技术知识。安排固定人员负责一般工业固体废物相关材料档案管理，包括一般工业固体废物管理台账、

委外运输 / 利用处置合同以及其他与一般工业固体废物污染防治相关信息。建立一般工业固体废物环境管理人员的培训机制，定期组织相关人员参加专业知识培训。建立一般工业固体废物日常现场检查工作机制，明确日常检查内容、检查时间与频次、检查结果应用等，对发现的问题及时督促整改。二是污染治理设施监测制度。按照有关法律和排污单位自行监测技术指南等规定，建立企业监测制度，制订监测方案，定期对厂区内利用、处置、贮存等设施、设备和场所运行状况进行环境监测，编制监测报告。

⑨信息公开制度。依照《企业环境信息依法披露管理办法》《企业环境信息披露格式准则》等规定，及时公开一般工业固体废物产生、贮存、流向和利用处置等信息。

4.2.2 政策文件

“十三五”时期以来，国家及其有关部委相继发布了固体废物相关的法律法规政策标准，进一步强化制度建设（见表 4-3）。“十四五”期间，部分省市针对工业固体废物处理提出了明确的发展目标，如福建省力争到 2025 年全省工业固体废物综合利用率达到 80%、宁夏回族自治区提出到 2025 年一般工业固体废物综合利用率达到 43%、重庆市“十四五”期间大宗工业固体废物综合利用率保持在 70% 以上等。

表 4-3 “十三五”时期以来我国工业固体废物管理主要政策文件

国家层面		
发布时间	主要政策	主要内容
2020 年 4 月	十三届全国人大常委会第十七次会议审议通过《中华人民共和国固体废物污染环境防治法》第二次修订	设立工业固体废物专章，从规划、标准、目录、制度等方面，较为系统地构建了工业固体废物污染环境防治的法律体系
2021 年 10 月	国务院印发《2030 年前碳达峰行动方案》（国发〔2021〕23 号）	循环经济助力降碳行动：加强大宗固体废物综合利用。到 2025 年，大宗固体废物年利用量达到 40 亿 t 左右；到 2030 年，年利用量达到 45 亿 t 左右
2021 年 11 月	中共中央　国务院印发《关于深入打好污染防治攻坚战的意见》	扎实推进净土保卫战。强化固体废物污染防治。全面禁止洋垃圾入境，严厉打击走私，大幅减少固体废物进口种类和数量，力争 2020 年年底前基本实现固体废物零进口
2024 年 2 月	国务院办公厅印发《关于加快构建废弃物循环利用体系的意见》（国办发〔2024〕7 号）	进一步拓宽大宗固废综合利用渠道，在符合环境质量标准和要求的前提下，加强综合利用产品在建筑领域的推广应用，畅通井下充填、生态修复、路基材料等利用消纳渠道，促进尾矿、冶炼渣中有价组分高效提取和清洁利用

续表

国家层面		
发布时间	主要政策	主要内容
2024 年 8 月	中共中央　国务院印发《关于加快经济社会发展全面绿色转型的意见》	进一步要求，到 2030 年，大宗固废年利用量达到 45 亿 t 左右，主要资源产出率比 2020 年提高 45% 左右。2023 年，全国大宗固废综合利用率约为 59%，废钢回收利用量已约占粗钢总产量的 1/4
部委层面		
发布时间	主要政策	主要内容
2016 年 9 月	工业和信息化部印发《建材工业发展规划（2016—2020 年）》（工信部规〔2016〕315 号）	开展赤泥、铬渣等大宗工业有害固体废物的无害化处置和综合利用，开展尾矿、粉煤灰、煤矸石、副产石膏、矿渣、电石渣等大宗工业固体废物的综合利用，发展基于生活垃圾等固体废物的绿色生态和低碳水泥
2018 年 5 月	工业和信息化部印发《工业固体废物资源综合利用评价管理暂行办法》《国家工业固体废物资源综合利用产品目录》（公告　2018 年第 26 号）	建立科学规范的工业固体废物资源综合利用评价制度，推动工业固体废物资源综合利用，促进工业绿色发展
2018 年 8 月	工业和信息化部　科技部　环境保护部　交通运输部　商务部　质检总局　能源局联合印发《新能源汽车动力蓄电池回收利用管理暂行办法》（工信部联节〔2018〕43 号）	确立生产者责任延伸制度、开展动力蓄电池全生命周期管理、建立动力蓄电池溯源信息系统、推动市场机制和回收利用模式创新、实现资源综合利用效益最大化、明确监督管理措施 6 个方面
2019 年 4 月	生态环境部印发《长江“三磷”专项排查整治行动实施方案》	明确长江“三磷”专项排查整治行动的总体要求和工作安排，指导湖北、四川、贵州、云南、湖南、重庆、江苏等 7 省（市）开展集中排查整治
2020 年 11 月	生态环境部　商务部　国家发改委　海关总署联合发布《关于全面禁止进口固体废物有关事项的公告》（公告　2020 年第 53 号）	明确禁止以任何方式进口固体废物。禁止我国境外的固体废物进境倾倒、堆放、处置
2020 年 12 月	生态环境部　国家发改委　海关总署　商务部　工业和信息化部发布《规范再生钢铁原料进口管理有关事项的公告》（公告　2020 年第 78 号）	明确符合再生钢铁原料国家标准的，不属于固体废物，可自由进口
2021 年 1 月	生态环境部印发《国家先进污染防治技术目录（固体废物和土壤污染防治领域）》（公告　2021 年第 3 号）	征集并筛选了一批固体废物和土壤污染防治领域的先进技术，编制形成《2020 年国家先进污染防治技术目录（固体废物和土壤污染防治领域）》

续表

部委层面		
发布时间	主要政策	主要内容
2021 年 2 月	生态环境部印发《加强长江经济带尾矿库污染防治实施方案》（环办固体〔2021〕4 号）	全面开展长江经济带尾矿库污染治理情况“回头看”，深入排查治理尾矿库环境污染问题；建立台账清单；扎实开展治理；健全预警监测体系
2021 年 3 月	国家发改委联合 9 部门印发《关于“十四五”大宗固体废弃物综合利用的指导意见》（发改环资〔2021〕381 号）	提高大宗固体废物资源利用效率；推进大宗固体废物综合利用绿色发展；推动大宗固体废物综合利用创新发展；实施资源高效利用行动
2021 年 5 月	国家发改委印发《关于开展大宗固体废弃物综合利用示范的通知》（发改办环资〔2021〕438 号）	建设 50 个大宗固体废物综合利用示范基地（以下简称“示范基地”），示范基地大宗固体废物综合利用率达 75% 以上，对区域降碳支撑能力显著增强；培育 50 家综合利用骨干企业（以下简称“骨干企业”），实施示范引领行动，形成较强的创新引领、产业带动和降碳示范效应
2021 年 7 月	国家发改委印发《“十四五”循环经济发展规划》（发改环资〔2021〕969 号）	部署城市废旧物资循环利用体系建设、大宗固体废物综合利用示范工程等五大重点工程。明确了六大重点行动，一是再制造产业高质量发展行动；二是废弃电器电子产品回收利用提质行动；三是汽车使用全生命周期管理推进行动；四是塑料污染全链条治理专项行动；五是快递包装绿色转型推进行动；六是废旧动力电池循环利用行动
2021 年 12 月	生态环境部印发《关于开展工业固体废物排污许可管理工作的通知》（环办环评〔2021〕26 号）	推动开展工业固体废物纳入排污许可工作。强化工业固体废物排污许可管理，落实产废单位主体责任，推进固定污染源排污许可证多环境要素“一证式”监管
2021 年 12 月	生态环境部、国家发改委等 18 部门联合印发《“十四五”时期“无废城市”建设工作方案》（环固体〔2021〕114 号）	开展历史遗留固体废物排查、分类整治，加快历史遗留问题解决
2021 年 12 月	国家发改委、科技部等 10 部门联合印发《关于“十四五”大宗固体废弃物综合利用的指导意见》（发改环资〔2021〕381 号）	到 2025 年，煤矸石、粉煤灰、尾矿（共伴生矿）、冶炼渣、工业副产石膏、建筑垃圾、农作物秸秆等大宗固体废弃物的综合利用能力显著提升，利用规模不断扩大，新增大宗固废综合利用率达到 60%，存量大宗固废有序减少

续表

部委层面		
发布时间	主要政策	主要内容
2022 年 1 月	国家发改委、生态环境部、住房和城乡建设部等 4 部门印发《关于加快推进城镇环境基础设施建设的指导意见》（国办函〔2022〕7 号）	2025 年，固体废物处置及综合利用能力显著提升，利用规模不断扩大，新增大宗固体废物综合利用率达到 60%
2022 年 1 月	工业和信息化部、国家发改委、科技部等 8 部门印发《关于加快推动工业资源综合利用的实施方案》（工信部联节〔2022〕9 号）	到 2025 年，钢铁、有色、化工等重点行业工业固体废物产生强度下降，大宗工业固体废物的综合利用水平显著提升，再生资源行业持续健康发展，工业资源综合利用率明显提升。力争大宗工业固体废物综合利用率达到 57%，其中，冶炼渣达到 73%，工业副产石膏达到 73%，赤泥综合利用水平有效提高
2024 年 4 月	生态环境部印发《固体废物分类与代码目录》（公告　2024 年第 4 号）生态环境部印发《固体废物污染环境防治信息发布指南》（环办固体函〔2024〕37 号）	该目录是我国首次对固体废物的种类进行细化，并对代码进行统一。该指南用于指导地方依法开展固体废物污染环境防治信息公开发布工作

4.2.3　标准

我国标准规范的制修订具有较为鲜明的问题导向性，同时，逐步建立完善污染防治标准体系框架，当前，我国工业固体废物管理标准规范可分为三大类：

（1）分类标准

2020 年，我国修订发布《一般工业固体废物贮存和填埋污染控制标准》（GB 18599—2020）明确了第Ⅰ类及第Ⅱ类一般工业固体废物的定义。第Ⅰ类一般工业固体废物是指按照 HJ 557—2010 规定方法获得的浸出液中任何一种特征污染物浓度均未超过 GB 8978—1996 最高允许排放浓度（第二类污染物最高允许排放浓度按照一级标准执行），且 pH 在 6～9 的一般工业固体废物。第Ⅱ类一般工业固体废物是指按照 HJ 557 规定方法获得的浸出液中有一种或一种以上的特征污染物浓度超过 GB 8978 最高允许排放浓度（第二类污染物最高允许排放浓度按照一级标准执行），或 pH 值在 6～9 范围之外的一般工业固体废物。

此外，2024 年，我国制定发布的《固体废物分类与代码目录》中明确了工业固体废物种类、行业来源以及废物名称（S01-S59），也是首次对工业固体废物的种类进行细化，并对代码进行统一，基本实现了工业固体废物种类全覆盖。

（2）污染控制标准

该类标准在体系中对工业固体废物污染防治也起到重要作用。该类标准包括工业固体废物通用的污染控制标准，如《一般工业固体废物贮存和填埋污染控制标准》（GB 18599—2020）等；此外，不同类型工业固体废物特性差异较大，还制定发布了特殊行业或典型类别固体废物污染控制标准，如《锰渣污染控制技术规范》（HJ 1241—2022）、《废塑料污染控制技术规范》（HJ 364—2022）等。除了以上发布实施的标准规范，目前受到广泛关注的大宗工业固体废物如赤泥、磷石膏、煤基固体废物等也正在开展编制工作。

（3）行业管控标准

我国制定的工业固体废物管理制度，如台账、转移审批申报、排污许可等，是摸清固体废物底数并控制其流向的重要举措。我国制定了如《一般工业固体废物管理台账制定指南（试行）》（公告　2021 年第 82 号）、《排污许可证申请与核发技术规范　工业固体废物和危险废物治理》（HJ 1033—2019）等相关标准规范。

4.3　工业固体废物通用处理利用处置方法

工业固体废物常见的处理、利用和处置方法包括：

4.3.1　预处理

预处理方法是指对工业固体废物进行必要的分选、分级、破碎、干燥、脱水、稳定化等操作，以改善其物理化学性质，降低其危害性，增加其可利用性，以便后续的利用处置。预处理方法可以分为物理化学方法、生物处理方法和热处理方法等。预处理方法适用于含有多种成分、含水率高、难以直接处理的固体废物类型。

（1）物理化学方法

物理化学方法指通过物理或化学的原理和手段，实现工业固体废物的分离、浓缩、固化 / 稳定化等目的。例如，对含有重金属或有机污染物的工业固体废物，可以采用沉淀、吸附、离子交换、电渗析等方法进行去除或回收。

（2）生物处理方法

生物处理方法是指利用微生物或植物的代谢作用，实现工业固体废物的降解、转化或吸收等目的。例如，对含有可生物降解的有机污染物的工业固体废物，可以采用好氧堆肥、厌氧消化等方法进行分解或产气。

（3）热处理方法

热处理方法是指利用高温或低温的热能，实现工业固体废物进行焚烧、熔融、热解、烧结等目的。例如，对含有金属或无机盐类的工业固体废物，可以采用熔融或烧结等方法进行处理。

4.3.2　利用

综合利用是指通过回收、加工、循环、交换等方式，从固体废物中提取或者将其转化为可以利用的资源、能源和其他原材料的过程，旨在实现废物的最大化资源化。综合利用方法可以分为废物再生、物质分离回收、建材利用和土地利用等。综合利用方法适用于金属冶炼废渣、尾矿、化工废物以及可再生废物等大宗工业固体废物。

（1）直接再生利用

废物再生是指将工业固体废物直接作为原料或添加剂，重新投入原来或其他的生产过程，以替代部分新鲜原料。例如，将废旧轮胎作为橡胶原料或添加剂，重新制造轮胎或其他橡胶制品；将废旧纸张作为纸浆原料或添加剂，重新制造纸张或其他纸制品。

（2）物质分离回收

物质分离回收是指利用物理或化学的分离技术，从工业固体废物中分离出有价值的物质，进行回收利用。例如，利用磁选、重力选、浮选等方法，从废旧电子设备中分离出金属、塑料等物质，进行回收利用；利用萃取、蒸馏、结晶等方法，从废旧溶剂中分离出纯净的溶剂，进行回收利用。

（3）建材利用

建材利用是指利用工业固体废物直接代替传统建筑材料生产原料，或将其转化为建筑材料生产原料来生产建材的过程。固体废物建材利用的主要形式包括利用固体废物生产水泥、砖瓦、轻骨料、混凝土、玻璃、陶瓷、陶粒、路基材料等。

（4）土地利用

土地利用是指利用固体废物本身具备的部分营养成分，将固体废物直接利用或间接转化用作土壤改良剂或肥料的过程。

（5）充填 / 回填

根据《一般工业固体废物贮存和填埋污染控制标准》（GB 18599—2020），充填是指为满足采矿工艺需要，以支撑围岩、防止岩石移动、控制地压为目的，利用一般工业固体废物为充填材料填充采空区的活动。井下充填是直接大规模利用固体废物的有效途径之一，同时也是控制覆岩变形下沉的根本途径。以煤矿井下充填为例，煤矿井下充填开采作为一种绿色开采方式，承担处理固体废弃物和控制采煤沉陷的双重功能，是解决深部煤炭资源开采的主要技术选择，近年来得到广泛的研究与应用。

回填是指在复垦、景观恢复、建设用地平整、农业用地平整以及防止地表塌陷的地貌保护等工程中，以土地复垦为目的，利用一般工业固体废物替代土、砂、石等生产材料填充地下采空空间、露天开采地表挖掘区、取土场、地下开采塌陷区以及天然坑洼区的活动。回填技术可以有效解决矿山常年大规模开采扰动，上覆岩层破断、地表沉陷、植被损伤、生态退化等问题，实现破损土地的再利用，同时也可以有效消纳大量堆存的固体废物。

4.3.3 处置

处置包括焚烧处置和填埋处置。焚烧处置即通过适当的热分解、燃烧、熔融等反应，使固体废物经过高温下的氧化进行减容，成为残渣或熔融固体物质的过程。高温燃烧可使腐败性有机物和难以降解而造成公害的有机物燃烧成为无机物和二氧化碳，同时病原性生物在高温下死灭殆尽，从而使得废物变成稳定的、无害的灰渣类物质。焚烧会产生大量热能，可配置余热锅炉进行利用，有利于能源再利用。焚烧处置适用于高热值或危害性较大的固体废物类型。

填埋处置即将废物置于具有防渗层的区域，压实后覆土填埋。填埋的对象主要是经过预处理和再生利用后仍然无法消除或降低危害性，或者没有经济价值和技术可行性的工业固体废物。通过填埋，可对有毒有害的工业固体废物进行安全隔离和封存，以防止其与环境介质发生交换和迁移，造成二次污染。填埋处置适用于经过无害化处理的低价值固体废物类型。

4.4 典型大宗工业固体废物利用技术

我国每年产生工业固体废物超过 40 亿 t。大宗工业固体废物（以下简称“大宗工业固废”）是指年产生量在 1 亿 t 以上的单一种类固体废物，包括煤矸石、粉煤灰、尾矿、工业副产石膏、冶炼渣等典型品类，其产生量较大、堆存占地面积大。若不加以妥善处理，将对耕地、林地、草原等自然生态系统造成不利影响。

2021 年，全国人大常委会执法检查组关于检查《固废法》实施情况的报告指出，我国历年堆存的工业固体废物超过 600 亿 t，占地超过 200 万 hm^2。由于大宗工业固废产生量巨大，仅靠产品化、资源化利用不足以改变大宗工业固废堆存量不断增加的态势，必须加大综合利用处置力度。2024 年 1 月，《中共中央　国务院关于全面推进美丽中国建设的意见》明确，要推进煤矸石和粉煤灰在工程建设、塌陷区治理、矿井充填以及盐碱地、沙漠化土地生态修复等领域的利用。2024 年 2 月，《国务院办公厅关于加快构建废弃物循环利用体系的意见》要求，进一步拓宽大宗固废综合利用渠道，在符合环境质量标准和要求的前提下，加强综合利用产品在建筑领域的推广应用，畅通井下充填、生态修复、路基材料等利用消纳渠道，促进尾矿、冶炼渣中有价组分高效提取和清洁利用。这些文件都旨在通过规范有序的方式使污染较轻、环境风险可控的大宗固废回归大自然，重新参与地球物质大循环，并且以环境风险可控的方式将其作为未来资源储备。因此，除常规的利用处置技术外，将会推进污染较轻、环境风险可控的典型大宗工业固废用于各类生态修复，尤其将占用荒地返还为耕地（含林地、草地）、将占用差耕地（含林地、草地）返还为好耕地（含林地、草地）的大宗工业固废综合利用处置活动。

4.4.1　钢渣利用技术

作为钢铁生产大国，2022 年我国粗钢产量达到 10.18 亿 t，占世界总产量 50% 以上。钢渣是炼钢过程中排出的一种主要固体废物，其产量为粗钢产量的 10%～15%，年产量超过 1 亿 t，属于典型大宗冶金工业固体废物。与发达国家相比，我国钢渣综合利用率较低，尚不足 30%，导致我国钢渣累计堆弃量超过 10 亿 t，占地达数十万亩，目前我国钢渣堆存所造成的环境问题已受到国家生态环境部门的重点关注，其环境风险问题亟待有效解决。

（1）钢渣的组成及理化性质

钢渣一般包括转炉渣、电炉渣和精炼钢渣等，我国 90% 的粗钢是采用转炉炼钢工艺生产，转炉钢渣产生后主要经过热态钢渣冷却和冷却渣破碎磁选工艺实现铁质组分的回收，回收率为 10%～15%，剩余超过 85% 难以利用的转炉钢渣尾渣就是我们通常所说的钢渣。钢渣的密度一般为 3.1～3.6 g/cm^3，通常具有高硬度、密实性好、抗压强度高等特点。由于钢渣含有一定量的金属铁粒及含铁矿相，导致其易磨性较差，增加了处理成本，从而限制了其大规模工程化应用。钢渣作为一种由多矿物组成的复杂共熔体，主要化学组成为 CaO、SiO_2、Al_2O_3、MgO、Fe_2O_3、MnO 和 P_2O_5 等，另外，还有少量的其他硫化物和氧化物，这些成分的含量也可能存在较大的差异。除此之外，不同钢铁企业生产原料、产品、炉型以及生产工艺均有差别，使得钢渣主要成分及碱度也存在一定程度的差异。钢渣的物相组成及微观结构与其本身性能密切相关。不同钢铁企业排出的钢渣成分含量存在一定的差距，但钢渣的物相组成差异不明显。

（2）钢渣的综合利用现状

在20世纪初期，发达国家针对钢渣综合利用，已初步开展相关技术及工艺研究，其钢渣利用率高达95%以上，基本实现钢渣“零排放”。具体而言，日本钢渣的主要利用途径包括外销、自用和填埋。德国钢渣主要用于土木建筑、磷肥和钢厂内循环。美国钢渣利用率已超过98%，其中用于烧结和高炉再利用、筑路的钢渣用量占总钢渣利用量的65%以上。瑞典通过钢渣改性技术，即向熔融钢渣中加入还原剂、硅/铝质材料对钢渣进行物相调控和重构，使其与水泥成分接近，用于水泥生产。加拿大处理后的钢渣主要用于道路建设，阿拉伯地区利用电炉钢渣作为混凝土掺合料配制出性能更好的混凝土。

我国钢渣不同于这些发达国家，主要为转炉钢渣，钢渣中含有5%～10%的金属铁，20%～30%的铁氧化物，约40%的CaO，10%～20%的SiO_2，主要包括硅酸二钙、硅酸三钙、橄榄石等物相，具有资源回收价值。其处理利用存在渣铁分离难和安定性差两方面难题，我国钢渣的利用主要为钢厂内循环和钢厂外循环这两大途径。钢厂内循环主要是回收废钢铁和用作烧结原料，钢厂外循环则推广钢渣在混凝土、筑路以及建材等领域的应用，但我国目前钢渣的总体利用率仍不足30%。世界部分国家钢渣资源化利用情况见表4-4，欧洲钢渣各利用途径占比见图4-6。钢渣主要资源化利用途径见图4-7。

表4-4　世界部分国家钢渣资源化利用情况

国家	美国	日本	德国	俄罗斯	中国
利用情况	冶金领域60%，路基37%，其他4%	冶金领域25%，路基21%，土木工程（>43%），水利工程5%，肥料1%，其他3%	冶金领域24%，路基41%，建材14%，肥料8%	冶金领域4%，路基36%	冶金领域9%，配置水泥7%，路基和建材13%
利用率	>98%	98%	97%	40%	29%

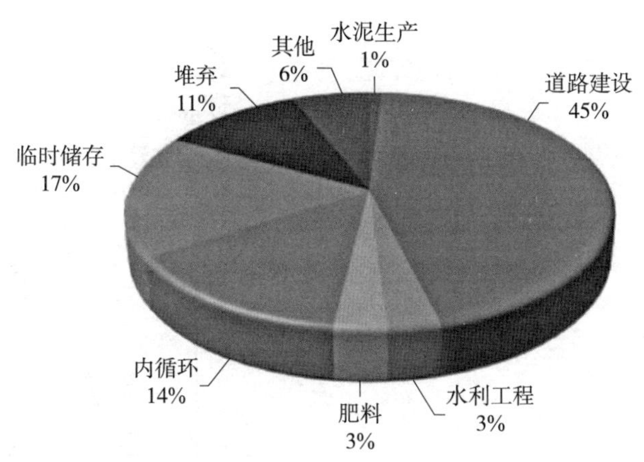

图 4-6　欧洲钢渣各利用途径占比

（3）钢渣的处理技术

国内外处理钢渣最普遍的工艺有滚筒法、热闷法、热泼法、浅盘法、风淬法和水淬法等。目前，国内大中型钢铁企业采用的主流技术是热闷法、热泼法和滚筒法。

①钢渣罐式有压热闷技术。钢渣罐式有压热闷技术主要包括钢渣辊压冷却粒化和有压热闷两个过程。钢渣辊压冷却粒化是通过打水冷却和机械破碎，使得高温钢渣快速冷却并粒化，为后续有压热闷工序创造适当的温度和粒度条件。有压热闷过程是把一定温度和粒度的钢渣倒进密闭罐，然后向密闭罐内打水，通过钢渣自身的余热使打入密闭罐内的水蒸发产生高温高压的饱和水蒸气，这可以使钢渣中所含的游离氧化钙（f-CaO）快速反应生成 $Ca(OH)_2$，消除尾渣安定性不良的缺点，同时可以实现钢渣的渣铁分离和进一步降温。

②钢渣常压池式热闷技术。钢渣常压池式热闷工艺是将 400～1 650℃的钢渣分批次倒进热闷池后，采用搅拌机械对钢渣进行搅拌，之后装置盖对热闷池进行密闭，最后通过控制系统向热闷池打水进行钢渣热闷。该工艺类似于在密闭环境下对钢渣进行热泼并喷水，这样既可以使钢渣因为温度应力而碎裂，降低钢渣粒度，又可以消解钢渣中 f-CaO，提高钢渣尾渣稳定性，有利于后续建材化利用。

③钢渣滚筒粒化处理技术。滚筒粒化处理技术是将流动性良好的钢渣通过渣罐经由渣槽进入滚筒内，液态钢渣在水和机械力的作用下冷却粒化，然后运输至渣场进行磁选回收废钢。

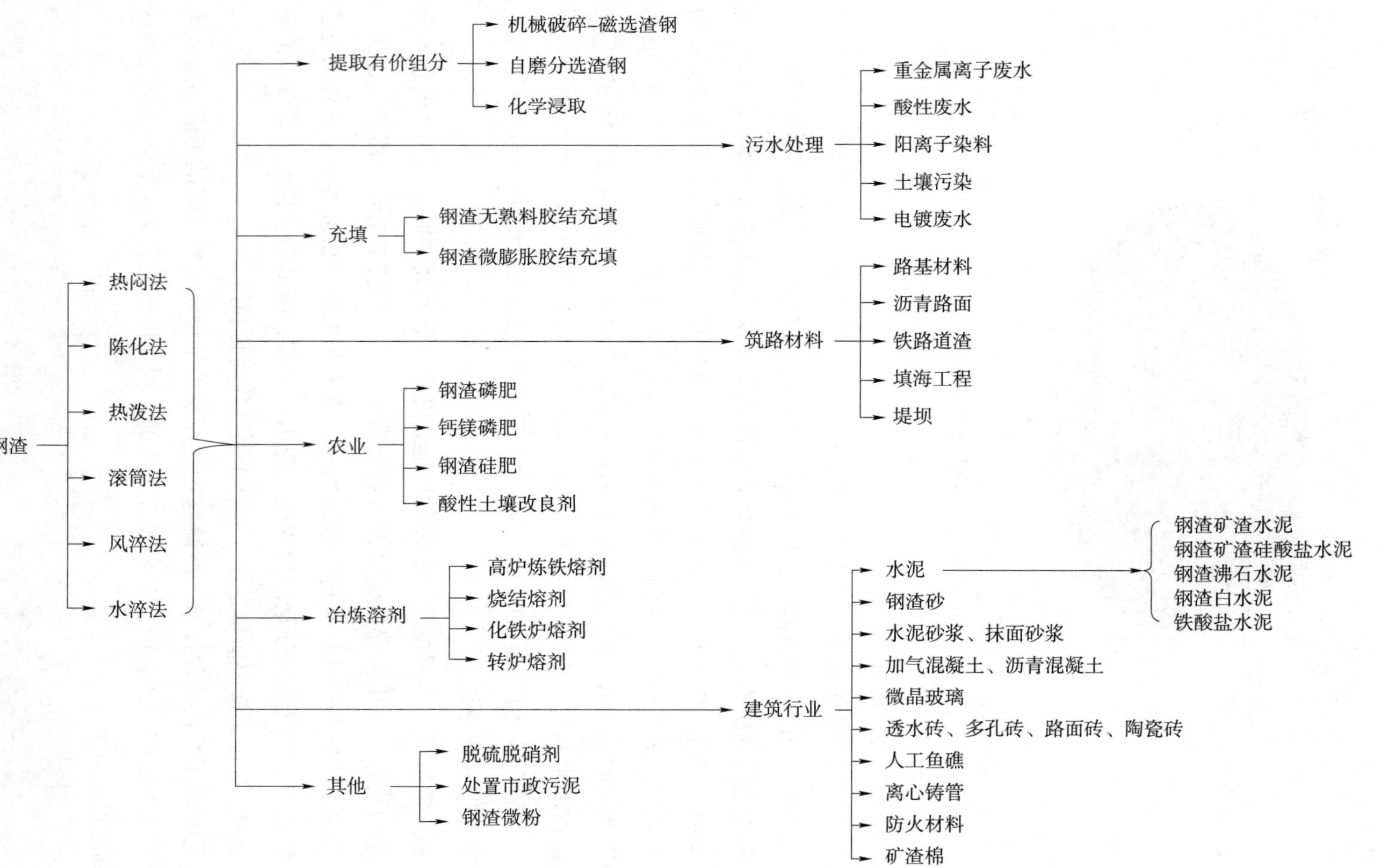

图 4-7　钢渣主要资源化利用途径

（4）钢渣资源化利用技术

①返回钢铁企业内部循环利用。一般钢铁企业均采用破碎磁选回收含铁料，返回炼铁或炼钢工序循环利用。破碎方式包括棒磨、颚式破碎、圆锥破碎机等，目前钢渣破碎普遍采用棒磨破碎方式。破碎后经磁选回收的渣钢，TFe≥80%，磁选粉TFe≥40%，均可返回炼钢工序循环利用，部分企业也将磁选粉返回烧结配用。经破碎磁选后的尾渣可以返回烧结循环利用，利用钢渣中 Fe_2O_3、MgO、CaO、MnO 等，且钢渣本身是熟料，铁酸钙含量较高，有利于提高烧结矿的强度。钢渣中钙、镁固溶体可降低烧结熔剂的消耗，减少烧结生产碳酸盐分解热，降低固体燃耗。

②用作建材及道路材料。钢渣含有 C_2S、C_3S 等具有一定胶凝活性的矿物组分，与硅酸盐水泥熟料类似。钢渣耐磨性高，经预处理后，用作道路垫层和基层，其强度、抗弯沉等性能较天然石材有优势。与普通碎石相比，钢渣耐低温，开裂特性较好，可用于道路工程回填。钢渣具有导电性能，用作铁路道岔不干扰铁路系统电讯工作。钢渣具有较好的力学性能，可以用作混凝土集料，应用于沥青混凝土、混凝土路面等。

③其他用途。钢渣可以用作生产微晶玻璃、陶瓷的原料。利用钢渣硬度高的特点，也可用作磨料。钢渣粉磨后可作为橡胶填料，改善力学性能。此外，钢渣还可用作高炉喷吹煤粉催化剂、人工鱼礁、海洋防浪堤、水利工程用护坡混凝土砌块等。

钢渣资源综合利用产品目录见表 4-5。

表 4-5　钢渣资源综合利用产品目录

序号	综合利用产品	综合利用技术条件和要求
1	金属精矿	产品符合《铁矿石产品等级的划分》（GB/T 32545）、《转底炉法含铁尘泥金属化球团》（YB/T 4272）、《锰系铁合金粉尘冷压复合球团技术规范》（GB/T 32787）、《钢铁工业含铁尘泥回收及利用技术规范》（GB/T 28292）、《铜精矿》（YS/T 318）、《银精矿》（YS/T 433）、《烧结用磁选渣钢粉》（GB/T 30897）、《冶金炉料用钢渣》（YB/T 802—2009）等标准且满足下游企业对产品的成分要求
2	金属	产品符合《冶炼用精选粒铁》（GB/T 30899）、《钢铁工业含铁尘泥回收及利用技术规范》（GB/T 28292）等标准且满足下游企业对产品的成分要求
3	矿渣粉、矿物掺合料	产品符合《矿物掺和料应用技术规范》（GB/T 51003）、《用于水泥中的钢渣》（YB/T 022）、《用于水泥和混凝土中的钢渣粉》（GB/T 20491）、《钢渣复合料》（GB/T 28294）、《钢铁渣粉》（GB/T 28293）、《道路用钢渣》（GB/T 25824）、《钢渣混合料路面基层施工技术规程》（YB/T 4184）等标准

续表

序号	综合利用产品	综合利用技术条件和要求
4	水泥、水泥熟料	①产品符合《钢渣硅酸盐水泥》（GB 13590）、《通用硅酸盐水泥》（GB 175）、《硅酸盐水泥熟料》（GB/T 21372）、《低热钢渣硅酸盐水泥》（JC/T 1082）、《钢渣砌筑水泥》（JC/T 1090）及其他水泥产品等标准； ②钢渣作为原料应满足《用于水泥中的钢渣》（YB/T 022）； ③产品符合《建筑材料放射性核素限量》（GB 6566）； ④水泥生产满足《水泥窑协同处置固体废物技术规范》（GB 30760）的要求
5	砖瓦、砌块、陶粒制品、板材、混凝土等	钢渣原料应符合《泡沫混凝土砌块用钢渣》（GB/T 24763）、《外墙外保温抹面砂浆和粘结砂浆用钢渣砂》（GB/T 24764）、《钢渣复合料》（GB/T 28294）、《混凝土用高炉重矿渣碎石》（YB/T 4178）、《普通预拌砂浆用钢渣砂》（YB/T 4201）、《混凝土多孔砖和路面砖用钢渣》（YB/T 4228）等标准
6	烧结熔剂、烟气脱硫剂	产品符合《钢渣应用技术要求》（GB/T 32546）、《烧结熔剂用高钙脱硫渣》（GB/T 24184）等标准

4.4.2 煤基固体废物利用技术

4.4.2.1 煤矸石利用技术

煤矸石是煤炭工业所产生的大宗工业固体废物，也是我国排放量最大的工业固体废物之一。在煤炭开采、洗选加工的过程中，会产生大量煤矸石，其数量占原煤产量的15%～20%。统计显示，其存量累计超过70亿t，大型煤矸石山已超过2 600座，且每年以3亿t～3.5亿t的体量持续增加。煤矸石含有碳等有机物和无机硅酸盐类矿物，直接排放或充填回井，会浪费资源、侵占土地，并造成大气、水体和土壤污染。

（1）煤矸石的理化性质

煤矸石是由碳质页岩、泥岩、砂岩及煤炭等物质组成的黑灰色沉积岩，风化后变浅灰色，经过灼烧或自燃，残留的有机物质挥发，其颜色呈现为白色、灰白色或黄白色。煤矸石热值介于800～2 000 kJ/kg，吸水率在2.0%～6.0%，自燃煤矸石的吸水率则在3.0%～11.60%。煤矸石中主要矿物成分有高岭石、伊利石、绿泥石、蒙脱石、石英、蛋白石、方解石、菱铁矿、黄铁矿、磁铁矿、铝土矿及微量元素等。

（2）综合利用现状

由于煤矸石含有Si、Al、Fe等有价元素，同时还含有原煤，因此具有一定的利用价值。煤矸石的资源化利用路线有多种，以其为原料，可以生产高岭土、分子筛、白炭黑、$Al(OH)_3$、Al_2O_3、聚合氯化铝、聚磺硫酸铝（PAC）、AlF_3、冰晶石、Fe_2O_3工业颜料等。我国煤矸石分布不均衡，总体排放呈现为“西多东少，北多南少”的地域特点（见图 4-8），且不同区域煤矸石性质有所差异。因此，煤矸石综合利用的研究不仅要基于对其理化性质的分析，也要符合当地实际，因地制宜。如内蒙古鄂尔多斯以煤炭采空区、沉陷区、露天剥离坑等为重点，积极开展矿区土地复垦与生态修复，每年有效利用煤矸石 6 000 万 t 以上，完成复垦绿化面积达 153 km^2。当前煤矸石主要资源化利用途径（见图 4-9）。工业和信息化部推荐煤矸石资源综合利用产品目录见表 4-6。

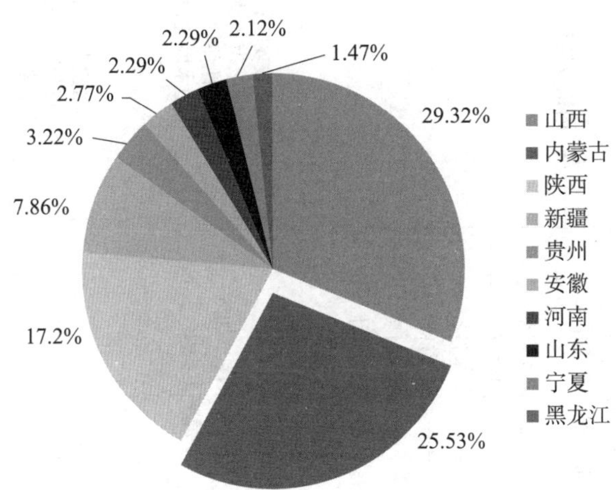

图 4-8　2023 年煤矸石产生量省份占比

（3）主要利用技术

①代替燃煤

目前，煤矸石代替燃煤发电是我国处理煤矸石的主要方式之一。煤矸石热值与碳含量和挥发分呈正相关，与灰分含量呈负相关。我国煤矸石热值普遍在 6 300 kJ/kg 以下，6 300 kJ/kg 以上的煤矸石仅占 10% 左右。热值高于 6 300 kJ/kg 的煤矸石可直接燃烧，反之则需混入一定量高热值物质混合燃烧发电。沸腾炉燃烧煤矸石发电，是近年发展的新技术。用风将煤矸石吹起，在炉膛一定高度呈沸腾状燃烧，以提高煤矸石燃烧利用率。实践表明，利用 70% 灰分、发热量仅 7.54 MJ/kg 的煤矸石，锅炉也能正常运行，其中 40%～50% 的热能可直接被床层接收。煤矸石作燃料价格虽低，但其硬度较大，易磨损设备，且煤矸石燃烧会产生粉煤灰仍需要处理，综合发电成本高，经济效益差，因此煤矸石发电技术还需进一步深入研究。

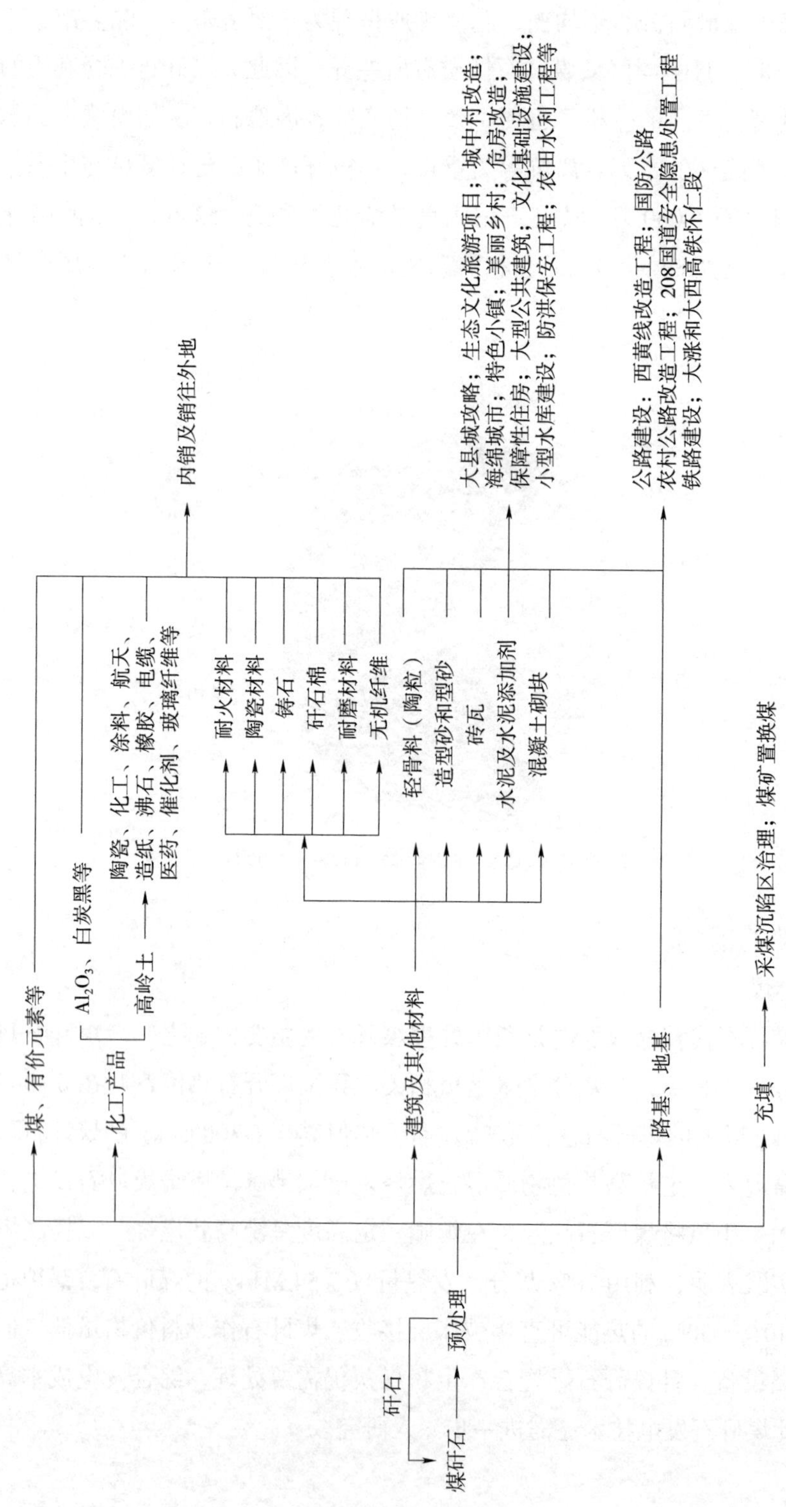

图 4-9　煤矸石主要资源化利用途径

表 4-6　煤矸石资源综合利用产品目录

序号	综合利用产品	综合利用技术条件和要求
1	水泥、水泥熟料	①煤矸石综合利用符合《煤矸石综合利用管理办法》（2014 年修订版）和《煤矸石利用技术导则》（GB/T 29163）的要求； ②产品符合《通用硅酸盐水泥》（GB 175）、《硅酸盐水泥熟料》（GB/T 21372）等标准； ③产品符合《建筑材料放射性核素限量》（GB 6566）
2	建筑砂石骨料（含机制砂）	①煤矸石综合利用符合《煤矸石综合利用管理办法》（2014 年修订版）和《煤矸石利用技术导则》（GB/T 29163）的要求； ②产品符合《建设用砂》（GB/T 14684）、《建设用卵石、碎石》（GB/T 14685）、《混凝土和砂浆用再生细骨料》（GB/T 25176）、《混凝土用再生粗骨料》（GB/T 25177）等标准； ③产品符合《建筑材料放射性核素限量》（GB 6566）； ④企业建设符合《机制砂石骨料工厂设计规范》（GB 51186）等要求
3	砖瓦、砌块、陶粒制品、板材、管材（管桩）、混凝土、砂浆、井盖、防火材料、耐火材料（镁铬砖除外）、保温材料、微晶材料、泡沫陶瓷、高岭土	①煤矸石综合利用符合《煤矸石综合利用管理办法》（2014 年修订版）和《煤矸石利用技术导则》（GB/T 29163）的要求； ②产品符合《烧结普通砖》（GB/T 5101）、《烧结空心砖和空心砌块》（GB/T 13545）、《烧结保温砖和砌块》（GB 26538）、《烧结多孔砖和烧结多孔砌块》（GB/T 13544）、《烧结装饰砖》（GB/T 32982）、《烧结路面砖》（GB/T 26001）、《建筑用轻质隔墙条板》（GB/T 23451—2009）、《烧结瓦》（GB/T 21149）、《烧结装饰板》（GB/T 30018）、《轻集料及其试验方法》（GB/T 17431.1）、《复合保温砖和复合保温砌块》（GB/T 29060）、《轻集料混凝土小型空心砌块》（GB/T 15229）、《蒸压加气混凝土砌块》（GB 11968）、《蒸压加气混凝土板》（GB 15762）、《粉煤灰混凝土小型空心砌块》（JC/T 862）、《混凝土实心砖》（GB/T 21144）、《非承重混凝土空心砖》（GB/T 24492）、《承重混凝土多孔砖》（GB 25779）、《混凝土路面砖》（GB 28635）、《透水路面砖和透水路面板》（GB/T 25993）、《干垒挡土墙用混凝土砌块》（JC/T 2094）、《钢筋陶粒混凝土轻质墙板》（JC/T 2214）、《先张法预应力混凝土管桩》（GB/T 13476）、《预拌混凝土》（GB/T 14902）、《预拌砂浆》（GB/T 25181）、《建筑保温砂浆》（GB/T 20473）、《钢纤维混凝土检查井盖》（GB/T 26537）、《防火封堵材料》（GB 23864）、《耐磨耐火材料》（GB/T 23294）、《烧结保温砖和保温砌块》（GB/T 26538）、《微晶玻璃陶瓷复合砖》（JC/T 994）、《外墙外保温泡沫陶瓷》（GB/T 33500）、《高岭土及其试验方法》（GB/T 14563）等标准； ③产品符合《建筑材料放射性核素限量》（GB 6566）

续表

序号	综合利用产品	综合利用技术条件和要求
4	矿（岩）棉	①煤矸石综合利用符合《煤矸石综合利用管理办法》（2014 年修订版）和《煤矸石利用技术导则》（GB/T 29163—2012）的要求； ②产品符合《绝热用岩棉、矿渣棉及其制品》（GB/T 11835）、《建筑用岩棉绝热制品》（GB/T 19686）、《矿物棉装饰吸声板》（GB/T 25998）、《建筑外墙外保温用岩棉制品》（GB/T 25975）、《矿物棉喷涂绝热层》（GB/T 26746）、《吸声板用粒状棉》（JC/T 903）等标准； ③产品符合《建筑材料放射性核素限量》（GB 6566）
5	电力、热力	煤矸石综合利用符合《煤矸石综合利用管理办法》（2014 年修订版）和《煤矸石利用技术导则》（GB/T 29163）的要求
6	陶瓷及陶瓷制品	①煤矸石综合利用符合《煤矸石综合利用管理办法》（2014 年修订版）和《煤矸石利用技术导则》（GB/T 29163）的要求； ②产品符合《外墙外保温泡沫陶瓷》（GB/T 33500）、《卫生陶瓷》（GB/T 6952）、《陶瓷砖》（GB/T 4100）、《电子元器件结构陶瓷材料》（GB/T 5593）等标准； ③建材产品符合《建筑材料放射性核素限量》（GB 6566）
7	土壤调理剂	①煤矸石综合利用符合《煤矸石综合利用管理办法》（2014 年修订版）和《煤矸石利用技术导则》（GB/T 29163）的要求； ②产品符合《土壤调理剂　通用要求》（NY/T 3034）、《高尔夫球场草坪专用肥和土壤调理剂》（HG/T 4136）等标准
8	人工鱼礁	①煤矸石综合利用符合《煤矸石综合利用管理办法》（2014 年修订版）和《煤矸石利用技术导则》（GB/T 29163）的要求； ②产品建设符合《人工鱼礁建设技术规范》

②生产化工产品

煤矸石中含有丰富 Si、Al 和 Ca 等元素，煤矸石可作为提取相应元素的廉价原材料，并通过一些化工流程来制备高附加值产品。当煤矸石中的 Al_2O_3 含量超过 35% 时，可代替铝土矿为原料提取、制备铝盐类化工产品。目前，从煤矸石中提取铝系化工产品的方法主要有两种：酸法和碱法。酸法是利用酸浸将煤矸石中的 Al_2O_3 转化为铝盐溶液后再利用；碱法是将 $CaCO_3$ 或 CaO 添入煤矸石中并在一定温度煅烧后，碱性溶液溶出 Al_2O_3。相比之下，酸法提取效率高、工艺简单，具有良好的应用前景。当煤矸石中 SiO_2 质量分数大于 35% 时，可作为硅系化工产品廉价的原料。利用煤矸石制备化工产品，既节约原材料成本，又大量消纳固体废物煤矸石，是规模利用煤矸石的可行方式。

③生产建筑材料

煤矸石强度高、空隙率高以及化学性能稳定，用作建材有独特优势。当前煤矸石建材化利用主要有以下几种方式：烧结制砖、混凝土填料、环保新材料等。煤矸石与黏土类矿物的化学成分相似、替代性强，因此可用来制砖，并且产品具有较高的机械强度、良好的保温性能和较好的抗震性能。近年来，煤矸石制砖工艺趋于成熟，产品广泛应用，但仍存在需求量有限、运输成本高、附加值低等问题。煤矸石在烧结过程中产生 NO_x、SO_2 等污染性气体的问题，还需加强对制作过程污染的控制研究。煤矸石可替代混凝土基料，缓解砂石资源不足的同时，又能减少其对自然环境的危害。

4.4.2.2　粉煤灰利用技术

长期以来，煤炭一直是我国火电发电的主要燃料，2017 年用于火力发电的煤炭总量约为 19 亿 t，占国内煤炭总消耗量的 49.26%，相应产生了 6.86 亿 t 粉煤灰。近 20 年来，我国的火电装机容量以及粉煤灰产量出现了同步大幅增长趋势，2017 年的火电装机容量和粉煤灰的产量较 2000 年分别增长了 4.65 倍和 4.57 倍。从 1979 年至 2018 年粉煤灰的产量及变化趋势看，粉煤灰产量的年均增长率约为 13.42%，但 2000 年至 2017 年的年均增长率达到了 19.85%，增长速率明显加快。大量研究证实，粉煤灰这一大宗硅酸盐固体废弃物是具有明显应用价值和广阔应用空间的资源。

（1）粉煤灰的理化性质

粉煤灰是煤燃烧过程中产生的颜色介于灰白色与黑色之间粉状颗粒物质，主要成分为无定形硅铝酸盐、莫来石、α 石英、赤铁矿和磁铁矿等，富含 P、K、Ca、Mg 等营养成分。煤矸石是采煤和选矿过程中产生的一种典型固体废弃物，主要成分为石英、高岭石等黏土矿物，富含腐殖酸、有机质、Si、K、Fe 及稀有元素。煤气化渣灰分比例较高，主要以无定形二氧化硅和玻璃相的形式存在，含有碱性和酸性金属氧化物，此外还含有 B、K、Fe、少量的 Mo 和 Zn 等元素。

（2）综合利用现状

粉煤灰这一大宗硅酸盐固体废物的应用领域十分广泛，以其火山灰活性为基础的应用领域（如水泥混合材、水泥混凝土、加气混凝土、矿山充填）消耗量最大（约占总量的 60%），技术最为成熟，并形成了配套的技术标准或规范。如《用于水泥和混凝土中的粉煤灰》（GB/T 1596—2017）、《硅酸盐建筑制品用粉煤灰》（JC/T 409—2016）等。依据产生粉煤灰的燃煤类型将粉煤灰划分为 C 类和 F 类两类。C 类是由褐煤或次烟煤燃烧产生的粉煤灰，F 类是由无烟煤或烟煤燃烧产生的粉煤灰；相对于 F 类，C 类往往具有更高的 CaO 和 MgO，而 SiO_2、Fe_2O_3 和 C 的含量较低。

近年来，我国对粉煤灰的利用模式并未经历明显的变迁。主流的应用领域依然是水泥、混凝土及各类建材的深度加工产品。这些领域的应用，不仅充分利用粉煤灰的特性，而且也在一定程度上缓解环境压力。然而，尽管粉煤灰在这些领域的应用已经较为成熟，但在其他一些可能的应用方向上，如道路建设和土地回填等，开发和利用却相对较少。粉煤灰的资源化利用主要分布于制砖、混凝土、陶粒、水泥、岩棉、大气污染控制材料、废水处理材料、污泥处理与土壤修复材料和有价组分的提取等方面。如今，粉煤灰仍占火电厂排放固体废物的最大比例。我国对粉煤灰处理的综合利用率不高，国内整体资源化利用水平依旧小于 30%，且地区、行业间有所差异。由于技术水平与经济条件的差异，粉煤灰在一线城市的处理效果及综合利用率可以达到 100%，但是在一些相对发展水平低的城市仍有提升空间。粉煤灰在不同行业的资源化利用率也存在差异，在建筑行业中占比约为 35%，在农业方面占比约为 20%。

粉煤灰主要资源化利用途径见图 4-10。

（3）粉煤灰利用技术

①建材利用

粉煤灰的化学成分和黏土相近，又是属于火山灰性质的混合材料，在一定条件下，能够与水反应生成类似于水泥胶凝体的胶凝物质，并具有一定的强度。粉煤灰在生产水泥、混凝土和墙体材料方面利用技术成熟，国家发布了多项标准对利用粉煤灰生产水泥、混凝土和墙体材料等产品提出具体的技术要求。

②筑路及回填

粉煤灰是一种优良的道路工程材料，可用于各级公路路堤填筑，也用作基层或底基层的结合料，在国内外已有大量的工程实例。交通部早在 1993 年发布了《公路粉煤灰路堤设计与施工技术规范》（JT/J 016—93）对各级公路新建、改建的纯粉煤灰路堤工程的技术要求进行了规定，间隔粉煤灰路堤或其他结构类似的粉煤灰回填工程可参照使用。在 1997 年制定发布《港口工程粉煤灰填筑技术规程 》（JTJ/T 260—97）、《港口工程粉煤灰混凝土技术规程》（JTJ/T 273—97），对粉煤灰用于港口工程中的回填使用进行了规定。JTJ/T 260—97 适用于低钙粉煤灰（湿灰和调湿灰）进行填筑的码头后方堆场、道路、建筑物地基处理和建筑物回填工程，港口造地绿化及其他结构类似的粉煤灰回填工程可参照使用。近几年又发布了《公路路基施工技术规范》（JTG/T 3610—2019）、《公路路面基层施工技术细则》（JTG/T F20—2015）对粉煤灰用于各级公路路堤填筑和用作基层或底基层的结合料的技术要求进行了具体规定。

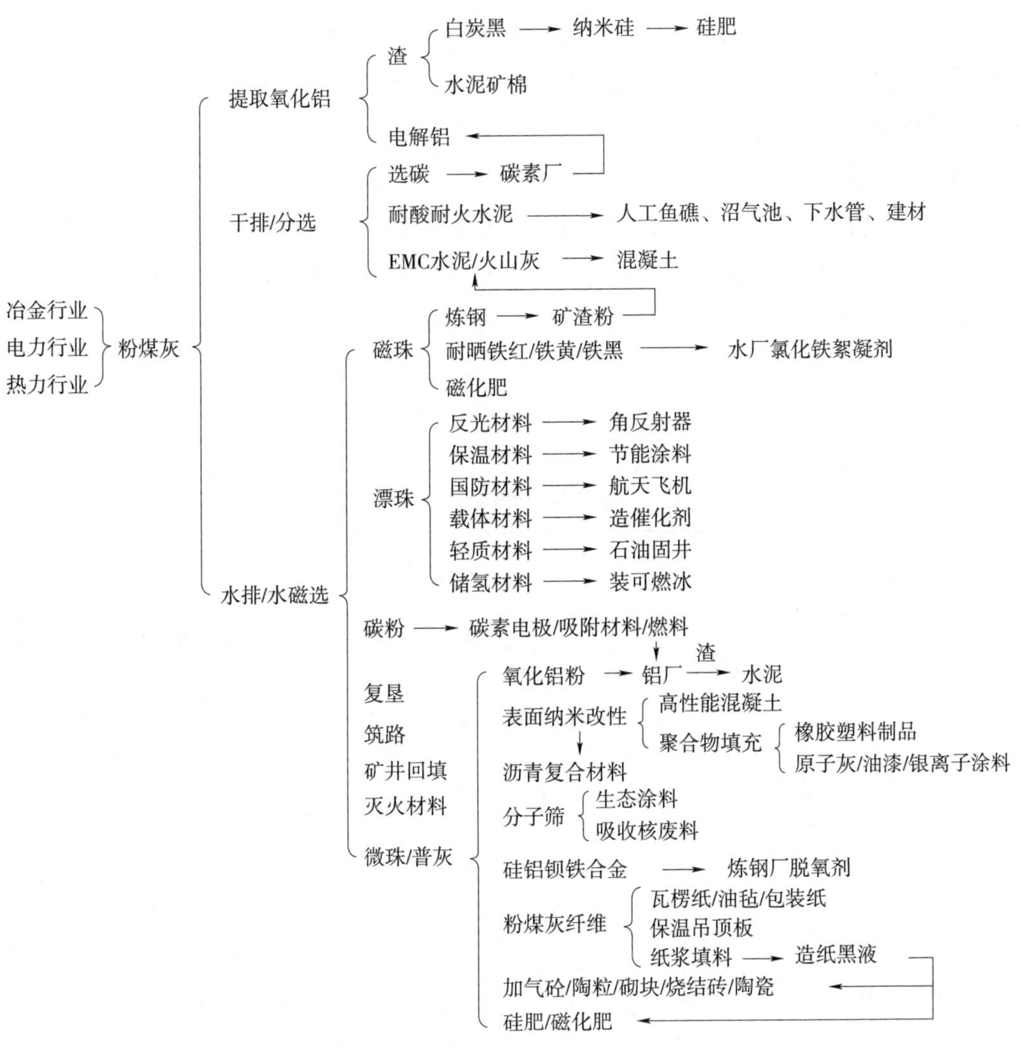

图 4-10　粉煤灰主要资源化利用途径

粉煤灰也是煤矿充填开采中最经济、最丰富的充填材料。实验及现场应用效果表明，粉煤灰在改善提高密闭充填效果、提高防灭火材料性能、提高充填强度及充填效果、改善巷道支护效果、降低材料成本等方面起到了很好的作用。在 2020 年发布的国家标准《一般工业固体废物贮存和填埋污染控制标准》（GB 18599—2020）中特别明确了粉煤灰可在煤炭开采矿区的采空区中充填或回填。

③有价金属提取

粉煤灰自身蕴藏着丰富的元素，如 Si、Al、Fe、C、Ga 和 Ge 等。现已探究出多种物理与化学方法，可以从粉煤灰中得到不同种类有价金属。通过烧结法与酸法，能够实现从粉煤灰中提取主要元素，例如，Si 和 Al。还能通过一些物理方法，例如，沉淀吸附等使微量金属和能源金属从粉煤灰中提取出来。此外，还研究了从粉煤灰中提取能源金属的浮选和离子交换方法。

④环境治理及其他方面

粉煤灰具有一定的吸附能力，可作为吸附剂或催化剂，如以粉煤灰为原料制作粉煤灰沸石、粉煤灰絮凝剂等，在环境工程领域用于废水与废气的处理。也可以粉煤灰为原料通过气相法、沉淀法、浸出法、熔出法、煅烧法等制取白炭黑，一种环保且性能优异的助剂。

粉煤灰资源综合利用产品目录详见表 4-7。

表 4-7　粉煤灰资源综合利用产品目录

序号	综合利用产品	综合利用技术条件和要求
1	粉煤灰超细粉、矿物掺合料	粉煤灰超细粉符合《用于水泥和混凝土中的粉煤灰》（GB 1596）、《矿物掺合料应用技术规范》（GB/T 51003）
2	水泥、水泥熟料	①产品符合《通用硅酸盐水泥》（GB 175）、《硅酸盐水泥熟料》（GB/T 21372）及其他水泥产品等标准。 ②产品符合《建筑材料放射性核素限量》（GB 6566）
3	砖瓦、砌块、陶粒制品、板材、管材（管桩）、混凝土、矿物掺合料、砂浆、井盖、防火材料、耐火材料（镁铬砖除外）、保温材料、微晶材料	①原料符合《硅酸盐建筑制品用粉煤灰》（JC/T 409）； ②产品符合《烧结普通砖》（GB/T 5101）、《烧结空心砖和空心砌块》（GB/T 13545）、《烧结多孔砖和多孔砌块》（GB/T 13544）、《混凝土实心砖》（GB/T 21144）、《非承重混凝土空心砖》（GB/T 24492）、《装饰混凝土砖》（GB/T 24493）、《承重混凝土多孔砖》（GB 25779）、《普通混凝土小型砌块》（GB/T 8239）、《蒸压加气混凝土砌块》（GB 11968）、《蒸压加气混凝土板》（GB 15762）、《轻集料及其试验方法》（GB/T 17431.1）、《复合保温砖和复合保温砌块》（GB/T 29060）、《轻集料混凝土小型空心砌块》（GB 15229）、《粉煤灰混凝土小型空心砌块》（JC/T 862）、《装饰混凝土砌块》（JC/T 641）、《混凝土砌块（砖）砌体用灌孔混凝土》（JC 861）、《混凝土小型空心砌块和混凝土砖砌筑砂浆》（JC 860）、《混凝土路面砖》（GB 28635）、《透水路面砖和透水路面板》（GB/T 25993）、《干垒挡土墙用混凝土砌块》（JC/T 2094）、《钢筋陶粒混凝土轻质墙板》（JC/T 2214）、《先张法预应力混凝土管桩》（GB/T 13476）、《预拌混凝土》（GB/T 14902）、《预拌砂浆》（GB/T 25181）、《建筑保温砂浆》（GB/T 20473）、《矿物掺和料应用技术规范》（GB/T 51003）、《钢纤维混凝土检查井盖》（GB/T 26537）、《防火封堵材料》（GB 23864）、《耐磨耐火材料》（GB/T 23294）、《烧结保温砖和保温砌块》（GB/T 26538）、《微晶玻璃陶瓷复合砖》（JC/T 994）、《外墙外保温泡沫陶瓷》（GB/T 33500）、《纤维增强水泥外墙装饰挂板》（JC/T 2085）、《蒸压粉煤灰砖》（JC/T 239）等标准； ③产品符合《建筑材料放射性核素限量》（GB 6566）

续表

序号	综合利用产品	综合利用技术条件和要求
4	Al_2O_3	产品符合《氧化铝》（GB/T 24487）
5	Fe_2O_3	产品符合《工业氧化铁》（HG/T 2574）
6	金属、金属氧化物、稀土	产品符合《银锭》（GB/T 4135）、《氧化铝》（GB/T 24487）等标准且满足下游企业对产品的成分要求
7	陶瓷及其制品	①产品符合《外墙外保温泡沫陶瓷》（GB/T 33500）、《卫生陶瓷》（GB/T 6952）、《陶瓷砖》（GB/T 4100）、《电子元器件结构陶瓷材料》（GB/T 5593）等标准； ②建材产品符合《建筑材料放射性核素限量》（GB 6566）
8	白炭黑（填料）	产品符合《煤基橡胶填料技术条件》（MT/T 804）
9	合成分子筛	产品符合《沸石分子筛动态二氧化碳吸附的测定》（HG/T 2691）
10	粉煤灰复合高温陶瓷涂层	产品符合《热喷涂陶瓷涂层技术条件》（JB/T 7703）
11	玻化微珠及其制品	①产品符合《膨胀玻化微珠》（JC/T 1042）、《膨胀玻化微珠保温隔热砂浆》（GB/T 26000）、《膨胀玻化微珠轻质砂浆》（JG/T 283）、《工程用中空玻璃微珠保温隔热材料》（JG/T 517）、《玻化微珠保温隔热砂浆应用技术规程》（JC/T 2164）等标准； ②产品符合《建筑材料放射性核素限量》（GB 6566）
12	水处理剂、燃煤烟气净化剂	产品符合《水处理剂用铝酸钙》（GB/T 29341）、《水处理剂　聚氯化铝》（GB/T 22627）、《水处理剂　氯化铝》（HG/T 3541）、《燃煤烟气脱硝技术装备》（GB/T 21509）等标准
13	水玻璃	产品符合《砂型铸造用水玻璃》（JB/T 8835）
14	$Al(OH)_3$	产品符合《氢氧化铝》（GB/T 4294）
15	土壤调理剂	产品符合《土壤调理剂通用要求》（NY/T 3034）

4.4.3　赤泥利用技术

近年来，全球 Al_2O_3 产量逐年增加，2020 年全球 Al_2O_3 产量达 1.34 亿 t，我国是世界上最大的 Al_2O_3 生产国，产量达 0.73 亿 t，占全球 Al_2O_3 产量的 54.4%。赤泥是铝土矿生产 Al_2O_3 的过程中产生的大宗工业固体废物，其产量因矿石品位、生产方法和技术水平而异，目前大多数生产厂家每生产 1 t Al_2O_3 会排放 1.0～1.8 t 的赤泥，从国家统计局的相关材料中可以发现，自 2017 年起每年的赤泥排放量均超过 1 亿 t。而我国赤泥的综合利用率一直维持在较低水平，自 2011 年以来赤泥综合利用率远远低于其他大宗工业固体废物综合利用水平，基本在 5% 以下，2018 年的综合利用量仅为 450 万 t，远小于年新产生量。这使得赤泥大量堆存，据估算，当前我国赤泥堆存量约为 6 亿 t，并以每年上亿吨的速率增加。堆场占用大量土地，破坏植被，而且赤泥碱性强、盐分高，污染周围土壤与水体，尤其在恶劣气候条件下易引发溃坝，威胁周边环境及居民生产和生活安全。

（1）赤泥的理化特性

Al_2O_3 生产过程中，使用的主要原料是铝土矿。铝土矿矿石的主要矿物质有三水铝矿 $Al(OH)_3$、勃姆石 γ-AlO（OH）、水铝石 α-AlO（OH），其次是铁氧化物针铁矿、赤铁矿，黏土矿物高岭土和少量的锐钛矿 TiO_2。但是，不同的产地，其铝土矿的矿物成分和品位存在差异，因此会选择不同的 Al_2O_3 生产工艺，导致产生的赤泥成分不同，对应的赤泥物理、化学性能不一样。Al_2O_3 的生产方式可根据其不同工艺大致划分为四种：碱法、酸法、酸碱联合法与热法，目前工业上大规模使用的工艺均属于碱法。碱法制备 Al_2O_3 又可以分为拜耳法、烧结法与联合法。我国铝土矿主要成分为一水硬铝石，早期我国 Al_2O_3 的主要生产方法是烧结法和联合法，但由于拜耳法工艺流程简单、成本低、产品质量好等优势，在后期的 Al_2O_3 生产中多采用拜耳法。

赤泥组分复杂，其中含有较高的 Al、Si、Ca、Fe 等元素，根据不同生产方法可分为烧结法赤泥、拜耳法赤泥和联合法赤泥，不同来源赤泥的化学组分因原矿来源、Al_2O_3 的生产工艺、生产过程中加入的添加剂等不同而有所区别，如联合法、烧结法中 CaO、SiO_2 含量较高，拜耳法中 Al_2O_3、Na_2O、Fe_2O_3 较高。但其主要成分基本相同，分别为 Al_2O_3、Fe_2O_3、SiO_2、CaO、NaO、TiO 等。

（2）赤泥利用技术

国际铝业协会认可的赤泥综合利用的 3 种途径分别为资源化、材料化、减量化，需要根据赤泥的特性和应用需求选择合适的方法。我国当前常见的赤泥综合利用方法和途径包括提取有价元素、制备环境材料、土地利用、建材制造、生态环境修复等（见图 4-11）。

①有价金属回收

铁的回收。拜耳法赤泥相对于烧结法赤泥含铁量要高，其中铁主要以氧化铁形式存在。目前，国内外赤泥回收铁的方法主要有：焙烧—磁选法、直接磁选法、还原熔炼法和浸出提取法等。我国铝厂多数采用焙烧—磁选工艺得到回收率较高的 Fe 元素。

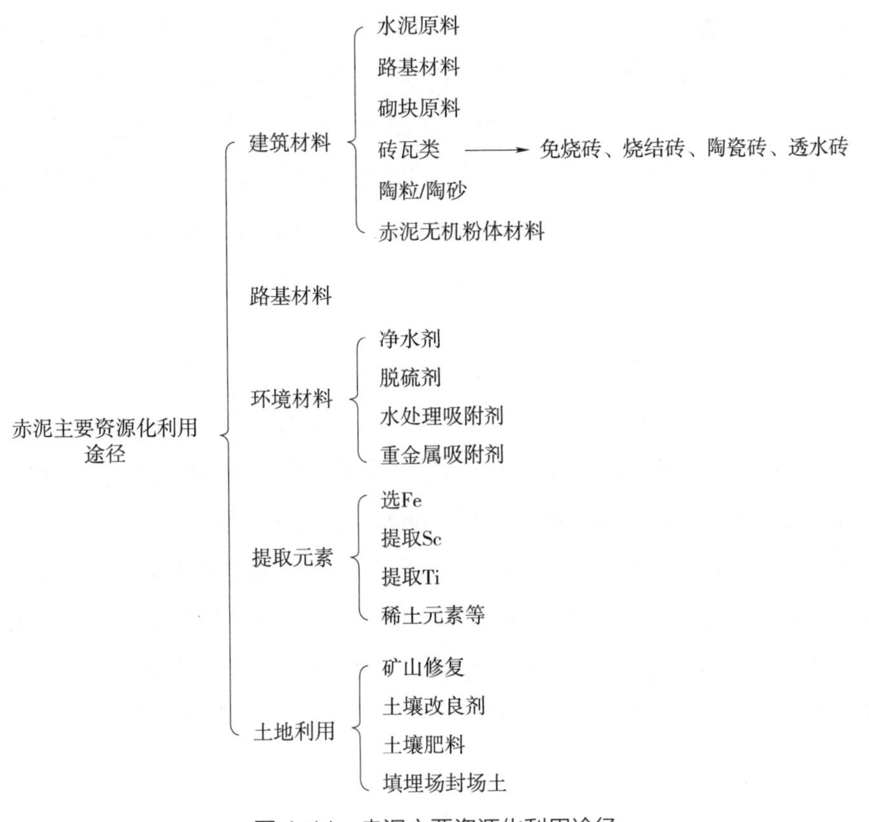

图 4-11　赤泥主要资源化利用途径

Sc 的回收。Sc 是一种非常典型的稀散元素，在地壳里的含量并不高，常与 Ti、Al、W、Sn 等矿物元素共存，其中在铝土矿、磷块岩及钛铁矿中含有 90%～95% 的 Sc。在生产 Al_2O_3 过程中，98%～100% 的 Sc 富集在赤泥中。目前，从赤泥中提炼 Sc 的方法主要有：还原熔炼法、硫酸化焙烧 - 浸出法、碳酸钠溶液浸出法和酸浸法等。

Ti 的回收。赤泥中的 Ti 不是以单一矿物形式存在，而是与多种矿物并存，颗粒较细，分布分散，其含量并不高，为 2%～7%。目前，从赤泥中回收 Ti 并没有简单有效的方法，主要采用焙烧预处理—炉渣浸出工艺（也叫热法）和直接酸浸赤泥工艺（也叫湿法）。

②生产建筑材料

混凝土。研究发现，赤泥含有一定量的活性物质，将一定比例的赤泥作为掺合料掺入水泥胶砂，可以有效提高水泥的水化程度，在试件内产生网络结构，最终可以提高混凝土的强度。

水泥。目前赤泥用于水泥生产的研究主要有三个方向：制备水泥材料、生产复合水泥以及生产碱矿渣水泥。研究发现，脱硫石膏和赤泥经 1 300℃左右煅烧，以硅酸二钙（$2CaO \cdot SiO_2$）和硫铝酸钙（$3CaO \cdot 3Al_2O_3 \cdot CaSO_4$）为主要矿物，可转化为水泥熟料。在此过程中，赤泥提供了必要的 Si、Al 和大部分 Ca。脱硫石膏和赤泥的质量占总原料的 70%～90%，制备的水泥熟料机械强度性能良好，满足使用要求。但是，赤泥自身水分大，在实际生产中容易堵料并使生料工序电耗高，同时赤泥成分复杂，在参与水泥水化等化学反应过程中的变化机理仍需进一步研究。

③环境修复

污水处理。赤泥作为一种低成本的吸附剂被广泛应用于去除金属离子。国内外对细赤泥粉作为废水吸附剂的研究较多。研究发现，赤泥经过焙烧、酸浸后再用碳酸钠处理，其比表面积将提高到 532.8 m^2/g，可作为优良的吸附剂推广应用。然而，赤泥作为吸附剂的主要缺点是应用后的回收和再生问题，有待进一步解决。

废气处理。大气污染在我国日益严重，大气中的污染物主要来源于冶金行业、化工制造以及火电行业等企业的排放的含有 NO_x、SO_x、H_2S 等成分的烟气中。赤泥中含有大量的碱性物质，如 CaO、Na_2O、Fe_2O_3 和 MgO 等，可净化吸附这些有害物质，反应后的改良赤泥呈中性，易于实现工业废弃物赤泥的资源化利用。

赤泥资源综合利用产品目录见表 4-8。

表 4-8　赤泥资源综合利用产品目录

序号	综合利用产品	综合利用技术条件和要求
1	砖瓦、砌块、陶粒、板材、管材（管桩）、混凝土、砂浆、井盖、防火材料、耐火材料（镁铬砖除外）、保温材料、矿（岩）棉、微晶材料、泡沫陶瓷	①产品符合《烧结普通砖》（GB/T 5101）、《烧结空心砖和空心砌块》（GB/T 13545）、《普通混凝土小型砌块》（GB/T 8239）、《钢筋陶粒混凝土轻质墙板》（JC/T 2214）、《陶粒滤料》（QB/T 4383）、《水处理用人工陶粒滤料》（CJ/T 299）和《压裂用陶粒支撑剂技术要求》（Q/SH 0051）、《先张法预应力混凝土管桩》（GB/T 13476）、《预拌混凝土》（GB/T 14902）、《预拌砂浆》（GB/T 25181）、《建筑保温砂浆》（GB/T 20473）、《钢纤维混凝土检查井盖》（GB/T 26537）、《防火封堵材料》（GB 23864）、《耐磨耐火材料》（GB/T 23294）、《烧结保温砖和保温砌块》（GB/T 26538）、《微晶玻璃陶瓷复合砖》（JC/T 994）、《外墙外保温泡沫陶瓷》（GB/T 33500）等标准； ②产品符合《建筑材料放射性核素限量》（GB 6566）
2	陶瓷及陶瓷制品	①产品符合《外墙外保温泡沫陶瓷》（GB/T 33500）、《卫生陶瓷》（GB/T 6952）、《陶瓷砖》（GB/T 4100）、《电子元器件结构陶瓷材料》（GB/T 5593）、《陶粒加气混凝土砌块》（JG/T 504）等标准； ②建材产品符合《建筑材料放射性核素限量》（GB 6566）

续表

序号	综合利用产品	综合利用技术条件和要求
3	土壤调理剂	产品符合《土壤调理剂 通用要求》（NY/T 3034）等标准
4	Fe、Nb、Sc、Ti	①赤泥选铁符合《赤泥中精选高铁砂技术规范》（YS/T 787）的要求； ②金属产品符合《冶炼用精选粒铁》（GB/T 30899）、《铌条》（GB/T 6896）、《金属钪》（GB/T 16476）等标准且满足下游企业对产品的成分要求
5	脱硫剂、水处理剂、塑料填料	产品符合《燃煤烟气脱硝技术装备》（GB/T 21509）、《水处理剂　聚氯化铝》（GB/T 22627）、《塑料填料》（JB 5209）等标准
6	水泥、水泥熟料	①产品符合《通用硅酸盐水泥》（GB 175）、《硅酸盐水泥熟料》（GB/T 21372）及其他水泥产品等标准； ②产品符合《建筑材料放射性核素限量》（GB 6566）

4.4.4　工业副产石膏资源化利用技术

我国工业副产石膏种类有近百种，包括磷石膏、脱硫石膏、钛石膏、陶瓷废模石膏、芒硝石膏、盐石膏、氟石膏、废纸面石膏板、柠檬酸石膏、硼石膏、污水处理石膏等。其中，脱硫石膏和磷石膏的产生和排放量占比较重，其次为钛石膏和氟石膏（见图 4-12）。我国磷石膏年产生量 7 500～8 000 万 t，每年新增堆存量保持在 4 500 万 t 左右，2021 年，全国磷石膏利用 3 648 万 t，资源化利用率达 45.6%。我国湖北、云南、贵州、四川、安徽等 5 省磷石膏堆存量及排放量较大，排放量约占全国总量的 80%。

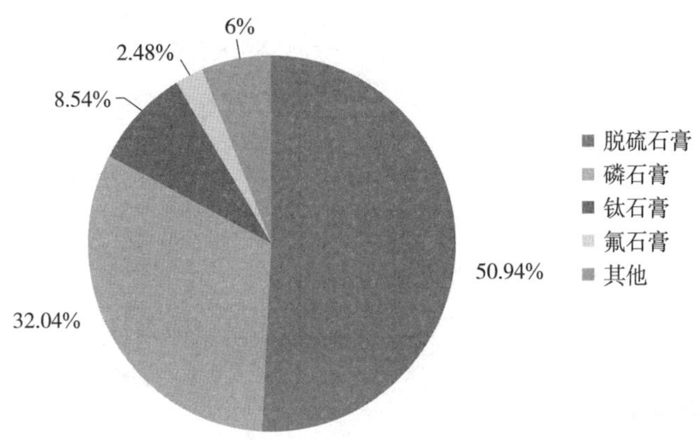

图 4-12　工业副产石膏中各石膏类别占比

现阶段，工业副产石膏在多个领域中得到了广泛的应用，根据应用领域分析，其主要利用途径与方向包括建材业、化工业、农业、生态保护等方面。在建材领域中的应用最为常见，主要用作制备水泥缓凝剂、纸面石膏板、石膏砌块、石膏粉、石膏板材、混凝土制品等材料。在工业化工产品方面，主要利用工业副产石膏中的 S、Ca 等资源制硫酸联产水泥、制 $(NH_4)_2SO_4$ 联产 $CaCO_3$、制备 $CaSO_4$ 晶须等。在农业方面，工业副产石膏中含有 P、Ca、Si、K 等各种有利于改善土壤的微量元素，可用于农作物肥料，由于其还具有吸附、离子交换等特殊的理化性质，能够改善土壤的结构性能和通透性，可制备土壤调理剂改良土壤，使土壤更适宜农作物的生长，有效解决土壤酸化、盐渍化等问题。在生态保护方面，如磷石膏经过除酸处置后，与废土、$Ca(OH)_2$ 等混合，作为废弃矿井的回填材料。以下以磷石膏为例，介绍工业副产石膏的利用处置。

工业副产石膏主要资源化利用途径见图 4-13。

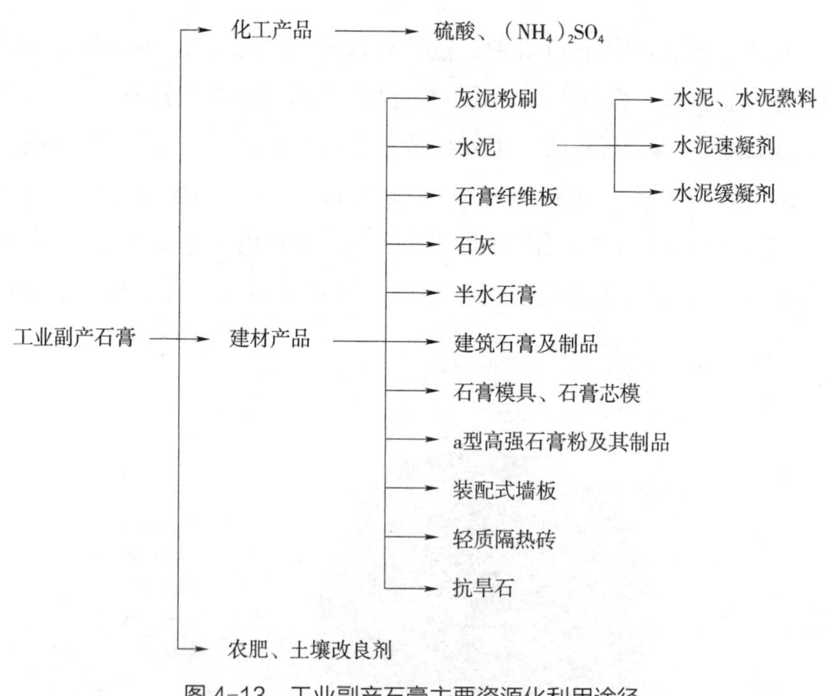

图 4-13　工业副产石膏主要资源化利用途径

4.4.4.1　磷石膏的理化性质

磷石膏是工业处理磷酸矿盐的副产物，由氟磷灰石和硫酸联合反应生成。磷石膏主要成分为 $CaSO_4 \cdot 2H_2O$，二水硫酸钙的质量分数达 85% 以上；其次为游离水、有机质、重金属、稀土元素及可能存在的放射性元素等；另外，磷石膏中还存在选矿等工艺中引入的表面活性剂和吸附水中溶解的磷酸等杂质，其表面形貌呈黄色、深灰色和灰白色，粒径为 5～150 μm，相对密度为 2.22～2.37 g/cm^3，pH 值为 3～4。

4.4.4.2　磷石膏的利用现状及资源化利用技术

对于磷石膏的处理，国外基本采用堆存与海洋排放两种方式。国内磷石膏在很多领域已经得到广泛应用。磷石膏综合利用以水泥缓凝剂、外售外供、生态修复和建筑石膏 4 个途径为主，该 4 个途径利用量之和占总利用量的 71.89%。磷石膏的利用途径还有用于矿井充填、石膏板、制硫酸、石膏砖、筑路材料和石膏砌块等。2021 年中国磷石膏各利用途径利用量及占比详见图 4-14。

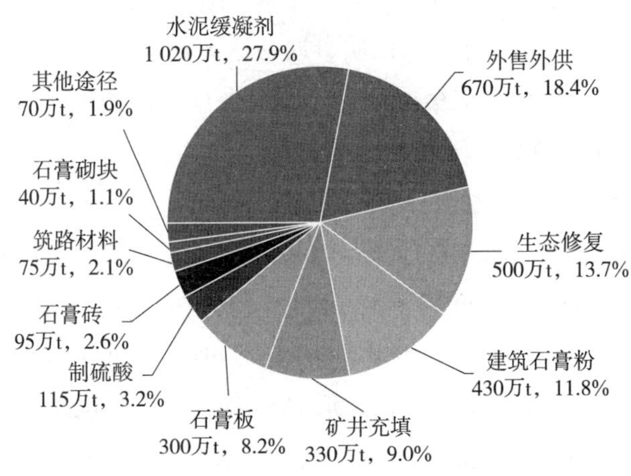

图 4-14　2021 年中国磷石膏各利用途径利用量及占比

（1）制备工业石膏及石膏建材

磷石膏通过两步加热去除水分制备建筑用熟石膏粉，或高温煅烧（750～800℃）使可溶性 P_2O_5 和 F 基本挥发，制备 pH 为 6～7 的建筑石膏粉。石膏粉可以直接出售，或经过进一步加工制备成砌块、板材（纸面石膏板和无纸面石膏板）、粉刷石膏、抹灰石膏、自流平砂浆及吊顶等产品。

中国 2021 年以磷石膏为原料生产纸面石膏板的装置能力已达到 900 万 t/a，占磷石膏产量的 14%。由于磷石膏中存在水溶性磷、氟等杂质，磷石膏建材经过雨水冲刷会在内部形成空洞，导致其结构粉化溃散，因此，磷石膏砌块产品也只能用于内墙。磷石膏产品质量均可以达到相关标准，比如纸面石膏板各项性能符合《纸面石膏板》（GB/T 9775—2008）的要求，放射性符合该国标 A 类材料的要求，满足室内装饰要求，但未经过处理的磷石膏制备的纸面石膏板内外照射指数要远高于脱硫石膏。磷石膏制备建材产品的质量相比天然石膏和脱硫石膏仍有很大差距，市场认可度低；同时，受运输成本影响，所有建筑产品销售半径有限，限制了磷石膏在工业石膏和建材领域的大量应用。

（2）用作水泥缓凝剂等水泥添加成分

水泥中通常添加 3%～5% 的天然石膏作缓凝剂。磷石膏的主要成分是石膏，原理上可以代替天然石膏作为缓凝剂添加到水泥中。实际上，日本用的水泥缓凝剂绝大部分来自磷石膏，磷石膏用作水泥缓凝剂标准为：可溶性 P_2O_5 质量分数≤0.3%、可溶性氟化物质量分数≤0.05%、压制成粒径为 10～30 mm 球状颗粒。中国多家企业也陆续投产了磷石膏用作水泥缓凝剂的生产线。磷石膏用作水泥缓凝剂最常见的问题是磷石膏中各种杂质无法完全去除，导致水泥质量通常达不到普通水泥标号，市场认可度低；而且磷石膏酸性太强，用作水泥缓凝剂之前必须进行改性处理，增加了成本，导致磷石膏用作缓凝剂时与电厂脱硫石膏相比缺乏市场竞争力。

（3）热分解制备硫酸联产水泥

磷石膏制硫酸联产水泥的工艺原理是将磷石膏高温分解，所得的 SO_2 经过转化和吸收用于生产硫酸，所得的 CaO 用于生产水泥。煅烧磷石膏制备氧化钙和回收硫制备硫酸是较为成熟的理论，过去几十年被不断实践，但是其进一步的工业化应用并不理想。在实际反应中，$CaSO_4$ 与 CaO、CaS 形成共融物，造成 $CaSO_4$ 分解温度增高，导致磷石膏分解制硫酸联产水泥的能耗高。此外，磷石膏分解制硫酸联产水泥还存在 SO_2 浓度低、回转窑结圈可控性较差和水泥前期强度低等问题。这些问题共同导致了磷石膏分解制硫酸联产水泥在工业领域的生产运营和盈利难度增大。因此，高能耗和低产品质量是制约磷石膏制硫酸联产水泥大规模工业化应用的主要因素。

（4）路基材料

磷石膏可代替土壤和部分碎石，用作路基材料。各地已有多个磷石膏企业联合城建单位进行了多种尝试和研究，包括将磷石膏用作路基填料、路面基层或路基中水稳层等。将磷石膏直接用于路基填料时，通常其抗压强度和吸水性等不能满足要求。将磷石膏与生石灰、粉煤灰、磷渣等成分以合适的配比用作路面基层材料，具有较好的可行性，但磷石膏掺量较小。

在磷石膏和水泥共同用于路基材料时普遍存在钙矾石的问题。磷石膏和水泥反应生成钙矾石，分子式为 $(CaO)(3Al_2O_3)(CaSO_4)_3\cdot 32H_2O$，钙矾石分子含有 32 个结晶水，属于“会呼吸”的矿石之一。在夏季高温环境下，钙矾石失去结晶水，内部压力增大，而在大量雨水浸泡的条件下，又发生吸水现象。由于环境天气的变化，钙矾石重复失去和得到结晶水的过程最终造成路面凹凸甚至出现裂缝。

中国绝大部分磷石膏放射性较低，用于公路水稳层符合国家相关标准和规定。湖北宜昌首个磷石膏道路水稳层应用的全国标准《道路过硫磷石膏胶凝材料稳定基层技术规程》，从 2022 年 9 月 1 日开始实施。

（5）填充材料

磷石膏由于自身粒径小、密度小及渗透系数小，不利于充填体脱水和快速硬化，不适于单独作为充填骨料。但是，磷石膏与水泥和粉煤灰等进行适量配比后进行胶结填充，或添加生石灰、NaOH、芒硝等多种材料制备磷石膏基复合充填材料具有较好的应用效果。由于磷石膏中含有少量的 P、F 等酸性杂质，会降低充填体早期强度，使磷石膏作为填充材料的应用具有一定的局限性。目前，磷石膏胶结充填技术已经较为成熟，在我国多处矿山得到大规模应用，相对于传统的砂石填料，磷石膏作为填充材料具有成本低、性能好、操作工艺简单等优点。因此，在特定地形地域，如云南和贵州的大部分矿山，发展磷石膏充填技术，将会成为磷石膏综合利用的重要方向之一。

（6）土壤改良剂

磷石膏作为磷肥工业的副产物，富含植物生长所必需的 P、Mg、S、Fe、Si 等元素和土壤改良所需要的 Ca^{2+}、SO_4^{2-}，用作土壤改良剂具有独特的优势。对于酸性土壤，磷石膏可以降低酸性土壤中 Al^{3+} 的活度，缓解 Al^{3+} 对作物根系的毒害，并且磷石膏中的游离磷酸根可被作物吸收利用；对于盐碱土地，磷石膏可以降低土壤的 pH 值及 Na^+ 的含量，改善土壤理化性质，提高作物产量；另外，磷石膏能够提高土壤表层电解质溶液的浓度，促进土壤颗粒絮凝，增加土壤渗透性，加强土壤成团效力，从而能有效抑制土壤退化和水土流失。磷石膏用作土壤改良剂可以实现固废的有效利用，并且操作简单、成本低廉。磷石膏在中国东部沿海盐碱地改良中运用效果较好；但在中国的推广应用中通常因为运输成本较高，同时受环境保护政策影响，实际运用少。另外，磷石膏用于生态修复的尝试也在云南省和贵州省展开。

工业副产石膏资源综合利用产品目录见表 4-9。

表 4-9　工业副产石膏资源综合利用产品目录

序号	综合利用产品	综合利用技术条件和要求
1	水泥、水泥熟料	①原料符合《用于水泥中的工业副产石膏》（GB/T 21371） ②产品符合《通用硅酸盐水泥》（GB 175）、《硅酸盐水泥熟料》（GB/T 21372）、《海工硅酸盐水泥》（GB/T 31289）及其他水泥产品等标准 ③产品符合《建筑材料放射性核素限量》（GB 6566）
2	建筑石膏及制品	①产品符合《建筑石膏》（GB/T 9776）、《纸面石膏板》（GB/T 9775）、《装饰石膏板》（JC/T 799）、《石膏空心条板》（JC/T 829）、《石膏刨花板》（LY/T 1598）、《复合保温石膏板》（JC/T 2077）、《石膏砌块》（JC/T 698）、《抹灰石膏》（GB/T 28627）、《粘结石膏》（JC/T 1025）、《嵌缝石膏》（JC/T 2075）、《石膏装饰条》（JC/T 2078）、《广场用陶瓷砖》（GB/T 23458）、《活动地板基材用石膏纤维板》（LY/T 2372）、《木塑装饰板》（GB/T 24508）、《装饰纸面石膏板》（JC/T 997）、《吸声用穿孔石膏板》（JC/T 803）等标准； ②产品符合《建筑材料放射性核素限量》（GB 6566）
3	石膏模具、石膏芯模、陶瓷模用石膏粉	产品符合《卫生陶瓷生产用石膏模具》（JC/T 2119）、《首饰精密加工石膏模具》（QB/T 4723）、《现浇混凝土空心结构成孔芯模》（JG/T 352）、《陶瓷模用石膏粉》（QB/T 1639）等标准
4	α 型高强石膏粉及其制品	①产品符合《α 型高强石膏》（JC/T 2038）、《石膏基自流平砂浆》（JC/T 1023）、《卫生陶瓷生产用石膏模具》（JC/T 2119）、《建筑石膏》（GB/T 9776）、《纸面石膏板》（GB/T 9775）、《装饰石膏板》（JC/T 799）、《石膏空心条板》（JC/T 829）、《石膏刨花板》（LY/T 1598）、《复合保温石膏板》（JC/T 2077）、《石膏砌块》（JC/T 698）、《抹灰石膏》（GB/T 28627）、《粘结石膏》（JC/T 1025）、《嵌缝石膏》（JC/T 2075）、《石膏装饰条》（JC/T 2078）、《广场用陶瓷砖》（GB/T 23458）、《活动地板基材用石膏纤维板》（LY/T 2372）、《木塑装饰板》（GB/T 24508）、《预制混凝土剪力墙外墙板》（15G365-1）、《预制混凝土剪力墙内墙板》（15G365-2）、《预制混凝土外墙挂板》（16J110-2、16G333）、《建筑用轻质隔墙条板》（GB/T 23451）等标准； ②产品符合《建筑材料放射性核素限量》（GB 6566）
5	装配式墙板	①产品符合《预制混凝土剪力墙外墙板》（15G365-1）、《预制混凝土剪力墙内墙板》（15G365-2）、《预制混凝土外墙挂板》（16J110-2、16G333）、《建筑用轻质隔墙条板》（GB/T 23451）等标准； ②产品符合《建筑材料放射性核素限量》（GB 6566）
6	轻质隔热砖	①产品符合《建筑材料及制品燃烧性能分级》（GB 8624）； ②产品符合《建筑材料放射性核素限量》（GB 6566）

续表

序号	综合利用产品	综合利用技术条件和要求
7	水泥添加剂（含水泥缓凝剂、水泥速凝剂等）	产品符合《建筑材料放射性核素限量》（GB 6566）
8	活动地板基材用石膏纤维板	①产品符合《活动地板基材用石膏纤维板》（LY/T 2372）标准； ②产品符合《建筑材料放射性核素限量》（GB 6566）
9	工业硫酸、硫酸铵	①原料符合《烟气脱硫石膏》（JC/T 2074）标准； ②产品符合《工业硫酸》（GB/T 534）、《硫酸铵》（GB 535）等
10	土壤调理剂	产品符合《土壤调理剂 通用要求》（NY/T 3034）标准
11	抗旱石	产品符合《农林保水剂》（NY 886）标准

第5章 生活垃圾环境管理

SOLID WASTE ENVIRONMENTAL MANAGEMENT

5.1　生活垃圾的主要类别与组成

5.1.1　组成和性质

生活垃圾是指在日常生活中或者为日常生活提供服务的活动中产生的固体废物，以及法律、行政法规规定视为生活垃圾的固体废物。根据《生活垃圾分类标志》（GB/T 19095—2019），生活垃圾主要分为可回收物、有害垃圾、厨余垃圾以及其他垃圾，此外还包括家具、家用电器等大件垃圾和装修垃圾。生活垃圾的组成汇总如表 5-1 所示。

表 5-1　生活垃圾主要组成

序号	大类	说明	小类	说明
1	可回收物	适宜回收利用的生活垃圾	纸类	适宜回收利用的各类废书籍、报纸、纸板箱、纸塑铝复合包装等纸制品
2			塑料	适宜回收利用的各类废塑料瓶、塑料桶、塑料餐盒等塑料制品
3			金属	适宜回收利用的各类废金属易拉罐、金属瓶、金属工具等金属制品
4			玻璃	适宜回收利用的各类废玻璃杯、玻璃瓶、镜子等玻璃制品
5			织物	适宜回收利用的各类废旧衣物、穿戴用品、床上用品、布艺用品等纺织物
6	有害垃圾	对人体和环境危害性较大的生活垃圾，大部分属于《国家危险废物名录》中的家庭源危险废物	家用产品	居民日常生活中产生的废荧光灯管、废温度计、废血压计、电子类危险废物等
7			家用化学品	居民日常生活中产生的废药品及其包装物、废杀虫剂和消毒剂及其包装物、废油漆和溶剂及其包装物、废矿物油及其包装物、废胶片及废相纸等
8			电池	居民日常生活中产生的废镍镉电池和氧化汞电池等
9	厨余垃圾	易腐烂的、含有机质的生活垃圾，也可称为“湿垃圾”	家庭厨余垃圾	居民家庭日常生活过程中产生的菜帮、菜叶、瓜果瓜壳、剩菜剩饭、废弃食物等易腐性垃圾

续表

序号	大类	说明	小类	说明
10	厨余垃圾	易腐烂的、含有机质的生活垃圾，也可称为“湿垃圾”	餐厨垃圾	相关企业和公共机构在食品加工、饮食服务、单位供餐等活动中，产生的食物残渣、食品加工废料和废弃食用油脂等
11			其他厨余垃圾	农贸市场、农产品批发市场产生的蔬菜瓜果垃圾、腐肉、肉碎骨、水产品、畜禽内脏等
12	其他垃圾	表示除可回收物、有害垃圾、厨余垃圾外的生活垃圾，也可称为“干垃圾”	—	—

由于受自然环境、气候条件、经济发展水平、居民生活习性（食品结构）、家用燃料（能源结构）等影响，不同地区产生生活垃圾的成分有所不同（见图 5-1）。从全球平均水平来看，生活垃圾中有机废物占比最大，占垃圾总量的 46%。由高收入地区向低收入地区过渡，其有机废物含量逐渐增加，废纸、塑料、玻璃、金属和橡胶皮革的占比逐渐降低，而其他类的占比逐渐增大。

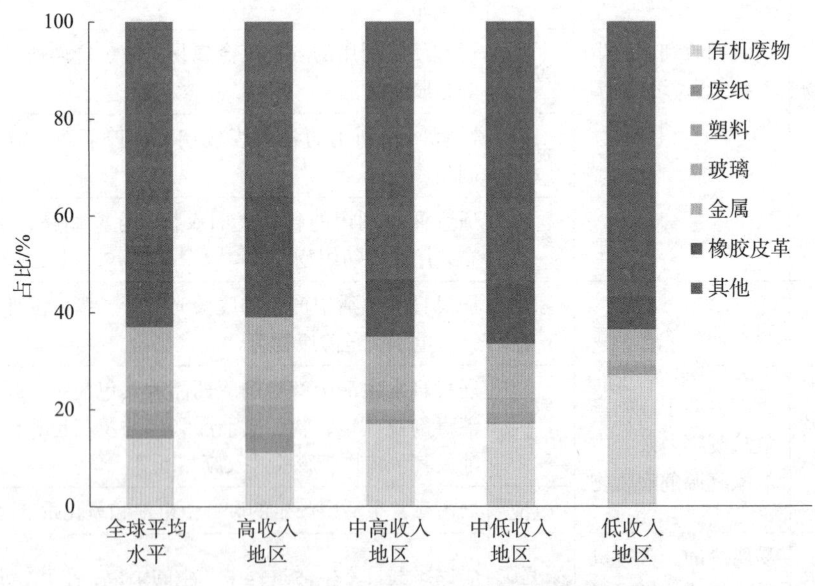

图 5-1　收入水平不同地区的生活垃圾物质组成

不同国家（地区）及我国部分地区的生活垃圾组分数据汇总如表 5-2 所示。由表 5-2 可知，我国生活垃圾中可燃物只占约 1/3，水分约占总量的一半，灰分含量也比日本和美国高得多。美国焚烧的生活垃圾中可燃物占总量的 3/4，远高于其他国家生活垃圾中可燃物的含量，这是因为美国已经先行将生活垃圾进行分类，然后将不能回收利用的垃圾作焚烧处理。

表 5-2　不同国家（地区）及我国部分地区的生活垃圾组分数据

国家（地区）	地区	可燃物 /%	水分 /%	灰分 /%
中国	深圳	34.53	52.24	15.57
	上海	32.82	54.95	12.23
	杭州	31.28	55.87	12.85
	广州	30.76	54.53	14.71
	东莞	31.59	46.82	21.60
	平均	32.20	52.24	15.57
日本		44.10	47.50	8.40
美国		75.81	19.02	5.17
欧洲		50.16	34.00	15.84
韩国		53.68	30.29	16.03

5.1.2　产生量及其影响因素

生活垃圾的产生量受多种因素的影响，如人口密度、能源结构、地理位置、季节变化、生活习性（食品结构）、经济发展水平、废品回收习惯及回收率等。通常生活垃圾的产生量与城市工业发展、城市规模、人口密度及居民生活水平的提高呈正比（见图 5-2）。全球垃圾产量最大的地区为东亚及太平洋地区，占全球总产量的 23%，其次是欧洲及中亚地区，占全球总产量的 20%。

根据 2018 年世界银行统计的部分国家生活垃圾年产量及人均日产量的数据可知（见表 5-3），中国的生活垃圾总产量比较高，人均日产量比其他发达国家都要低，甚至不足美国生活垃圾人均日产量的 1/5，说明经济发达地区的人均生活垃圾产量较高。

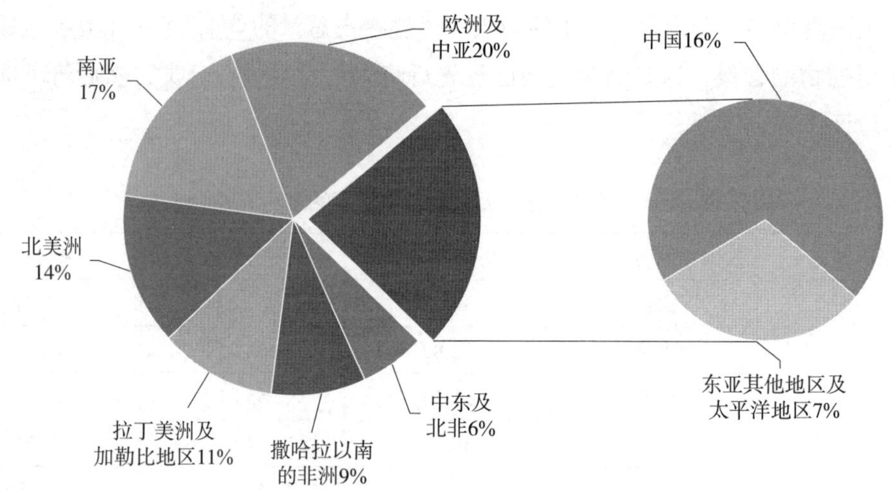

图 5-2　2018 年全球生活垃圾产量比例

表 5-3　不同国家生活垃圾人均日产量表

国家	人口数 / 亿人	总产量 /（万 t/a）	人均日产量 /kg
中国	14.04	22 040	0.43
美国	3.19	25 800	2.21
日本	1.27	4 398	0.95
韩国	0.51	1 822	0.98
英国	0.65	3 157	1.33
法国	0.33	6 662	1.38
德国	0.82	510	1.72
意大利	0.61	2 952	1.34
荷兰	0.17	886	1.44
瑞士	0.084	606	1.98

5.2　生活垃圾管理主要政策法规

生活垃圾的管理包括垃圾的产生、收集、运输、贮存及最终处置等全过程，即在每一个环节都将其当作污染源进行严格的控制。《固废法》第四十三条提出，县级以上地方人民政府应当加快建立分类投放、分类收集、分类运输、分类处理的生活垃圾管理体系，实现生活垃圾分类制度有效覆盖。第四十八条提出，县级以上地方人民政府环境卫生等管理部门应当组织对城乡生活垃圾进行清扫、收集、运输和处理。第四十九条提出，产生生活垃圾的单位、家庭和个人应当履行生活垃圾源头减量和分类投放义务，承担生活垃圾产生者责任。目前，中国已在生活垃圾分类、收集、运输以及焚烧、填埋和堆肥等常规化处理处置手段方面建立了全链条的管理制度（见表 5-4）。

表 5-4 中国生活垃圾管理标准汇总

序号	项目	标准名称	标准号	发布单位
1	分类收集转运	生活垃圾分类标志	GB/T 19095—2019	国家市场监督管理总局、国家标准化管理委员会
2		生活垃圾转运站评价标准	CJJ/T 156—2010	住房和城乡建设部
3		生活垃圾收集站技术规程	CJJ 179—2012	
4		生活垃圾收集运输技术规程	CJJ 205—2013	
5		生活垃圾转运站技术规范	CJJ/T 47—2016	
6		生活垃圾转运站运行维护技术标准	CJJ/T 109—2023	
7	焚烧处置	生活垃圾焚烧污染控制标准	GB 18485—2014	环境保护部、国家质量监督检验检疫总局
8		排污许可证申请与核发技术规范 生活垃圾焚烧	HJ 1039—2019	生态环境部
9		生活垃圾焚烧飞灰污染控制技术规范（试行）	HJ 1134—2020	
10		生活垃圾焚烧处理工程技术规范	CJJ 90—2009	住房和城乡建设部
11		生活垃圾焚烧厂运行监管标准	CJJ/T 212—2015	
12		生活垃圾焚烧厂运行维护与安全技术标准	CJJ 128—2017	
13		生活垃圾焚烧灰渣取样制样与检测	CJ/T 531—2018	
14		生活垃圾焚烧飞灰稳定化处理设备技术要求	CJ/T 538—2019	
15		生活垃圾焚烧飞灰固化稳定化处理技术标准	CJJ/T 316—2023	

续表

序号	项目	标准名称	标准号	发布单位
16	填埋处置	生活垃圾填埋场污染控制标准	GB 16889—2024	生态环境部
17		生活垃圾填埋场降解治理的监测与检测	GB/T 23857—2009	国家质量监督检验检疫总局、国家标准化管理委员会
18		生活垃圾卫生填埋处理技术规范	GB 50869—2013	住房和城乡建设部
19		生活垃圾卫生填埋场封场技术规范	GB 51220—2017	
20		生活垃圾卫生填埋场环境监测技术要求	GB/T 18772—2017	国家质量监督检验检疫总局、国家标准化管理委员会
21		生活垃圾卫生填埋场防渗系统工程技术标准	GB/T 51403—2021	住房和城乡建设部
22		生活垃圾卫生填埋场运行维护技术规程	CJJ 93—2011	
23		生活垃圾填埋场填埋气体收集处理及利用工程技术规范	CJJ 133—2009	
24		生活垃圾卫生填埋场岩土工程技术规范	CJJ 176—2012	
25		生活垃圾卫生填埋气体收集处理及利用工程运行维护技术规程	CJJ 175—2012	
26		生活垃圾卫生填埋场运行监管标准	CJJ/T 213—2016	
27		生活垃圾填埋场防渗土工膜渗漏破损探测技术规程	CJJ/T 214—2016	
28		生活垃圾填埋场无害化评价标准	CJJ/T 107—2019	
29	水泥窑协同处置	水泥窑协同处置的生活垃圾预处理可燃物燃烧特性检测方法	GB/T 34615—2017	国家质量监督检验检疫总局、国家标准化管理委员会
30		水泥窑协同处置的生活垃圾预处理可燃物取样和样品制备方法	GB/T 35171—2017	
31		水泥窑协同处置的生活垃圾预处理可燃物	GB/T 35170—2017	
32	堆肥处理	生活垃圾堆肥处理厂运行维护技术规程	CJJ 86—2014	住房和城乡建设部
33		生活垃圾堆肥处理技术规范	CJJ 52—2014	
34		生活垃圾堆肥厂评价标准	CJJ/T 172—2011	
35	配套支撑	生活垃圾综合处理与资源利用技术要求	GB/T 25180—2010	国家质量监督检验检疫总局、国家标准化管理委员会

续表

序号	项目	标准名称	标准号	发布单位
36	配套支撑	农村生活垃圾处理导则	GB/T 37066—2018	国家市场监督管理总局、国家标准化管理委员会
37		生活垃圾处理处治工程项目规范	GB 55012—2021	住房和城乡建设部
38		农村生活垃圾收运和处理技术标准	GB/T 51435—2021	
39		生活垃圾采样和分析方法	CJ/T 313—2009	
40		生活垃圾土土工试验技术规程	CJJ/T 204—2013	
41		生活垃圾化学特性通用检测方法	CJ/T 96—2013	
42		生活垃圾生产量计算及预测方法	CJ/T 106—2016	
43		生活垃圾渗沥液膜生物反应处理系统技术规程	CJJ/T 264—2017	
44		生活垃圾除臭剂技术要求	CJ/T 516—2017	
45		生活垃圾渗沥液处理技术标准	CJJ/T 150—2023	

5.3　生活垃圾分类制度

生活垃圾分类，是指根据生活垃圾的污染特性和资源属性，对生活垃圾进行分类投放、分类收集、分类运输和分类处理，从而实现其减量化、资源化和无害化的过程。生活垃圾分类作为环境卫生事业的重要组成部分，关系广大人民群众生活环境，关系节约使用资源，也是社会文明水平的一个重要体现。2000 年我国在 8 个城市开展生活垃圾分类收集试点工作，“十三五”期间在 46 个重点城市开展生活垃圾分类示范，目前推广到 297 个地级及以上城市；经过多年实践，我国很多城市，如北京、上海、杭州、广州、苏州等均已探索出了具有地方特色的生活垃圾分类模式。

5.3.1　生活垃圾分类制度发展历程

我国生活垃圾分类经历了从倡导到强制、从免费到收费的发展过程，可以把生活垃圾分类政策的发展历程归纳为以下三个主要阶段：生活垃圾末端处理阶段、生活垃圾分类试点阶段以及生活垃圾分类普及阶段。我国生活垃圾分类制度发展历程汇总如表 5-5 所示。

表 5-5　中国生活垃圾分类制度汇总

序号	年份	发展阶段	制度名称	主要内容
1	1992	生活垃圾末端处理阶段	《城市市容和环境卫生管理条例》（国务院令　第 101 号）	对生活垃圾逐步进行分类收集、运输和处理
2	1995		《中华人民共和国固体废物污染环境防治法》（中华人民共和国主席令　第 58 号）	首次以法律形式提出开展生活垃圾分类，明确提出建立分类投放、分类收集、分类运输、分类处理的生活垃圾管理系统，实现生活垃圾分类制度有效覆盖
3	2000	生活垃圾分类试点阶段	《关于公布生活垃圾分类收集试点城市的通知》（建城环〔2000〕12 号）	确定北京等 8 个城市开展生活垃圾分类收集试点，标志着我国垃圾分类政策正式开始进入实践试点阶段
4	2004		《中华人民共和国固体废物污染环境防治法》（中华人民共和国主席令　第 31 号）	提出应当统筹安排建设城乡生活垃圾收集、运输、处置设施，提高生活垃圾的利用率和无害化处置率
5	2007		《城市生活垃圾管理办法》（建设部令 第 157 号）	鼓励对城市生活垃圾实行充分回收和合理利用。产生城市生活垃圾的单位和个人，应当按照城市人民政府确定的生活垃圾处理费收费标准和有关规定缴纳城市生活垃圾处理费
6	2015		《关于加快推进生态文明建设的意见》（中发〔2015〕12 号）	要求完善再生资源回收体系，实行垃圾分类回收，开发利用“城市矿产”
7	2016		《“十三五”全国城镇生活垃圾无害化处理设施建设规划》（发改环资〔2016〕2851 号）	要从生活垃圾的分类投放、运输、回收、处理等环节建立相互衔接的全过程管理体系
8	2017		《国务院办公厅关于转发国家发展改革委住房城乡建设部生活垃圾分类制度实施方案的通知》（国办发〔2017〕26 号）	加快建立分类投放、收集、运输、处置的垃圾处理系统，明确提出到 2020 年底，基本建立垃圾分类相关法律法规和标准体系，形成可复制、可推广的生活垃圾分类模式，在实施生活垃圾强制分类城市，生活垃圾回收利用率达 35% 以上
9	2017		《关于加快推进部分重点城市生活垃圾分类工作的通知》（建城〔2017〕253 号）	确定北京等 46 个重点城市实施生活垃圾分类，要求 2035 年前 46 个重点城市全面建立城市生活垃圾分类制度、垃圾分类达到国际先进水平
10	2018		《国务院办公厅关于印发“无废城市”建设试点工作方案的通知》（国办发〔2018〕128 号）	确定选择 10 个城市开展“无废城市”建设试点，要求全面落实生活垃圾收费制度、推行垃圾计量收费

续表

序号	年份	发展阶段	制度名称	主要内容
11	2019	生活垃圾分类普及阶段	《关于在全国地级及以上城市全面开展生活垃圾分类工作的通知》（建城〔2019〕56 号）	首次提出在地级及以上城市全面启动生活垃圾分类工作，到 2025 年全国地级及以上城市基本建成生活垃圾分类处理系统
12	2020		《关于进一步推进生活垃圾分类工作的若干意见》（建城〔2020〕93 号）	提出 2025 年直辖市、省会城市、计划单列市和第一批生活垃圾分类示范城市基本建立配套完善的生活垃圾分类法律法规制度体系，地级及以上城市基本建立生活垃圾分类系统，全国城市生活垃圾回收利用率达 35% 以上
13	2021		《2030 年前碳达峰行动方案》（国发〔2021〕23 号）	要求完善废旧物资回收网络，推行互联网 + 回收模式，实现再生资源应收尽收
14	2021		《“十四五”时期“无废城市”建设工作方案》（环固体〔2021〕114 号）	深入推进生活垃圾分类工作，建立完善分类投放、分类收集、分类运输、分类处理系统。构建城乡融合的农村生活垃圾治理体系，推动城乡环卫制度并轨
15	2022		《关于进一步加强农村生活垃圾收运处置体系建设管理的通知》（建村〔2022〕44 号）	到 2025 年农村生活垃圾无害化处理水平明显提升，有条件的村庄实现生活垃圾分类、源头减量
16	2024		《加快构建废弃物循环利用体系的意见》（国办发〔2024〕7 号）	持续推进生活垃圾分类工作。推动生活垃圾分类网点与废旧物资回收网点“两网融合”

5.3.2　生活垃圾分类典型模式

5.3.2.1　北京市密云区生活垃圾分类模式

1）基本情况

“无废城市”建设期间，密云区按照“减量化、资源化、无害化”“全品类、全链条、全覆盖”，紧密围绕“精治、共治、法治”，通过健全制度机制、强化考评通报、加强督导检查、狠抓体系建设、全力推动居民习惯养成、建立健全生活垃圾从源头分类投放到分类收集、分类运输、分类处理全链条分类体系闭环式管理，实现各环节有效对接的久久为功、持续努力。

推动近 532 个居住小区（村）全面实施垃圾分类，各品类垃圾收运处理全链条基本贯通，居民自主分类习惯逐步养成。其中，家庭厨余垃圾的分出率稳定在 18% 以上，其他垃圾减量超过 40%，生活垃圾回收利用率稳定在 39% 以上。

2）主要措施

（1）多方联动瞄精准，健全制度机制

以党建统领为核心，在城市和农村形成两套符合各自实际的生活垃圾闭环式运行模式，监督、考核、指导、引领各单位、各镇街精准开展工作，保障各项任务落实落地。

（2）多管齐下强基础，狠抓设施建设

优化前端分类设施配置，全区建设 95 座分类驿站，设置固定桶站 874 个，配置四品类收集桶 2.6 万个，在固定桶站安装 544 个摄像头。

规范中端分类收运管理，建设 1 座再生资源临时分拣中心，1 座可回收物中转站，配备各类运输车 396 辆，垃圾站 43 座，转运能力满足运输需求。

完成末端处理设施提升建设，对厨余垃圾处理设施进行扩容改造，建成一条 120 t/d 的家庭厨余垃圾处理线，其他垃圾日处理能力可达 600 t，完全满足全区厨余垃圾和其他垃圾的全量消纳需求。

搭建全流程精细化系统，全区 150 辆直收直运的垃圾车已安装计量称重设备，30 座垃圾站已完成称重计量改造，26 121 个垃圾桶已安装电子识别标签，建成 20 个镇街（地区）、中关村密云园全覆盖的生活垃圾排放登记管理信息平台，全区垃圾分类所有环节实现有效监管。

（3）多措并举出实招，强化考评通报

发挥考核检查“指挥棒”作用，两套办法开展全覆盖检查考核。以“日检查、日曝光、周排名、月考核”方式，对各镇街、各社区（村）、各物业公司进行考核排名，约谈排名靠后单位。考核评价社会单位工作，每日通报居住小区（村）及社会单位检查情况，并实时进行专项指标情况通报，根据各镇街分类重点考核项目排名情况，针对短板指标，加强分析研判，发送整改通知、提醒函及各项工作提示，促进提升落后考核指标。

（4）多点发力寻突破，加强督导检查

建立村居动态分级管理机制，依据检查中发现问题数量对全区居住小区（村）进行排名，以“好、中、差”三等次推进督导检查，加大对差等次小区检查频次。

强化叠加轮动式检查，打破“三三制复查与复核”规律，创新“2+1”复查复核机制，在检查台账下发后，由原先第 4 天问题和第 7 天问题整改情况复核改为 2 天内问题整改复查，复查后第 1 天进行问题整改情况复核，实现问题复查复核提速，压茬推进重点问题整改落实。

持续强化执法检查，对照薄弱清单，动态掌握信息，有针对性地开展教育引导和执法处罚，督促居民养成自觉分类的好习惯。

3）取得成效

（1）居民习惯逐渐养成

全区 4 万余名党员参与桶前值守，居民垃圾分类知晓率、参与率和正确投放率不断提高。结合文明城区创建、社区邻里节、国庆节、劳动节等重点工作任务、重要节假日，密云区城市管理委联合团区委、各镇街等重要部门及单位组织积极开展垃圾分类宣传活动，趣味问答、知识竞赛、知识宣讲等垃圾分类主题宣传活动 2 000 余场。深化普法监督员桶前值守，密云全区配备普法监督员 4 095 名，指导监督居民正确分类投放。做实薄弱清单建立工作，识别不分类重点人群，开展精准入户宣传、指导，全区入户宣传率、居民知晓率均达到 100%。

（2）分类效果明显提升

家庭厨余垃圾分出量增长显著，由 2020 年前的 134.4 t 增长到 2023 年 5 月的 2 276.56 t，增长了 16 倍。家庭厨余垃圾分出率从《北京市生活垃圾管理条例》实施前的 0.65% 提高并稳定在 18% 以上。生活垃圾减量化成效显著，生活垃圾由三年前的 1.7 万 t 下降到 2023 年 5 月的 1.3 万 t，下降了 24%。资源化利用成效明显，生活垃圾回收利用率逐步提高，稳定在 39% 以上。

（3）示范创建成果丰硕

密云区 20 个镇街已全部通过市级示范片区检查验收，覆盖率达到 100%，圆满完成示范片区创建工作任务。创新开展“市、区、镇”三级示范村创建工作，已创建 125 个市级示范村，96 个区级示范村居，155 个镇街级示范村。分批次推进示范单位和商务楼宇创建工作，已完成 293 家示范单位、5 座商务楼宇创建工作。

5.3.2.2　江苏省苏州市生活垃圾分类模式

“无废城市”建设期间，苏州市坚持“以人民为中心”的发展理念，将垃圾分类管理与服务群众深度融合，全力提升群众在参与垃圾分类过程中的获得感和幸福感，实现了垃圾分类成效和居民满意度双提升。

1）主要措施

（1）以人为本，推行“三定一督”投放模式

为进一步改善小区环境面貌，促进居民养成垃圾分类习惯，苏州市 5 354 个住宅小区对原有的垃圾分类投放模式进行优化，采用定时定点定人督导的“三定一督”模式重点提高厨余垃圾分类精准度，实现“三定一督”小区全覆盖。坚持“便民、利民”

工作导向，根据小区规模、空间条件、房屋类型等因素，每 300～500 户居民设置 1 处生活垃圾分类集中投放点，合理确定清洁屋点位。投放点配备洗手池、遮雨棚、除臭等硬件设施，以及电子显示屏、语音提示等宣传配置，方便居民分类投放，并营造浓厚氛围。同时，按照“一小区一方案”原则，分类施策、分类管理。例如，对规模较大、租户较多或居民需求强烈的小区，按需设置“过时投放点”；根据季节温度变化，小区人群构成等因素，投放点延长 1～2 小时开放时间，周末和节假日中午增开一次投放时段；对部分重点路段、商业圈或开放式住宅区开设临时投放点位、“微公交”定时停靠收运等个性化服务。通过探索多元化、人性化的一系列优化投放举措，以满足居民分类投放垃圾的需求。

（2）服务到家，开展大件垃圾免费清运

为破解大件垃圾收运难题，苏州市率先出台《苏州市大件垃圾管理办法》，为大件垃圾的全流程管理提供法律支撑。将每月最后一个周日确定为全市“大件垃圾免费集中清运日”，为市民大件垃圾投放提供便利。通过“苏周到”App 平台等发布活动时间、地点及预约方式等相关信息，市民可通过电话、网络等手段“下单”，收运单位在规定时间内完成“取件”。部分区域依托垃圾分类志愿服务，对老弱残等特殊群体开设大件垃圾绿色通道，为辖区老年人、残障人士以及运输路途较远、确有投放困难的居民提供免费志愿上门收运服务，得到了群众的广泛好评。大件垃圾收运队伍不断规范，全市共有大件垃圾收运队伍 103 个，设有 48 个大件垃圾处置点，基本建成全覆盖的大件垃圾处置体系。

2）主要成效

苏州市坚持“以人民为中心”的发展理念，将垃圾分类管理与服务群众深度融合，全力提升群众在参与垃圾分类过程中的获得感和幸福感，实现了垃圾分类成效和居民满意度双提升。强化“问题导向”，在宣传引导的持续推进、投放措施的调整优化、监督执法的强力保障下，“过时投放”问题得到初步有效治理。目前，全市已有 547 个居民小区设置“过时投放”点，966 个居民小区采取延长投放时段，1 623 个居民小区周末及节假日增开午间时段。大件垃圾集中清运日热度持续“升温”，2024 年全市累计收到预约单 2.1 万单、清运大件垃圾 2.4 万 t，让大件垃圾不再“无家可归”，实现全民参与、全民受益，促进绿色发展。

3）推广价值

垃圾分类是一项复杂而艰巨的系统工程，源头分类投放管理是做好垃圾分类“关键小事”的“关键环节”，是居民习惯养成的最终体现。苏州市以《苏州市生活垃圾分类管理条例》实施为契机，坚定信心，狠抓实干，创新性提出“三定一督”源头投放模式，并在推广过程中以问题为导向，不断优化举措，让群众切实感受到便利和“温度”。

随着垃圾分类工作的深入推进，大件垃圾管理成为一项突出问题。居民对家中的废旧桌椅、沙发等大件垃圾处理，常常感到棘手，为解决这一难题，市城管局打通源头投放、收集运输、回收处理等环节堵点，破解大件垃圾处理之难，真正将大件垃圾治理工作做到实处，让居民感受到益处。

两个便民新举措，为其他城市在源头分类投放模式选择和管理，以及破解大件垃圾治理难题上提供一定借鉴意义。

5.3.2.3　四川省成都市生活垃圾分类模式

1）基本情况

2017 年，成都市被国家发展和改革委员会、住房和城乡建设部确定为全国 46 个生活垃圾分类先行先试重点城市之一。近年来，成都市积极推进生活垃圾分类法规、政策、标准及设施体系建设，深入分析自身特点，坚持补短板强体系、抓源头促减量、抓重点惠民生、抓产业促循环的推进路径组织开展生活垃圾分类提标提质十大攻坚行动，助推成都生活垃圾分类提标提质。

2）主要措施

（1）聚焦全链增效，补短板、强体系

围绕推动居民分类习惯养成，开展宣传发动和社会治理攻坚行动。制定生活垃圾分类公益广告集锦，在交通场站、景点景区、医院学校、商场写字楼等广泛投放，形成浓厚氛围；发挥党建引领“微网实格”优势，把生活垃圾分类纳入市、县（市、区）、镇（街道）、社区四级党组织书记抓基层党建述职评议内容，发挥基层党组织核心作用，构建基层党组织、物业、业委会、居委会“四位一体”推进格局；推动多元共治，引进 99 家环保类社会企业、77 个环保类社会组织，实施 300 余个环保类社区保障资金项目，推动 10 万余名志愿者参与生活垃圾分类。围绕提升分类投放准确率，开展分类投放攻坚行动。大力开展居民小区、单位投放点标准化改造，新增改造点位 6 899 个；印发生活垃圾分类投放指南，编制顺口溜，编写分类歌上线生活垃圾分类科普 App，普及分类知识，便利市民群众查询；因地制宜开展桶边督导，全市配备桶边督导人员超过 24 000 人次。围绕治理“前分后混”，创新“成建制”推进工作模式，开展分类收运攻坚行动。制定成都市生活垃圾分类车辆标识涂装指引，加大分类收运车辆配置，累计配备生活垃圾四分类车 5 000 余辆，推广厨余垃圾以桶换桶收运模式；加快推进生活垃圾转运站改造建设，稳步推进 54 座现有转运站开展分类转运改造，新建 3 座转运站、新增转运能力 1 300 t/d。围绕提升末端处置能力，开展分类处置攻坚行动。规划建设 10 座生活垃圾焚烧设施，建成投运 9 座、设计处置能力达 15 800 t/d；规划建设 21 座厨余垃圾资源化利用设施，设计处置能力 6 124 t/d。

（2）聚焦行业治理，抓源头、促减量

围绕构建“管行业就要管生活垃圾分类”的工作责任体系，选择“快递、餐饮、住宿、会展”等减量空间大、基础较好、具有窗口示范效应的 9 个行业，开展行业治理源头减量攻坚行动。市发改委、市文广旅局、市卫健委、市机关事务局、市市场监管局等 13 个行业部门出台《成都市塑料污染治理 2023—2025 年重点工作》《成都市党政机关生活垃圾分类推进方案》《成都市医疗卫生机构生活垃圾分类方案》《成都市旅游行业低碳环保绿色低碳消费宣传动员行动方案》等生活垃圾分类行业治理文件。

（3）聚焦治理难题，抓重点、惠民生

围绕有害垃圾污染风险高，单独收运环境效益明显的特点，开展有害垃圾单独收运处置攻坚行动。压实生态环境部门主体责任，建成居民小区有害垃圾单独投放、收集、运输、处置体系，实现居民小区有害垃圾闭环管理。围绕大件垃圾体积大、分解难、搬运难、回收难等特点，开展大件垃圾便民收运攻坚行动。构建市场化运行与对困难群体免费收运相结合的大件垃圾便民收运处置体系；组织开展“垃圾分类　人人参与　美好家园　共建共享”大件垃圾便民集中收运服务周活动，收到市民群众预约近 10 000 单，收运大件垃圾 5 000 余吨，市民群众普遍点赞支持，全网阅读量超过 300 万人次，收到群众锦旗 15 面。围绕餐厨垃圾有机质含量多、易腐烂、容易“抛冒滴漏”、具有回流餐桌的风险，开展餐厨垃圾规范收运处置攻坚行动。严格餐厨垃圾收运企业名录管理，完成餐厨垃圾管理办法修订，大力实施一体化收运处置，开展专项治理行动。

（4）聚焦市场发力，抓产业、促循环

围绕激发市场活力、推动生活垃圾分类可持续运行，开展资源循环利用攻坚行动。坚持规划引领园区支撑，推动长安静脉产业园修编，按照“一主多点”的格局在全市规划建设多源固废协同处置基地，全市共规划建设 1 座大型静脉产业园区、9 座小型静脉家园；全力推动废弃油脂深度加工，推动二代生物柴油、航空燃油等高能级项目建设项目落地；打通厨余垃圾堆肥产品利用通道；深入推进生活垃圾清运网络和再生资源利用网格“两网融合”，铺设智能回收设施 2 500 余组，打造“高值带低值”可回收物收运模式，延伸生活垃圾资源化利用产业链条。

3）取得成效

到 2023 年年底，累计改造完成 3.57 万个生活垃圾投放点，基本建成 8 座县（市、区）厨余垃圾处理设施，新增处理能力 1 170 t/d，全市厨余垃圾集中处理能力达 1 970 t/d；建成成都高新西区、青白江区、郫都区 3 座生活垃圾转运站，新增转运能力 1 300 t/d，全市生活垃圾转运能力达 1.9 万 t/d 左右。建成温江、蒲江等厨余垃圾消纳示范项目，每年厨余垃圾堆肥近 4 万 t。2023 年，全市生活垃圾回收利用量达到 526.36 万 t，全市实现生活垃圾分类回收利用率 40% 以上，资源化利用率 80% 以上。

4）经验价值

该模式适用于城市规模较大、经济较为发达、政府管理效能较高的地区。在运用和推广过程中应特别注意：一是提前谋划布局，将生活垃圾处理设施建设纳入城市规划，建立资源化利用和焚烧处理为主、填埋处理为应急保障、其他处理方式并存的多元化生活垃圾分类处置体系；二是多措并举，加强垃圾分类宣传教育，提高社会组织和公众参与的力度，调动共青团、妇联、总工会、社团组织、学校、企业等，形成全民参与共治、共享的“无废城市”建设体系，做好垃圾分类科学分流；三是加强资金保障，统筹建设城乡一体化大环卫体系，延伸生活垃圾资源化利用产业链条，落实各类收运系统、处置工程建设。

5）案例——高新区中和街道新川片区

（1）基本情况

在垃圾分类工作推进过程中，成都高新区中和街道创新厨余垃圾“以桶换桶”、建设小型静脉家园、投放垃圾分类智慧居家馆组合形式，有效培养居民的垃圾分类意识，助力新川生活垃圾减量化、资源化、无害化。

（2）主要措施

厨余垃圾“以桶换桶”。为促进居民生活垃圾源头分类，解决家庭厨余垃圾分出难、纯净度不高的问题，中和街道开展家庭厨余垃圾“以桶换桶”试点工作。通过前期宣传，居民自愿领取 2 个厨余垃圾小绿桶，将在日常生活中自行收集的家庭厨余垃圾投放到厨余桶暂存点，由专业化服务公司每天定时收运至中和街道小型静脉家园进行预处理，通过扫码溯源、计量称重、拍照存证后进行破碎、压榨，实现厨余垃圾就地化、减量化处置。

建设街道小型静脉家园。中和街道小型静脉家园于 2022 年 5 月 1 日正式投入运营，占地面积为 2 680 m^2，建筑面积为 477.37 m^2。该项目设计处理规模为 20 t/d，已建成两条不同的厨余垃圾预处理工艺路线，一条为袋装厨余垃圾的预处理路线，另一条为桶装厨余垃圾预处理路线。其中，袋装厨余垃圾运输至小型静脉家园后，将会通过袋装传输、X光机智能分选、破碎、压榨等工艺进行预处理，预处理后的固渣实现体积减小，可降低运输成本；而桶装厨余垃圾运输至小型静脉家园后，通过扫码溯源、计重称量、拍照存证、破碎压榨、固液分离等工艺进行预处理，预处理后的固渣作堆肥利用，创造经济价值。

投放垃圾分类智慧居家馆。智慧居家馆主要具备垃圾分类宣传、可回收物和有害垃圾的投放与暂存、便民服务、垃圾分类工作大数据平台展示四大功能。新川片区按照每2 000～3 000户设置一座的标准，共计划配置17座智慧居家馆。馆内配备VR为民众提供垃圾分类的沉浸式教育体验。每馆配备1名分类师为附近居民交付可回收物以及有害垃圾提供服务。居民将分出的可回收物以及有害垃圾交付到居家馆，居家馆按照市场价格将可回收物兑换成积分计入个人账户，个人账户内的积分可兑换成现金，以此激励居民更积极地参与生活垃圾分类。与此同时，智慧居家馆还设置休息区、配备AED（除颤仪），为市民及户外劳动工作者免费提供手机充电、饮用水、雨伞借用等服务，作为便民服务的爱心驿站。

（3）取得成效

截至2024年1月，中和街道在新川片区五根松社区和七里社区共9个小区开展家庭厨余垃圾“以桶换桶”试点工作；小型静脉家园预处理厨余垃圾量约达10 t/d；已投放智慧居家馆12座；垃圾分类参与户数超过3万户，可回收物累计收集总量超过5 000 t。

5.4 生活垃圾利用处置技术

20世纪80年代，国内大多数城市对于生活垃圾的处理都是以简单堆填为主，随着社会发展和科学技术的进步，我国城市生活垃圾处理技术的研究快速发展，逐渐形成比较完善的生活垃圾处理处置工艺体系，主要包括卫生填埋、焚烧处置、堆肥处理等。

5.4.1 生活垃圾利用处置技术现状

5.4.1.1 生活垃圾利用处置总体情况

由统计年鉴数据可知，2007年我国生活垃圾填埋处置量为8 086万t，占无害化处理量9 935万t的81.39%，填埋场设施数目为497座；焚烧处置量为1 446万t，占无害化处理量9 935万t的14.55%，焚烧厂设施数目为68座。2020年，开始出现生活垃圾填埋处置比例低于焚烧处置比例的情况。2021 年我国生活垃圾填埋处置量为 8 993 万 t，占无害化处置量 3.15 亿 t 的 28.53%，填埋场设施数目为 1 665 座；焚烧处置量为 2.08 亿 t，占无害化处理量 3.15 亿 t 的 65.89%，焚烧厂设施数目为 840 座。我国生活垃圾无害化处理处置方式逐渐转变为焚烧处置为主（见表 5-6）。

表 5-6　2007—2021 年我国生活垃圾无害化处置及渗滤液产生情况

年份	垃圾清运量 / 万 t	无害化处理量 / 万 t	填埋场 / 座	焚烧厂 / 座	填埋量 / 万 t	焚烧量 / 万 t	渗滤液产生量 / 万 t	填埋占无害化比例 /%	焚烧占无害化比例 /%
2007	22 325	9 935	497	68	8 086	1 446	3 234	81.39	14.55
2008	22 232	11 146	605	78	9 161	1 615	3 664	82.19	14.49
2009	23 819	12 440	710	103	9 945	2 122	3 978	79.94	17.06
2010	22 122	14 051	919	119	11 135	2 433	4 454	79.25	17.32
2011	23 138	15 819	1 195	130	12 519	2 802	5 008	79.14	17.71
2012	23 919	18 181	1 335	167	13 791	3 876	5 516	75.85	21.32
2013	23 745	19 692	1 522	197	14 398	4 932	5 759	73.12	25.05
2014	24 517	21 160	1 659	222	15 006	5 674	6 002	70.92	26.81
2015	25 797	23 273	1 748	257	16 171	6 577	6 468	69.48	28.26
2016	27 028	25 354	1 840	299	16 779	7 956	6 712	66.18	31.38
2017	28 268	27 174	1 852	352	17 125	9 321	6 850	63.02	34.30
2018	29 462	28 777	1 859	428	16 700	11 226	6 680	58.03	39.01
2019	31 077	30 623	1 885	500	16 093	13 491	6 437	52.55	44.06
2020	30 322	30 143	1 871	619	12 625	16 323	5 050	41.88	54.15
2021	31 661	31 526	1 665	840	8 993	20 773	3 597	28.53	65.89

注：数据来自《中国统计年鉴》《中国县城建设统计年鉴》。

5.4.1.2　城市生活垃圾利用处置情况

目前我国城市生活垃圾无害化处置方式已转变为焚烧处置为主。2006 年我国城市生活垃圾填埋量为 6 408 万 t，占无害化处置量（7 873 万 t）的 81.39%；2017 年，增至 1.20 亿 t，占比下降至 57.23%；2019 年，我国城市生活垃圾填埋量首次低于焚烧处置量；2021 年其占比下降至 20.97%（见表 5-7）。

表 5-7 2006—2021 年我国城市生活垃圾无害化处置情况

年份	垃圾清运量 / 万 t	无害化处理量 / 万 t	填埋场 / 座	焚烧厂 / 座	填埋量 / 万 t	焚烧量 / 万 t	填埋占无害化比例 /%	焚烧占无害化比例 /%
2006	14 841	7 873	324	69	6 408	1 138	81.39	14.45
2007	15 215	9 438	366	66	7 633	1 435	80.87	15.21
2008	15 438	10 307	407	74	8 424	1 570	81.73	15.23
2009	15 734	11 220	447	93	8 899	2 022	79.31	18.02
2010	15 805	12 318	498	104	9 598	2 317	77.92	18.81
2011	16 395	13 090	547	109	10 064	2 599	76.88	19.86
2012	17 081	14 490	540	138	10 513	3 584	72.55	24.73
2013	17 239	15 394	580	166	10 493	4 634	68.16	30.10
2014	17 860	16 394	604	188	10 744	5 330	65.54	32.51
2015	19 142	18 013	640	220	11 483	6 176	63.75	34.28
2016	20 362	19 674	657	249	11 866	7 378	60.32	37.50
2017	21 521	21 034	654	286	12 038	8 463	57.23	40.24
2018	22 802	22 565	663	331	11 706	10 185	51.88	45.14
2019	24 206	24 013	652	389	10 948	12 174	45.59	50.70
2020	23 512	23 452	644	463	7 772	14 608	33.14	62.29
2021	24 869	24 839	542	583	5 209	18 020	20.97	72.55

注：数据来自《中国统计年鉴》。

由表 5-8 可知，我国东部、中部和西部地区城市生活垃圾的填埋比例分别为 14.41%、26.39% 和 31.40%，东部地区城市生活垃圾的填埋比例低于中西部地区。

表 5-8 2021 年我国不同区域城市生活垃圾处置情况

地区	东部			中部			西部		
项目类别	设施数量 / 座	处理量 / 万 t	处理量占比 /%	设施数量 / 座	处理量 / 万 t	处理量占比 /%	设施数量 / 座	处理量 / 万 t	处理量占比 /%
填埋	235	1 892	14.41	141	1 897	26.39	166	1 420	31.40
焚烧	338	10 249	78.08	151	4 881	67.90	94	2 889	63.87
其他	145	986	7.51	96	411	5.72	41	214	4.73
合计	718	13 127	100	388	7 189	100	301	4 523	100

注：数据来自《中国城市建设统计年鉴（2021）》。

5.4.1.3　县城生活垃圾利用处置情况

目前我国县城生活垃圾无害化处置方式仍然以填埋为主。2007 年我国县城生活垃圾填埋量为 453 万 t，占无害化处理量（497 万 t）的 91.15%，填埋设施数目为 131 座。2021 年，县城生活垃圾填埋处理占无害化处理量的比例下降至 56.59%（见表 5-9）。

表 5-9　2007—2021 年我国县城生活垃圾无害化处置情况

年份	垃圾清运量 / 万 t	无害化处理量 / 万 t	填埋场 / 座	焚烧厂 / 座	填埋量 / 万 t	焚烧量 / 万 t	填埋占无害化比例 /%	焚烧占无害化比例 /%
2007	7 110	497	131	2	453	11	91.15	2.21
2008	6 794	839	198	4	737	45	87.84	5.36
2009	8 085	1 220	263	10	1 046	100	85.74	8.20
2010	6 317	1 733	421	15	1 537	116	88.69	6.69
2011	6 743	2 729	648	21	2 455	203	89.96	7.44
2012	6 838	3 691	795	29	3 278	292	88.81	7.91
2013	6 506	4 298	942	31	3 905	298	90.86	6.93
2014	6 657	4 766	1 055	34	4 262	344	89.43	7.22
2015	6 655	5 260	1 108	37	4 688	401	89.13	7.62
2016	6 666	5 680	1 183	50	4 913	578	86.50	10.18
2017	6 747	6 140	1 198	66	5 087	858	82.85	13.97
2018	6 660	6 212	1 196	97	4 994	1 041	80.39	16.76
2019	6 871	6 610	1 233	111	5 145	1 317	77.84	19.92
2020	6 810	6 691	1 227	156	4 853	1 715	72.53	25.63
2021	6 792	6 687	1 123	257	3 784	2 753	56.69	41.17

注：数据来自《中国县城建设统计年鉴》。

5.4.1.4　生活垃圾利用处置影响因素分析

生活垃圾处理技术的选择通常需综合考虑处置方式选址的难易程度、经济成本高低、处置效果好坏、占地面积大小、运行监管水平以及环境风险高低等多方面因素。以填埋和焚烧处置方式为例，二者对比情况汇总如表 5-10 所示。

表 5-10　生活垃圾填埋和焚烧处置方式对比情况汇总

项目	生活垃圾处置方式优缺点	
	填埋	焚烧
选址	中东部地区填埋场选址尤其困难	相对容易
经济成本（同等规模）	建设投资费用约 56.50 元 /t、运营费用约 48 元 /t	建设投资费用约 90.23 元 /t、运营费用约 170.72 元 /t、发电收入约 126.06 元 /t
减量化效果	生活垃圾填埋后的分解时间通常需要 7～30 年，减量效果不明显，在此期间会源源不断产生渗滤液、恶臭污染物和温室气体	几个小时即可处理完毕且减量化效率高达 90%，但会产生 3%～5% 的属于危险废物的生活垃圾焚烧飞灰
占地面积	占地面积较大，通常为十几万平方米，大型填埋场可达几十万平方米	处理量同等情况下的占地面积约为填埋场的 1/10～1/5
渗滤液情况	①渗滤液产量大，作业面及调节池雨污分流不到位时产量更大； ②渗滤液可生化性随填埋时间延长变差，渗滤液处理难度增大	①卸料大厅、垃圾池均采用密闭式设计，渗滤液产生量小； ②新鲜渗滤液，可生化性较好，处理难度低
信息化水平	极少企业具备防渗系统渗漏在线监测	焚烧过程已全面实现“装、树、联”信息化管理
地表水污染	突发降雨等易引起库区和调节池渗滤液外溢	地表水污染可能性较低
地下水污染	防渗措施不当可能引发污染	地下水污染可能性较低
土壤污染	防渗措施不当可能引发污染	土壤污染可能性较低
大气污染	①调节池和作业面覆盖措施不到位易引发恶臭扰民事件、加剧温室气体排放； ②作业面自燃也会导致二噁英污染	烟气处理不到位引发二噁英污染
主要风险	作业面自燃、调节池等部位爆炸、填埋堆体滑坡，以及库底防渗系统破损导致的渗漏风险	烟气治理不力导致的大气污染
适用区域	经济欠发达、干旱少雨及土地利用价值低的地区	土地资源宝贵的中部及东部地区

5.4.1.5　生活垃圾利用处置政策分析

《“十四五”城镇生活垃圾分类和处理设施发展规划》（发改环资〔2021〕642 号）规定，原则上地级及以上城市和具备焚烧处理能力或建设条件的县城，不再规划和新建原生垃圾填埋设施，现有生活垃圾填埋场剩余库容转为兜底保障填埋设施备用。经评估暂不具备建设焚烧设施条件的，可适度规划建设符合标准的填埋设施。围绕该规划，各地均积极推进原生垃圾零填埋，提升焚烧处理能力建设。全国各省（区、市）

生活垃圾分类和处理设施“十四五”规划表明，各省（区、市）积极推进生活垃圾焚烧能力建设，减少原生生活垃圾填埋，大部分省（区、市）“十四五”期间将实现原生垃圾零填埋，生活垃圾焚烧将逐步成为主流处理技术。

2022 年 12 月，国家发展改革委与住房和城乡建设部印发了《关于加快补齐县级地区生活垃圾焚烧处理设施短板弱项的实施方案的通知》（发改环资〔2022〕1863 号），提出到 2025 年，长江经济带、黄河流域、生活垃圾分类重点城市、“无废城市”建设地区以及其他地区具备条件的县级地区，应建尽建生活垃圾焚烧处理设施。对于焚烧处理能力存在缺口的县级地区，其中生活垃圾日清运量大于 300 t 的，要加快推进生活垃圾焚烧处理设施建设，尽快实现原生垃圾零填埋；生活垃圾日清运量介于 200～300 t 的，具备与农林废弃物、畜禽粪污、园区固废协同处置条件，并具有经济性的，可单独建设焚烧处理设施；生活垃圾日清运量小于 200 t 的县级地区，在确保生活垃圾安全有效处置的前提下，结合小型焚烧试点有序推进焚烧处理设施建设。在经济运输半径内，相邻地区生活垃圾日清运量合计大于 300 t 的，可联建共享焚烧处理设施。

5.4.2　填埋技术

20 世纪 80 年代，我国生活垃圾产生量少，其成分主要以煤灰、厨余垃圾为主，在城市周边的坑洼地带消纳处置，依靠天然材料阻隔渗滤液，这是早期填埋场的雏形。1991 年，我国建成第一个垃圾卫生填埋场——杭州天子岭填埋场。该填埋场采用帷幕灌浆工艺进行了防渗处理，即在地下水汇集的出口处建设防渗帷幕。标志着我国卫生填埋场进入规范建设时期。

鉴于垂直防渗对场址地质条件要求较高，防渗能力有限，且渗滤液产生量大。1997 年，深圳市下坪固体废弃物填埋场一期工程建成并投入使用，这是我国第一个采用高密度聚乙烯膜（HDPE）防渗的卫生填埋场。卫生填埋技术通常在坑底及四壁敷设防渗材料，避免了垃圾渗滤液的四处渗漏，同时在排水管道的作用下，这些渗滤液能有效排出去，使得其污染情况得到控制。卫生填埋技术还设置有导气系统，将垃圾堆放发酵过程中所产生的气体导出到外部，避免在内部聚集引起填埋坑的不稳定。为了避免雨水渗漏进填埋坑，通常在填埋场地四周进行截洪沟的规划，以起到截留雨水的作用。填埋坑封闭后，还可以运用生态恢复措施，将其表面的地貌和生态环境进行一定程度的恢复。应用卫生填埋技术，必须保证设计合理，严格控制污染源头，避免渗漏引起土壤、地下水的二次污染。此外，垃圾发酵过程中产生的甲烷等气体，要及时进行处理，避免引起爆炸等安全事故。填埋坑内生活垃圾的降解主要依赖于生物的自然降解，其降解过程比较缓慢，降解也不充分；针对这一问题，在卫生填埋处理过程中，可以采用渗沥液回灌、通风供氧等方式来给微生物提供良好的降解环境，以起到加速降解的作用，改善卫生填埋处理技术效果。

渗滤液和恶臭是填埋场主要的次生污染物，其主要污染途径为渗漏与无组织排放，对填埋场周边地下水、土壤和人体健康构成潜在危害。生活垃圾场卫生填埋主要技术要求见图 5-3。

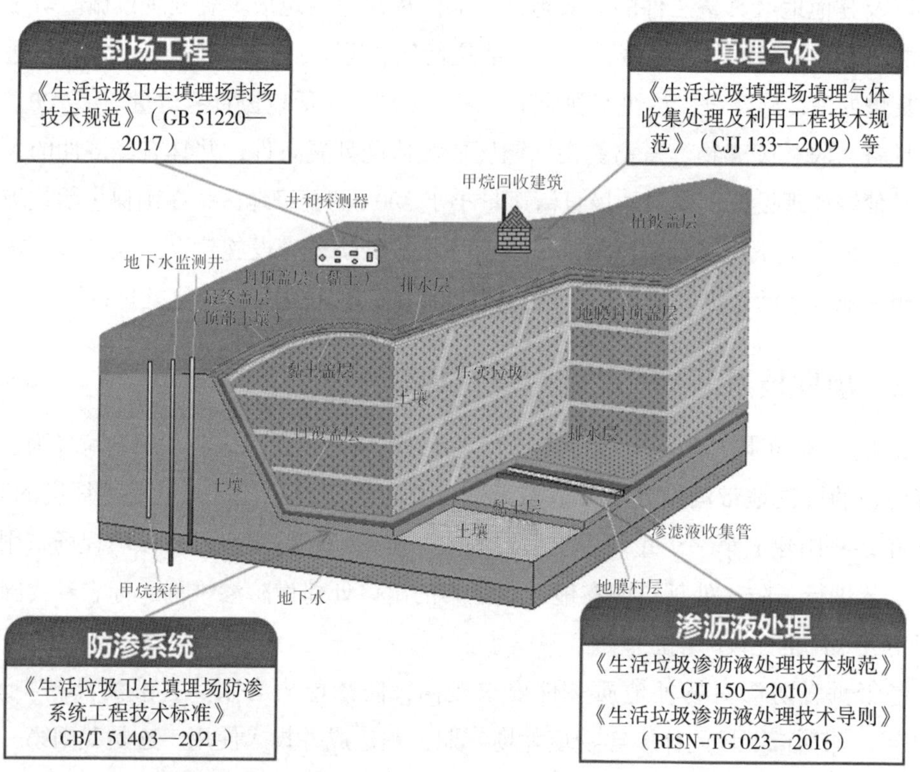

图 5-3　生活垃圾填埋场概念图［图片来自中城院（北京）环境科技股份有限公司］

5.4.2.1　渗沥液处理工艺

生活垃圾渗沥液具有污染物浓度高、成分复杂（COD_{Cr} 和氨氮含量高、盐分和重金属含量高）等特点，我国生活垃圾填埋场不同年限的渗滤液中 COD_{Cr}、BOD_5、氨氮、总磷等指标的浓度范围如表 5-11 所示。生活垃圾渗滤液中还含有 Fe、Zn、Cd、Cr、Hg、Mn、Pb、Ni 等重金属离子，其含量高低与所在城市的工业化水平和工业固体废物的掺入比例紧密相关。生活垃圾单独填埋时，重金属含量较低，渗滤液中重金属浓度基本与市政污水中重金属的浓度相当；但与工业固体废物或污泥混合填埋时，重金属含量会较高。此外，影响生活垃圾渗滤液中重金属含量的另一个因素是酸碱度。在微酸性环境下，渗滤液中重金属溶出率偏高，在水溶液中或中性条件下溶出量较低且趋于稳定。

表 5-11　国内典型填埋场不同年限渗滤液水质　　单位：mg/L，pH 除外

项目类别	渗滤液类型		
	填埋初期（≤5 年）	填埋中后期（>5 年）	封场后
COD_{Cr}	6 000～30 000	2 000～10 000	1 000～5 000
BOD_5	2 000～20 000	1 000～4 000	300～2 000
NH_3-N	600～3 000	800～4 000	1 000～4 000
TP	10～50	10～50	10～50
SS	500～4 000	500～1 500	200～1 000
pH	5～8	6～8	6～9

生活垃圾填埋场渗滤液通常还含有大量难降解有机物，主要分为内源微生物衍生溶解性有机物和外源惰性化合物。其中，内源微生物衍生溶解性有机物来自生物处理阶段的微生物代谢，也就是通常所说的腐殖质，主要类型包括酯类、蛋白质、木质素/富含羧酸的脂环类分子有机物、单宁酸、不饱和碳氢化合物、芳香类有机物、氨基糖类。外源惰性化合物是与人类活动相关的微量有机污染物，如含磷阻燃剂（磷酸三乙酯）、工业用试剂（5-甲基-1H-苯并三唑）、黏合剂磷酸三（2-氯乙基）酯、涂料（二苯基磷酸）、防腐剂（苯骈三氮唑）（见表 5-12）。

表 5-12　在厌氧产甲烷同时反硝化耦合好氧活性污泥（SDM-AS）工艺过程中的浓度

化合物	类别	可能来源[a]	R	D	E
			（μg/L，*n*=3）		
苯骈三氮唑 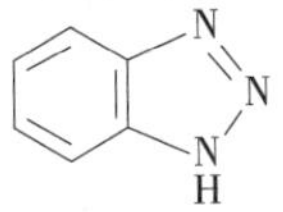	*c*	防腐剂	36 ± 3	12 ± 1	7.1 ± 0.3
5-甲基-1H-苯并三唑 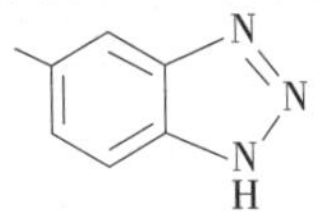	*fs*	—	0	8.1 ± 0.2	4.7 ± 0.2

续表

化合物	类别	可能来源[a]	R	D	E
			（μg/L，*n*=3）		
磷酸二乙酯 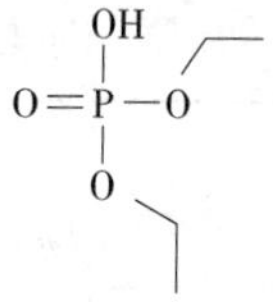	*c*	杀虫剂、阻燃剂	273 ± 46	245 ± 9	204 ± 8
磷酸三乙酯 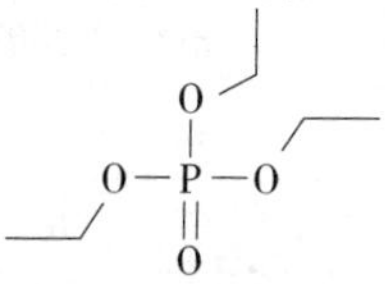	*c*	阻燃剂	87 ± 3	97 ± 3	79 ± 4
二苯基磷酸 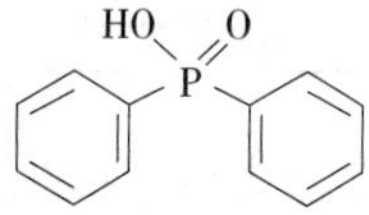	*c*	涂料	17 ± 5	34 ± 1	22 ± 1
磷酸三（2- 氯乙基）酯 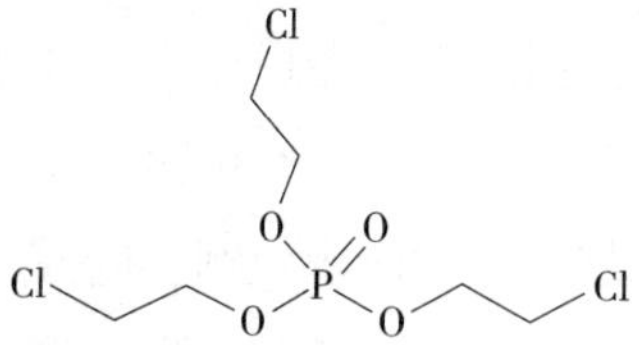	*c*	黏合剂、阻燃剂	170 ± 8	37 ± 2	36 ± 2

生活垃圾渗滤液水质水量变化较大，通常受原生垃圾性质、填埋年限、填埋方式、降雨等多种因素影响。如填埋时间是影响渗滤液水质的主要因素之一。填埋初期和中期渗滤液的 BOD_5/COD 值一般在 0.3～0.7，比较适宜生物处理；但随着填埋时间的增加，渗滤液的 BOD_5/COD 值逐渐降低，可生化性变差，甚至可降至 0.1 以下。对于填埋龄较短的填埋场（5 年以下）的渗滤液，其特点是低 pH 值、高 COD、BOD_5 和 BOD_5/COD 值；对于填埋龄较长的填埋场（5 年以上）的渗滤液，其特点是 BOD_5 和 BOD_5/COD 值较低，pH 值和氨氮浓度逐步升高，氨氮浓度最高可达 3 000 mg/L，此时生物处理效率降低。渗滤液产量受降雨量的影响较大。降雨量少时，渗滤液主要为垃圾本身所含游离水；降雨量较大时，雨水入渗进入垃圾堆体，产生大量渗滤液，渗滤液产生量与降雨量成正比。

为达到渗滤液处理达标后直接排放的控制要求，我国渗滤液处理技术形成了“预处理 + 生物处理 + 深度处理”“生物处理 + 深度处理”或“预处理 + 深度处理”等组合工艺（见图 5-4）。其中具有代表性的工艺为：厌氧生物处理 + 膜生物反应器（MBR）+ 纳滤（NF）+ 反渗透（RO）。

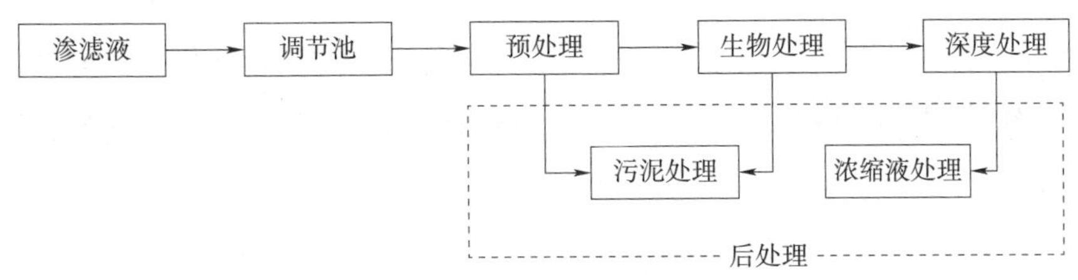

图 5-4　渗滤液组合处理工艺流程

《生活垃圾填埋场污染控制标准》（GB 16889—2008）实施过程中在渗滤液处理方面仍暴露出一些问题，如水污染物排放方式单一、渗滤液达标排放难度大、渗滤液积存现象普遍、渗漏污染隐患较大。

《生活垃圾填埋场污染控制标准》（GB 16889—2024）在保留 GB 16889—2008 规定的直接排放要求基础上，增加了渗滤液间接排放要求。间接排放对应的渗滤液处理的主要工艺为：厌氧生物处理 + 膜生物反应器（MBR）+ 纳滤（NF），间接排放要求的主要内容如下：

1）渗滤液间接排放水质限值及水量控制技术要求

渗滤液间接排放途径包括排入城镇污水处理厂和工业污水处理厂。具体要求如下：①一类重金属间接排放限值与直接排放限值一致；②进入污水集中处理设施的常规水污染物排放限值应执行标准中表 4 的相应规定；③处理后的渗滤液应均匀排入污水集中处理设施，不得影响污水集中处理设施正常运行和处理效果。

2）渗滤液间接排放全过程监管技术要求

（1）渗滤液输送方式技术要求

渗滤液应通过污水干管排入城镇污水处理厂；不能直接排至污水干管的，需通过单独排水管道排至污水干管；不具备排入污水干管条件，并无法铺设单独排水管道的，遵从国家有关规定。

渗滤液应通过单独排水管道排入工业污水处理厂；无法铺设单独排水管道的，遵从国家有关规定。

（2）水污染物监测技术要求

填埋场应对渗滤液处理设施排放口实施在线监测。对于没有在线监测技术规范的污染物应进行手工监测，监测频次不少于每月 1 次。填埋场监测数据应及时共享至生态环境主管部门和污水集中处理设施运营单位。

（3）污水处理厂接收的技术要求

填埋场的水污染物排入污水集中处理设施的，应与污水集中处理设施运营单位就排入污水集中处理设施的水质水量、排入方式、监测监控、信息共享、应急响应、违约赔偿、争议解决等内容协商一致，签订具备法律效力的书面合同。污水集中处理设施包括城镇污水处理厂和工业污水处理厂。

5.4.2.2 恶臭处理工艺

生活垃圾填埋场恶臭气体中的成分主要包括含硫化合物（如 H_2S、硫醇等）、芳香烃、饱和及不饱和烃、含氮化合物如氨、胺类、吲哚等、卤代烃、含氧化合物（如醇、酚、醛、酮等）等，是“邻避效应”的主因。生活垃圾填埋场内恶臭污染物的主要产生节点如图 5-5 所示，主要为填埋库区、渗滤液调节池、地磅区、垃圾运输车辆遗撒以及污泥处理车间等。防控恶臭的主要工程措施为：作业面及时覆膜覆土、喷洒除臭剂，封场覆盖系统防渗膜完整性检测，填埋气燃烧或利用，渗滤液调节池加盖并对收集气体进行处理，清洗车辆和路面等。

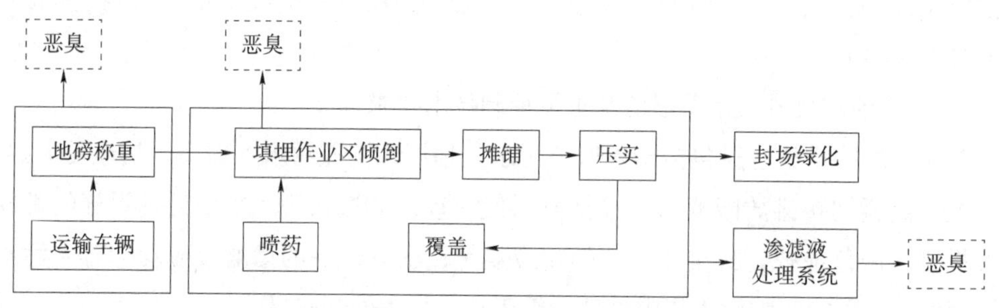

图 5-5 生活垃圾填埋场工艺流程中恶臭污染物产生节点示意

5.4.2.3 温室气体减排工艺

CH_4、CO_2 和 N_2O 是生活垃圾填埋场中最主要的温室气体，特别是 CH_4，其不仅在填埋场中产量很大（45%～60%），而且温室效应也是 CO_2 的 20 倍以上。CO_2 和 CH_4 在填埋场有机废物生物降解过程中产生，填埋废物降解主要包括好氧阶段、水解发酵阶段、产酸阶段和产甲烷阶段，CO_2 在上述四个阶段均可产生，但主要在好氧阶段，CH_4 则主要在产甲烷阶段产生。部分 CH_4 产生后，经甲烷氧化菌的作用被氧化成为 CO_2。N_2O 主要来自填埋场堆体或渗滤液处理设施中反硝化细菌的反硝化作用和硝化细菌的硝化作用的中间产物，以及部分甲烷氧化菌氧化氨氮的副产物。由于填埋场具有显著的垃圾异质性，在好氧或微好氧区域，自养的硝化菌在 O_2 竞争中处于劣势，在受限的条件下产生 N_2O 和 NO；在缺氧或者厌氧阶段，发生反硝化作用而产生 N_2O。从时间上看，N_2O 主要来源于两个阶段：一是填埋初期，由于好氧状态及新鲜垃圾的特质，产生相当数量的 N_2O；二是进入厌氧阶段后，通过硝化、反硝化和甲烷氧化三种作用共同产生了 N_2O。生活垃圾填埋场工艺流程中温室气体无组织排放环节如图 5-6 所示。

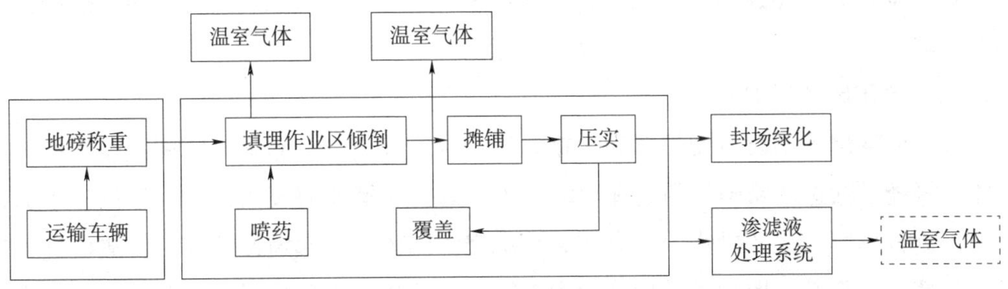

图 5-6　生活垃圾填埋场工艺流程中温室气体无组织排放环节示意

填埋场温室气体减排的主要工程措施为：填埋气燃烧或利用、采取减少甲烷产生和排放的填埋工艺、喷洒甲烷氧化混合菌剂、作业面覆膜、渗滤液调节池气体收集处理等。

5.4.3　焚烧技术

生活垃圾焚烧处理指的是将垃圾中的可燃物质进行燃烧，产生能量以及少量残渣的过程。通过焚烧处理能有效减少垃圾的体积和重量，同时产生大量的热量，可用于发电或者是回收热能。垃圾焚烧温度通常控制在 800～1 000℃，在焚烧的过程中，通常需要添加一定的辅助燃料，以确保燃烧充分，实现对垃圾的有效处理。焚烧技术的推广应用在很大程度上缓解了我国生活垃圾环境无害化处置的难题。生活垃圾焚烧技术主要分为机械炉排焚烧技术和流化床焚烧炉技术。其中，机械炉排焚烧炉适用于大规模燃烧不均匀的生活垃圾，而流化床焚烧炉适用于经过预处理均质的生活垃圾。据统计，发达国家的生活垃圾焚烧技术大多数选用机械炉排焚烧技术。目前我国生活垃圾焚烧厂也主要采用机械炉排焚烧炉，其市场占比约为 75%。

5.4.3.1　机械炉排焚烧炉

机械炉排焚烧炉的核心部件是炉排，其尺寸、形状、位置对垃圾燃烧效果具有重要影响。炉排一般水平布置或倾斜 15°～26° 布置，并分为干燥段、燃烧段、燃尽段，段与段之间在同一水平或有一定落差。垃圾送入焚烧炉后在炉排上着火燃烧，并在炉排往复运动作用下发生强烈的翻动和搅动，使得垃圾层松动，透气性增加，从而有助于垃圾着火和充分燃烧。根据结构或运动方向的不同，炉排一般分为固定炉排（主要是小型焚烧炉）、链条炉排、滚动炉排、倾斜顺推往复炉排、倾斜逆推往复炉排等。

机械炉排焚烧技术具有适应范围广、技术成熟可靠、运行维护简便等优点，目前已广泛应用。2000 年 6 月，建设部、国家环保总局和科技部联合发布的《城市生活垃圾处理及污染防治技术政策》（建成〔2000〕120 号）指出："垃圾焚烧目前宜采用以炉排炉为基础的成熟技术，审慎采用其他炉型的焚烧炉，禁止使用不能达到控制标准的焚烧炉"。

5.4.3.2 流化床焚烧炉

流化床焚烧炉不设运动炉体和炉排。流化床底设空气分布板，使用石英砂作为热载体。将经过筛选及粉碎等预处理后的垃圾均匀、定量地加入 700～750℃的砂子流化床中，进行热解气化和燃烧，不燃物和焚烧残渣随砂子一起通过炉底的排渣口进入筛分机分离出大颗粒不燃物排出炉外，中等颗粒的残渣和石英砂通过提升机送入炉内循环使用。

流化床焚烧炉对垃圾进行焚烧处理时燃烧较为彻底，但对垃圾有严格的筛选及粉碎等预处理要求。大部分流化床焚烧炉需要添加煤炭才能正常焚烧，造成烟气中 SO_2 排放量及灰量增大，增加了烟气处理难度。根据原环保部、国家发改委和国家能源局发布的《关于进一步加强生物质发电项目环境影响评价管理工作的通知》（环发〔2008〕82 号）相关规定："采用流化床焚烧炉处理生活垃圾作为生物质发电项目申报的，其掺烧常规燃料质量应控制在入炉总质量的 20% 以下"，在一定程度上影响流化床焚烧炉的应用范围。

我国高度重视生活垃圾焚烧企业的环境监管工作。《关于生活垃圾焚烧厂安装污染物排放自动监控设备和联网有关事项的通知》（环办环监〔2017〕33 号）规定，垃圾焚烧企业于 2017 年 9 月 30 日前全面完成"装、树、联"三项任务。即垃圾焚烧企业要依法安装污染源自动监控设备，督促企业加强环境管理，落实主体责任；在便于群众查看的显著位置树立显示屏，向全社会公开污染排放数据，鼓励群众监督，确保治理效果；企业自动监控系统要与环保部门联网，进一步强化环境执法监管。

目前，全国生活垃圾焚烧厂已全面实现了"装、树、联"三项任务，生活垃圾焚烧企业已实现信息化、规范化、标准化运行。一方面有效应对日益严峻的垃圾处理挑战；另一方面积极承担起公众科普教育职责，变身为环境教育基地，化"邻避"效应为"邻促"效应。自 2017 年以来，生态环境部（即更名前的环境保护部）陆续发布了 4 批全国环保设施和城市污水垃圾处理设施向公众开放单位名单，其中有 323 家生活垃圾焚烧发电企业对社会公众开放。如广州市某基地自 2018 年成立至今，累计接待社会公众参观 463 批次、1.5 万余人次。该基地先后荣获“国家 AAA 级旅游景区”等多项国家、省、市级荣誉。

5.4.4　生物处理技术

生物处理技术指的是利用微生物的分解作用，在特定的分解条件下，将生活垃圾中的有机质进行降解，生成腐殖质的过程。在这个过程中，需要控制微生物分解的温度、湿度以及酸碱度，以保证良好分解效果和效率。生活垃圾堆肥处理技术不仅能减少垃圾中有机废弃物的数量，实现无害化的处理，同时生成的腐殖质作为堆肥的终端产物，在土壤修复、改善植物生长力以及土壤肥力方面发挥着重要作用，实现了废弃物资源的高效利用。

目前，有机固体废物腐殖化效率低是堆肥技术发展的瓶颈，主要表现在以下两方面：一是木质素、纤维素和半纤维素等有机物的降解效率低；二是 C、N 等元素大量流失使得矿化程度高，降低了堆肥产品的质量。因此，提高有机固体废物腐殖化效率既可提升堆肥产品的质量，又可削弱矿化作用，抑制堆肥过程中 CO_2 等的排放，具有经济和环境双重效益。由于堆肥是以微生物为主导的生物化学过程，因此，通过调控微生物促进腐殖质形成对于提高有机固体废物腐殖化效率更为有效。腐殖化微生物调控方法包括生物强化调控、微环境调控和调理剂调控，其机理是通过改变微生物群落特征、优化堆肥微环境为微生物创造适宜的生存环境，以提高核心微生物活性，进而促进有机物的降解和提高腐殖化效率。

5.4.4.1　生物强化调控技术

微生物的比表面积大，代谢强度高，数目巨大，繁殖迅速，对有机物降解起主导作用。通过接种外源微生物可以改变微生物群落及其代谢功能，加速简单化合物的降解和复杂化合物的形成，促进腐殖质的形成。此外，多种微生物共同作用比单一的细菌、真菌、放线菌加快堆肥进程的效果更好。综上所述，外源微生物强化调控技术提高腐殖化效率的机理包括：①提高核心微生物的丰度，合成更多的酶促进有机物的降解；②丰富堆肥体系中微生物群落的多样性，共同参与腐殖质的合成；③削弱矿化作用，减少 CO_2 和 NH_3 的排放，使有机物更多转化为腐殖质，提高腐殖化效率。

接种外源微生物可以有效提高堆肥的腐殖化水平，对提高有机固体废物腐殖化效率效果显著。相关研究表明，在牛粪堆肥过程中接种多功能嗜热菌后发现腐殖质含量提高了 3.7%。在猪粪堆肥中发现接种纤维素降解菌后，纤维素的降解率提高了

8.77%～34.45%。在鸡粪堆肥中接种微生物菌剂后，加快了腐殖化程度。在木质纤维素废料堆肥中接种嗜热嗜酸有效微生物后，两组接种组的平均微生物数量分别增加了12.0% 和 6.7%，生物多样性分别增加了 34.7% 和 43.7%。

5.4.4.2 微环境调控技术

微生物不仅会从环境中摄入生长和生存所必需的营养物质，还会向环境中排泄各种代谢产物。影响微生物的环境因素主要包括：温度、含水率、碳氮比、曝气量、pH 等。当外界环境发生变化时，可能会抑制或被迫改变微生物原有的一些特征，严重时会使微生物发生遗传变异或死亡。由于外界环境因素可以直接或间接影响微生物以及酶的活性进而影响有机物的代谢，因此，探索微生物群落与环境因素的关系对于提高堆肥产品的成熟度和安全性、促进高效腐殖化具有重要意义。

相关研究表明，高温预处理后纤维素、半纤维素和木质素的降解率分别比传统堆肥提高了 78%、10% 和 109%，腐殖质含量和腐殖化指数分别提高了 14% 和 38%。在羊粪堆肥中含水率为 65% 时的效果最好，物料干质量降解率达 45%，总氮损失降低 4.81%～16.99%，总温室气体排放减少 7.56%～48.62%。在牛粪堆肥过程中，C/N 为 25 时的腐殖化率最高，比其他组高 0.4～1.4。在鸡粪堆肥过程中发现，曝气量为 0.1 L/（min·kg）时的效果最好，比曝气量分别为 0.05 L/（min·kg）和 0.15 L/（min·kg）时堆肥体系中腐殖质含量分别高 5.3% 和 1.3%。

5.4.4.3 调理剂调控技术

调理剂根据作用的不同可分为调节剂、膨胀剂和重金属钝化剂；根据是否参与堆肥反应可分为活性调理剂和惰性调理剂。锯末、树叶、秸秆等参与生物化学反应的易降解有机物称为活性调理剂，也称有机调理剂；生物炭、沸石、粉煤灰等化学性质比较稳定，不参与生物化学反应的无机物称为惰性调理剂，也称无机调理剂。调理剂主要作用机理包括：①通过调整 C/N、含水率，改善堆体密度和孔隙率等基本理化参数为微生物创造适宜的生存环境，提高微生物活性；②为微生物提供丰富的营养物质，如氨基酸、还原糖等，使微生物活性保持在较高水平。

添加调理剂可以有效提高微生物活性，进而提高有机固体废物的腐殖化效率。相关研究表明，在干稻草堆肥过程中添加氨基酸后腐殖化指数显著提高。在牛粪堆肥中添加赤泥后木质素的降解率和腐殖质含量分别提高了 18.67% 和 16.39%。在鸡粪堆肥中添加丙二酸和 MnO_2 后 CO_2 的排放量减少了 36.8%，腐殖酸含量提高了 38.7%。在鸡粪和稻壳堆肥过程中分别添加生物炭、蒙脱石以及两者的混合物后，腐殖酸的含量与初期相比分别提高了 40.79%、45.39% 和 38.96%。在中药渣堆肥中添加质量分数为

10% 的腐熟堆肥可提前 20 d 进入高温期，游离腐殖酸及水溶性腐殖酸含量分别增加 7.8% 和 30.1%，胡敏酸含量增加 15.2%。

5.4.5　水泥窑协同处置技术

水泥窑协同处置垃圾技术本质上属于焚烧技术，该技术将垃圾焚烧后的高温热烟气引入新型干法水泥窑系统的分解炉作为替代热源，并利用分解炉内 900℃左右的高温和碱性条件，吸收和处理垃圾产生的二噁英等有害气体，使垃圾处理达到减量化、资源化和无害化的要求。水泥窑协同处置生活垃圾工艺流程如图 5-7 所示。

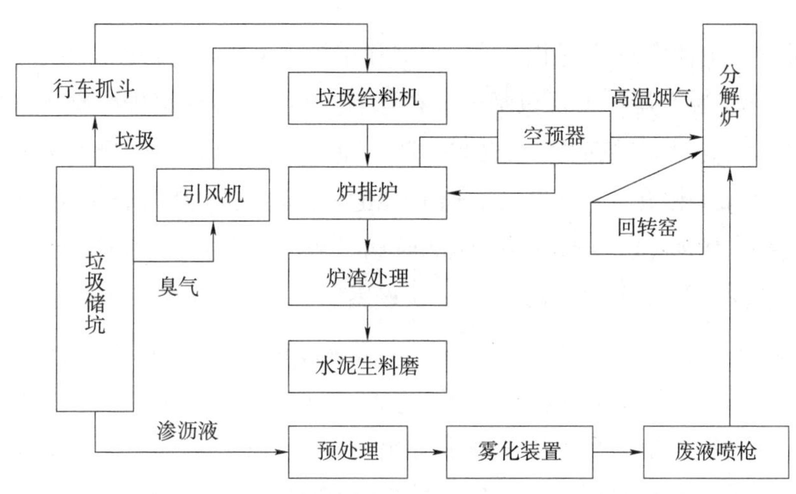

图 5-7　水泥窑协同处置生活垃圾工艺流程

为了能够尽可能提高水泥窑系统处置废弃物的效率与安全性能，原生生活垃圾入窑焚烧前需要进行预处理。预处理主要包括破碎 + 生物干化 + 机械脱水等工序。预处理工艺是将原生生活垃圾先破碎至粒径 200 mm 以下，再通过生物干化的方式将垃圾的含水率降至 40%，最后通过机械挤压机对垃圾进行挤压脱水，保障干化成果，并减少垃圾体积，增加垃圾密度的预处理方式。

5.5　典型社会源固体废物的环境管理

5.5.1　锂离子电池的类别与组成

锂电池主要分为四个大类，即钴酸锂电池、三元动力电池、磷酸铁锂电池、锰酸锂电池。钴酸锂电池主要应用在3C设备、小型电动工具、智能可穿戴设备等需要电池高容量、小型化的场景；锰酸锂电池大多用在电动自行车；三元动力电池及磷酸铁锂电池更多应用在新能源汽车领域。锂电池的生命周期通常包括电池生产、电池使用（5年以上）、梯次利用（3年以上）及报废后再生利用等阶段。

5.5.1.1 锂电池的组成

基于国家对新能源汽车发展的大力支持和鼓励，我国新能源汽车产销量均呈爆发式增长，由此带动国内锂电池产量和锂钴镍资源需求的增加尤为迅速。目前，我国锂电池产量累计近500 GW·h。锂电池由电解液、正极材料、负极材料、隔膜和黏结剂组成。

电解液。锂电池电解液由电解质、溶剂和添加剂组成。电解质（占电解液质量的12%左右）通常为锂盐，主要包括六氟磷酸锂（$LiPF_6$）、六氟砷酸锂（$LiAsF_6$）、四氟硼酸锂（$LiBF_4$）和高氯酸锂（$LiClO_4$）等。溶剂（占电解液质量的84%左右）通常为碳酸甲乙酯（EMC）、碳酸二甲酯（DMC）、碳酸二乙酯（DEC）、碳酸甲丙酯（MPC）、碳酸乙烯酯（EC）和碳酸丙烯酯（PC）等。添加剂（占电解液质量的4%左右）主要包括成膜添加剂、导电添加剂、阻燃添加剂、过充保护添加剂等。

正极材料。目前常用的正极材料主要包括磷酸铁锂（$LiFePO_4$）、钴酸锂（$LiCoO_2$）、锰酸锂（$LiMn_2O_4$），和以镍钴锰酸锂（NCM）为代表的三元材料。正极材料（占正极材料质量的90%左右）和导电剂（占正极材料质量的7%～8%）、黏结剂（占正极材料质量的3%～4%）混合后均匀涂布在铝箔上，重量约占锂电池质量的30%，成本占锂电池的30%～40%，直接影响锂电池的能量密度和性能。

负极材料。锂电池负极材料一般分为碳系和非碳系两类，碳系负极以石墨为主，非碳系以钛酸锂为主。负极材料（占负极材料质量的90%左右）和导电剂（占负极材料质量的4%～5%）、黏结剂（占负极材料质量的3%～4%）混合后均匀涂布在铜箔上，重量约占锂电池质量的15%。

隔膜。锂电池隔膜主要采用如聚乙烯（PE）、聚丙烯（PP）或其复合膜，因其具有良好的机械强度、出色的化学稳定性（耐酸碱腐蚀性、耐有机溶剂性）和电绝缘性能等优势而被广泛地用作隔膜的主体聚合物材料。

黏结剂。黏结剂的主要作用是连接电极活性物质、导电剂和电极集流体，使它们之间具有整体的连接性，从而减小电极的阻抗。黏结剂用量很少，一般占电极总质量的1%～10%。聚偏氟乙烯（PVDF）、偏氟乙烯、聚四氟乙烯（PTFE）、丁苯橡胶（SBR）、羧甲基纤维素钠（CMC-Na）是锂电池最常用的黏结剂。

5.5.1.2　废锂电池的环境危害

作为新能源汽车行业应用最为广泛的锂电池，其组分中虽不含汞、镉、铅等毒害重金属元素，但其电极材料、电解质溶液等物质中含有大量潜在的有害物质。如含有铜、镍、钴、锰等金属元素，以及电解质、隔膜、有机溶剂等。其中，钴、镍、锰元素均具有一定生物学毒性，随意丢弃会污染土壤和水源；电解质 $LiPF_6$ 可能会从退役锂电池中溶解迁移到自然环境水体中，其遇水产生氢氟酸，有剧毒且腐蚀性强，会造成环境污染。美国已将锂电池归类为一种具有易燃性、浸出毒性、腐蚀性、反应性等的有毒有害电池，是各类电池中包含毒害性物质较多的电池。

5.5.2　废锂电池管理主要政策法规

5.5.2.1　政策文件

近年来，国家十分重视废锂电池回收处理工作的落实情况。国务院与国家发展改革委、工业和信息化部、生态环境部等多部联合或基于各自职能业务范围，加快制定发布废锂电池回收政策，防范环境风险，提高资源利用效率，进一步规范废锂电池回收处理行业的良性发展。随着相关政策覆盖范围持续扩大，侧重角度逐步延伸，现已形成初步的政策体系。《固废法》《清洁生产促进法》《循环经济促进法》的颁布实施，为建立我国废锂电池回收政策体系奠定了法律基础。目前，我国现有锂电池回收利用方面的政策法规已超过 60 项，其中，行业管理类和宏观类政策各 22 项，支持类政策 19 项，包括回收主体的责任、梯次利用、污染防治等多方面内容，我国废锂电池回收利用体系初步建成。我国近年发布的锂电池相关主要政策法规见表 5-13。

2024 年，为进一步加强锂电池行业管理，工业和信息化部修订发布《锂离子电池行业规范条件（2024 年本）》（征求意见稿）、《锂电池行业规范公告管理办法（2024 年本）》（征求意见稿）。为加强锂电池运输服务和安全保障，交通运输部、工业和信息化部、公安部等十部门联合印发《关于加快提升新能源汽车动力锂电池运输服务和安全保障能力的若干措施》（交运发〔2024〕113 号）。此外，针对社会关注的电动自行车安全隐患问题，为全面加强电动自行车安全监管，切实保障人民群众生命财产安全，国务院办公厅印发《电动自行车安全隐患全链条整治行动方案》，市场监管总局印发《市场监管系统电动自行车安全隐患全链条整治行动实施方案》，消防救援局印发《电动自行车安全隐患全链条整治行动消防专项实施方案》。

表 5-13　近年发布的锂电池相关主要政策法规

发布时间	发布单位	文件名称	相关内容 / 主要作用
2016 年	国家发展改革委、工信部	《电动汽车动力蓄电池回收利用技术政策（2015 年版）》	废旧动力蓄电池的利用应遵循先梯次利用后再生利用的原则，提高资源利用率
2018 年	工业和信息化部等七部委	《新能源汽车动力蓄电池回收利用管理办法》	明确要求汽车生产企业承担动力蓄电池回收的主体责任
2019 年	工业和信息化部	《新能源汽车废旧动力蓄电池综合利用行业规范条件（2019 年本）》	进一步明确了梯次利用企业及综合利用企业相关建设要求
		《新能源汽车动力蓄电池回收服务网点建设和运营指南》	明确了梯次利用企业的行业定位，进一步完善动力电池全生命周期的质保体系及回收渠道，促进梯次电池的应用发展
2020 年	国家发展改革委、司法部	《关于加快建立绿色生产和消费法规政策体系的意见》	要求以汽车产品、动力蓄电池等为重点，加快落实生产者责任延伸制度
	工业和信息化部	《2020 年工业节能与综合利用工作要点》	提出推动新能源汽车动力蓄电池回收利用体系建设重点工作内容，深入实施绿色制造工程和工业节能与绿色标准计划
		《京津冀及周边地区工业资源综合利用产业协同转型提升计划（2020—2022 年）》	提出京津冀及周边地区工业资源综合利用进一步发展的总体要求、重点任务和保障措施。其中专门明确“加快退役动力电池回收利用”和“推进资源综合利用产业集聚发展”相关任务内容
	十三届全国人大常委会	《中华人民共和国固体废物污染环境防治法》	第六十六条规定：车用动力电池等产品的生产者应当按照规定以自建或者委托等方式建立与产品销售量相匹配的废旧产品回收体系，并向社会公开，实现有效回收和利用。国家鼓励产品的生产者开展生态设计，促进资源回收利用。这是首次在法律文件中确立对车用动力电池产品实行生产者责任延伸制度
	商务部	《报废机动车回收管理办法实施细则》	细化落实《报废机动车回收管理办法》，该细则阐述了在中国从事报废机动车回收拆解活动企业的资质认证管理，回收拆解行为规范，回收利用行为规范，监督管理以及法律细则
2021 年	工业和信息化部等五部委	《新能源汽车动力蓄电池梯次利用管理办法》	加强新能源汽车动力蓄电池梯次利用管理，提升资源综合利用水平，保障梯次利用电池产品的质量

续表

发布时间	发布单位	文件名称	相关内容 / 主要作用
2021 年	工信部	《2021 年新能源汽车标准化工作要点》	提出推进动力蓄电池回收利用、再制造等相关标准研制，启动汽车等行业生命周期评价标准研究
	国家能源局	《新型储能项目管理规范（暂行）》	新建动力电池梯次利用储能项目，必须遵循全生命周期理念，建立电池一致性管理和溯源系统，梯次利用电池均要取得相应资质机构出具的安全评估报告
	工信部、市场监管总局	《关于开展新能源汽车动力电池梯次利用产品认证工作的公告》	鼓励有条件的地方加快构建资源循环利用体系，在政府投资工程、重点工程、市政公用工程中使用获证梯次利用产品
	工信部	《锂离子电池行业规范条件（2021 年本）》	明确锂电池产业布局和项目设立、工艺技术和质量管理、产品性能、安全和管理、资源综合利用及环境保护等相关要求
	发改委	《“十四五”循环经济发展规划》	实施废旧动力电池等再生资源回收利用行业规范管理，加强废旧动力电池循环利用，完善新能源汽车动力电池回收利用溯源管理体系
	工信部	《新型数据中心发展三年行动计划（2021—2023 年）》	大力推进绿色数据中心创建、运维和改造，加强动力电池梯次利用产品推广应用
2022 年	国务院	《扩大内需战略规划纲要（2022—2035 年）》	加快构建废旧物资循环利用体系，规范发展汽车、动力电池、家电、电子产品回收利用行业
	工信部、市场监管总局	《关于做好锂离子电池产业链供应链协同稳定发展工作的通知》	鼓励锂电池生产商、锂电池材料生产商、上游矿产资源企业、锂电池回收企业等协调配合，共同引导上下游参与者稳定市场期望、明确供需及价格并确保稳定供应
	工信部、发改委、生态环境部	《工业领域碳达峰实施方案》	推动新能源汽车动力电池回收利用体系建设
	工信部	《关于加快推动工业资源综合利用的实施方案》	聚焦当前社会关注热点难点问题，完善废旧动力电池回收体系，深化废塑料循环利用，探索新兴固废综合利用路径
2023	工信部等六部门	《关于推动能源电子产业发展的指导意见》	提高锂、镍、钴、铂等关键资源保障能力，加强替代材料的开发应用
	国务院	《关于进一步构建高质量充电基础设施体系的指导意见》	压实电动汽车、动力电池和充电基础设施生产企业产品质量安全责任，严格充电基础设施建设、安装质量安全管理，建立火灾、爆炸事故责任倒查制度。持续优化电动汽车电池技术性能，加强新体系动力电池、电池梯次利用等技术研究

5.5.2.2 标准

我国现行有关废锂电池全产业链的国家及各地行业标准达到50余项（见图5-8），对废旧动力电池回收利用过程中的各环节提出了相关要求。以2021年发布的《废锂离子动力蓄电池处理污染控制技术规范（试行）》为例，作为生态环境部针对废旧锂电池污染控制发布的首个标准，对废锂离子动力蓄电池处理过程中的污染防治作出了详细规定，包括处理的总体要求、技术要求、排放要求、监测要求以及管理要求等多方面内容。

5.5.3 废锂电池的处理及利用技术

锂电池回收处理过程主要包括放电、拆解、热处理、破碎、分选等环节（见图5-9），废锂电池拆解包括废旧磷酸铁锂电池回收工艺和废旧三元电池回收工艺。

5.5.3.1 废锂电池处理技术

废锂电池的再生利用处理技术主要包括物理法、湿法和火法处理工艺技术。物理法处理主要经过破碎、筛分、分选，以及细破碎分选，再通过材料修复工艺修复得到正负极材料，物理法是一种预处理工艺和再制造工艺的结合［见图5-10（a）］。火法处理工艺主要通过高温焚烧、熔炼的方式分解去除有机溶剂、黏结剂等，同时，使得电池中的金属及其化合物氧化、还原等，以便回收金属盐的粗料［见图5-10（b）］。火法处理工艺原料适用范围广，工艺操作简单，适合规模化生产，但火法处理能耗大，易产生有害气体，且无法较为系统地对大部分金属和组件进行回收。例如，锂等金属在回收过程中丢失，造成资源的浪费。湿法回收技术主要是针对焙烧、破碎、分选后获得的电池正极活性材料，以化学浸出为手段，将正极活性物质中的金属组分转移至溶液中，再通过萃取、沉淀、吸附等手段，将溶液中的金属以化合物的形式回收［见图5-10（c）］。使用湿法冶炼能够较大程度地回收废电池中的稀贵金属和其他金属，且具有较高的回收率和纯度。

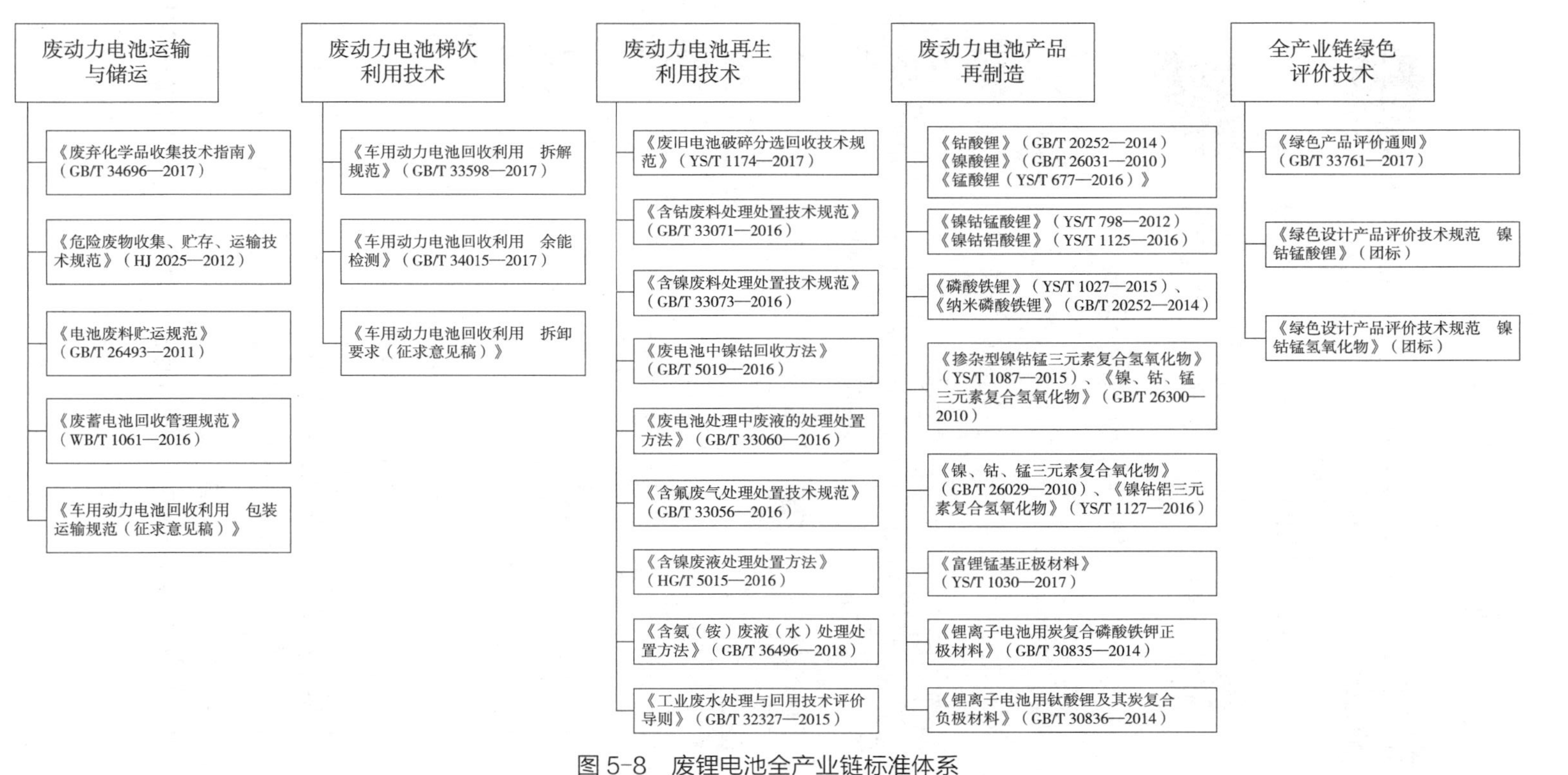

图 5-8　废锂电池全产业链标准体系

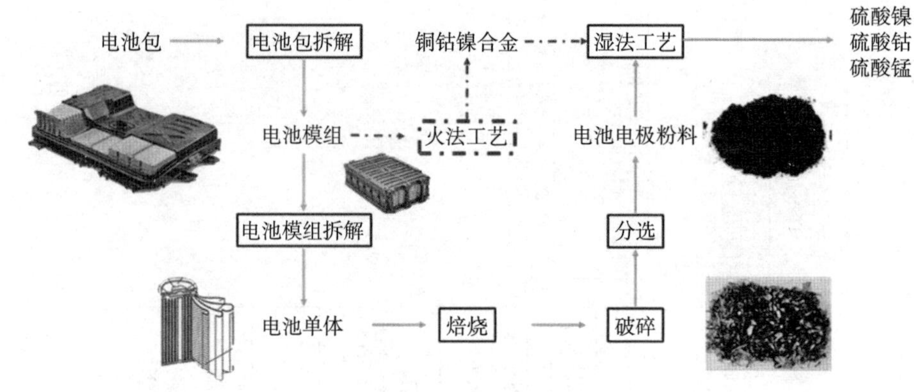

图 5-9　废锂电池处理回收

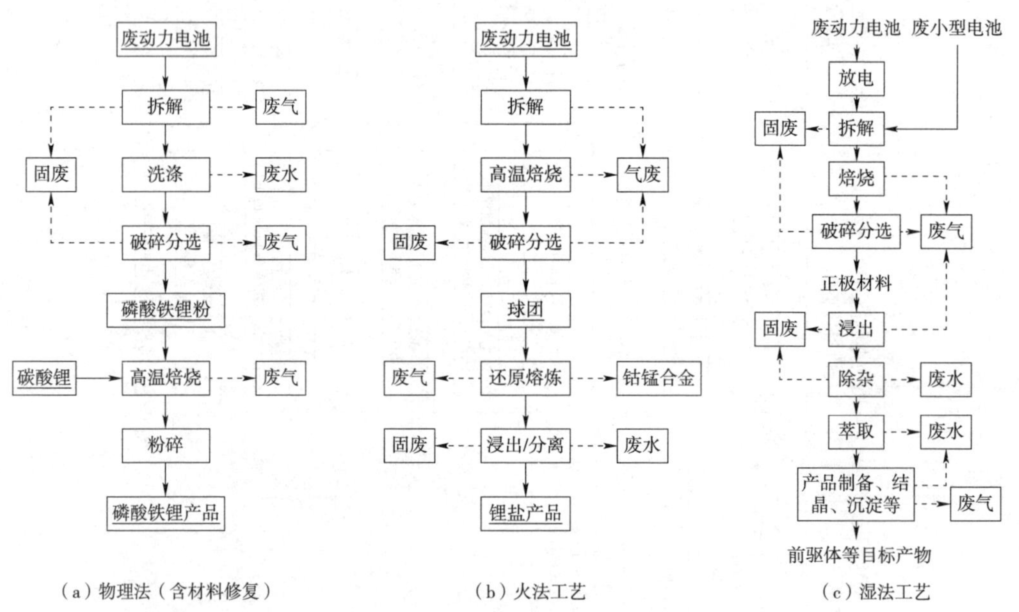

（a）物理法（含材料修复）　（b）火法工艺　（c）湿法工艺

图 5-10　废锂电池处理典型工艺流程

火法将电池磨碎后送往炉内加热，得到易挥发金属及合金材料，工艺简单，但能耗高，极易产生二次污染；湿法则是将破碎分选后的电池粉末材料置于浸出剂中反应，然后利用化学沉淀、电化学沉积、离子交换或萃取分离等方法回收有价金属离子。湿法具有产品纯度高、工艺灵活等优点，但同时也存在流程长、成本高等问题。目前，我国国内形成产业化处理能力的技术路线主要为湿法处理工艺。再生利用处理工艺对比见表 5-14。

表 5-14　再生利用处理工艺对比

过程	类型	定义	方法	工艺细节
预处理过程	物理法	经预处理放电后，利用电极材料和其他材料物理性质的差异进行分离分选，即利用物理方法将电极材料与其他成分分离	机械处理法	将电池破碎、分选后，通过磁选、风选、浮选等方式获得电极材料。可大批量处理电池，但存在着杂质引入和有价材料流失的缺点
	化学法	经预处理放电后，利用化学反应过程将电极材料分离，一般通过溶解集流体、破坏黏结剂等方法实现材料的分离	热处理法	破坏集流体与电极活性材料之间的结合力，得到集流体和电极材料
			酸 / 碱溶法	将集流体溶解，过滤分离得到电极活性材料。该方法简单易操作，但同时产生废水等副产物，对环境易造成威胁
			有机溶剂溶解法	采用具有极性的有机溶剂溶解 PVDF，将活性物质与集流体分开。该方法具有材料破坏性小、分离效率高、溶剂可回收重复利用等优点，但存在溶剂成本高和部分溶剂有一定毒性的缺点
回收过程	干法回收技术	指不通过溶液等媒介，将有价金属元素从正极材料中以金属、合金、氧化物等形式回收	高温裂解法	在高温焙烧环境下直接将电极材料裂解为金属、合金等。该方法存在能源消耗大、污染气体排放、有价金属流失的缺点
			高温还原法	采用在高温下具备还原性质的气体、活泼金属、焦炭等为还原剂，实现较低温度下有价金属的还原回收，但能源消耗仍是亟待解决的问题
			熔盐焙烧法	利用电极材料在高温熔盐环境中发生化学转化反应。将高价态不溶的电极材料转化为低价态可溶的盐及氧化物，是未来短流程、高效回收电极材料的方向之一
			机械化学法	将电极材料与助磨剂共研磨，转化为易浸出便于后续回收的物质

续表

过程	类型	定义	方法	工艺细节
回收过程	湿法回收技术	通过化学 / 电化学、生物浸出等反应，将电极材料中的有价金属转入液相，再对液相中的有价金属进行分离富集，最后以金属或其他化合物的形式加以回收。其中有价金属分离和纯化的方法主要包括：离子交换、萃取、沉淀、电化学沉积等，回收率较高，是目前工业化回收工艺的主要技术路线	酸 / 碱浸法	在传统酸 / 碱浸法回收技术过程中，酸浸一般以无机酸为浸出剂、以双氧水等为还原剂将高价态不溶化合物还原溶解；碱浸一般以氯化铵等氨基体系溶剂为浸出剂、以亚硫酸铵等为还原剂与正极材料中的过渡金属元素形成络合物，将有价金属选择性浸出；浸出过程中会产生大量废水及其他副产物，对环境造成潜在的威胁。采用绿色有机酸为浸出剂的酸浸法，是未来锂离子电池回收技术发展的方向之一
			深共晶溶法	深共晶溶剂是一类具有超高的溶解金属氧化物能力的化合物，可以作为有效的浸出剂和还原剂，但在浸出过程中，其有价金属浸出率相对较低，难以实现元素的选择性分离，目前尚处于研究探索阶段
			电化学法	将电极材料在悬浮液或熔融盐中进行电解回收，该方法可以避免浸出过程中浸出剂和还原剂的加入，但其能量消耗、操作性仍需要进一步工艺改进和技术攻关
			微生物淋滤技术	主要是利用微生物自然代谢过程，氧化、还原、络合、酸解等溶释固相中有价金属，实现目标组分与杂质组分分离，回收锂等有价金属。目前存在高效菌种选育、培养周期过长、浸出条件的控制等难题，但其低成本、污染小、可重复利用，是未来回收技术发展的方向之一
再利用过程	直接修复再生法	以预处理后的电极材料为原料，添加锂源等，通过原位焙烧、电化学等进行元素补充，得到性能恢复的电极材料	固相原位补锂法	将预处理得到的电极材料添加锂盐或其他化合物，高温焙烧，使电极材料恢复电化学性能。该方法需要添加过量的锂源来达到修复的目的，易造成资源的浪费
			电化学补锂法	通常利用富锂溶盐或金属锂为补锂剂，通过电化学反应对正极材料中缺失的锂进行补偿嵌锂。电化学补锂可以较好地控制补锂的量，但工艺条件参数需要严格控制

续表

过程	类型	定义	方法	工艺细节
再利用过程	再合成法	以回收过程得到的浸出液、氧化物等化合物为原料，采用材料合成工艺生成新的电极材料	固相合成法	利用回收得到的浸出液等产物为原料，添加相应的金属元素后制备前驱体，将前驱体和锂源在高温作用反应得到新的正极材料，合成工艺简单，但产物组分均匀性控制较差，需要严格控制反应气氛和实验条件
			溶胶凝胶法	将回收产物分散在溶剂中后，发生水解 / 再聚合反应，形成溶胶凝胶，经干燥及热处理得到新的电极材料，可以解决高温固相合成法中反应物之间扩散慢和组分均匀性差的缺点，但存在耗时长、流程较长等缺点
			水热合成法	在特制的密闭反应容器（高压釜）中，以水为主要介质，通过加热创造超临界状态下进行合成反应，得到新的电极材料
			电沉积再生法	通过电流作用将有价金属富集液中的贵金属离子进行还原，在阴极上得到新的电极材料。该方法具有短程高效的特点，但实验条件需要严格控制

5.5.3.2　锂电池的梯次利用及回收

总体上看，我国锂电池目前大部分处于使用和梯次利用阶段，再生利用已起步且发展比较迅速。根据前瞻产业研究院发布的《中国锂电池 PACK 行业发展前景预测与投资战略规划分析报告》，自 2018 年起，我国新能源汽车动力锂离子电池开始陆续进入大规模退役阶段，约 11.99 GW · h，其中，三元电池 8.85 GW · h，磷酸铁锂（LFP）电池 3.14 GW · h。2020 年，锂电池回收量预计达到 25.57 GW · h；至 2022 年，回收量将接近 45.80 GW · h，2018—2022 年年均复合增长率预计在 59.10% 以上。据工业和信息化部估算，2020 年我国约有 20 万 t 锂电池退役，其中约 70% 可梯次利用，约 6 万 t 需报废处理；预计到 2025 年，废锂电池年报废量将达约 20 万 t。

锂电池的梯次利用。根据《新能源汽车废旧动力蓄电池综合利用行业规范条件》对废旧动力蓄电池综合利用的规定。综合利用应遵循先梯次利用后再生利用的原则，提高综合利用水平。当车用锂电池容量下降到 80% 以下时，首先应进行梯次利用，应用的领域包括低级别的分布式光伏发电、发电站储能、电网储能、家庭用电等。我国目前梯次利用的电池以磷酸铁锂电池为主，三元材料电池由于富含有价金属，通常直接拆解回收。当前锂电池梯次利用总体还处于示范性应用阶段，但目前国内已有了成功的案例，如2008年北京奥运会退役的电动汽车锂电池被用于360 kW·h梯次利用智能电网储能系统的建设；国家电网河南电力公司利用回收的锂电池在郑州市建立了混合微电网系统并联调成功，累计发电量超过45 MW·h/a。经过前期示范性应用，目前国内锂电池梯次利用已开始实现商业化应用突破。截至2021年12月底，173家有关企业已在全国31个省（区、市）设立回收服务网点10 127个，锂电池回收利用硬件体系初步建立。与此同时，我国已制定发布6项锂电池回收利用国家标准（见表5-15），基本构建了锂电池回收利用的标准体系。

表5-15　锂电池回收利用标准

序号	标准号	标准名称
1	GB/T 34015.1—2017	车用锂电池回收利用　梯次利用　第1部分：余能检测
2	GB/T 34015.2—2020	车用锂电池回收利用　梯次利用　第2部分：拆卸要求
3	GB/T 33598.1—2017	车用锂电池回收利用　再生利用　第1部分：拆解规范
4	GB/T 33598.2—2020	车用锂电池回收利用　再生利用　第2部分：材料回收要求
5	GB/T 33598.3—2021	车用锂电池回收利用　再生利用　第3部分：放电规范
6	QC/T 1156—2021	车用锂电池回收利用　单体拆解技术规范

废锂电池的回收再利用。锂电池梯次利用与回收资源化的对象包括电池包、电池模组和电池单体。目前，对于废旧电池的回收主要有两种方式，一种是对锂电池的梯次利用，是指将电池组拆包，对模块进行测试筛选，再组装利用到储能等领域；另一种是拆解电池的各个组分并进行资源化处理，例如，拆解提炼正极材料中的重金属。但当锂电池的容量耗损严重无法进行梯次利用时，通常直接进行资源化处理。截至2022年9月底，我国2022年新注册动力锂电池回收企业已达到2.9万余家。2018年至今，工业和信息化部先后发布了四批符合《新能源汽车废旧动力蓄电池综合利用行业规范条件》企业名单，共计88家动力锂电池梯次利用和再生利用企业入选。据统计，截至2022年10月，全国现有与拟新建的废锂离子动力电池回收处理企业61家，规划建设废动力锂电池处理环评批复产能195.79万t，企业规划处理产能超过400万t。

第6章 建筑垃圾环境管理

SOLID WASTE ENVIRONMENTAL MANAGEMENT

6.1　建筑垃圾的组成及特点

6.1.1　类别和组成

《固废法》中建筑垃圾的含义为：建筑垃圾，是指建设单位、施工单位新建、改建、扩建和拆除各类建筑物、构筑物、管网等，以及居民装饰装修房屋过程中产生的弃土、弃料和其他固体废物。

2024 年 1 月生态环境部发布的《固体废物分类与代码目录》中将建筑垃圾分为 5 大类 8 种（见表 6-1）。其大类划分方式与《建筑垃圾处理技术标准》相同，建筑垃圾可分为工程渣土、工程泥浆、工程垃圾、拆除垃圾和装修垃圾等；但将拆除垃圾根据废物成分拆分为金属弃料、木材弃料、塑料弃料和其他弃料。

表 6-1　建筑垃圾类别

废物种类	行业来源	废物代码	固体废物名称
SW70 工程渣土	非特定行业	900-001-S70	工程渣土。各类建筑物、构筑物、管网等地基开挖过程中产生的弃土
SW71 工程泥浆	非特定行业	900-001-S71	工程泥浆。钻孔桩基施工、地下连续墙施工、泥水盾构施工、水平定向钻及泥水顶管等施工产生的泥浆
SW72 工程垃圾	非特定行业	900-001-S72	工程垃圾。各类建筑物、构筑物等建设过程中产生的弃料
SW73 拆除垃圾	建筑物拆除和场地准备活动	502-001-S73	各类建筑物、构筑物等拆除过程中产生的金属弃料
		502-002-S73	各类建筑物、构筑物等拆除过程中产生的木材弃料
		502-003-S73	各类建筑物、构筑物等拆除过程中产生的塑料弃料
		502-004-S73	以上之外的各类建筑物、构筑物等拆除过程中产生的其他弃料
SW74 装修垃圾	建筑装饰和装修业	501-001-S74	装修垃圾。装饰装修房屋过程中产生的废弃物

按照建筑垃圾的组成成分，常见的建筑垃圾包括渣土、混凝土块、碎石块、砖瓦碎块、废砂浆、泥浆、沥青块、废塑料、废金属、废竹木等，大部分建筑垃圾以对环境无害的无机物为主，但也含有一些重金属、有机污染物等有害物质，一旦泄漏到环境中，可能会对周边生态环境和人体健康造成不利影响。

6.1.2 特点与环境影响

6.1.2.1 建筑垃圾的特点

近年来，随着我国城镇化快速发展，建筑垃圾大量产生。建筑垃圾已成为我国城市单一品种排放数量最大、最集中的固体废物。我国的建筑垃圾主要有以下特点：

（1）产生数量大。在过去的几十年中，我国大量新建工程项目施工以及无数老旧建筑物拆除过程中产生的建筑垃圾数量数以亿计。根据有关行业协会测算，近几年我国城市建筑垃圾年平均产生量超过 20 亿 t。

（2）分布范围广。建筑垃圾分布在包括城市、乡村和边远地区在内的所有地区，在每个建筑物、构筑物施工或拆除过程中，都会产生几百吨甚至上千吨的建筑垃圾。特别是在经济发达的国家和地区，更会产生大量建筑垃圾，随着经济社会的不断发展，其产生量和累计贮存量不断增加。

（3）资源化利用率低。目前，我国建筑垃圾缺乏有效的资源化利用方式，主要采取外运、填埋和露天堆放等方式处理。建筑垃圾资源化利用目前处于初级阶段，早期的资源化利用率不足 5%，近年来虽然增长到 40% 左右，但与发达国家平均 80% 左右的利用率有很大差距。大多数建筑垃圾未经任何处理，便被运往郊外或乡村，露天堆放或填埋，清运和堆放过程中的遗撒和粉尘、灰砂飞扬等问题可能会造成环境污染。

6.1.2.2 建筑垃圾的环境影响

近年来，我国因建筑垃圾造成的生态破坏和环境污染问题多发，部分省（区、市）地区建筑垃圾综合治理规划落实不到位、随意倾倒堆放、扬尘污染严重、建筑垃圾堆放侵占基本农田、建筑垃圾与生活垃圾混杂等问题突出，建筑垃圾的环境管理问题受到全社会关注。

（1）对水资源造成污染。建筑垃圾在堆放和填埋过程中，由于发酵和雨水的淋溶、冲刷，以及地表水和地下水的浸泡而渗滤出的污水——渗滤液或淋滤液，会造成周围地表水和地下水的严重污染。建筑垃圾堆放场对地表水体的污染途径主要有：垃圾在搬运过程中散落在堆放场附近的水塘、水沟中；垃圾堆放场淋滤液在地表漫流，流入地表水体中。垃圾渗滤液内不仅含有大量有机污染物，而且还含有大量金属和非金属污染物，水质成分很复杂。

（2）影响空气质量。随着城市的不断发展，大量的建筑垃圾随意堆放，不仅占用土地，而且污染环境，并且直接或间接地影响着空气质量。建筑垃圾在产生和清运过程中产生粉尘和灰沙，是空气中颗粒物（$PM_{2.5}$ 和 PM_{10}）的重要来源之一。目前，我国的建筑垃圾大多采用填埋的方式处理，然而建筑垃圾在堆放过程中，在温度、水分等作用下，某些有机物质发生分解，产生有害气体。

（3）占用土地资源和降低土壤质量。随着城市建筑垃圾量的增加，垃圾堆放点也在增加，而垃圾堆放场的面积也在逐渐扩大。以堆高 5 m 计算，每 5 000 t 建筑垃圾就占地 1 亩，垃圾与人争地的现象已到了相当严重的地步。大多数郊区垃圾堆放场多以露天堆放为主，经历长期的日晒雨淋后，垃圾中的有害物质（其中包含有城市建筑垃圾中的油漆、涂料和沥青等释放出的多环芳烃类物质）通过垃圾渗滤液渗入土壤中，从而发生一系列物理、化学和生物反应，如过滤、吸附、沉淀，或为植物根系吸收或被微生物合成吸收，造成郊区土壤的污染，从而降低了土壤质量。

6.2　建筑垃圾主要管理政策法规

6.2.1　法律法规

2020 年新修订的《固废法》针对建筑垃圾污染防治提出了几个方面的要求，具体内容如下：

第六十条　县级以上地方人民政府应当加强建筑垃圾污染环境的防治，建立建筑垃圾分类处理制度。

县级以上地方人民政府应当制定包括源头减量、分类处理、消纳设施和场所布局及建设等在内的建筑垃圾污染环境防治工作规划。

第六十一条　国家鼓励采用先进技术、工艺、设备和管理措施，推进建筑垃圾源头减量，建立建筑垃圾回收利用体系。

县级以上地方人民政府应当推动建筑垃圾综合利用产品应用。

第六十二条　县级以上地方人民政府环境卫生主管部门负责建筑垃圾污染环境防治工作，建立建筑垃圾全过程管理制度，规范建筑垃圾产生、收集、贮存、运输、利用、处置行为，推进综合利用，加强建筑垃圾处置设施、场所建设，保障处置安全，防止污染环境。

第六十三条　工程施工单位应当编制建筑垃圾处理方案，采取污染防治措施，并报县级以上地方人民政府环境卫生主管部门备案。

工程施工单位应当及时清运工程施工过程中产生的建筑垃圾等固体废物，并按照环境卫生主管部门的规定进行利用或者处置。

工程施工单位不得擅自倾倒、抛撒或者堆放工程施工过程中产生的建筑垃圾。

总体而言，新《固废法》加大推进建筑垃圾污染环境防治工作的力度，增加了以下要求：一是要求政府加强建筑垃圾污染环境的防治，建立分类处理制度，制定包括源头减量、分类处理、消纳设施和场所布局及建设等在内的建筑垃圾污染环境防治工作规划。二是明确国家鼓励采用先进技术、工艺、设备和管理措施，推进建筑垃圾源头减量，建立建筑垃圾回收利用体系。要求政府推动建筑垃圾综合利用产品应用。三是规定环境卫生主管部门负责建筑垃圾污染环境防治工作，建立建筑垃圾全过程管理制度，规范相关行为，推进综合利用，加强建筑垃圾处置设施、场所建设，保障处置安全，防止污染环境。四是要求工程施工单位编制建筑垃圾处理方案并报备案。明确工程施工单位不得擅自倾倒、抛撒或者堆放工程施工过程中产生的建筑垃圾。五是规定建筑垃圾转运、集中处置等设施建设用地保障和擅自倾倒、抛撒建筑垃圾的处罚等内容。

2005 年 3 月 23 日，住房和城乡建设部以部门规章的形式发布《城市建筑垃圾管理规定》（建设部令　第 139 号），详细规定了建筑垃圾的主管部门、处置原则、相关方法律责任以及处罚办法等。其突出特点体现在三个方面：一是制定了建筑垃圾处置的收费制度，二是设立了建筑垃圾的处置核准制度，三是加大了处罚力度，法律责任更加明确。

近年来，随着中央生态环保督察关于建筑垃圾污染治理问题的通报，全社会对建筑垃圾的社会关注度不断提高，政府管理力度不断加强。截至 2024 年 8 月，全国 7 个省 30 个县（市、区）依据固废相关要求发布建筑垃圾污染环境防治工作规划（见表 6-2），另有 27 个省市县区发布建筑垃圾管理办法（部分地区见表 6-3），政策法规不断健全，依法治理建筑垃圾不断完善。

表 6-2　已发布建筑垃圾污染环境防治工作规划的省市县区

省份	县级	省份	县（市、区）
浙江	绍兴	重庆市	奉节
	苍南		南川
	杭州		铜梁区
	昆山		万盛经开区
	兰溪		涪陵区
	宁波市		永川区

续表

省份	县级	省份	县（市、区）
浙江	宁波市海曙区	陕西	宁陕县
	浦江		西安市
	瑞安	内蒙古	呼和浩特市
	温州市龙湾区	江西	宁都县
	温州市鹿城区	江苏	苏州市
	新昌县	安徽	广德市
	镇海区		泾县
	诸暨市		宣城市
	义乌市		
	武义县		

表 6-3　我国部分省份和城市建筑垃圾管理法规现状

序号	名称	发布单位	发布时间
1	城市建筑垃圾管理规定	住房和城乡建设部	2005 年 3 月 23 日
2	上海市建筑垃圾处理管理规定	上海市人民政府	2017 年 9 月 18 日
3	北京市建筑垃圾处置管理规定	北京市人民政府	2020 年 7 月 29 日
4	广东省建筑垃圾管理条例	广东省第十三届人民代表大会常务委员会	2022 年 11 月 30 日
5	湖南省城市建筑垃圾管理实施细则	湖南省住房和城乡建设厅	2024 年 1 月 22 日
6	海南省建筑垃圾管理规定	海南省人民代表大会常务委员会	2024 年 8 月 5 日
7	沈阳市建筑垃圾和散流体物料处置管理规定	沈阳市人民政府	2018 年 6 月 1 日
8	温州市区建筑垃圾消纳处置管理暂行办法	温州市人民政府	2020 年 12 月 31 日
9	威海市建筑垃圾管理办法	威海市人民政府	2021 年 10 月 26 日
10	武汉市建筑垃圾管理办法	武汉市人民政府	2022 年 10 月 4 日

2017 年 9 月 11 日，《上海市建筑垃圾处理管理规定》经上海市政府第 163 次常务会议通过，并自 2018 年 1 月 1 日起正式施行。《上海市建筑垃圾处理管理规定》与原《建筑渣土规定》相比，增加和完善的内容主要包括：一是明确了建筑垃圾的分类处理途径；二是强化了源头减量减排和资源化利用的要求；三是完善了建筑垃圾消纳场所、

资源化利用设施的规划和建设职责；四是明确了水路运输单位纳入运输许可监管；五是增加了装修垃圾处理的基本规范。

2020 年 7 月 21 日，《北京市建筑垃圾处置管理规定》经北京市人民政府第 77 次常务会议审议通过，并于 2020 年 10 月 1 日正式施行。《北京市建筑垃圾处置管理规定》对辖区内建筑垃圾的倾倒堆放、贮存、运输、消纳、利用等处置活动及其监督管理作出了明确详细的规定。对建筑垃圾的产生堆放、运输、资源化利用和监督管理等都有详细的规定和指导，便于统计建筑垃圾产生和资源化利用情况。

2022 年 11 月 30 日，《广东省建筑垃圾管理条例》经广东省第十三届人民代表大会常务委员会第四十七次会议通过，并自 2023 年 3 月 1 日起正式施行。《广东省建筑垃圾管理条例》对建筑垃圾管理部门职责以及源头减量、联单管理、处理方案备案、运输、综合利用、消纳、跨区域平衡处置等内容作出了规定。此外，该条例对建筑垃圾产生、收集、贮存、运输、利用、处置等活动进行全过程管理，并建立全过程联单管理制度；还规定了政府、建设单位、施工单位、设计单位和监理单位的源头减量责任。在强化监督管理体制方面，条例明确县级以上政府建筑垃圾主管部门应当对消纳场、综合利用场所等处置场所定期开展安全风险排查，对排查发现的安全隐患制订综合整治方案并限期治理，同时还对消纳场建设、运营和停止消纳后的企业及政府安全管理责任作出规定。

2024 年 7 月 31 日，《海南省建筑垃圾管理规定》经海南省第七届人民代表大会常务委员会第十二次会议审议通过，并于 2024 年 11 月 1 日施行。《海南省建筑垃圾管理规定》针对中央生态环境保护督察指出的海南省建筑垃圾治理问题，建立城乡一体化、覆盖全域的建筑垃圾全过程监管体系，从源头减量、明晰责任、便民服务、规范运输、科学处置、宣传引导等方面明确各项措施与要求，提升建筑垃圾减量化、资源化、无害化水平。具体措施包括但不限于：一是从实施绿色策划、绿色设计、绿色施工等方面，对建设单位、设计单位、施工单位、监理单位提出了源头减量和综合利用的具体要求；二是规定政府在产业、财政、用地、税收、金融等方面扶持和发展建筑垃圾综合利用项目，推广使用建筑垃圾综合利用产品，并要求国家机关、事业单位和团体组织在政府采购过程中优先采购；三是要求政府统筹建设需求、合理布局，保障建设用地，并从运营管理、环保措施、风险防范等方面对消纳设施和场所作出规范；四是区分是否实行物业管理的情形明确具体管理责任人，并规定管理责任人应当履行明确堆放地点，对不符合投放要求的行为予以劝告、制止等义务；五是建立建筑垃圾管理服务信息平台，实行产生、运输、利用和处置全过程电子联单管理制度，实现全过程监控和信息化追溯；六是要求政府有关部门收集汇总建筑垃圾产生、利用、处置等有关情况，引导建设单位、施工单位、资源化利用场所运营单位通过建筑垃圾管理服务信息平台、公共资源交易平台等发布综合利用产品、土方等信息，提供信息对接服务。

此外，新乡市、江门市等城市也在陆续制定和发布相关的地方性法规，主要以《固废法》和《城市建筑垃圾管理规定》中“减量化、资源化、无害化”和“谁产生、谁承担处置责任”为基本原则，不断完善建筑垃圾资源化利用和无害化处置的法规体系。

6.2.2 政策文件

随着建筑垃圾的产生量不断增加，许多城市面临着“垃圾围城”的困扰，为了解决这一问题，国家、省、市各级相继出台鼓励建筑垃圾资源化利用的相关政策，通过强化制度、技术、市场、监管等保障体系的建设，为未来建筑垃圾资源化利用行业的高成长性提供有力驱动。我国建筑垃圾相关政策（部分）见表 6-4。

表 6-4　国内建筑垃圾相关政策（部分）

序号	名称	发布单位	发布时间
1	关于“十四五”大宗固体废弃物综合利用的指导意见	国家发展改革委等	2021 年 3 月 18 日
2	“十四五”循环经济发展规划	国家发展改革委	2021 年 7 月 1 日
3	关于推动城乡建设绿色发展的意见	中共中央办公厅、国务院办公厅	2021 年 10 月 21 日
4	关于深入打好污染防治攻坚战的意见	中共中央、国务院	2021 年 11 月 2 日
5	关于推进建筑垃圾减量化的指导意见	住房和城乡建设部	2020 年 5 月 8 日
6	关于印发施工现场建筑垃圾减量化指导手册（试行）的通知	住房和城乡建设部	2020 年 5 月 8 日
7	广州市建筑废弃物综合利用财政补贴资金管理试行办法	广州市城市管理委员会、广州市住房和城乡建设委员会、广州市财政局	2015 年 12 月 1 日
8	关于进一步加强建筑垃圾分类处置和资源化综合利用工作的意见	北京市住房和城乡建设委员会等部门	2022 年 11 月 1 日
9	关于加快推进建筑垃圾资源化利用的指导意见	福建省人民政府办公厅	2023 年 5 月 19 日
10	湖南省城市建筑垃圾管理实施细则	湖南省住房和城乡建设厅	2024 年 1 月 22 日

2021年3月18日，国家十部委联合发布了《关于“十四五”大宗固体废弃物综合利用的指导意见》（以下简称《意见》）。《意见》指出，开展资源综合利用是我国深入实施可持续发展战略的重要内容。加强建筑垃圾分类处理和回收利用，规范建筑垃圾堆存、中转和资源化利用场所建设和运营，推动建筑垃圾综合利用产品应用。继续落实增值税、所得税、环境保护税等优惠政策。

2021年7月1日，国家发改委印发《“十四五”循环经济发展规划》（以下简称《规划》），《规划》要求，遵循“减量化、再利用、资源化”原则，着力建设资源循环型产业体系，全面提高资源利用效率，提升再生资源利用水平，健全法律法规政策标准体系，大力推进创新发展，优化创新环境，完善创新体系，强化创新对循环经济的引领作用，力争到2025年，建筑垃圾综合利用率达到60%。

2021年10月，中共中央办公厅、国务院办公厅印发了《关于推动城乡建设绿色发展的意见》，明确提出要实现工程建设全过程绿色建造，鼓励使用综合利用产品，加强建筑材料循环利用，促进建筑垃圾减量化。11月，中共中央、国务院印发了《关于深入打好污染防治攻坚战的意见》中提出要稳步推进“无废城市”建设。12月生态环境部等17个部委联合发布《“十四五”时期“无废城市”建设工作方案》，明确要求要大力发展节能低碳建筑，全面推广绿色低碳建材，推动建筑材料循环利用；落实建设单位建筑垃圾减量化的主体责任，将建筑垃圾减量化措施费用纳入工程概算；通过强化制度、技术、市场、监管等保障体系建设，全面提升建筑垃圾治理体系和治理能力。

2020年10月8日，住房和城乡建设部印发《关于推进建筑垃圾减量化的指导意见》（以下简称《意见》）和《施工现场建筑垃圾减量化指导手册》（以下简称《手册》），明确了建筑垃圾减量化的总体要求、主要目标和具体措施。《意见》和《手册》指出，建筑垃圾减量化工作要遵循以下基本原则：一是统筹规划，源头减量。要统筹考虑工程建设的全过程，推进绿色策划、绿色设计、绿色施工等工作，采取有效措施，在工程建设阶段实现建筑垃圾源头减量。二是因地制宜，系统推进。各地要根据自身的经济、环境等特点和工程建设的实际情况，整合政府、社会和行业资源，完善相关工作机制，分步骤、分阶段推进建筑垃圾减量化工作，并最终实现目标。三是创新驱动，精细管理。技术和管理是建筑垃圾减量化工作的有力支撑。要激发企业创新活力，引导和推动技术管理创新，并及时转化创新成果，实现精细化设计和施工，为建筑垃圾减量化工作提供保障。

2015年12月1日，广州市城市管理委员会、广州市住房和城乡建设委员会、广州市财政局联合印发《广州市建筑废弃物综合利用财政补贴资金管理试行办法》，安排专项资金支持建筑废弃物的综合利用生产活动。建筑废弃物处置补贴资金按再生建材产品中建筑废弃物的实际利用量予以补贴，补贴标准为每吨 2 元；生产用地补贴资金对符合补贴条件企业的厂区用地，结合企业的生产规模予以补贴，补贴标准按 3 元 /m^2 执行。

2022 年 11 月 2 日，北京市城市管理委员会等部门印发《关于进一步加强建筑垃圾分类处置和资源化综合利用工作的意见》，明确提出进一步扶持资源化处置设施建设。将建筑垃圾资源化处置设施细化调整为就地处置设施、临时处置设施、固定处置设施。提出各类设施的设置和运行应符合国家及本市相关标准。进一步鼓励就地和就近临时处置方式，减少二次运输，明确就地处置设施不得超出工程红线，工程结束后实施拆除；将临时处置设施年限由 1 年提高至 3～5 年，延长企业经营期限。同时要求除东城、西城外，每个区应具备 2～3 处固定（或临时）设施，确保产生量与处置能力基本契合。

2024 年 1 月 22 日，湖南省住房和城乡建设厅经湖南省人民政府同意印发《湖南省城市建筑垃圾管理实施细则》，针对建筑垃圾管理存在的问题，从明确部门工作职责、压实源头减量责任、规范处置核准条件、完善细化激励措施、建立全过程监管制度、强化工作考核评价等六个方面进一步完善管理政策。

综上所述，建筑垃圾相关政策的密集出台与推进实施，将为建筑垃圾资源化利用行业快速发展提供有力的政策驱动，进一步推动加强城市建筑垃圾管理和资源化利用，规范建筑垃圾产生、收集、贮存、运输、处置、利用等活动。

6.2.3　标准体系

随着国家和地方对建筑垃圾的关注与重视，与建筑垃圾相关的标准体系也不断完善。截至 2024 年 4 月，与建筑垃圾相关的国家标准共有 5 项，行业标准共有 26 项，地方标准 41 项；国家或行业标准分布单位以住房和城乡建设部、工业和信息化部及交通运输部为主，地方标准以陕西、北京、江苏等地发布居多；标准类型主要以再生产品及产品应用技术规范为主，工艺技术类次之，设备类为最少。从环境管理角度，作为城市垃圾的重要组成部分，标准体系缺乏针对建筑垃圾污染防治的生态环境标准，目前生态环境部正在制定《建筑垃圾污染控制技术规范》。

6.2.3.1　国家标准

经梳理，我国现行建筑垃圾相关的国家标准共 4 项，如表 6-5 所示。

住建部发布的 2 项标准《混凝土和砂浆再生细骨料》（GB/T 25176—2010）和《混

凝土和砂浆再生粗骨料》（GB/T 25177—2010）分别规定了再生细骨料和粗骨料的定义、分类、规格和要求、试验方法、检验规则、标志、储存和运输等内容。其中，再生细骨料是指"由拆迁、建设、装修等生产活动及存量建筑垃圾中的混凝土、砂浆、石、砖瓦等加工而成的粒径小于4.75 mm的颗粒"，再生粗骨料则是"由拆迁、建设、装修等生产活动及存量建筑垃圾中的混凝土、砂浆、石、砖瓦等加工而成的粒径大于4.75 mm的颗粒"，2项标准适用于建筑垃圾制备骨料的相关要求。

表6-5 建筑垃圾相关国家标准

序号	标准名称	标准号	主管部门
1	《混凝土和砂浆再生细骨料》	GB/T 25176—2010	住房和城乡建设部
2	《混凝土和砂浆再生粗骨料》	GB/T 25177—2010	
3	《工程施工废弃物再生利用技术规范》	GB/T 50743—2012	
4	《建筑废弃物再生工厂设计标准》	GB 51322—2018	

《工程施工废弃物再生利用技术规范》（GB/T 50743—2012）规定了废混凝土再生利用、废模板再生利用、再生骨料砂浆、废砖瓦再生利用、其他工程施工废弃物再生利用、工程施工废弃物管理和减量措施等内容，适用于建设工程施工过程中废弃物的管理、处理和再生利用。

《建筑废弃物再生工厂设计标准》（GB 51322—2018）对建筑废弃物资源化工厂的设计和建设提出了相关要求。

6.2.3.2 行业标准

我国现行建筑垃圾相关的行业标准共26项，如表6-6所示。

表6-6 建筑垃圾相关行业标准

序号	标准名称	标准号	发布部门
1	《建筑垃圾处理技术标准》	CJJ/T 134—2019	住房和城乡建设部
2	《透水砖路面技术规程》	CJJ/T 188—2012	
3	《再生骨料透水混凝土应用技术规程》	CJJ/T 253—2016	
4	《土壤固化剂应用技术标准》	CJJ/T 286—2018	
5	《再生骨料地面砖和透水砖》	CJ/T 400—2012	
6	《土壤固化外加剂》	CJ/T 486—2015	
7	《再生骨料应用技术规程》	JGJ/T 240—2011	

续表

序号	标准名称	标准号	发布部门
8	《再生混凝土结构技术标准》	JGJ/T 443—2018	住房和城乡建设部
9	《烧结保温砌块应用技术标准》	JGJ/T 447—2018	
10	《再生混合混凝土组合结构技术标准》	JGJ/T 468—2019	
11	《施工现场建筑垃圾减量化技术标准》	JGJ/T 498—2024	
12	《建筑垃圾再生骨料实心砖》	JG/T 505—2016	
13	《混凝土和砂浆用再生微粉》	JG/T 573—2020	
14	《工程渣土免烧再生制品》	JG/T 575—2020	
15	《固定式建筑垃圾处置技术规程》	JC/T 2546—2019	工业和信息化部
16	《道路用建筑垃圾再生骨料无机混合料》	JC/T 2281—2014	
17	《建筑固废再生砂粉》	JC/T 2548—2019	
18	《建筑施工机械与设备　砌块成型机模具》	JB/T 12923—2016	
19	《建筑施工机械与设备　履带式移动破碎机》	JB/T 12924—2016	
20	《半移动式破碎筛分联合设备》	JB/T 12799—2016	
21	《建筑施工机械与设备　建筑废弃物用轮胎移动式破碎机》	JB/T 14114—2021	
22	《建筑施工机械与设备　移动式废混凝土筛分机》	JB/T 14115--2021	
23	《建筑施工机械与设备　废混凝土破碎筛分联合设备》	JB/T 14118—2021	工业和信息化部
24	《公路工程利用建筑垃圾技术规范》	JTG/T 2321—2021	交通运输部
25	《破碎筛分联合设备》	JB/T 10518—2005	国家发展和改革委员会
26	《废混凝土再生技术规范》	SB/T 11177—2016	商务部

在发布的 26 项行业标准中，14 项标准由住建部发布，9 项由工信部发布，其余 3 项分别由交通运输部、国家发展改革委和商务部发布。其中，住建部发布的《建筑垃圾处理技术标准》（CJJ/T 134—2019）规定了建筑垃圾的收集运输与转运调配、资源化利用、堆填、填埋处置等要求，为建筑垃圾处理全过程提供了一定的基础；但该标准多从工程设计与建设等方面进行要求，对于生态环境污染防治方面的要求较少。工信部发布的《固定式建筑垃圾处置技术规程》（JC/T 2546—2019）规定了采用固定式设施处置建筑垃圾的全部过程，重点围绕再生处置厂设计的一般要求、处理工艺及设

备展开，也对处置厂建设的厂址选择与总图布置、公用工程与辅助设施及生产安全、环境保护、人员组织及运行维护等提出了技术规定。交通运输部发布的《公路工程利用建筑垃圾技术规范》（JTG/T 2321—2021）则针对建筑垃圾在公路工程中的应用提出了相应要求，规定了公路工程利用建筑垃圾材料的生产加工及其应用于路基工程、路面基层、水泥混凝土构件的相关技术要求。商务部发布的《废混凝土再生技术规范》（SB/T 11177—2016）规定了废混凝土的术语和定义、基本要求以及废混凝土再生骨料、废混凝土切割材、废混凝土再生粉料的技术要求，适用于建筑物及构筑物在拆除、改建和扩建活动中产生的废旧水泥混凝土的再生利用。其他相关标准中，多为建筑垃圾综合利用相关的标准，如再生产品标准以及相关工程设备标准等。

《建筑垃圾处理技术标准》（CJJ/T 134—2019）是一部相对全面的建筑垃圾专项标准，其明确规定，建筑垃圾应从源头分类。按照工程渣土、工程泥浆、工程垃圾、拆除垃圾和装修垃圾，应分类收集、分类运输、分类处理处置。工程渣土、工程泥浆、工程垃圾和拆除垃圾应优先就地利用。拆除垃圾和装修垃圾宜按金属、木材、塑料、其他等分类收集、分类运输、分类处理处置。建筑垃圾收运、处理全过程不得混入生活垃圾、污泥、河道疏浚底泥、工业垃圾和危险废物等。建筑垃圾宜优先考虑资源化利用，处理及利用优先次序宜按照 6-7 的规定确定。

表 6-7　建筑垃圾处理及利用优先顺序

类型		处理及利用优先顺序
建筑垃圾	工程渣土、工程泥浆	资源化利用；堆填；作为生活垃圾填埋场覆盖用土；填埋处置
	工程垃圾、拆除垃圾	资源化利用；堆填；填埋处置
	装修垃圾	资源化利用；填埋处置

6.2.3.3　地方标准

我国现行建筑垃圾相关的地方标准共 35 项，涉及 12 个省（含部分省会城市、地级市、直辖市）（北京市 8 项、海南省 1 项、河南省 2 项、湖北省 2 项、湖南省 2 项、江苏省 5 项、山东省 2 项、陕西省 10 项、上海市 3 项、浙江省 3 项、广东省 2 项、福建省 1 项），如表 6-8 所示。其中，消纳场所相关的有 3 项、运输过程相关的有 8 项、资源化利用产品相关的有 20 项、生产过程相关的有 4 项、综合性标准有 5 项。

表 6-8　建筑垃圾相关地方标准

序号	标准名称	标准号	发布省市
1	建筑垃圾综合利用技术导则	DB37/T 4583—2023	山东省
2	建筑垃圾消纳处置场所设置运行规范	DB11/T 2078—2023	北京市
3	建筑垃圾运输车辆技术及管理规范	DB4601/T 6—2023	海口市
4	建筑垃圾收运处置规范	DB3303/T 056—2022	温州市
5	建筑垃圾运输管理规范	DB3302/T 1130—2022	宁波市
6	建筑垃圾再生产品应用技术规程	DB11/T 1975—2022	北京市
7	建筑垃圾混凝土砌块	DB62/T 2783—2017	北京市
8	建筑垃圾再生集料水泥混凝土道路应用技术规程	DB42/T 1775—2021	湖北省
9	建筑垃圾清运车辆运行管理规范	DB6101/T 3105—2021	西安市
10	建筑垃圾再生骨料路面基层应用技术标准	DB32/T 4060—2021	江苏省
11	建筑废弃物在道路工程中应用技术规范	DB3201/T 1037.2—2021	南京市
12	建筑垃圾填筑路基设计与施工技术规范	DB32/T 4031—2021	江苏省
13	建筑垃圾消纳场运行管理规范	DB6101/T 3090—2020	西安市
14	建筑垃圾运输车辆密闭运输智慧应用通用技术条件	DB37/T 4117—2020	山东省
15	建筑垃圾再生集料水泥稳定混合料	DB43/T 1798—2020	湖南省
16	公路用建筑垃圾再生材料施工与验收规范	DB11/T 1731—2020	北京市
17	建筑垃圾再生集料道路基层应用技术规范	DB4110/T 6—2020	许昌市
18	建筑垃圾运输车辆标识、监控和密闭技术要求	DB11/T 1077—2020	北京市
19	湖南省建筑垃圾源头控制及处理技术标准	DBJ43/T 516—2020	湖南省
20	建筑垃圾再生材料处理公路软弱地基技术规范	DB61/T 1174—2018	陕西省
21	建筑垃圾再生材料公路应用设计规范	DB61/T 1175—2018	陕西省
22	公路工程利用建筑垃圾再生材料预算定额和机械台班费用定额	DB61/T 1182—2018	陕西省
23	建筑垃圾再生材料挤密桩施工技术规范	DB61/T 1159—2018	陕西省
24	道路用建筑垃圾再生材料加工技术规范	DB61/T 1160—2018	陕西省
25	石灰粉煤灰稳定建筑垃圾再生集料基层施工技术规范	DB61/T 1151—2018	陕西省
26	建筑垃圾再生材料路基施工技术规范	DB61/T 1149—2018	陕西省
27	水泥稳定建筑垃圾再生集料基层施工技术规范	DB61/T 1150—2018	陕西省
28	建筑垃圾及散体物料运输车辆管理规范	DB4205/T 55—2017	宜昌市
29	建筑垃圾再生骨料能源消耗限额	DB11/T 1386—2017	北京市

续表

序号	标准名称	标准号	发布省市
30	《建筑废弃物减排技术规范》	SJG 21—2011	深圳市
31	建筑垃圾车技术及运输管理要求	DB31/T 398—2015	上海市
32	北京建设工程施工现场环境保护标准		北京市
33	建筑垃圾运输安全管理要求	DB31/T 398—2023	上海市
34	南宁市建筑垃圾消纳场建设技术规范		南宁市
35	建筑垃圾消纳场运行管理规范	DB6101/T 3090—2020	西安市

尽管建筑垃圾行业相关标准已基本涵盖了从资源化利用产品标准和处置技术标准，但目前行业内只有少数城市可实现建筑垃圾的大批量、正规化处置，很多城市存在建筑垃圾处置设施配套不完善、建筑垃圾监管不到位、建筑垃圾处置缺乏明确指引、资源化程度不高等问题。推动全行业标准建设，健全建筑垃圾标准体系，需切实推进国家、行业和地方三个维度标准的同步建设，因地制宜，推动建筑垃圾资源化利用水平提升。

6.3 建筑垃圾利用处置技术

6.3.1 填埋消纳技术

建筑垃圾填埋消纳技术是指采取防渗、铺平、压实、覆盖等对建筑垃圾进行处理和对污水等进行治理的处理方法，是建筑垃圾目前最主要的处置技术。

目前，《建筑垃圾处理技术标准》对建筑垃圾填埋处置进行了规定。主要内容包括：场址选择、一般规定、地基处理与场地平整、垃圾坝与坝体稳定性、地下水收集与导排、防渗系统、污水导排与处理、地表水导排、封场、填埋堆体稳定性、填埋作业与管理。

2021 年 12 月 1 日，为进一步规范重庆市建筑垃圾处理设施的规划建设和运营管理，满足建筑垃圾产生量日益增加的实际需求，重庆市城市管理局组织编制完成了《建筑垃圾处理场设置规范》（CG 059—2021）。该规范规定了重庆市建筑垃圾处理场设置的基本技术要求，主要内容由总则、规范性引用文件、术语、一般规定、建设规模与项目构成、选址、总体设计、建设用地、环保与安全等 9 部分组成，适用于全市建筑垃圾处理场的规划选址、设计和建设。该规范结合重庆山地城市特色，充分利用矿坑、低洼、沟壑等天然地形条件，因地制宜，降低了建设投资，避免了资源浪费；

并对不同规模、不同类型的建筑垃圾处理厂，提出了用地建议，填补目前相关标准规范中的空白，为国土空间科学规划及其实施提供重要参考；同时，对环境保护与排放监测作出了相关规定，尤其是对避免或者减轻建筑垃圾处理厂运营过程中出现的大气污染、噪声扰民等环境问题提出明确的设置要求。

2023 年 3 月 30 日，北京市地方标准《建筑垃圾消纳场所设置运行规范》（DB/T 2078—2023）批准发布。该规范明确了各类建筑垃圾消纳场所在工艺技术、环境保护、劳动安全、辅助设施和内业管理等方面的设置要求和运行规范；规范了建筑垃圾资源化处置设施的再生处理生产线、储存系统、预分拣上料系统、破碎筛分系统、分选系统、输送系统和再生产品生产线；依据设施占地、处置规模对临时性建筑垃圾资源化处置设施进行分级，标准较高的将延长设置期限；要求建筑垃圾资源化处置设施增设装修垃圾处置工艺，鼓励协同处置大件垃圾和低值可回收物，全面提高资源化处置率。如今，在建筑垃圾的处理环节，北京市已全面取消填埋场，对于可以直接利用的工程渣土、泥浆，优先采取工程回填、绿化造景等方式进行土方平衡；剩余的工程渣土以及需要加工处理的工程垃圾、拆除垃圾和装修垃圾，进入资源化处置设施实施再生。

6.3.2　堆填和回填技术

堆填是指利用现有低洼地块或即将开发利用但地坪标高低于使用要求的地块，且地块经有关部门认可，用符合条件的建筑垃圾替代部分土石方进行回填或堆高的行为。

《建筑垃圾处理技术标准》对建筑垃圾堆填进行了规定。主要内容包括：一般规定、堆填要求、设施设备配置及要求等。堆填宜优先选择开挖工程渣土、工程泥浆、工程垃圾等。进场物料粒径宜小于 0.3 m，大粒径物料宜先进行破碎预处理且级配合理方可堆填。进场物料中废沥青、废旧管材、废旧木材、金属、橡（胶）塑（料）、竹木、纺织物等含量不大于 5% 时可进行堆填处理。工程渣土与泥浆应经预处理改善高含水率、高黏度、易流变、高持水性和低渗透系数的特性，改性后的物料含水率小于 40%、相关力学指标符合标准要求后方可堆填。

2023 年 12 月 27 日，北京市住房和城乡建设委员会联合北京市市场监督管理局发布《建筑垃圾再生回填材料应用技术规程》（DB11/T 2205—2023），主要从原材料、设计、生产与施工、质量检验与验收等方面进行了规定，以保障再生回填材料工程使用质量，更好地促进建筑垃圾冗余土的使用。针对原材料，其主要以再生流态回填材料用原材料和压实回填材料用原材料两种方式对回填的建筑垃圾成分和杂质含量进行规定。通过标准的制定，打通了建筑垃圾再生回填的资源化利用途径。

6.3.3 资源化利用技术

我国建筑垃圾资源化利用研究起步晚，20 世纪八九十年代才开始探索研究。经过几十年的发展和研究，我国建筑垃圾的资源化利用取得了长足的进步，而且多项研究成果已应用在工程实际中。

近年来，北京市建筑垃圾资源化利用率逐年上升。2023 年，北京市累计处置建筑垃圾 1.06 亿 t，进入建筑垃圾资源化处置设施加工为再生产品 4 651.86 万 t，采取土地平整、绿化造景等方式综合利用 3 371.99 万 t，采取工程就地回填等方式直接利用 2 634.93 万 t。目前，北京市共投运 4 处固定式建筑垃圾处理设施，拥有 73 处临时设施，设计资源化能力超过 8 000 万 t/a，可以有效解决每年产生的大量建筑垃圾，实现“吃干榨净”。

6.3.3.1 资源化处理工艺流程

依据建筑垃圾处理工艺流程，建筑垃圾资源化利用技术可以大致分为建筑垃圾预处理技术、综合利用产品生产技术、再生建材工程应用技术。

（1）建筑垃圾预处理

建筑垃圾的破碎作业是建筑垃圾处理过程中的重要辅助作业之一。常见的破碎设备有颚式破碎机、圆锥式破碎机、辊式破碎机、锤式破碎机、反击破、立破、轮碾机等。其中颚式破碎机使用最广泛。

建筑垃圾分选是实现其资源化、减量化的重要一环。分选基本原理是利用物料物理性质或化学性质上的差异，将其分选开。例如，利用垃圾中的磁性和非磁性差别进行分离，利用粒径尺寸差别进行分离，利用比重差别进行分离等，根据不同性质，可以设计制造各种机械对固体垃圾进行分选。在建筑垃圾处理中常用的筛分设备有固定筛、振动筛和滚筒筛三种类型。

分选的方式有重力分选和水力浮选等。重力分选的方法有很多、按照其作用原理可分为风力分选、跳汰分选、介质分选、磁性分选等，重力分选的介质有空气、水、重液（密度比水大的液体）、重悬浮液等。其中，风力分选是以空气为分选介质，在气流作用下使固体废物颗粒按密度和粒度进行分选的方法，粗分为“竖向气流分选”和“水平气流分选”。磁体分选是利用固体废物中各种物质的磁性差异在不均匀磁场中进行分离物料的一种方法，通常采用的设备是磁选机。水力浮选是以水为浮选介质，能对建筑垃圾中的轻物质实现较好地分选，是一种比较经济的分选设备，但需要对废水循环利用和有效处理，处理骨料粒径范围为 5～100 mm。

（2）建筑垃圾资源化再生产品

①再生沥青。旧路面沥青经过破碎筛分，和再生剂、新骨料、新沥青材料按适当比例重新拌和，形成具有一定路用性能的再生沥青混凝土，用于铺筑路面面层或基层。

②再生混凝土。再生混凝土技术是将混凝土块破碎、清洗、分级后，按一定比例混合形成再生骨料（RCA），部分或全部代替天然骨料配制新混凝土的技术。

③再生水泥。目前使用废弃混凝土磨细后作为生产水泥的部分原料的研究工作也已展开，据广州余泥渣土管理处介绍，广州正在引入该技术生产再生水泥，以代替日益减少的天然矿物原材料。将废弃混凝土与石灰石按一定比例混合、磨细后入窑烧制可得到不同标号的再生水泥。

④再生骨料强化。建筑物拆除后的废弃物经过分拣、破碎、加工得到的一种环保材料即再生骨料。再生骨料松散的、多孔的、薄弱的表面可以通过三种方法增强：一是填充骨料的裂缝和孔隙；二是增强再生骨料旧砂浆和原生粗骨料之间的连接；三是减小界面过渡区的孔隙。再生骨料强化和预处理方法主要有以下三种：一是化学强化法。指用化学浆液对再生骨料进行浸渍、淋洗、干燥等处理，或直接填充再生骨料的孔隙，或与再生骨料中的某些成分发生反应，生成物填充再生骨料的孔隙；或浆液能将再生骨料本身的微裂纹黏合等。常见的化学浆液有：聚合物、有机硅防水剂、纯水泥浆、水泥外掺一级粉煤灰。二是物理强化法。指借助外界机械设备的外力去除再生骨料表面的旧砂浆。物理强化法将消耗大量的能量，且会产生新的机械损伤，其适应性尚待研究。常用的物理强化方法有：改进的机械研法、选择性加热研磨法、空气加热研磨法、颗粒整形法等。三是湿处理法。主要分为水中浸泡法和酸处理法。水中浸泡可以去除再生骨料的大量杂质获得高品质的再生骨料。酸处理法是将再生骨料浸泡在稀释的酸溶液中，然后去除其表面的旧砂浆。提高再生骨料力学性能最有效、最友好、最简易的方法之一就是用 HCl、H_2SO_4、H_3PO_4，对再生骨料进行酸处理。

（3）综合利用产品工程应用

建筑垃圾处理行业在发展初期，是由市场需求驱动的新兴行业。其综合利用产品的工程应用，最初以达到或超过使用天然原料生产的同类产品的性能标准为基本要求方能进入市场；其产品物化性能、施工要求全面看齐既有的施工工艺和工法要求，以求实现再生综合利用产品替代既有产品的无缝对接。

6.3.3.2　重点类别建筑垃圾资源化利用技术

（1）工程渣土资源化

①用于种植土和草坪土。工程渣土直接或经改良后用作种植土和草坪土，其质量

应符合现行行业标准的规定。

②用作工程回填土。直接作为填料的工程渣土，应满足工程项目的填料性能要求；不满足时，应采取改良处理措施。用作压实填土地基的工程渣土，其类别和特性应满足《建筑地基基础设计规范》（GB 50007—2011）的规定。大型填方工程可选用有利于保持填方边坡稳定的粉砂土、卵砾石等。

③用作废弃矿山复绿工程的覆盖用土以及园林工程种植用土。用作种植用土前应判定其对植物生长的不利影响，必要时可掺入植物营养土并混合均匀。用作覆盖用土时，应满足其渗透系数要求。

④用作生活垃圾填埋场的封场用土。应根据封场土层构造选择相应类别：工程渣土可用作封场土底部的基础层。基础层作为排气层使用时，应采用渗透性大的卵石、圆砾等。封场的阻隔层应采用渗透性低、密封性能良好的淤泥、黏土等。

⑤用作生产再生骨料。优质的粉砂、砂土，经筛选、清洗工艺除泥后，其性能满足《混凝土和砂浆用再生细骨料》（GB/T 25176—2010）的规定时，可用作制备混凝土、砂浆的细骨料。砾石、卵石及岩石等经除泥、破碎、筛选后，其性能满足《混凝土用再生粗骨料》（GB/T 25177—2010）的规定时，可用作制备混凝土的粗骨料。非单一土性的工程渣土，经破碎、筛分、分离、清洗工艺处置后，其性能满足相应的规定后，可用作制备混凝土、砂浆的粗骨料和细骨料。

⑥用于建材利用。建材利用再生产品分为免烧建材产品和烧结建材产品。免烧砌墙砖和免烧路面砖的规格与性能要求应满足《工程渣土免烧再生制品》（JG/T 575—2020）的规定。淤泥、淤泥质土、黏土以及浓缩、压滤后的泥饼等可优先采用连续化、烧成时间短、热利用率高的隧道窑生产工艺生产陶粒、烧结再生砖和砌块。烧结砖等烧结建材产品应满足《烧结普通砖》（GB/T 5101—2017）和《烧结多孔砖和多孔砌块》（GB/T 13544—2011）等相应产品质量标准的规定。

（2）废混凝土资源化

①用作再生骨料混凝土。指将废混凝土经回收、分拣、破碎、筛选、分级和清洗等专业技术和设备处理，按照一定比例和其他材料相互配合后形成再生骨料，能够部分或全部代替天然骨料，与其他材料配置成新的混凝土。经过大量研究和工程实验表明，通过颗粒整形技术强化得到再生骨料混凝土的力学性能、耐久性等已接近天然骨料，可以取代天然骨料应用于再生混凝土结构中。

②用于道路工程。对于高强度、高品质的混凝土再生粗细骨料，在其内添加材料后，可用于配置混凝土路面；对于强度中级、品质中等的再生骨料添加固化等筑路材

料后，可用于道路基层；对于强度低、含有无害杂质的废弃混凝土可用作道路垫层；对于许多市政道路因其路基地势过低，土质松软，再生混凝土经简单分类、破碎、筛选等技术处理后，便能作为市政道路路基的填料；对于市政工程道路周边防护、维护等措施，也可使用低等级要求的再生骨料混凝土，或是经简易打磨处理，用堆砌胶结表面喷砂抹浆制成。

③景观工程。多数大块废混凝土经筛选、打磨、清洗、胶黏、喷砂和打钉等工艺能够用于景观工程，如作为题字碑石、路标石、围护石、假山等景观工程；利用此混凝土能够减少混凝土的再生费用以及其凝固的时间，而且强度不易改变，节省很多程序和工艺，同时节约石材使用，真正达到废物直接再用的效果。

④地基加固工程。废弃混凝土具有足够的强度和耐久性，经无害化处理和多种材料混合后放入软地基中，能够起到骨料的作用。经研究证明，建筑垃圾夯扩桩施工简便、承载力高和造价低，适用于多种地质情况，如软土地基、粉土地基、杂土路基和软弱路基等。

（3）废砖资源化

①再生骨料砖。在建筑垃圾中比较难以分离出来的砖块或砖块不完整的，将其进行破碎、筛分、清洗等工艺，按一定比例和其他材料相互配合后形成再生骨料，能够部分或全部代替天然骨料，与其他材料配置制成新的砖。包括空心砖、实心砖、蒸压砖和混凝土多孔砖等，同时也能制成轻质砌块，具有较强的抗压性能，而且有着耐磨、保温、隔声等优点。

②再生混凝土骨料。砖通过破碎、筛分、清洗、打磨等工艺处理后，能够代替天然骨料配置再生轻骨料混凝土和再生轻骨料混凝土制品。减少了建筑垃圾中废砖量，加大和丰富了再生混凝土骨料来源，达到废物间的互利，提高垃圾的资源利用率，拓展建筑垃圾资源化产业。在废砖经过分拣、破碎、筛分和细磨处理后所得的废砖粉中加入石灰、石膏或者是硅酸盐水泥熟料后，添加其他细骨料、粉体或者辅助材料，制成具有承重、保温隔热功能的结构轻骨料混凝土构件，包括混凝土板和混凝土砌块。

③景观工程。对于碎砖块也同混凝土一样能够作为景观工程再次利用的一大材料。碎砖通过修整、破碎、打磨、清洗、砌筑和涂抹抹面等工艺使碎砖块能够砌筑成为一些简易的景观工程，或者作为景观防护工程中的维护设施。

④地基加固工程。废砖能够作为废弃混凝土的添加材料或者辅助材料用于其地基加固工程中，解决大量的废砖和废混凝土的存在量。

（4）废砂浆资源化

①再生骨料砂浆。再生骨料砂浆是将废砂浆经回收、破碎、分离、筛选和分级等资源化技术，按照一定比例与辅助材料配合后形成再生骨料，此再生骨料能部分或全部代替天然骨料，与其他材料配制成新的建筑砂浆。鄢朝勇等以废渣生态水泥作为胶凝材料，利用细磨的废砂浆粉作为再生砂取代天然砂石作为骨料，配置出 M5.0、M7.5 和 M10 级生态型的建筑砂浆，此建筑砂浆是为废砂浆的大量使用提供绿色途径。

②作水泥原料。水泥作为建筑工程的粉状水硬性无机胶凝材料，能把砂、石等材料牢固地胶结在一起，其生产过程中耗能大、费材多、污染重，且每年建筑砂浆的生产就会浪费掉 1 亿 t 以上的水泥，这加重了我国对于水泥材料的大量需求。所以，利用废弃砂浆生产水泥将可以弥补水泥产量的需求，增加水泥生产的原材料供给。但建明等将废混凝土中黏结的废砂浆分离出来经过磨细作为水泥的原料，煅烧出能够满足硅酸盐水泥各项性能标准的典型水泥，所以，对占建筑垃圾的重要分量的废砖和废混凝土，将其黏结的废砂浆经分离、磨细等技术作水泥原料，具有节能、节料和节省成本的特点。

③再生混凝土原料。部分研究人员用工地上的废砖经破碎后产生的砖粉，以及废砂浆经磨细后产生的废砂浆粉，两者作为细骨料，以废混凝土为粗骨料制作再生混凝土砌块，其各项性能均能满足混凝土空心砌块各项要求，且具有保温隔热的特点，所以，三者有效结合制作的再生混凝土可作为一种新型的节能墙体材料，即为绿色节能建材。

第7章 农业固体废物环境管理

SOLID WASTE ENVIRONMENTAL MANAGEMENT

7.1　农业固体废物的类别与特点

7.1.1　类别

农业生产、加工和消费的每一个环节都会产生大量的农业固体废弃物（Agricultural Solid Waste）。根据《固废法》中所描述的，农业固体废物的定义可以被看作是农业生产活动中产生的固体废物，其中第六十五条提及秸秆、废弃农用薄膜、农药包装废弃物以及畜禽粪污，但并未做具体定义。农业固体废物按照分类方法的不同可以将农业固体废物分为不同类别。例如，按照来源进行划分，农业固体废物可以分为种植业和动物养殖业废弃物、农产品加工业废弃物和农村生活废弃物；又或者，按照每种来源的主要废物进行分类，农业固体废物可以被分为农作物秸秆、畜禽养殖废弃物、农用塑料残膜和农村生活垃圾。如果根据国家标准进行分类，在《一般固体废物分类与代码》（GB/T 39198—2020）中，农业固体废物在分类中属于食品、饮料等行业产生的一般固体废物，其中植物残渣指植物在种植、加工、使用过程产生的剩余残物，包括植物饲料残渣；动物残渣指动物原材料（如猪肉、鱼肉等）加工、使用过程产生的剩余残物；畜禽粪肥指养殖等过程产生的动物粪便、尿液和相应污水，类别代码为 31 至 33。根据《国家危险废物名录（2021 年版）》，农药废物编号为 HW04，其中，销售及使用过程中产生的失效、变质、不合格、淘汰、伪劣的农药产品，以及废弃的与农药直接接触或含有农药残余物的包装物的废物代码为 900-003-04。

在 2024 年 1 月生态环境部发布的《固体废物分类与代码目录》中，农业固体废物分为农业废物（SW80）、林业废物（SW81）、畜牧业废物（SW82）和渔业废物（SW83），具体类别如表 7-1 所示。

表 7-1　农业固体废物类别

废物种类	行业来源	代码	固体废物名称
SW80 农业废物	农业	010-001-S80	废弃农用薄膜。农业生产过程中产生的废弃地面覆盖薄膜和棚膜
		010-002-S80	作物秸秆。稻谷、小麦、玉米等农业种植产生的秸秆
		010-003-S80	报废农用车辆设备。农业生产活动中产生的报废拖拉机、收获收割、播种、施肥机械设备等

续表

废物种类	行业来源	代码	固体废物名称
SW80 农业废物	农业	010-004-S80	废弃农业投入品包装物。农业生产过程中产生废弃的肥料、饲料包装物，以及充分清洗后的农药、激素、药物的包装物等
		010-099-S80	其他农业废物。农业生产活动中产生的其他固体废物
SW81 林业废物	林业	020-001-S81	林业废物。林业生产活动产生的固体废物
SW82 畜牧业废物	畜牧业	030-001-S82	畜禽粪污。畜禽养殖过程中产生粪、尿和污水等的总称
		030-002-S82	病死畜禽。指病死、毒死或者死因不明的畜禽，染疫、检疫不合格的畜禽和畜禽产品，自然灾害、应激反应、物理挤压等死亡的以及自然淘汰的畜禽和其他有毒有害的畜禽产品等
		030-003-S82	其他畜牧业废物。畜牧业生产活动产生的其他固体废物
SW83 渔业废物	渔业	040-001-S83	渔业废物。指渔业生产活动产生的固体废物，包括废旧渔网，废泡沫球，池塘淤泥等

农业固体废物还可以根据其资源属性的利用价值分类，分为资源型和非资源型农业固体废物。资源型农业固体废物指的是在农业耕作、动物养殖以及农产品的初加工过程中产生的，能够被重新用作工业原料或能源的农业固体废物。这些废物经过适当的处理和转化，可以变废为宝，成为具有经济价值的资源，例如，秸秆、畜禽粪污等。非资源型农业固体废物包括在农业活动和农产品加工过程中不能作为原材料或能源被再利用的农业固体废物，例如，农药包装废弃物等。在农业活动产生的废弃物中，农药包装废弃物是一个重要的组成部分，它们通常是由工业生产的各种材料制成，种类繁多。以农业中常用的薄膜为例，地膜一般是由聚乙烯（PE）制成，而棚膜则可能由PE、乙烯－醋酸乙烯共聚物（EVA）或聚氯乙烯（PVC）等材料制成。这些废弃的薄膜往往因为使用过程中与土壤接触，而混有泥土、沙粒、植物残根、金属碎片等杂质，不易被单独收集。农药的包装则更加多样，包括塑料、玻璃、金属等不同材料，有瓶子、罐子、桶和袋子等不同的样式。这些包装在使用后内部可能还残留着未用完或已变质的农药，以及使用过程中可能接触到农药的部分。此外，农药包装在清洗过程中产生的废物，以及在不当使用或意外泄漏时，用来清理这些溢出药液的处理物，也都属于农药包装废弃物的范畴。这些废弃物的处理需要谨慎，以防止对环境和人体健康造成危害。

除此之外，农业固体废物也可以根据其毒害性分为一般农业固体废物和危险废物。一般农业固体废物是指那些在农业生产过程中产生的，对自然生态和人体健康没有明显危害的固体废物。这些废物通常不会造成环境污染，也不会对人类健康构成威胁，因此它们的处理和处置相对较为简单，例如，秸秆、畜禽粪污等。而危险废物则包括对环境或人体具有明显危害性的农业固体废物，包括农药包装废弃物、化肥等。

最后，根据化学性质的不同，农业固体废物可以被分为有机和无机两种类别。例如，植物残渣、动物残渣和畜禽粪污这类易腐的废物可以被归类为有机农业固体废物；农业活动中产生的无机类废弃物以及无法再生或循环利用的农业固体废物可以被归类为无机农业固体废物，例如，废金属、废旧农药等。根据以上五种分类方法总结如表 7-2 所示。

表 7-2　农业固体废物分类方法和类别

分类方法	类别	说明
来源	种植业废弃物	包括因农林生产活动过程中产生的农林废弃物，如秸秆、落叶残枝、藤蔓杂草等植物类废弃物和污水、地膜等附属废弃物
	动物养殖业废弃物	包括畜禽业和渔业生产过程中产生的畜禽粪污、饲料残渣、病死畜禽、养殖污泥等
	农产品加工废弃物	包括农产品加工过程中产生的目标性产品以外的剩余物，例如，果壳、秸秆、羽毛等
	农村生活废弃物	包括农村居民的日常生活废弃物，例如，塑料袋、建筑垃圾、餐厨垃圾等
国家标准	见表 7-1	见表 7-1
资源属性	资源型农业固体废物	包括在农业耕作、养殖以及农产品的初加工过程中产生的，能够被重新用作工业原料或能源的农业固体废物，例如，秸秆、畜禽粪污等
	非资源型农业固体废物	包括在农业活动和农产品加工过程中不能作为原材料或能源被再利用的农业固体废物，例如，农药包装废弃物等
毒性	一般农业固体废物	包括在农业生产过程中产生的，对环境和人体健康没有显著危害的固体废物，例如，秸秆、畜禽粪污等
	危险废物	包括对环境或人体具有明显危害性的农业固体废物，包括农药包装废弃物、化肥等
化学性质	有机农业固体废物	包括农业活动中产生的有机类废弃物，包括秸秆、畜禽粪污、废旧农膜等
	无机农业固体废物	包括农业活动中产生的无机类废弃物，无法再生或循环利用，例如，废金属、废旧农药等

7.1.2 特点

农业固体废物有总产量大，污染严重，回收利用率低，处理处置成本高的特性，且不同类别的农业固体废物所需要运用的处理处置方法，各有不同，不能统一处理。本节将详细描述有关秸秆、畜禽粪污和废旧农膜相关的内容。

（1）农业固体废物产量大、来源多样

我国是人口大国，也是农业大国，由于农业活动的广泛性和多样性，农业固体废物的产量一直很大。农业固体废物完全源自农业的生产过程，其种类多样，每种都有其独特的特性和属性。由于各类废物的特性不同，它们所需的资源化利用和无害化处理技术也各不相同。根据《中国统计年鉴 2023》和《中华人民共和国 2023 年国民经济和社会发展统计公报》发布的信息，2020 年，我国农用化肥施用量为 242.8 万 t，粮食（谷物、豆类、薯类）产量为 66 949 万 t，棉花产量为 591 万 t，大牲畜（牛、马、驴、骡、骆驼）头数为 10 265.1 万头，猪 40 650.4 万头；2021 年，农用化肥施用量为 238.0 万 t，粮食产量为 68 285 万 t，棉花产量为 573 万 t，大牲畜头数为 10 486.8 万头，猪 44 922.4 万头；2022 年，农用化肥施用量为 242.0 万 t，粮食产量为 68 653 万 t，棉花产量为 598 万 t，大牲畜头数为 10 859.0 万头，猪 45 255.7 万头；2023 年，粮食产量为 69 541 万 t，棉花产量为 562 万 t。这些农产品在变为商品之前的各个阶段都会产生农业固体废物，根据《中国农作物秸秆产量估算及其对固碳减排的贡献评价》，2001—2003 年，我国包括水稻、小麦、玉米、马铃薯、花生、油菜、大豆、棉花和甘蔗在内的九大农作物秸秆产量呈现逐年减少的态势；2004—2015 年，这些作物的秸秆产量开始出现上升趋势；到了 2016—2020 年，秸秆的产量则维持在一个相对平稳的水平，截至 2020 年，这九种农作物的秸秆总产量达到 7.4 亿 t。根据农业农村部发布的《全国农作物秸秆综合利用情况报告》显示，2021 年，包含小麦、水稻、玉米在内的 13 种主要作物，我国共产生秸秆 8.65 亿 t，秸秆利用量达到 6.47 亿 t，秸秆的综合利用率达到 88.1%。这意味着，仍有 2.17 亿 t 的秸秆被废弃。根据农业农村部印发的《农膜回收行动方案》，2015 年，我国农膜总用量达 260 多万 t，其中地膜用量为 145 万 t。农业农村部印发的《关于推进农业废弃物资源化利用试点的方案》中也明确指出，我国每年产生 38 亿 t 的畜禽粪污；每年淘汰约 6 000 万头病死生猪；年秸秆产生量近 9 亿 t。

（2）农业固体废物利用价值高、资源属性明显

由于农业固体废物产量大，种类繁多，如果能有效地利用，农业固体废物就可以

变废为宝，成为能源和资源储备，这说明农业固体废物在能源和农业领域具有显著的利用潜力。在能源方面，通过生物质发电和沼气发酵等技术，例如，秸秆和畜禽粪污一类的农业固体废物能够被转换成可再生能源，不仅可以减少农业生产活动对化石燃料的依赖，节约资源成本，更进一步减少了温室气体的排放，为实现国家“双碳”目标作出贡献。在农业方面，这些农业固体废物作为有机肥料的来源，能够增强土壤的肥力，推动作物的生长，同时减少对化学肥料的需求。除此之外，秸秆等农业固体废物还能用于制造生物质复合材料、生物质炭等高经济价值的产品，并且能够作为动物饲料和食用菌的培养基。这些应用展示了农业固体废物作为一种资源的多功能性及其在促进可持续农业和能源生产中的重要性。

（3）农业固体废物季节波动性强、处理处置连贯性差

农业固体废物的产生通常是季节性的，根据种植或养殖的种类不同，收获的季节也大不相同，但都是阶段性的。大量固体废物在同一时间内产生，就需要大规模、高效地处理设施，这对处理设施的资金投入和维护运行都提出了更高的要求，同时也限制了一些农业固体废物资源化技术的落地。以秸秆为例，其产生主要集中在农作物的收割季节，这导致了在短时间内产生大量秸秆，而在其他时间段则产生量较少，这类农业固体废物的处理方式通常包括焚烧、堆放和还田。由于秸秆产生的时间和数量不稳定，使得对其进行有效处理和资源化利用的设施和设备难以保持连续、稳定运行，设施时常处于“吃不饱”的状态。根据生态环境部印发的《2019 年全国大气污染防治工作要点》，其中提到要严格控制秸秆露天焚烧。然而在部分地区的秸秆禁烧政策推行效果不佳，农户选择焚烧秸秆的行为主要受收入水平和秸秆利用成本的影响，因此焚烧成为他们的无奈之举。此外，农业固体废物经常被农户混放、混收，不同处理方式的固体废物被混合在一起，也导致了农业固体废物处理处置成本的增加。为此，中共中央、国务院在《关于全面推进美丽中国建设的意见》中提到，要加强农业废弃物资源化利用和废旧农膜分类处置。

（4）农业固体废物复合式污染处理难、影响大

农业固体废物的污染通常是复合式的，不单单只对一种生态环境造成危害。以畜禽粪污为例，畜禽粪污在贮存环节经常被直接暴露在环境中，在这个过程中，大量的氮素以氨气（NH_3）和氧化亚氮（N_2O）的形式释放到大气中造成空气污染，畜禽粪污刺鼻也对周边空气造成影响；与此同时，大量土壤被病菌污染，同样造成了土壤污染。2021 年 4 月，某乡镇畜禽养殖场所缺乏有效的粪便处理设施，导致粪便随意堆放，有时甚至直接流入沟渠和水塘中，严重污染水体及周边环境。畜禽粪污产生的有害气体

能够吸引携带病原体的昆虫前来繁殖，这些昆虫的活动进一步扩大了微生物污染的范围。在《国务院办公厅关于加快构建废弃物循环利用体系的意见》中，提到要建立健全畜禽粪污收集处理利用体系，因地制宜建设配套设施集中收集处理畜禽粪污、贮存利用沼渣沼液等。

7.2 农业固体废物环境管理体系

我国对农业固体废物的管理政策最早可追溯至20世纪六七十年代，当时国家颁布了《关于解决农村烧柴问题的指示》《关于保护和改善环境的若干规定》等文件进行管理。《中华人民共和国环境保护法（试行）》（1979年）标志着我国环境保护进入依法治理阶段，该法首次提出了积极发展高效、低毒、低残留农药的农业领域环境保护明确要求。国务院在1993年通过的《九十年代中国农业发展纲要》提到要积极推广秸秆氨化技术。此后，国家出台了《秸秆焚烧和综合利用管理办法》（1999年）、《畜禽养殖污染防治管理办法》（2001年）等文件在内的一系列法规政策，逐步加强农业固体废物的管理。党的十八大以来，国家对农业绿色发展做出了一系列顶层设计和重大决策部署，重视农业固体废物治理，完善农业资源环境与生态保护法律法规体系。

7.2.1 农业固体废物管理综合性政策法规

我国十分重视农业固体废物的污染防治和综合利用工作，目前已基本形成涵盖多种农业固体废物处理利用的综合性以及专项法律法规政策文件在内的较为完善的法律法规和政策体系。

《中华人民共和国农业法》《中华人民共和国固体废物污染环境防治法》《中华人民共和国循环经济促进法》《中华人民共和国土壤污染防治法》《中华人民共和国大气污染防治法》《中华人民共和国水污染防治法》等综合性法律文件，明确要求资源化利用或无害化处理秸秆、畜禽粪污、废弃农用薄膜等农业固体废物。农业固体废物管理综合性法律见表7-3。

以《全国农业可持续发展规划（2015—2030年）》《关于创新体制机制推进农业绿色发展的意见》《关于全面加强生态环境保护 坚决打好污染防治攻坚战的意见》《关于深入打好污染防治攻坚战的意见》等文件为顶层设计，国家相继出台了一系列政策性文件（见表7-4），重视农业固体废物资源化利用和无害化处理，促进农业面源污染防治、农业绿色发展和农村人居环境提升等目标的实现。

表 7-3　农业固体废物管理综合性法律

主要法律	年份	核心内容
中华人民共和国农业法	2012 年版	对农产品采收后的秸秆及其他剩余物质进行综合利用和妥善处理；从事畜禽等动物规模养殖的单位和个人应当综合利用或无害化处理产生的粪便及其他废弃物
中华人民共和国循环经济促进法	2018 年版	国家鼓励和支持应用先进或者适用技术综合利用畜禽粪便、农作物秸秆、废农用薄膜等，鼓励开发利用沼气等生物质能源。积极促进生态林业发展，提高木材的综合利用率，对林业废弃物和次小薪材、沙生灌木等进行综合利用
中华人民共和国土壤污染防治法	2018 年版	及时回收农业投入品的包装废弃物和农用薄膜，并由专门机构或者组织对农药包装废弃物进行无害化处理；地方人民政府支持建设畜禽粪便处理、利用设施
中华人民共和国大气污染防治法	2018 年版	推动转变农业生产方式，发展农业循环经济，加大废弃物综合处理的支持力度；畜禽养殖场、养殖小区及时收集、贮存、清运和无害化处理畜禽粪便和尸体；鼓励和支持对秸秆采用先进适用技术进行综合利用
中华人民共和国固体废物污染环境防治法	2020 年版	构建农业固体废物回收利用体系，鼓励和引导对农业固体废物进行依法收集、贮存、运输、利用、处置；对含秸秆、废弃农用薄膜、农药包装废弃物等在内的农业固体废物，要采取回收利用和其他防止污染环境的措施；从事畜禽规模养殖应当对养殖过程中产生的畜禽粪污等固体废物进行及时收集、贮存、利用或者处置；国家鼓励对环境中可降解且无害的农用薄膜进行研究开发、生产、销售和使用

表 7-4　农业固体废物管理综合性政策文件

主要政策	发布部门与年份	核心内容
关于加快转变农业发展方式的意见	国务院办公厅 2015 年	促进资源化利用农业废弃物。落实实施畜禽规模养殖环境影响评价制度，支持建设病死畜禽无害化处理设施。启动实施农业废弃物资源化利用示范工程，加快推进建设秸秆收储运体系；对区域性残膜开展回收与综合利用，支持一批废旧农膜回收加工网点建设；加快研发和应用可降解农膜
关于印发《全国农业可持续发展规划（2015—2030 年）》的通知	农业部 发展改革委等 2015 年	提出重点任务，到 2030 年农业废弃物基本实现全国零排放。全面治理地膜造成的污染，推广加厚地膜的应用

续表

主要政策	发布部门与年份	核心内容
关于打好农业面源污染防控攻坚战的实施意见	农业部 2015 年	力争到 2020 年畜禽粪便、农作物秸秆、农膜基本实现资源化利用，有效遏制农业面源污染加剧的趋势
关于推进农业废弃物资源化利用试点的方案	农业部 国家发展改革委等 2016 年	对农作物秸秆、废旧农膜、畜禽粪污、病死畜禽及废弃农药包装物等五类废弃物，主要采取就地消纳、能量循环、综合利用三种方式，研究建立关于农业废弃物资源化利用的有效治理模式
关于创新体制机制推进农业绿色发展的意见	中共中央办公厅 国务院办公厅 2017 年	将发展绿色农业放在生态文明建设的突出位置，努力实现秸秆、畜禽粪污、农膜三类农业固体废物的全利用
农业部关于实施农业绿色发展五大行动的通知	农业部 2017 年	开展农业绿色发展的五大行动，具体包括东北地区的秸秆处理、资源化利用畜禽粪污、果菜茶有机肥替代化肥、回收农膜以及水生生物保护（以长江为重点）行动
关于全面加强生态环境保护 坚决打好污染防治攻坚战的意见	中共中央 国务院 2018 年	打好农业农村污染治理攻坚战，推进回收和利用废弃农膜，完善关于废旧地膜和包装废弃物等的回收处理制度；坚持种养结合，对畜禽养殖废弃物进行就地就近消纳利用
关于印发“无废城市”建设试点工作方案的通知	国务院办公厅 2019 年	坚持绿色低碳循环发展，重点抓好主要农业废弃物等，实现大幅源头减量、充分资源化利用以及安全处置。推行农业绿色生产方式，促进全量利用主要农业废弃物
中共中央、国务院关于抓好“三农”领域重点工作确保如期实现全面小康的意见	中央一号文件 2020 年	大力推进资源化利用畜禽粪污。加强治理农膜污染，推进综合利用秸秆
关于深入打好污染防治攻坚战的意见	中共中央 国务院 2021 年	实施农膜回收行动；以县为单位整体推进畜禽粪污的资源化利用
关于贯彻实施《中华人民共和国固体废物污染环境防治法》的意见	农业农村部 2021 年	要求到“十四五”时期末，畜禽粪污综合利用率、秸秆综合利用率、农膜回收率、农药包装废弃物回收率分别提高到 80%、86%、85%、80% 以上
农业农村污染治理攻坚战行动方案（2021—2025 年）	生态环境部 农业农村部等部门 2022 年	要求 2025 年农膜回收率达到 85%，畜禽粪污综合利用率达 80% 以上。推动水产养殖污染防治

续表

主要政策	发布部门与年份	核心内容
减污降碳协同增效实施方案	生态环境部 发展改革委等部门 2022 年	推广农业绿色生产方式，促进节能减排与污染治理协同发展的种植业、畜牧业和渔业；提高秸秆综合利用率，加大秸秆焚烧控制力度；提高畜禽粪污的资源化利用率
国务院办公厅关于加快构建废弃物循环利用体系的意见	国务院办公厅 2024 年	健全农业废弃物的收集体系。建立健全畜禽粪污相关收集处理利用体系，采用因地制宜方式建立关于集中收集处理畜禽粪污、沼渣沼液贮存利用的配套设施；完善秸秆收储运体系，鼓励秸秆生产大户对秸秆进行就地收贮；指导各地加强对废旧农用物资，如农膜、农药和化肥包装、农机具、渔网等的回收工作。促进对废弃物进行能源化利用，采用因地制宜方式推进农林生物质能源化的开发利用

7.2.2　农业固体废物管理主要标准

为防治农业固体废物污染，原环境保护部发布了《农业固体废物污染控制技术导则》（HJ 588—2010）。为进一步提高污染防治水平，国家还出台了一系列国家标准，对农业废弃物进行资源化利用。现行农业固体废物管理相关标准见表 7-5。

表 7-5　现行农业固体废物管理相关标准

标准名称	标准信息	核心内容
农业固体废物污染控制技术导则	标准号 HJ 588—2010，行业标准，强制性	规定了农业固体废物污染控制的原则、技术措施和管理措施等内容，以实现农业植物性废物、畜禽养殖废物和农用薄膜的资源化、减量化、无害化
农业社会化服务 农业废弃物综合利用通用要求	标准号 GB/T 34805—2023，国家标准，推荐性	就服务组织、合同、内容、质量、评价与改进要求等农业废弃物综合利用服务的相关内容进行了规定
农业废弃物资源化利用 农业生产资料包装废弃物处置和回收利用	标准号 GB/T 42550—2023，国家标准，推荐性	对农业生产资料包装废弃物管理的全环节进行了规定，具体包括分类、收集、贮存、运输、资源化利用、无害化处置等
农业废弃物资源化利用 农产品加工废弃物再生利用	标准号 GB/T 42546—2023，国家标准，推荐性	明确了农产品加工废弃物的分类及几种主要的利用方式

续表

标准名称	标准信息	核心内容
农业废弃物资源化利用 生物质资源综合利用	标准号 GB/T 42679—2023，国家标准，推荐性	规定了秸秆和畜禽粪污收储运以及主要利用方式
循环经济绩效评价 农业废弃物资源化利用	标准号 GB/T 42681—2023，国家标准，推荐性	规定了农作物秸秆和畜禽粪污资源化利用绩效评价的原则、指标体系、方法以及评价程序

7.2.3 主要农业固体废物管理政策

（1）农业废物管理政策

生态环境部于 2024 年发布的《固体废物分类与代码目录》规定，农业废物指废弃农用薄膜、作物秸秆、报废农用车辆设备、废弃农业投入品包装物和其他农业废物。

在提高农作物产量，提高农作物质量，丰富农产品供给方面，农用薄膜作为一种关键的农业生产工具，发挥着举足轻重的作用。但是，不断增加的农膜使用量和使用年限，已给当地造成了严重的“白色污染”，成为农业绿色发展面临的突出问题。为推动农业绿色发展，加快推进对农膜的回收利用，对农膜残留污染进行预防和治理，提高废旧农膜的资源化利用率，国家出台一系列相关政策措施对其进行全链条监督管理。《农膜回收行动方案》（2017 年）提出，要推进地膜覆盖减量化、地膜产品标准化、地膜捡拾机械化、地膜回收专业化。《关于加快推进农用地膜污染防治的意见》（2019 年）明确，到 2025 年，基本实现农膜全回收，实现全国地膜残留量负增长。《农用薄膜管理办法》（2020 年）管理范围包括农用薄膜的全链条环节，如生产、销售、使用、回收、再利用及监督。

我国从 20 世纪 60 年代即意识到作物秸秆的处理问题，随后国家不断重视秸秆露天焚烧污染、秸秆综合利用以促进生态环境保护和农业可持续发展。《关于加快推进农作物秸秆综合利用的意见》（国办发〔2008〕105 号）提出，到 2015 年，秸秆综合利用率要达 80% 以上。据气象部门分析，秸秆焚烧产生的有害气体和颗粒物，已成为雾霾天气的污染源之一，因此国家陆续出台相关管理政策进行治理，近十年来相关作物秸秆管理政策文件见表 7-6。

表 7-6　作物秸秆管理政策

主要法律 / 政策	发布部门与年份	核心内容
关于印发《京津冀及周边地区秸秆综合利用和禁烧工作方案（2014—2015 年）》的通知	国家发改委、农业部、环保部，2014 年	建立稳定价格的秸秆收储运体系，布局合理、多元利用的秸秆产业化格局初步形成。实施秸秆肥料化利用工程、饲料化利用工程、原料化利用工程、能源化利用工程和基料化利用工程
关于进一步加快推进农作物秸秆综合利用和禁烧工作的通知	国家发改委、财政部等 2015 年	健全秸秆收储体系，深入推进秸秆肥料化、原料化、饲料化、燃料化、基料化利用，大力推进秸秆综合利用产业化步伐，加大秸秆禁烧工作力度
关于开展农作物秸秆综合利用试点 促进耕地质量提升工作的通知	农业部、财政部 2016 年	秸秆综合利用试点原则要做到坚持集中连片、整体推进。对秸秆资源量大、禁烧任务重、综合利用潜力大的地区，要优先支持，实行整县推进
关于印发编制“十三五”秸秆综合利用实施方案指导意见的通知	国家发展改革委、农业部 2016 年	关于秸秆肥料化、原料化、饲料化、基料化、能源化和收储运体系建设等方面，就秸秆使用量大、技术成熟和附加值高的综合利用技术进行积极推广，推动秸秆综合利用的试点示范项目
关于推介发布秸秆农用十大模式的通知	农业部 2017 年	农业部筛选出十大秸秆农用示范样板，指导农民科学开展秸秆综合利用
关于印发《东北地区秸秆处理行动方案》的通知	农业部 2017 年	不断提高秸秆处理水平，要坚持农用优先、因地制宜、就地就近、政府引导、市场运作、科技支撑的原则，重点处理利用玉米秸秆
国务院关于印发打赢蓝天保卫战三年行动计划的通知	国务院 2018 年	全面加强秸秆综合利用工作
关于全面做好秸秆综合利用工作的通知	农业农村部 2019 年	建立健全政府、企业、农民三方共赢的利益联结机制，激发市场主体在秸秆还田、离田、加工利用等环节的活力
关于印发《秸秆综合利用技术目录（2021）》的通知	农业农村部、国家发改委 2021 年	指导各地以示范推广秸秆综合利用先进适用技术为重点，高质量地推进秸秆综合利用工作

国家还颁布了《报废机动车回收管理办法实施细则》《农用运输车报废标准》《农药包装废弃物回收处理管理办法》《农业农村部办公厅关于肥料包装废弃物回收处理的指导意见》等文件，对报废农用车辆设备、废弃农业投入品包装物等实施管理。国务院办公厅 2024 年发布的《关于加快构建废弃物循环利用体系的意见》提出，指导各地加强回收农药与化肥包装、农机具、渔网等废旧农用物资。

（2）林业废物管理政策

根据生态环境部2024年发布的《固体废物分类与代码目录》，林业废物是指林业生产活动产生的固体废物。我国在林业废弃物管理方面采取了综合性战略，包括构建废弃物资源化利用体系，实施以实现资源高效利用和环境可持续发展为目标的具体指导意见等。《关于"十四五"大宗固体废弃物综合利用的指导意见》提出，在粮棉主产区建设50个工农复合型循环经济示范园区，重点抓好农业废弃物，不断提升农业、林业废弃物综合利用水平。《国务院办公厅关于加快构建废弃物循环利用体系的意见》提出，要因地制宜推进农林生物质能源化开发利用。

（3）畜牧业废物管理政策

根据生态环境部2024年发布的《固体废物分类与代码目录》，畜牧业废物是指畜禽粪污、病死畜禽、其他畜牧业废物。畜禽粪污的管理不仅关系到农业和农村的可持续发展，也是中国环境保护、资源循环利用和生态文明建设的重要内容。我国政府先后出台了《畜禽规模养殖污染防治条例》《中华人民共和国畜牧法》等一系列法律法规，推动畜禽粪污污染防治和资源化利用。畜禽粪污管理政策见表7-7。

表7-7 畜禽粪污管理政策

主要法律/政策	发布部门与年份	核心内容
畜禽规模养殖污染防治条例	国务院2013年	不得将未经处理的畜禽养殖废弃物直接向环境排放；不得对病害畜禽养殖废弃物进行随意处置，应当对其进行无害化处理，如深埋、焚烧、化制等
关于加快推进生态文明建设的意见	中共中央 国务院 2015年	加大种养业污染防治力度，特别是畜禽规模养殖，实现农业面源污染防治
关于加快推进畜禽养殖废弃物资源化利用的意见	国务院办公厅 2017年	要求严格落实畜禽规模养殖环境影响评价制度和规模养殖场主体责任制度，完善畜禽养殖污染监管制度和完善绩效评价考核制度，建立属地管理责任制度，构建种养循环发展机制
关于做好畜禽粪污资源化利用项目实施工作的通知	农业部 财政部 2017年	畜禽粪污资源化利用是治理畜禽养殖污染的根本途径，以农村能源和农用有机肥就地就近利用为主要利用方向，重点关注畜禽养殖大县和规模养殖场，着力构建畜禽粪污资源化利用的新格局
畜禽粪污资源化利用行动方案（2017—2020年）	农业部 2017年	到2020年，构建畜禽养殖废弃物资源化利用制度和种养循环发展机制。上述目标率先在畜牧大县实现

续表

主要法律 / 政策	发布部门与年份	核心内容
关于统筹做好畜牧业发展和畜禽粪污治理工作的通知	农业部办公厅 2017 年	推进畜牧业绿色发展和转型升级的重要举措是科学合理划定禁养区，加快畜禽粪污资源化利用
关于进一步明确畜禽粪污还田利用要求强化养殖污染监管的通知	农业农村部、生态环境部 2020 年	支持畜禽养殖场（户）建设畜禽粪污资源化利用和无害化处理设施，倡导利用生产有机肥、制取沼气以及肥还田等方式对畜禽粪污进行资源化利用
中华人民共和国动物防疫法	2021 年版	单位和个人从事动物饲养等活动，做好动物防疫工作
中华人民共和国畜牧法	2022 年版	畜禽养殖场保证综合利用或者达标排放畜禽粪污；国家支持畜禽粪污收集、储存、粪污无害化处理和资源化利用设施建设
畜禽养殖场（户）粪污处理设施建设技术指南	农业农村部、生态环境部 2022 年	指导和评估畜禽养殖场（户）建设粪污处理设施

（4）渔业废物管理政策

根据生态环境部 2024 年发布的《固体废物分类与代码目录》，渔业废物是指渔业生产活动产生的固体废物。国家依据《中华人民共和国渔业法》《关于加强海水养殖生态环境监管的意见》以及国家生态环境标准《地方水产养殖业水污染物排放控制标准制订技术导则》等对渔业废物进行管理（见表 7-8）。

表 7-8　渔业废物管理政策

主要法律 / 政策	发布部门与年份	核心内容
中华人民共和国渔业法	2013 年版	从事养殖生产不得造成水域的环境污染，要科学确定水产养殖密度，合理投放饵料、使用药物和施肥
关于加强海水养殖生态环境监管的意见	生态环境部、农业农村部 2022 年	指导养殖主体对养殖活动产生的含塑料垃圾等在内的固体废物进行收集处理
国家生态环境标准《地方水产养殖业水污染物排放控制标准制订技术导则》	生态环境部 2023 年	应当按照固体废物资源化利用和处理处置相关要求，对水产养殖产生的含废塑料、底泥、尾水处理污泥等在内的固体废物进行管理

7.3 主要农业固体废物利用技术

7.3.1 秸秆利用技术

根据秸秆利用用途，将秸秆利用技术归纳为肥料化、饲料化、燃料化、基料化、原料化 5 种，简称“五化”利用（见图 7-1）。

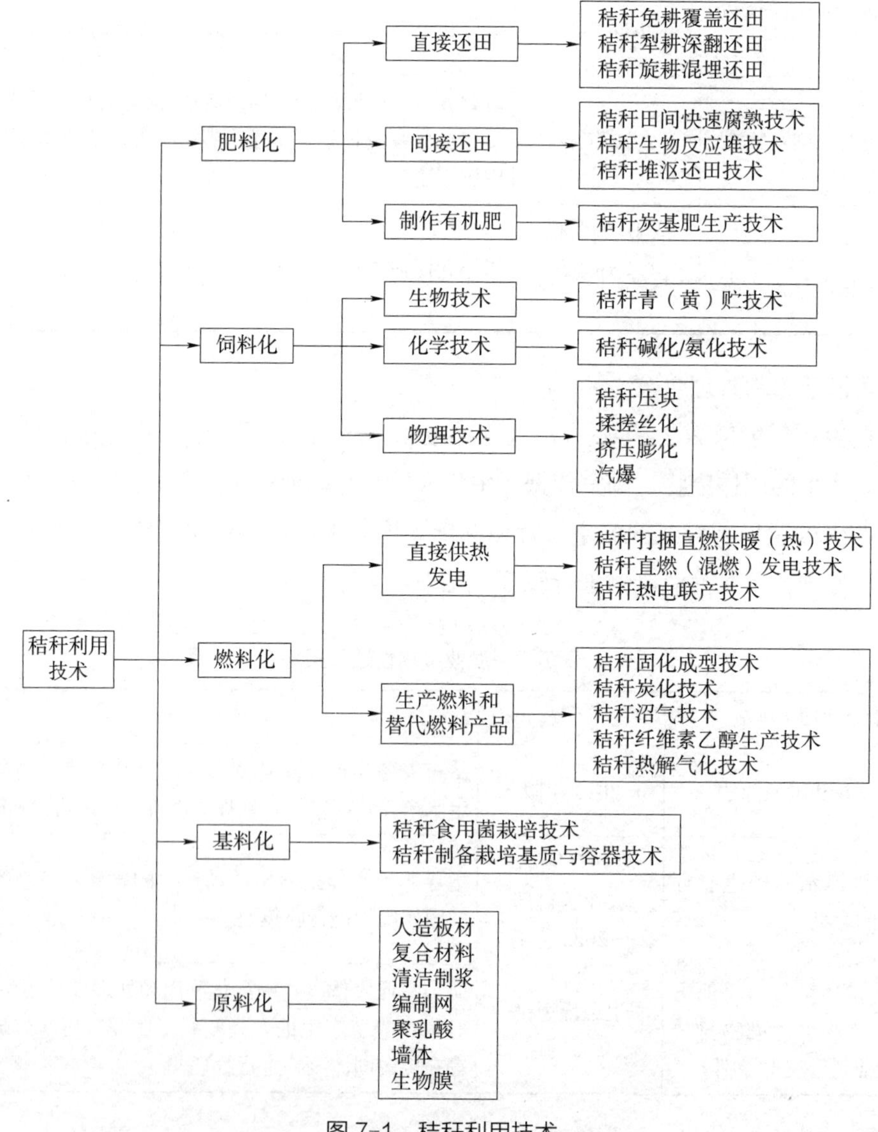

图 7-1 秸秆利用技术

7.3.1.1　秸秆肥料化技术

秸秆肥料化技术是一种将农作物秸秆转化为肥料的方法，主要包括直接还田、间接还田、制作有机肥等方式，可防止土壤侵蚀、提高土壤肥力。

（1）直接还田

直接还田典型方式包括免耕覆盖还田、犁耕深翻还田和旋耕混埋还田三种。

免耕覆盖还田：秸秆覆盖作为保护性耕作（免耕覆盖、秸秆覆盖、深松）的重要元素之一，是在少（免）耕、秸秆地表覆盖情况下，进行农作物直播或移栽。主要包括条带式、全覆盖、根茬覆盖和整个秸秆垄沟覆盖。条带式覆盖已成为国际主导方向，要求秸秆覆盖率至少 30%，而 70% 以上能最大化其效益。该技术对于旱半干旱地区农田保墒、降低风蚀水蚀风险效果显著，且区域适宜性广，机械作业简单，能抑制杂草生长。主要适用于玉米秸、麦秸、稻草等秸秆，病虫害严重或连作障碍的秸秆需离田处理。

犁耕深翻还田：通过拖拉机牵引犁具将粉碎后的秸秆翻埋到耕作层以下，并用耙平整土壤，使秸秆在地下腐解。秸秆粉碎主要在机收或人工收获后进行，翻埋深度通常不少于 20 cm，旱地大规模农机作业一般在 30 cm 以上。此技术不影响下茬作物播种，且只需一次粉碎，适用于大部分农作物秸秆，但病虫害严重或连作障碍的秸秆需离田处理。

旋耕混埋还田：通过机械作业如粉碎、旋耕、耙压等，将秸秆直接混入耕作层土壤。该技术包含两次秸秆粉碎，确保切碎长度≤10 cm 且合格率≥95%，并需进行 2～3 次旋耕作业。该技术适应多种机械作业，能促进秸秆与土壤的混合和快速腐熟，支持多种复式作业模式。适用于大多数农作物秸秆，但病虫害严重或具有连作障碍的秸秆需特殊处理。

（2）间接还田

间接还田主要包括田间快速腐熟、生物反应堆和堆沤还田等技术。

田间快速腐熟技术：在农作物收获后，通过均匀铺放秸秆、撒施腐熟菌剂、调节碳氮比，实现秸秆的快速腐熟下沉，便于后续农作物种植。该技术适用于降雨丰富、积温高的地区，特别是种植双季稻或稻麦、稻油轮作的区域。其特点为操作简便、用工少，且能在 7～10 天内快速实现秸秆软化与初步腐熟，旋耕犁耙不会缠绕。适用于稻草、麦秸、油菜秆等秸秆类型。

生物反应堆技术：通过微生物菌种在好氧环境下分解秸秆，产生二氧化碳、有机质、矿物质和热量。二氧化碳促进作物光合作用，有机质和矿物质提供养分，产生的热量则提高温度。技术可分为内置式和外置式，内置式通过开沟将秸秆埋入土壤，外置式是把反应堆建于地表。该技术投资少、见效快，能改善微生态环境，适合农户分散经营。适用于包括玉米秸、稻草、麦秸、豆秸和蔬菜藤蔓等秸秆。

堆沤还田技术：将秸秆与人畜粪尿等有机物混合堆沤，腐熟后形成富含腐殖质和多种营养物质的肥料，不仅能产生构成土壤肥力的活性物质，还能提供农作物所需的有效态氮、磷、钾等养分。该技术可就地堆肥还田或生产高品质商品有机肥，适用于除重金属超标外的所有秸秆。

（3）制作有机肥

秸秆炭基肥生产技术：通过热解工艺将秸秆转化为生物炭（俗称秸秆炭），再与化肥、有机肥混合制成复合炭基肥或炭基微生物肥，用于改善土壤。生物炭也可直接还田。该技术特点在于生物炭的高碳含量和长期固碳效果，以及复合炭基肥对土壤有机质和化肥肥效的双重提升。适用于玉米秸、稻草、麦秸、棉秆等秸秆。

7.3.1.2 秸秆饲料化技术

秸秆饲料化技术是将秸秆通过物理、化学或生物方法处理，转化为适合动物食用的饲料，实现秸秆的资源化利用。

（1）生物技术

秸秆青（黄）贮技术：即自然发酵法，通过密闭设施（如青贮窖、塔或裹包）对秸秆进行微生物发酵，实现青绿多汁营养成分的长期保存。关键技术包括窖池建设、物料收集配混与发酵条件控制。该技术可添加微生物菌剂以改善饲料质量，即秸秆微贮技术，具有营养损失少、转化率高、适口性好、易长期保存及适应性广泛等优点。适用于玉米秸、高粱秆、稻草、花生秧、豆秸等多种秸秆类型。

（2）化学技术

秸秆碱化 / 氨化技术：利用碱性或氨性物质处理秸秆，破坏其内部化学键，使纤维膨胀并溶解部分成分，从而改善适口性，提高采食量和消化率。主要碱性物质为氧化钙，氨性物质为液氨、碳铵或尿素。我国广泛采用的方法有窑池法、氨化炉法、氨化袋法和堆垛法。该技术经济实用，适用范围广，适用于麦秸、稻草等秸秆。

（3）物理技术

物理技术涵盖了秸秆压块、揉搓丝化、挤压膨化和汽爆等加工方法。

压块饲料加工：通过机械铡切或揉搓粉碎秸秆，添加必要营养物质，挤压后制成高密度块状或颗粒饲料。具有耐存储、适口性好、饲喂方便、经济实惠、体积小、密度大、便于长距离运输等优点，特别是在应对草原地区冬季雪灾和夏季旱灾导致的饲料匮乏方面具有重要作用。适用于玉米秸、稻草、麦秸以及豆秸、向日葵秆（盘）、薯类藤蔓等。

揉搓丝化加工：通过机械揉搓使秸秆成为柔软的丝状物，有利于反刍动物采食和消化，提高采食量和消化率，技术简单、高效、成本低，适用于玉米秸、豆秸、向日葵秆等。

挤压膨化：秸秆在膨化机中受挤压、摩擦产生热量和压力，挤出后使体积膨大，可提高采食量和吸收率，裹包后保质期在两年以上，适用于玉米秸、麦秸、稻草、豆秸等。

汽爆：在汽爆罐中充入高温水蒸气，通过压力变化破坏秸秆中的纤维素结构，降低木质素含量，提高消化率，并减少霉菌毒素含量，增强饲料安全性。汽爆处理后的秸秆接种乳酸菌后，可以迅速进行厌氧发酵，有利于秸秆的长期保存，适用于玉米秸、麦秸、稻草、豆秸、甘蔗梢等。

7.3.1.3　秸秆燃料化技术

秸秆燃料化是指将秸秆转化为燃料的过程，包括直接用于供热、发电的技术和生产燃料、替代燃料产品的技术。

（1）直接供热、发电

秸秆打捆直燃供暖（热）技术：通过将田间秸秆收集打捆，利用专用生物质锅炉直接燃烧，为村镇社区、学校、医院等地提供集中供暖，同时适用于洗浴中心供热和农产品烘干。该技术以半气化燃烧为主，锅炉分序批式和连续式，秸秆捆型为方捆或圆捆。该技术特点包括节本降耗，经济效益较好、原料适应性强、热效率高和环保显著，适用于多种秸秆类型，如玉米秸、麦秸等，是一种替代燃煤的高效环保供暖方式。

秸秆直燃（混燃）发电技术：秸秆直燃发电技术以秸秆为主要燃料，通过预处理后燃烧产生蒸汽，驱动蒸汽轮机发电。秸秆混燃发电技术则是将秸秆与煤混合燃烧进行发电。此技术秸秆消纳量大，可直接替代燃煤等化石燃料发电，节能减排效果突出。适用于秸秆包括玉米秸、麦秸、稻草等多种作物秸秆。

秸秆热电联产技术：该技术结合了秸秆直燃发电与余热利用技术，通过热交换、热功转换、冷热转换等方式实现供暖、温室栽培、热水养殖等多元化利用。该技术工程热效率高，热能利用率可达 80%～90%，且在原有发电工程基础上添加余热回收装置，成本更低、建设周期更短。适宜秸秆为玉米秸、麦秸、稻草、油菜秸秆、稻壳、棉秆等。

（2）生产燃料、替代燃料产品

秸秆处理后可制作成多种燃料、替代燃料产品，相关技术包括：

秸秆固化成型技术：利用木质素作为黏合剂，将秸秆挤压成致密、规则的燃料。主要工艺包括晾晒、烘干、粉碎、压缩成型和冷却干燥贮存。燃料热值与中质烟煤大体相当，具有易于点火、燃烧高效，污染可控，便于储运、低碳排放等优点。适用于供农村居民炊事、取暖，农业加工业、养殖业供热，工业锅炉、电厂燃料等。

秸秆炭化技术：秸秆粉碎后在隔氧或少量通氧条件下，经过高温分解生成炭和热解气。包括机制炭和生物炭技术，秸秆机制炭热值高，可作为清洁燃料；生物炭可用于酸性土壤改良和化学肥料效率提升，也可固化成型后做燃料使用。

秸秆沼气技术：利用秸秆在厌氧环境下经微生物发酵产生沼气。关键技术包括秸秆预处理、协同发酵、沼气净化与提纯、沼渣沼液多级利用等。秸秆沼气是高品位的清洁能源，可用于居民供气、工业锅炉燃料或发电。沼气还可净化提纯成生物天然气，沼渣沼液可用于施肥。

秸秆纤维素乙醇生产技术：以秸秆为原料，通过预处理、水解、发酵、提浓等工艺生产燃料乙醇。可直接替代工业乙醇生产中的粮食消耗，保障国家粮食安全。

秸秆热解气化技术：利用气化装置将秸秆转化为可燃气体。关键设备气化炉分为固定床和流化床两种类型。可燃气可用于直接发电，也可经净化后，用于工业锅炉燃料或村镇集中供气。

7.3.1.4 秸秆基料化技术

秸秆基料化技术以秸秆作为主要原料，通过不同加工或制备方法，为动物、植物及微生物生长创造优越条件。包括秸秆食用菌栽培技术和秸秆制备栽培基质与容器技术，可用于生产食用菌和制备各种植物栽培基质。适宜秸秆为麦秸、稻草、大豆秸、油菜秸秆、向日葵秆等。

食用菌栽培技术：利用秸秆生产食用菌，包括草腐菌（如双孢蘑菇、草菇等）和木腐菌（如香菇、平菇等）。该技术成熟，资源和经济效益高，能够节材代木、保护林木资源。

制备栽培基质与容器技术：该技术将秸秆加工成植物栽培所需的基质或容器，如营养钵、育秧盘等。该技术经济实惠，具有固定根系、水气协调、养分固持等优点，且生物可降解，减少环境污染。

7.3.1.5 秸秆原料化技术

秸秆原料化技术是将秸秆进行物理、化学或生物酶解等方法处理，用于制备各类工业制品、化学品或化工原料。

生产人造板材：利用秸秆制造轻质板材，替代木质板材，实现节材代木。

生产复合材料：结合秸秆纤维和高分子材料，制造高性能复合材料，具有广泛用途。

清洁制浆：采用新型工艺提高制浆效率，减少污染，实现废液资源化利用。

制作编织网：利用秸秆编织草毯，用于生态防护和绿化，环保且效果好。

生产聚乳酸：从秸秆中提取纤维素，经发酵和化学合成制成聚乳酸，用于生产可降解产品。

制作墙体：利用秸秆及其制品建造墙体，具有保温隔热性能，节能降耗。

制作生物膜：将秸秆纤维转化为生物膜，用于作物栽培，环保且可降解。

7.3.2　畜禽粪污利用技术

畜禽粪污富含有机质和植物成长所必需的 N、P、K 等营养元素，是我国传统农业的主要肥源。若能高效利用，不仅能有效减轻环境污染的压力，更能提供丰富且优质的有机肥料，改善因长期过度依赖化肥而导致的土壤硬化和肥力减退等问题。目前常用的畜禽粪污利用技术主要有肥料化技术、能源化技术、发酵床养殖技术等（见图 7-2）。

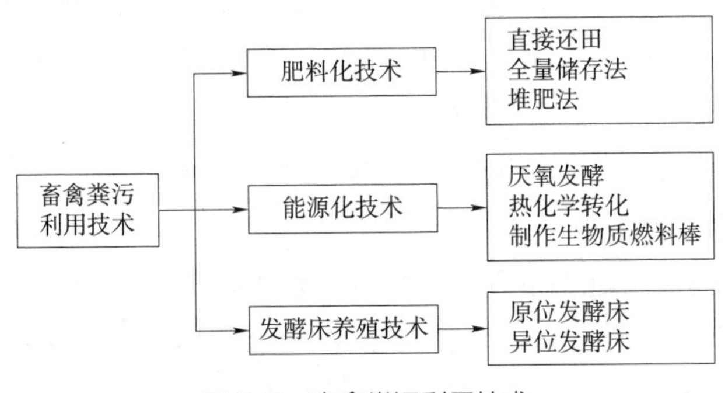

图 7-2　畜禽粪污利用技术

7.3.2.1　肥料化技术

（1）直接还田

直接还田是一种低成本的传统方法，通过将畜禽粪便直接施于农田，保留养分以增强土壤肥力，促进作物生长。但该技术需匹配相应养殖规模的土地，且未经处理易传播病虫害、对植物产生毒害，故不推荐广泛使用。

（2）全量储存法

全量储存法是将畜禽粪便、尿液和冲洗水集中收集，全部排入氧化塘等贮存设施，经贮存后，在施肥季节用于农田。该方法简便、成本低、养分利用率高、可达到卫生学指标，但需大体积设施，适合近距离还田，臭气问题需处理。

（3）堆肥法

堆肥法是研究较多、使用广泛的方法。堆肥是通过人为控制物料条件，如含水率、通气性和碳氮比等，来利用堆料中自然存在的微生物或人工添加的外源微生物，使其在高温条件下发酵，从而消除病菌、虫卵、草籽等有害物质，并使堆料转化为腐熟肥料的过程。这一过程中，微生物分解堆料时不仅产生了大量对植物有益的有效态氮、磷、钾化合物，还合成了新的高分子有机物——腐殖质，它是土壤肥力的关键活性成分。

堆肥技术分为好氧堆肥和厌氧堆肥。好氧堆肥因其堆体温度通常高达50～65℃，又被称为高温堆肥，有开放式系统和发酵仓式系统两种。高温堆肥具有可以最大限度地杀灭病原菌，促进有机物的降解、稳定化速度快的优点，是目前多数商品有机肥生产企业倾向于采用的技术。

7.3.2.2 能源化技术

（1）厌氧发酵

厌氧发酵是一种生物转化技术，通过自然或接种的微生物在一定的缺氧环境下将有机物转化为二氧化碳和甲烷。其优点在于产物无臭，甲烷可用作能源，但受限于处理池体积，只适合就地处理。我国常用沼气池处理畜禽粪便，但投资高且受温度影响，冬季产气量小，夏季产气量大。新型厌氧处理反应器如上流式厌氧污泥床（UASB）、上流式污泥过滤床（UBF）可有效改善处理效率和出水效果。

（2）热化学转化

热化学转化技术利用畜禽粪便等生物质，通过控制氧气含量，经热力学过程转化为生物质炭、生物油、可燃气等高品质能源。主要方法有直接燃烧法和热解法。直接燃烧法适用于大型动物粪便，通过燃烧回收热能但需控制废气排放。热解法主要分为以生成固体产物为主的低温慢速热解、以生产生物油为主的中温快速热解，以及主要产物为可燃气的高温闪速热解。目前，热化学转化技术处于实验室研究阶段，需进一步探索其工业应用。

（3）制作生物质燃料棒

畜禽粪便经搅拌脱水后，通过挤压造粒技术，可转化为生物质燃料棒。这种燃料不仅成本低于燃煤，还具备显著的环保效益，如减少二氧化碳和二氧化硫排放。但是，其生产过程中脱水干燥环节的能耗较高。该技术适合城市和工业燃煤需求大的区域。

7.3.2.3 发酵床养殖技术

发酵床通过接种高效微生物或有益微生物菌剂，并混合一定比例的生物质原料

（如秸秆、锯末、稻壳等），在适宜条件下使其发酵成为有机垫料。这些垫料铺设成一定厚度的发酵床，畜禽排泄物与垫料充分混合。微生物将畜禽粪便降解转化，同时消除异味和抑制病原菌。整个养殖过程无须排放废水，按照发酵床所处位置，分为原位发酵床和异位发酵床。

原位发酵床技术：在养殖舍内铺设发酵垫料，畜禽直接生活其上，在熟料上喷洒微生物菌剂或接种高效微生物，通过发酵降解转化粪便，无须冲洗地面。管理过程中需对熟料定期补水、通风、推翻垫料，不需要清理粪便、处理废水和更换熟料。

异位发酵床技术：在养殖舍外建垫料发酵棚，畜禽与垫料不直接接触，畜禽粪便经管网排至棚内发酵。在发酵过程中，还可以使用翻抛机混合垫料与粪便。相较于原位发酵床，异位发酵床更规范、自动化，可减少畜禽呼吸道疾病，克服了栏舍消毒不便、栏舍改造困难等问题。

7.3.3　农膜利用技术

农膜利用技术主要包括物理回收技术、化学回收技术和生物降解农膜技术，其中物理回收技术包括简单（直接）再生、物理改性再生、溶解等技术；化学回收技术包括热解和化学改性等（见图 7-3）。

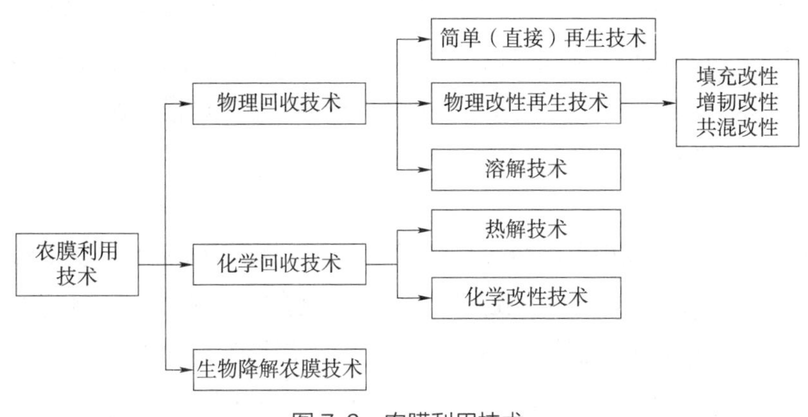

图 7-3　农膜利用技术

7.3.3.1　物理回收技术

（1）简单（直接）再生技术

简单（直接）再生技术又称再生造粒技术，是将废旧农膜清洗破碎后，在高温熔融装置中加热塑化，再进行挤压切粒，获得二次母粒，母粒可直接再生成农膜或加工成塑料木材和栅栏等模塑制品。此技术的特点是不改变废旧农膜的化学性质，只是改变其物理外观形状。其优点是工艺简单，制作方便，成本低廉，经济性高。缺点是再生料制品的力学性能下降幅度大，品质较低；对废旧农膜品质要求高，仅用于制造品质要求不高的塑料制品，不适用于所有废旧农膜。

（2）物理改性再生技术

物理改性包括填充改性、增韧改性和共混改性，其目的是提高材料的整体性能和适用性。

填充改性：通过在废旧农膜中掺入填料来降低成本并增强再生料的强度。填充改性适用于那些对外观和力学性能有一定要求的再生料。常用的填充料包括无机粒子、木粉、滑石粉等。

增韧改性：通过在废旧农膜中添加弹性体以提高废旧农膜的耐冲击性。弹性体种类较多，常用的有丁苯橡胶和丁基橡胶。

共混改性：将两种或多种共聚物混合制成宏观均匀材料的技术。共混改性的主要方法包括熔融共混、溶液共混和乳液共混。

（3）溶解技术

溶解技术是采用特定的有机溶剂来选择性溶解特定种类的废旧农膜的技术。经过溶解后的农膜，可以进一步制成各种涂料或黏结剂，从而实现再生利用。如聚苯乙烯类废旧农膜可溶于苯系物、卤代烷烃，聚氯乙烯类废旧农膜可溶于苯系物、卤代烷烃、酮类化合物等。虽然该技术对设备的要求较低，操作相对简单，但选择性溶剂消耗量大，且需要对废弃农膜进行严格的分类和处理，以确保溶解过程的效率和经济性。

7.3.3.2 化学回收技术

（1）热解技术

热解技术是一种将废旧农膜转化为资源的方法，将废旧农膜放入无氧或低氧的密封容器中加热，通过热解作用使农膜分解为低分子化合物，进而生成多种目标产品。

热解技术主要路径为高温热裂解和催化裂解。该技术分为两类：一类生产燃料油（如汽油、柴油等）满足能源需求；另一类生产化工原料（如苯乙烯、乙烯等）供应化工产业。对于聚烯烃类废旧农膜而言，制备燃料油的工艺相对简单且高效。我国废塑料热解技术发展很快，未来废旧农膜热解技术将受到更多关注和应用。

（2）化学改性技术

交联改性是一种化学改性技术，其目的在于提升再生材料的形态稳定性、耐蠕变性能以及抵抗环境应力引发的开裂现象。在实施交联过程中，废旧农膜的结晶度会经历降低的过程，使得原本被掩盖的韧性特质得以重新展现。交联改性主要分为两类：

化学交联和辐射交联。化学交联是在材料的软化点之上，使材料达到充分塑化的状态后，再加入特定的交联剂，以促使材料分子间形成牢固的交联结构。而辐射交联则是利用高能射线作为辐射源，通过辐照的方式将添加了交联剂的材料进行交联处理。

7.3.3.3　生物降解农膜技术

生物降解农膜技术是利用微生物（细菌、真菌、放线菌）的活性，使农膜在自然环境中自然分解。首先，微生物对高分子材料进行机械性破坏，形成低聚物；然后，在微生物酶作用下，低聚物进一步分解为低分子碎片；这些碎片最终被微生物分解消化，转化为二氧化碳和水，实现农膜的完全降解。按照降解特性的不同，生物降解农膜可分为完全生物降解农膜和生物破坏性农膜（即不完全生物降解农膜）两大类别。

完全生物降解农膜采用的是易于被微生物分解的高分子物质作为原材料，这些高分子物质可以是天然的，也可以是合成的。天然高分子材料指的是自然界中未经人工合成的天然物质，如淀粉、纤维素和甲壳素等。合成高分子材料，目前已有多种代表性的工业化产品，如聚乙内酯（PCL）、聚乳酸（PLA）和聚琥珀酸丁二酯（PBS）等。这些材料在微生物的作用下，能够较为容易地发生降解。

生物破坏性农膜也称为不完全生物降解农膜，采用共混或共聚的方法，将天然高分子原料与通用型合成树脂相结合制得。其中，主要的高分子原料是淀粉及其淀粉衍生物，包括物理改性淀粉和化学改性淀粉。这些改性淀粉能够提升与合成树脂的相容性，使得最终制成的农膜既具备了一定的机械性能，又能在一定程度上实现生物降解，但是其降解速度较慢且降解程度不完全。

第8章 危险废物环境管理

SOLID WASTE ENVIRONMENTAL MANAGEMENT

8.1　危险废物的产生与特性

8.1.1　产生和分类

根据《固废法》的规定，危险废物是指列入国家危险废物名录或者根据国家规定的危险废物鉴别标准和鉴别方法认定的具有危险特性的固体废物。

按照危险废物类别划分，2021 年新修订的《国家危险废物名录（2021 年版）》共将危险废物分为 46 个大类、467 种小类。《国家危险废物名录》根据国民经济行业分类代码，结合废物不同的产生行业来源、对各类危险废物赋予代码。危险废物代码为 8 位数字，其中，第 1～3 位为危险废物产生行业代码（依据《国民经济行业分类》（GB/T 4754—2017）确定），第 4～6 位为危险废物顺序代码，第 7～8 位为危险废物类别代码。每种类别均对应有毒性、腐蚀性、易燃性、反应性、感染性中的一种或一种以上危险特性。按照危险废物物理形态分类，危险废物可分为固态、半固态、液态以及置于容器的气态等形态，其中固态危险废物较为常见。按照危险废物产生源分类，危险废物可分为工业源、生活源、农业源等。

8.1.2　特性与环境影响

8.1.2.1　危险废物的危害特性

（1）腐蚀性

腐蚀性是指易于腐蚀或溶解金属等物质，且具有酸或碱性的性质。根据《危险废物鉴别标准　腐蚀性鉴别》（GB 5085.1—2007）规定，符合下列条件之一的固体废物，属于腐蚀性危险废物：

①按照《固体废物腐蚀性测定　玻璃电极法》（GB/T 15555.12）的规定制备的浸出液，pH≥12.5，或者 pH≤2.0。

②在 55℃条件下，对《优质碳素结构钢》（GB/T 699）中规定的 20 号钢材的腐蚀速率≥6.35 mm/a。

（2）毒性

毒性分为急性毒性、浸出毒性和毒性物质含量。急性毒性是指机体（人或实验动物）一次（或 24 h 内多次）接触外来化合物之后所引起的中毒甚至死亡的效应。浸出毒性是指固态的危险废物遇水漫沥，其中有害的物质迁移转化，污染环境，浸出的有害物质的毒性称为浸出毒性。毒性物质含量是固体废物本身所含毒性物质的量。

①根据《危险废物鉴别标准　急性毒性初筛》（GB 5085.2—2007）的规定，符合下列条件之一的固体废物，属于危险废物：

a. 经口摄取：固体 LD_{50}≤200 mg/kg，液体 LD_{50}≤500 mg/kg。

b. 经皮肤接触：LD_{50}≤1 000 mg/kg。

c. 蒸气、烟雾或粉尘吸入：LC_{50}≤10 mg/L。

②根据《危险废物鉴别标准　浸出毒性鉴别》（GB 5085.3—2007）的规定，按照《固体废物　浸出毒性浸出方法　硫酸硝酸法》（HJ/T 299—2007）制备的固体废物浸出液中任何一种危害成分含量超过浸出毒性鉴别标准限值，则判定该固体废物是具有浸出毒性特征的危险废物。包含的物质有铜、锌、镉、铅等无机元素及化合物 16 种，滴滴涕、六六六、乐果等有机农药类 10 种，硝基苯、二硝基苯、对硝基氯苯等非挥发性有机化合物 12 种，苯、甲苯、乙苯等挥发性有机化合物 12 种。

③根据毒性物质含量进行危险废物毒性的鉴别。毒性物质包括剧毒物质（acutely toxic substance）、有毒物质（toxic substance）、致癌性物质（carcinogenic substance）、致突变性物质（mutagenic substance）、生殖毒性物质（reproductive toxic substance）以及持久性有机污染物（persistent organic pollutants）。毒性物质名录和分析方法见《危险废物鉴别标准　毒性物质含量鉴别》（GB 5085.6—2007）附录 A～附录 F。毒性物质含量判定标准如下：剧毒物质总含量≥0.1%；有毒物质总含量≥3%；致癌性物质总含量≥0.1%；致突变性物质总含量≥0.1%；生殖毒性物质总含量≥0.5%；上述 1～5 中各物质与标准值比值之和≥1。

（3）易燃性

易燃性是指易于着火和维持燃烧的性质。根据《危险废物鉴别标准　易燃性鉴别》（GB 5085.4—2007）的规定，下列固体废物定义为易燃性危险废物：

①液态易燃性危险废物。闪点温度低于 60℃（闭杯试验）的液体、液体混合物或含有固体物质的液体。

②固态易燃性危险废物。在标准温度和压力（25℃、101.3 kPa）状态下，因摩擦或自发性燃烧而起火，经点燃后能剧烈且持续地燃烧并产生危害的固态废物。

③气态易燃性危险废物。在 25℃、101.3 kPa 状态下，在与空气的混合物中体积分数≤13% 时可点燃的气体，或者在该状态下，无论易燃下限如何，与空气混合，易燃范围的易燃上限与易燃下限之差大于或等于 12 个百分点的气体。

（4）反应性

反应性是指易于发生爆炸或剧烈反应，或反应时会挥发有毒气体或烟雾的性质。根据《危险废物鉴别标准　反应性鉴别》（GB 5085.5—2007）的规定，符合下列任何条件之一的固体废物，属于反应性危险废物：

①具有爆炸性质。常温常压下不稳定，在无引爆条件下，易发生剧烈变化；在 25℃、101.3 kPa 下，易发生爆轰或爆炸性分解反应；受强起爆剂作用或在封闭条件下加热，能发生爆轰或爆炸反应。

②与水或酸接触产生易燃气体或有毒气体。与水混合发生剧烈化学反应，并放出大量易燃气体和热量；与水混合能产生足以危害人体健康或环境的有毒气体或烟雾；在酸性条件下，每千克含氰化物废物分解产生≥250 mg 氰化氢气体，或者每千克含硫化物废物分解产生≥500 mg 硫化氢气体。

③废弃氧化剂或有机过氧化物。极易引起燃烧或爆炸的废弃氧化剂；对热、震动或摩擦极为敏感的含过氧基的废弃有机过氧化物。

（5）感染性

感染性是指细菌、病毒、真菌、寄生虫等病原体，侵入人体引起的局部组织和全身性不良反应。

8.1.2.2　危险废物环境影响

危险废物对环境的影响主要包括对大气环境、水环境、土壤环境、生态的影响。危险废物对大气环境的影响主要表现在部分危险废物化学性质活泼，易与其他物质发生反应，反应过程会释放有害物质。2017 年 6 月 16 日，石家庄市某县发生一起非法倾倒危险废物污染环境案件，造成 5 人死亡、2 人受伤。

危险废物对水环境的影响主要表现在部分危险废物中含有重金属、有机物等，排放到水环境中对水生态系统产生不可逆转的影响。2017 年 7 月，某市境内的一处长江江滩被人为倾倒危险废物酸洗污泥，造成应急监测、应急清运和应急处置等公司财产损失 39 万余元，生态环境修复费用经估算约为 55 万元。

危险废物对土壤环境的影响主要表现在危险废物的不规范贮存、填埋使危险废物直接或间接进入土壤，破坏土壤环境，影响农作物的生长，通过食物链生物累积效应危及人体和动物健康。2021 年，某地发现约 90 t 危险废物被倾倒至某风景区内，造成当地土壤污染。

8.2 危险废物管理主要政策法规

8.2.1 危险废物主要政策法规

“十三五”时期以来，我国危险废物环境管理体系逐步完善，以规范化环境管理为抓手，围绕管理计划、申报登记、转移联单、经营许可等制度，针对产生、收集、贮存、转移、利用和处置等环节，推动建立全过程闭环管理体系，危险废物环境风险防控能力不断提升。

8.2.1.1 危险废物管理纲领性文件

近年来，危险废物非法转移倾倒案件时有发生，对生态环境和人民群众生命安全造成严重影响，暴露出危险废物监管能力和利用处置能力仍存在突出短板。中共中央、国务院《关于全面加强生态环境保护　坚决打好污染防治攻坚战的意见》提出，提升危险废物利用处置能力。2019 年生态环境部印发了《关于提升危险废物环境监管能力利用处置能力和环境风险防范能力的指导意见》，旨在解决当前危险废物环境管理存在的环境监管能力薄弱、利用处置能力不均衡及环境风险防范能力存在短板三个方面的突出问题。2021 年国务院办公厅印发《强化危险废物监管和利用处置能力改革实施方案》（以下简称《实施方案》),《实施方案》深入贯彻习近平生态文明思想，坚持精准治污、科学治污、依法治污，深化体制机制改革，着力提升危险废物监管和利用处置能力，对于持续改善生态环境质量、有效防控危险废物环境与安全风险、切实维护人民群众身体健康和生态环境安全具有重大意义。

《实施方案》分为十个部分。第一部分是总体要求。提出以习近平新时代中国特色社会主义思想为指导，深入贯彻习近平生态文明思想和全国生态环境保护大会精神，坚持改革创新、着力激发活力，坚持依法治理、着力强化监管，坚持统筹安排、着力补齐短板，坚持多元共治、着力防控风险等原则，到 2025 年底建立健全源头严防、过程严管、后果严惩的危险废物监管体系。第二至第九部分提出主要任务，包括完善危险废物监管体制机制、强化危险废物源头管控、强化危险废物收集转运等过程监管、强化废弃危险化学品监管、提升危险废物集中处置基础保障能力、促进危险废物利用处置产业高质量发展、建立平战结合的医疗废物应急处置体系、强化危险废物环境风险防控能力等。第十部分是保障措施。提出压实地方和部门责任、加大督察力度、加强教育培训、营造良好氛围等要求。

8.2.1.2　危险废物名录和鉴别制度

《固废法》第七十五条规定，国务院生态环境主管部门制定国家危险废物名录，规定统一的危险废物鉴别标准、鉴别方法、识别标志和鉴别单位管理要求。危险废物名录和鉴别制度是开展危险废物管理的基础。目前，已形成了以《国家危险废物名录》、危险废物鉴别标准和《危险废物排除管理清单》的鉴别管理制度体系（见图 8-1）。

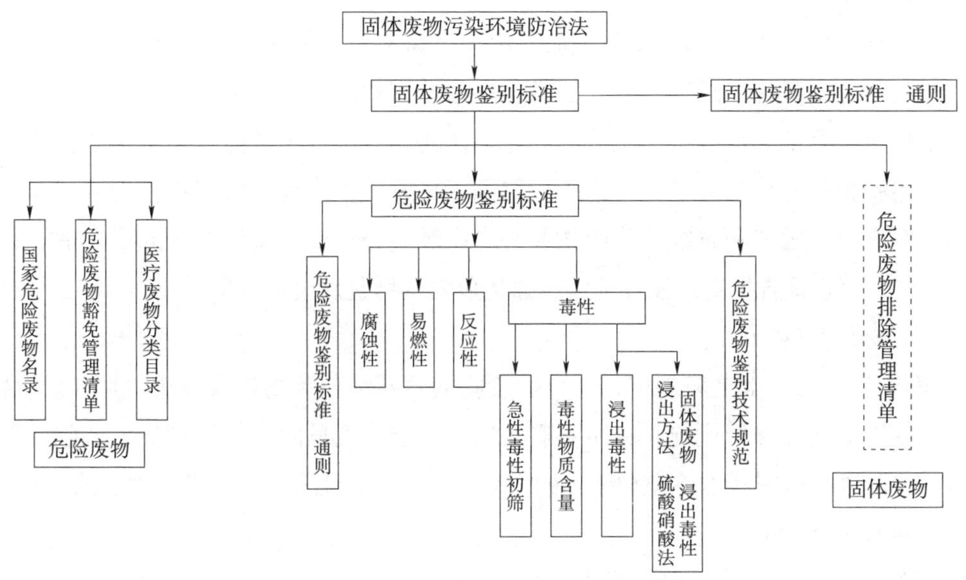

图 8-1　我国危险废物鉴别管理体系

1998 年，国家环保总局出台了第一版《国家危险废物名录》。《国家危险废物名录》分别于 2008 年、2016 年、2020 年先后进行了 3 次修订，基本实现动态调整。《国家危险废物名录（2021 年版）》将危险废物调整为 46 大类别 467 种，包括危险废物的类别、行业来源、代码、名称及危险特性等信息。

为推动危险废物分级分类管理，《国家危险废物名录（2016 年版）》首次提出了危险废物豁免管理清单，被列入豁免清单的危险废物，在所列的豁免环节，且满足相应的豁免条件时，可以按照豁免内容的规定实行豁免管理。豁免管理制度对促进危险废物利用发挥了积极作用。考虑到危险废物种类繁多，利用方式多样，难以逐一作出规定，《国家危险废物名录（2021 年版）》特别提出“在环境风险可控的前提下，根据省级生态环境部门确定的方案，实行危险废物‘点对点’定向利用”，鼓励各地结合实际实行更灵活地利用豁免管理。

当前我国仍有某些固体废物管理属性尚未明确，导致各地环境管理尺度不一，有的地方作为危险废物管理，有的地方则作为一般固体废物管理。针对当前属性不明确、社会普遍关注的固体废物，为明确其废物属性，统一管理尺度，提高环境管理水平，降低企业固体废物管理成本，生态环境部 2021 年首次印发实施《危险废物排除管理清单（2021 年版）》，明确纳入清单的固体废物不需要开展危险特性鉴别，直接作为一般固体废物管理。

生态环境部 2021 年印发《关于加强危险废物鉴别工作的通知》，旨在推动解决我国危险废物鉴别机构缺乏统一管理要求，存在鉴别费用高、周期长，鉴别程序和报告内容不规范，鉴别结论应用不充分等问题。该通知首次提出危险废物鉴别单位的管理要求和鉴别报告的编制要求，科学指导鉴别工作发展，规范危险废物鉴别流程和结果应用；明确建立国家和省级危险废物鉴别专家委员会，开展鉴别报告异议评估、鉴别单位评价和鉴别报告抽查复核等工作，强化危险废物鉴别组织管理。

8.2.1.3　标识制度

《固废法》第七十七条规定，对危险废物的容器和包装物以及收集、贮存、运输、利用、处置危险废物的设施、场所，应当按照规定设置危险废物识别标志。危险废物标签等危险废物识别标志传递和警示的内容，有利于识别和预警危险废物贮存、利用、处置过程的环境风险。

《危险废物贮存污染控制标准》（GB 18597—2023）规定了“贮存设施或场所、容器和包装物应按《危险废物识别标志设置技术规范》（HJ 1276—2022）的要求设置危险废物贮存设施或场所标志、危险废物贮存分区标志和危险废物标签等危险废物识别标志”。

《危险废物识别标志设置技术规范》（HJ 1276—2022）根据危险废物收集、贮存、利用、处置不同环境管理环节中对危险废物识别标志信息需求的不同，以及不同场景下危险废物识别标志设置需求的差异，将危险废物识别标志分为三大类：危险废物标签，危险废物贮存分区标志和危险废物贮存、利用、处置设施标志，并对三类危险废物识别标志的规范化设置提出了明确的技术要求。其中，将危险废物贮存、处置场的警告图形符号由“骷髅”改为“枯树和鱼”（见图 8-2），可以更为直观地传达“全面防范生态环境风险”的信息，使危险废物贮存和处置设施标志传

图 8-2　危险废物贮存、处置场的警告图形符号

递的信息更加科学。

危险废物标签是设置在危险废物容器或包装物上的标志，用于警示和标识危险废物，同时也向人们传递危险废物的废物名称、废物代码、主要成分、危险特性、产生日期、产生单位、联系方式等基本信息。在进行收集、贮存、转移、利用和处置危险废物活动时，危险废物标签可以警示操作人员，防止因不规范操作危害生态环境和人体健康。

危险废物贮存分区标志是设置在危险废物贮存设施内的标志，以平面分布图的形式标注了贮存分区的划分情况和各贮存分区存放的废物种类信息，用于警示相关人员应当按照危险废物特性分区分类贮存危险废物。

危险废物贮存、利用、处置设施标志是设置在危险废物相关设施、场所的标志，由警示图形和辅助性文字构成。警示图形主要用于传达危险废物的环境危害特性，辅助性文字主要用于标明危险废物设施的类型和相关责任人的信息等，便于发生意外情况时及时联系责任人并采取防范措施，尽可能避免环境风险扩散。

8.2.1.4　管理计划、台账和申报制度

《固废法》第七十八条规定，产生危险废物的单位，应当按照国家有关规定制订危险废物管理计划，建立危险废物管理台账，如实记录有关信息，并通过国家危险废物信息管理系统向所在地生态环境主管部门申报危险废物的种类、产生量、流向、贮存、处置等有关资料。

实施危险废物管理计划、台账和申报制度，可以实现危险废物从产生到处置全过程的跟踪，对防控危险废物环境风险具有重要作用。2022 年生态环境部印发《危险废物管理计划和管理台账制定技术导则》（HJ 1259—2022），对运用国家危险废物信息管理系统开展危险废物管理计划备案、管理台账记录和有关资料申报的要求作出具体规定，为巩固和深化危险废物规范化环境管理工作成效，进一步夯实企业污染防治主体责任提供了制度保障。

为突出管理重点，提高管理效率，根据危险废物的产生数量和环境风险等因素，《危险废物管理计划和管理台账制定技术导则》（HJ 1259—2022）将产生危险废物的单位管理类别分为危险废物环境重点监管单位、危险废物简化管理单位和危险废物登记管理单位，并对不同管理类别的单位提出差异化管理要求。一是危险废物管理计划制订内容。对于危险废物环境重点监管单位，管理计划制订内容包括单位基本信息、设施信息、危险废物产生情况信息、危险废物贮存情况信息、危险废物自行利用处置情况信息、危险废物减量化计划和措施、危险废物转移情况信息；对于简化管理单位和

登记管理单位，管理计划制订内容相应减少。二是危险废物有关资料申报周期。在按年度申报的基础上，分别对危险废物环境重点监管单位和简化管理单位增加按月度和按季度申报的要求。三是鼓励有条件的地区在危险废物环境重点监管单位推行电子地磅、视频监控、电子标签等集成智能监控手段，有条件的可与国家危险废物信息管理系统联网。

8.2.1.5 经营许可制度

《固废法》第八十条规定，从事收集、贮存、利用、处置危险废物经营活动的单位，应当按照国家有关规定申请取得许可证。

对危险废物收集、利用、处置经营活动的环境污染防治实行许可证管理，是依法治国以及推进生态环境治理体系和治理能力现代化的重要组成部分，是加强环境监督管理的必要手段。《危险废物经营许可证管理办法》规定了申请领取危险废物经营许可证的条件、程序以及监督管理要求。2009 年，环境保护部印发《危险废物经营单位审查和许可指南》，明确了申领危险废物经营许可证的证明材料，审批程序及时限，专家评审，焚烧、填埋及利用设施的审查要点，危险废物经营许可证的内容，监督检查等要求。《水泥窑协同处置危险废物经营许可审查指南（试行）》《废烟气脱硝催化剂危险废物经营许可证审查指南》《废氯化汞触媒危险废物经营许可证审查指南》《废铅蓄电池危险废物经营单位审查和许可指南（试行）》，分别针对水泥窑协同处置设施和废烟气脱硝催化剂、废氯化汞触媒、废铅蓄电池危险废物利用处置设施申领危险废物经营许可证细化了审批要求。《危险废物经营单位记录和报告经营情况指南》明确了危险废物经营情况记录的基本要求、基本内容及危险废物经营情况报告的基本要求和内容。

在收集许可制度方面，生态环境部积极探索建立危险废物收集体系。一是聚焦社会源危险废物废铅蓄电池，生态环境部联合国家发展改革委、工信部、公安部、司法部、财政部、交通运输部、国家税务总局、市场监督管理总局印发《废铅蓄电池污染防治行动方案》，把废铅蓄电池污染防治作为深入打好污染防治攻坚战的重要内容；2019 年 1 月生态环境部联合交通运输部印发《铅蓄电池生产企业集中收集和跨区域转运制度试点工作方案》，组织开展铅蓄电池生产企业集中收集和跨区域转运制度试点，在试点省份建立废铅蓄电池规范集中收集和跨区域转运体系，提升废铅蓄电池规范收集处理率。截至 2023 年 12 月底，北京等 31 个省（区、市）和新疆生产建设兵团已发放了 596 份废铅蓄电池收集许可证，参与试点企业共计建设集中转运点 938 个、收集网点 14 708 个，废铅蓄电池规范收集处理体系基本建设完成，基本补齐了我国社会源废铅蓄电池收集体系短板。二是聚焦危险废物产生量少，但种类杂、点多面广、环境风险隐患较大的小微企业，破解小微企业“急难愁盼”的危险废物收集处理难题；生态环境部于 2022 年印发《关于开展小微企业危险废物收集试点的通知》，组织各省（区、市）开展小微企业危险废物收集试点，推动各地完善小微企业危险废物收集体系建设，加快解决小微企业“急难愁盼”的危险废物收集处理难题，打通危险废物收集“最后一公里”。截至 2023 年年底，已有 30 个省（区、市）不同程度地开展小微企业危险废物收集试点工作，全国已布局小微企业危险废物收集试点单位超过 1 000 家，收集服务对象超 26 万家小微企业，试点单位累计收集危险废物超 160 万 t，推动相关处置成本下降 20%、处置周期缩短 50%。

8.2.1.6　转移管理制度

《固废法》第八十二条规定，转移危险废物的，应当按照国家有关规定填写、运行危险废物电子或者纸质转移联单；跨省、自治区、直辖市转移危险废物的，应当向危险废物移出地省、自治区、直辖市人民政府生态环境主管部门申请；移出地省、自治区、直辖市人民政府生态环境主管部门应当及时商经接受地省、自治区、直辖市人民政府生态环境主管部门同意后，在规定期限内批准转移该危险废物；未经批准的，不得转移；危险废物转移管理应当全程管控、提高效率。

危险废物转移管理制度对于监督危险废物的转移流向具有重要作用。《危险废物转移管理办法》对危险废物转移全过程提出了管理要求，增加了危险废物转移相关方责任、跨省转移管理、全面运行电子联单等内容。一是在《危险废物转移联单管理办法》基础上，重新制定《危险废物转移管理办法》，由生态环境部、公安部、交通运输部联合印发。二是明确危险废物转移相关方的一般责任，增加了移出人、承运人、接受人、托运人责任，细化了从移出到接受各环节的转移管理要求。三是明确危险废物转移遵循就近原则，尽可能减少大规模、长距离运输。四是强化危险废物转移环节信息化管理，推动实现危险废物收集、转移、处置等全过程监控和信息化追溯。五是优化危险废物跨省（区、市）转移审批服务，落实“放管服”改革要求，对申请材料、审批流程进行了简化，提高审批效率，加强服务措施。

《固废法》第八条规定，省、自治区、直辖市之间可以协商建立跨行政区域固体废物污染环境的联防联控机制，统筹规划制定、设施建设、固体废物转移等工作。2023 年，生态环境部印发《关于开展优化废铅蓄电池跨省转移管理试点工作的通知》，简化试点单位废铅蓄电池跨省转移审批手续，进一步深化废铅蓄电池污染防治，推动危险废物跨省转移便捷化、切实减轻企业负担，也为探索推进危险废物跨省转移利用简化审批积累可复制、可推广的经验。

8.2.1.7　应急预案和事故报告制度

《固废法》第八十五条规定，产生、收集、贮存、运输、利用、处置危险废物的单位，应当依法制定意外事故的防范措施和应急预案，并向所在地生态环境主管部门和其他负有固体废物污染环境防治监督管理职责的部门备案。《固废法》第八十六条规定，因发生事故或者其他突发性事件，造成危险废物严重污染环境的单位，应当立即采取有效措施消除或者减轻对环境的污染危害，及时通报可能受到污染危害的单位和居民，并向所在地生态环境主管部门和有关部门报告，接受调查处理。

《危险废物经营单位编制应急预案指南》明确了危险废物经营单位编制应急预案的原则要求、基本框架、应急预案保证措施、编制步骤、文本格式等要求。产生、收集、运输危险废物的单位及其他相关单位可参考《危险废物经营单位编制应急预案指南》制定应急预案。

8.2.1.8　危险废物信息化管理

近年来，生态环境部在危险废物日常环境监管、执法检查和环境统计等方面加强信息化技术手段的应用，充分利用信息化工具记录危险废物全过程环境数据，支撑管理决策，提升政府环境法治管理效能。

2020年生态环境部印发《关于推进危险废物环境管理信息化有关工作的通知》。2022年生态环境部印发《关于进一步推进危险废物环境管理信息化有关工作的通知》，要求各地全面应用全国固体废物管理信息系统，有序推进危险废物产生、收集、贮存、转移、利用、处置等全过程监控和信息化追溯；对危险废物产生情况申报、危险废物转移联单运行、持危险废物许可证单位年报报送和危险废物出口核准四方面的信息化环境管理提出了具体要求。

8.2.1.9　危险废物规范化环境评估

2011年环境保护部印发《"十二五"全国危险废物规范化管理督查考核工作方案》，2017年环境保护部印发《"十三五"全国危险废物规范化管理督查考核工作方案》，2021年生态环境部印发《"十四五"全国危险废物规范化环境管理评估工作方案》，各级生态环境部门持续将规范化评估作为加强危险废物污染防治的重要抓手，有力推动解决危险废物监管能力薄弱、利用处置能力结构性供需矛盾、企业主体责任落实不到位等问题，对促进提升危险废物环境监管能力、利用处置能力、环境风险防范能力发挥了积极作用。

《"十四五"全国危险废物规范化环境管理评估工作方案》结合《固废法》和国务院印发的《强化危险废物监管和利用处置能力改革实施方案》等要求，改进优化评估方式，补充完善评估指标，进一步突出评估重点。一是改进方式方法。建立分级负责的评估机制，危险废物规范化环境管理评估以省（区、市）组织开展为主，生态环境部结合统筹强化监督等对部分省（区、市）上年度危险废物规范化环境管理相关情况进行评估。二是突出评估重点。根据危险废物的危害特性、产生数量和环境风险等因素，突出评估危险废物环境重点监管单位，并在“十四五”期间实现对本地区所有危险废物经营单位全覆盖。三是丰富指标类型。为鼓励地方积极创新工作措施、认真落实危险废物污染防治监管责任，增设“加分项”；为规范危险废物经营许可证审批等行为，增设“扣分项”。

2023 年生态环境部印发《关于进一步加强危险废物规范化环境管理有关工作的通知》，深化规范化评估工作，强化全过程信息化环境管理，持续提升危险废物规范化环境管理水平，严密防控危险废物环境风险。通知围绕提升危险废物规范化环境管理水平，从深化规范化评估、运用信息化手段和强化评估结果应用三个方面提出十项具体措施。一是持续深化危险废物规范化环境管理评估工作，具体措施包括“突出评估重点，严格指标要求”“强化改革创新，完善评估体系”和“加强指导帮扶，提升评估效能”。二是运用信息化手段提升危险废物规范化环境管理水平，具体措施包括“实行电子标签，规范源头管理”“运行电子联单，规范转移跟踪”“推行电子证照，规范末端管理”和“构建全国‘一张网’，强化对接与应用”。三是强化危险废物规范化环境管理评估结果应用，具体措施包括“加强正向激励，形成工作合力”“严格监督管理，推动问题整改”和“强化示范引领，营造良好氛围”。

8.2.1.10　危险废物的出口核准制度

按照《巴塞尔公约》的规定，作为公约的缔约国禁止向《巴塞尔公约》非缔约方出口危险废物。我国产生、收集、贮存、处置、利用危险废物的单位，向中华人民共和国境外《巴塞尔公约》缔约方出口危险废物，必须依据《危险废物出口核准管理办法》向国务院环境保护行政主管部门提出危险废物出口申请，取得危险废物出口核准后方可出口危险废物并接受监督管理，在出口危险废物时还需按规定填写、运行和妥善保管转移单据。

此外，2023 年生态环境部会同国家发展改革委印发《危险废物重大工程建设总体实施方案（2023—2025 年）》，在全国布局建设国家危险废物环境风险防控技术中心、6 个区域性危险废物环境风险防控技术中心和 20 个区域性特殊危险废物集中处置中心，提升危险废物生态环境风险防控应用基础研究能力、利用处置技术研发能力以及管理决策技术支撑能力，为全国危险废物特别是特殊类别危险废物利用处置提供托底保障与引领示范。

8.2.2 工业危险废物环境管理主要标准

生态环境标准是生态环境管理理念的重要体现，生态环境管理制度的重要载体，也是支撑推进我国生态文明建设的重要基石。近年来，我国危险废物环境管理法律法规和配套规章制度建立健全，危险废物填埋、焚烧等污染控制标准及危险废物鉴别相关管理技术规范陆续出台，对于指导和全面推动“十四五”危险废物领域生态环境管理工作，具有十分重要的意义。

危险废物环境管理标准基本可分为危险废物鉴别标准、通用标准、专项危险废物利用处置标准、危险废物利用处置工程技术规范等其他标准，见图 8-3。

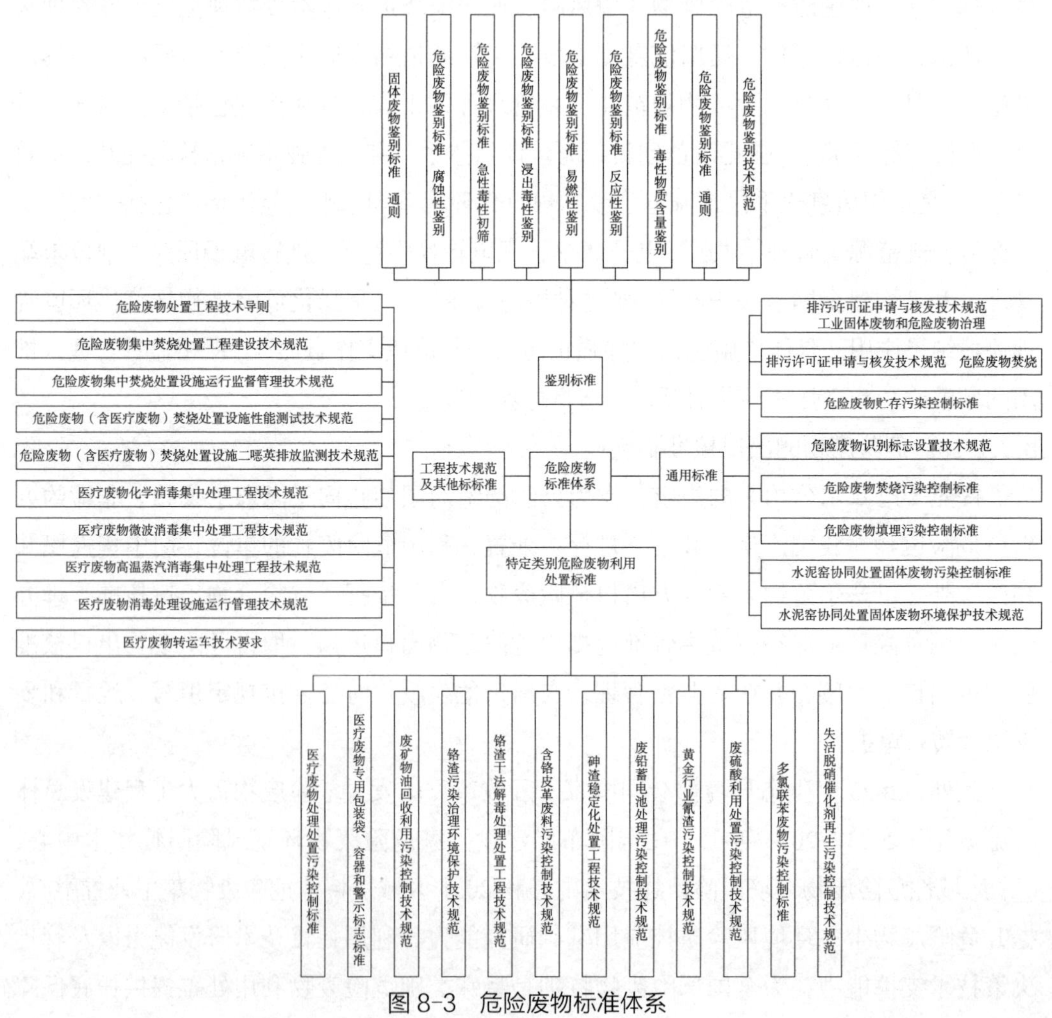

图 8-3 危险废物标准体系

8.2.2.1　危险废物鉴别标准

危险废物鉴别标准主要包括 7 项危险废物鉴别标准和危险废物鉴别技术规范。1996 年国家环保局先后制定了《危险废物鉴别标准　腐蚀性鉴别》（GB 5085.1—1996）、《危险废物鉴别标准　急性毒性初筛》（GB 5085.2—1996）、《危险废物鉴别标准　浸出毒性鉴别》（GB 5085.3—1996）三项鉴别标准以及配套的检测方法标准。2007 年国家环保总局对以上三项鉴别标准进行修订，同时新增制订《危险废物鉴别标准　通则》（GB 5085.7—2007）、《危险废物鉴别标准　易燃性》（GB 5085.4—2007）、《危险废物鉴别标准　反应性》（GB 5085.5—2007）和《危险废物鉴别标准　毒性物质含量》（GB 5085.6—2007）四项鉴别标准，并配套制定《危险废物鉴别技术规范》（HJ/T 298—2007）对鉴别工作全过程各环节的技术要求做出规定。

2019 年生态环境部修订印发《危险废物鉴别标准　通则》（GB 5085.7—2019）和《危险废物鉴别技术规范》（HJ 298—2019），以解决鉴别对象不明确、采样方法不具体、判定规则不够合理以及鉴别周期长、成本高等问题。

《危险废物鉴别标准　通则》（GB 5085.7—2019）主要对危险废物鉴别程序、危险废物混合后判定规则、危险废物利用处置后判定规则做出相关规定。《危险废物鉴别标准　通则》（GB 5085.7—2019）重点修订三方面内容：一是完善了鉴别程序，第 4.3 条修改为“未列入《国家危险废物名录》，但不排除具有腐蚀性、毒性、易燃性、反应性的固体废物，依据 GB 5085.1、GB 5085.2、GB 5085.3、GB 5085.4、GB 5085.5 和 GB 5085.6，以及 HJ 298 进行鉴别。”二是修改了危险废物混合后判定规则，将混合后的结果，即“导致危险特性扩散到其他物质中”，作为判断混合后的固体废物属于危险废物的前提条件。三是修改了针对具有毒性危险特性的危险废物利用过程的判定规则，即“具有毒性危险特性的危险废物利用过程产生的固体废物，经鉴别不再具有危险特性的，不属于危险废物。”

《危险废物鉴别技术规范》（HJ 298—2019）规定了固体废物的危险特性鉴别中样品的采集和检测，以及检测结果判断等过程的技术要求。《危险废物鉴别技术规范》（HJ 298—2019）重点修订三方面内容：一是扩大适用范围。增加了环境事件涉及的固体废物危险特性鉴别程序和技术要求，提高了固体废物非法转移、倾倒、贮存、利用、处置等环境事件涉及的固体废物以及突发环境事件及其处理过程中产生的固体废物属性鉴别工作的合理性。二是优化技术要求。进一步细化和明确了不同情形的鉴别对象、份样数、样品检测、检测结果判断等要求，提高鉴别工作的可行性。修改了鉴别过程关于样品份样数的规定，补充了平行生产线生产情况下的采样份样数的确定依据，通过提高采集样品的准确性及类比性，减少采样份数，缩短鉴别周期，降低鉴别成本。三是完善鉴别程序。样品检测过程中增加了利用过程或处置后产生的固体废物的鉴别规定。在实际鉴别工作中，可根据固体废物的各项危险特性超标的可能性确定检测优先顺序，避免过度开展特性检测工作。

8.2.2.2 危险废物通用标准

危险废物通用标准主要包括两项排污许可证申请与核发技术规范、危险废物贮存污染控制标准、危险废物识别标志设置技术规范、危险废物焚烧污染控制标准、危险废物填埋污染控制标准、水泥窑协同处置固体废物污染控制标准、水泥窑协同处置固体废物环境保护技术规范等。

（1）《危险废物贮存污染控制标准》

2023 年，生态环境部与国家市场监管总局联合印发新修订的《危险废物贮存污染控制标准》（GB 18597—2023）。标准规定了危险废物贮存污染控制的总体要求、贮存设施选址和污染控制要求、容器和包装物污染控制要求、贮存过程污染控制要求，以及污染物排放、环境监测、环境应急、实施与监督等环境管理要求。GB 18597—2023 重点修订了三方面内容：一是增加了“总体要求”。将贮存设施设置要求、分类贮存要求、环境污染防治、识别标志、信息化管理、设施退役等危险废物环境管理方面的原则性要求纳入“总体要求”。二是考虑到我国危险废物存在来源多、种类和特性复杂以及贮存规模差异大的特点，存在多元化的贮存形式需求；根据贮存危险废物类型和贮存设施结构形式的不同，将贮存设施分为贮存库、贮存场、贮存池、贮存罐区四种类型，并有针对性地提出了建设和使用要求，补充了贮存点相关环境管理要求。三是完善了危险废物贮存设施的选址和建设要求，系统地提出了贮存设施建设的“一般规定”和各类贮存设施的建设要求。

（2）《危险废物焚烧污染控制标准》

2023 年，生态环境部与国家市场监管总局联合印发新修订的《危险废物焚烧污染控制标准》（GB 18484—2023），该标准主要对危险废物焚烧设施的选址要求、污染控制技术要求、排放控制要求、运行管理要求、环境监测要求、实施监督等方面提出要求。在污染控制技术方面，结合危险废物焚烧处置的工艺特点，标准分别对危险废物焚烧处置过程的贮存、焚烧环节作出规定，并新增了废物配伍的要求。其中，对于焚烧环节，从一般规定、进料装置、焚烧炉、烟气净化装置、排气筒等具体设备提出了要求，确保焚烧处置设施安全稳定运行，并满足相关法律法规的规定。标准对焚烧炉技术性能指标进行了调整，删除了含多氯联苯废物和医疗废物焚烧处置时焚烧炉的性能指标要求，增加了烟气一氧化碳浓度。在排放控制要求方面，考虑危险废物焚烧处置技术和污染物控制技术的进步及大气环境质量改善的最新要求，标准修订时对大气减排重点污染物和总量控制重点重金属污染物的排放要求进行加严，如颗粒物、二氧化硫、氮氧化物、氟化氢、氯化氢、重金属等。考虑焚烧设施运行过程工况偶发的不稳定性以及由此导致废气排放的波动性，设立了 1 h 均值和 24 h 均值（或日均值）两个排放限值，实现全时段的污染物排放控制。在运行管理要求方面，考虑到焚烧设施的稳定运行是其实现稳定达标排放的重要前提和条件，标准对焚烧设施运行过程提出具体要求，包括设施运行期间的档案记录、应急管理以及隐患排查要求。

（3）《危险废物填埋污染控制标准》

2023 年，生态环境部与国家市场监管总局联合印发新修订的《危险废物填埋污染控制标准》（GB 18598—2023），标准规定了危险废物填埋的入场条件、填埋场的选址、设计、施工、运行、封场及监测的环境保护要求。标准将危险废物填埋场分为柔性填埋场和刚性填埋场，并分别提出要求。对于柔性填埋结构，规定了填埋废物浸出液中的有害成分浓度限值、有机质含量等要求。考虑到废盐等水溶性物质对于填埋稳定性的不利影响，对废物进入柔性填埋场水溶性盐总量也提出了具体规定。基于刚性填埋结构的环境风险控制水平和日后回取再利用的需求，本次修订适当放宽了废物进入刚性填埋场的污染控制技术要求。相较于 GB 18598—2019，重点修订三个方面：一是完善填埋场选址要求。增加了填埋场选址应没有泉水出露等技术要求，明确了填埋场场址天然基础层的饱和渗透系数要求，对于特定地质条件提出了刚性填埋结构的建设要求。二是加强设计、施工与质量保证要求。增加了渗滤液导排层渗透系数、可接受渗漏速率技术规定，新增了设计寿命期后废物处置方案制订要求，通过新增施工方案等报备要求确保填埋场科学施工。三是细化废物入场填埋要求。明确了进入柔性填埋场和刚性填埋场的污染物控制限值、水溶性盐总量、有机质含量等技术要求。

8.2.2.3　专项危险废物利用处置标准

专项危险废物利用处置标准主要对部分重点危险废物利用、处置过程的工艺技术、污染防治、环境管理提出要求，相关标准涉及的危险废物主要有废矿物油、铬渣、含铬皮革废料、砷渣、废铅蓄电池、黄金行业氰渣、废硫酸、失活脱硝催化剂等。

例如，为推动落实生产者责任延伸制度、提高再生铅行业水平、配合我国废铅蓄电池收集处理体系建立，2020 年生态环境部修订印发《废铅蓄电池处理污染控制技术规范》（HJ 519—2020），对废铅蓄电池收集网点和集中转运点建设、废铅蓄电池运输、收集过程和再生铅企业处理过程环境管理等提出一系列新的要求。一是根据环境风险大小，对不同类型废铅蓄电池贮存设施实施分级管理，对收集网点、集中转运点、再生铅企业分别提出不同贮存要求。二是进一步加强再生铅企业污染防治，细化再生铅企业建设及清洁生产要求、污染控制要求、企业运行环境管理要求；为减少可能的污染源，新增“无再生铅能力的企业不得拆解废铅蓄电池”等要求。三是与排污许可制度等相关管理制度要求有效衔接，增加再生铅企业火法冶金工艺和湿法冶金工艺主要污染物排放监测要求，以及再生铅企业地下水环境监测要求。

8.2.2.4 危险废物处置工程技术规范及其他标准

在危险废物标准体系中，除了上述标准外，生态环境部还发布了一系列危险废物处置工程技术导则和规范。主要包括《危险废物处置工程技术导则》《危险废物集中焚烧处置工程建设技术规范》《危险废物集中焚烧处置设施运行监督管理技术规范》《危险废物（含医疗废物）焚烧处置设施性能测试技术规范》《危险废物（含医疗废物）焚烧处置设施二噁英排放监测技术规范》。上述标准主要规定了危险废物焚烧、处理处置工程设计、施工、验收和运行中的通用技术和管理要求。

8.3 通用利用处置技术

8.3.1 利用技术

危险废物利用技术主要适用于具有利用价值的危险废物。截至 2022 年年底，全国各级生态环境部门共颁发危险废物经营许可证 3 300 余份，持证单位的核准利用处置能力 1.8 亿 t/a。下面简要介绍废矿物油、废有机溶剂、电镀污泥、废催化剂四类危险废物利用技术。

8.3.1.1 废矿物油再生利用技术

废矿物油是指从石油、煤炭、油页岩中提取和精炼，通过后期加工和使用，使其原有的物理和化学性能发生改变的矿物油。废矿物油不能在生产中继续使用，其成分主要有 C_{15}～C_{36} 的烷烃、多环芳烃、苯系物和酚类，能够渗透到土壤深层，污染土壤和浅层地下水。

目前废矿物油利用技术主要有小分子烷烃精制技术、蒸馏 - 极性有机溶剂精制技术、加氢精制等。小分子烷烃精制技术是先对废矿物油进行常压蒸馏分离出轻组分和水，然后加入丙烷抽提，使沥青分离出来，再经过真空蒸馏得到基础油，溶剂回收重复利用，剩余部分再一次用丙烷抽提后，真空蒸馏得到基础油。加氢精制是在氢压和催化剂存在下，使油品中的 S、O、N 等有害杂质转变为相应的 H_2S、H_2O、NH_3 而除去，并使烯烃和二烯烃加氢饱和、芳烃部分加氢饱和，以改善油品的质量。

8.3.1.2　废有机溶剂再生技术

有机溶剂是重要的化工原料，主要由醇、烃、脂、酮等加工而成，广泛应用于涂装业、煤化工业、铸造业、医药制造业、橡胶制品业、印刷业和干洗业等十几个行业。废有机溶剂具有分子量小、挥发性强、脂溶性等特点，其中含有多种卤代烃、多环芳烃等有害物质。

废有机溶剂再生利用比较常见的方法为精馏法、萃取法、吸收法、冷凝法、吸附法、膜分离法等。精馏法是利用液体混合物中各组分挥发度的差别，使液体混合物部分汽化后使蒸汽部分冷凝，实现不同组分的分离。萃取法是利用液体混合物各组分在某溶剂中溶解度的差异而实现分离，使其中某种成分分离的过程。目前主要用于两方面：一是从溶液中回收苯酚；二是从其他含水溶性化合物的有机溶剂液中回收卤代烃溶剂。吸附法是主要是使用粒状活性炭、活性炭纤维和沸石等作为吸附剂，对有机溶剂进行吸附和处理。活性炭吸附法已经实现了印刷工业、电子行业、喷漆和胶黏剂等行业中对苯、二甲苯和四氯化碳等有机溶剂的利用。冷凝法是将废气冷却，保证其温度低于有机物的露点温度，将废气中的有机物冷凝成液态，之后将其从废气中分离出来，该方法适用于一些单一有机溶剂浓度较高的废气，尤其是某一种成品挥发性有机溶剂。

8.3.1.3　电镀污泥有价金属回收技术

电镀污泥是电镀废水处理过程中产生的以铜、铬等重金属氢氧化物为主要成分的沉淀物，富集了电镀废水中 Cu、Ni、Cr、Zn 等有害重金属。电镀污泥具有含水率高、重金属组分热稳定性高、易迁移等特点。

电镀污泥利用技术主要包括浸出法、焙烧浸出法、熔炼法等技术。浸出法主要是对电镀污泥进行选择性浸出，使其中的重金属组分溶出，金属的浸出溶解主要有酸浸和氨浸两种工艺，其中酸浸法以硫酸、盐酸等作为浸出剂。焙烧浸取法先采用高温焙烧预处理污泥中的杂质，再用酸、水等浸取剂提取焙烧产物中的有价重金属；但焙烧浸取法对电镀污泥中的重金属回收率并不很高，且焙烧过程中需耗费大量的热能。熔炼法一般以煤、焦炭为燃料和还原物质，铁矿石、铜矿石、石灰石等为辅料，对电镀污泥中的重金属进行回收，主要用于回收电镀污泥中的 Cu 和 Ni。熔炼法熔炼以 Cu 为主的电镀污泥时，炉温在 1 300℃以上，熔出的铜称为冰铜；当熔炼以 Ni 为主的污泥时，炉温在 1 455℃以上，熔出的镍称为粗镍。冰铜和粗镍都可用电解法进行直接回收。

8.3.1.4 废催化剂稀贵金属回收技术

催化剂是化工生产中不可或缺的物资，现代工业生产大都采用催化剂。废催化剂中，如铂族金属催化剂、钴－钼加氢催化剂，有色金属或贵金属含量较高，往往高于贫矿中相应组分的含量。

废催化剂利用通常包含火法和湿法工艺。火法工艺是利用加热炉将废催化剂与还原剂、助熔剂一起加热熔融，使金属组分经还原熔融成金属或合金进行回收，助熔剂与载体以炉渣形式排出系统。主流的火法工艺有氧化焙烧法、升华法和氯化物挥发法。火法工艺的优点是反应原理及工艺路线较为简单，缺点是反应温度过高、能耗较大、只能得到合金中间产品等。湿法工艺是利用适宜的无机酸或有机酸将废催化剂中的贵金属溶解并提取收集。多数贵金属催化剂、加氢脱硫催化剂、铜系催化剂及镍系催化剂等一般采用湿法回收。湿法工艺的循环利用率较高，但工艺路线较为复杂。

8.3.2 协同处置技术

工业窑炉协同处置危险废物是指利用工业企业现有的高温工业窑炉将固体废物与其他原料（燃料）混合处置，根据入炉废物的不同可以实现两种处理效果，一是利用固体废物作为替代原料或燃料，二是消除固体废物中的有害物质，进而达到固体废物资源化利用和无害化处置的目的。工业窑炉协同处置技术主要适用于处理数量大、性质单一的固体废物。

协同处置的定义最早来源于英文“co-processing”翻译。在我国的实践过程中，随着技术的发展，处理的废物种类越来越多，其内涵发生变化，不能再简单等同于传统的处置概念。

8.3.2.1 水泥窑协同处置技术

水泥窑协同处置技术是处理危险废物、工业固体废物和城市生活垃圾的重要途径，该工艺能充分利用危险废物中的可燃组分为高温煅烧过程提供燃料，部分无机固体组分作为煅烧原料从而减少高钙矿石的使用量，此外重金属还可分散吸附在水泥熟料上，在规定的浓度限值以内安全地应用于建材产业等。

水泥窑协同处置技术的难点和关键在于如何对种类繁多、成分复杂且稳定性差的危险废物进行分类预处理，并选择合适的投加位置及方式。我国自 20 世纪 90 年代开展利用水泥窑协同处理废物以来，部分水泥窑协同处理企业在危险废物预处理及入窑技术等方面进行了创新性的研究，拥有了浆渣制备系统、污泥泵处置系统、废液处置系统以及替代燃料制备系统等危险废物预处理工艺线。

进入水泥窑的危险废物应具有相对稳定的化学组成和物理特性，其重金属以及氯、氟、硫等有害元素的含量及投加量应满足相关标准要求，因此，危险废物进入水泥窑之前应进行必要的预处理。预处理一般根据危险废物不同性质而分类处理。热值高且稳定的危险废物优先作为水泥窑替代燃料进行利用；符合水泥原料成分且含量较高的可作为替代原料而利用。对于不能作为替代燃料或替代原料的固态危险废物的预处理技术主要是破碎分选，一般采用螺旋输送器或人工直接投料的方式入窑处置；半固态、液态危险废物主要在混合配伍后采用污泥泵、隔膜泵等直接泵送入水泥窑。水泥窑协同处理危险废物工艺技术路线如图 8-4 所示。

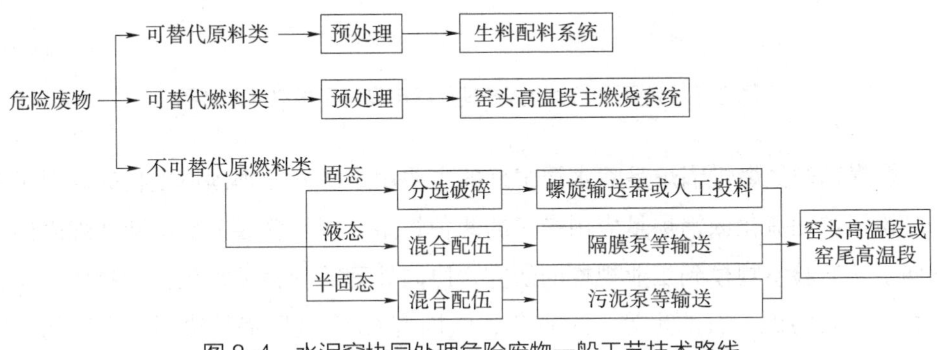

图 8-4　水泥窑协同处理危险废物一般工艺技术路线

水泥窑协同处理主要根据危险废物的特性、进料装置的要求以及投加口的工况特点，选择窑头高温段、窑尾高温段或者生料配料系统等作为投加位置，如图 8-5 所示。窑头高温段主要适合投加含水率低的液态物质及含高氯、高毒、难降解有机物质等危险废物；窑尾高温段主要适合含水率高、大块状等危险废物；生料配料系统对危险废物的要求相对较高，只能投加不含有机物和挥发性、半挥发性重金属的固态危险废物。

8.3.2.2　其他工业窑炉协同处置技术

工业窑炉协同处理危险废物是指利用企业高温工业窑炉将危险废物与其他原料或燃料协同处理，在满足企业正常生产要求、保证产品质量与环境安全的同时，实现危险废物的无害化处置和资源化利用。常用的处理危险废物的工业窑炉主要有燃煤锅炉、钢铁冶炼窑炉、水煤浆气化炉等。

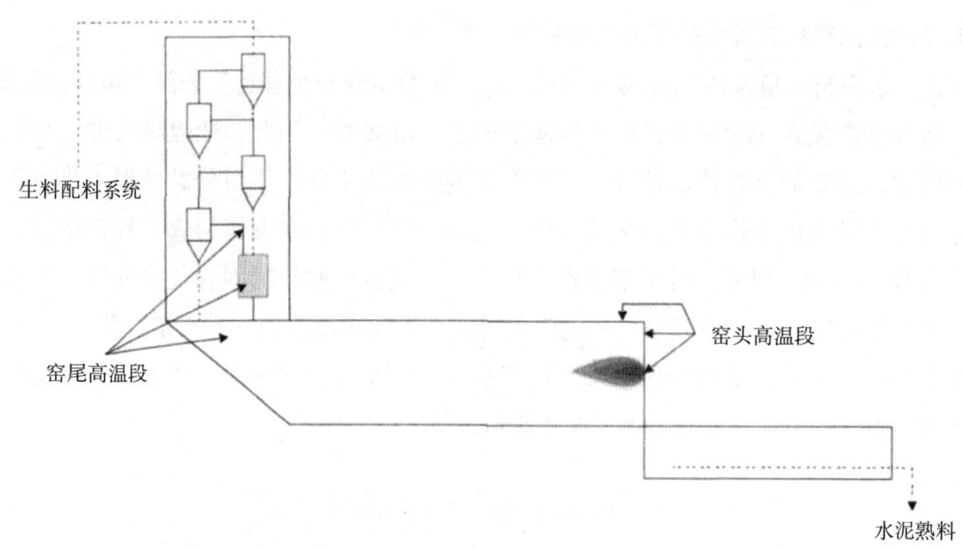

图 8-5　我国水泥窑协同处理危险废物常见投料点示意图

①燃煤锅炉。燃煤锅炉是除水泥窑外的主要用于协同处理固体废物的高温工业窑炉，煤粉锅炉和流化床锅炉是应用最多的两种炉型。国外燃煤锅炉协同处理固体废物已开展了从实验室规模到工业规模的研究，协同处理的废物类别包括生物质、垃圾衍生燃料、市政污泥、石油焦等。2009 年，欧洲有 63 个电厂锅炉协同处理废物，废物类别主要包括生活污泥、造纸污泥、RDF、动物组织废物和废木材以及某些危险废物；电厂锅炉的燃料替代率一般约为 10%，流化床锅炉以及仅协同处理木屑的煤粉炉的燃料替代率相对较高。在德国，大约有 40 台电厂锅炉使用废物作为替代燃料，燃料替代率 25%，2009 年总计协同处理废物 280 万 t。1993 年，美国全国总计 900 个锅炉，50% 的燃料被危险废物替代，此外生物质废物也是美国锅炉常用的替代燃料。我国关于燃煤锅炉协同处理固体废物技术的研究处于起步和发展阶段，以实验室模拟实验为主。主要处理一般固体废物，主要为农林生物质、市政污泥、印染污泥、废纺织物、废塑料等，在国内有小范围应用。2017 年，国家能源局、原环境保护部开展燃煤耦合生物质发电技改试点工作，最终确定了 84 家试点单位，其中 82 家协同处理农林生物质和市政污泥，2 家协同处理生活垃圾。协同处理危险废物仅有个别工程试验和应用案例，协同处理的危险废物主要包括抗生素菌渣、含油污泥、煤液化油渣、油基岩屑等。

②钢铁冶炼窑炉。与水泥窑、燃煤锅炉相比，钢铁冶炼窑炉同样具备协同处理固体废物的特征，钢铁行业中烧结炉、转炉、高炉、回转窑、焦炉、转底炉等多种高温窑炉均具备协同处理固体废物的潜力。钢铁冶炼窑炉协同处理固体废物技术的开发应

用相对较晚，1995 年德国一家钢铁企业首先开始利用炼铁高炉协同处理废塑料，美国钢铁业利用钢铁冶炼窑炉协同处理尘泥类危险废物，有效减少了燃料的使用。目前，国内少数企业开展了钢铁冶炼窑炉协同处理固体废物的技术研究和工程实践。如通过焦炉协同处理轧钢含油污泥，回收利用油泥裂解气，增加煤气热值；利用焦油渣作为黏结剂生产型煤，并以一定比例配入焦炉炼焦，将焦油渣转化为焦炭、煤焦油和煤气，同时提高了焦炭质量。

③水煤浆气化炉。煤气化工艺作为现代煤化工项目技术集成的龙头和基础，特别是以水煤浆气化炉为代表的高温洁净煤气化炉是普遍应用于现代煤化工项目的关键装置。从原理上煤气化工艺与热解气化焚烧炉技术均是可控的部分氧化技术，而加压的水煤浆气化炉具有装置更加大型化、碳转化率更高、气化效率更高、能耗更低、环保性能更优的技术特点。目前水煤浆气化炉协同处理固体废物已有少量工程应用，如协同处理废活性炭、精馏残渣、废有机溶剂等高热值危险废物。

8.3.3　处置技术

8.3.3.1　焚烧处置技术

焚烧处理是指在专业焚烧炉内，通过高温分解破坏和改变物质结构组成及理化特性，使危险废物得到安全处置。焚烧处理技术因其具有处理彻底、适应性强和可回收能量等特点，成为国内外危险废物处置应用中最广泛的技术手段。焚烧处理技术核心装备为焚烧炉，目前危险废物焚烧炉类型主要有多段焚烧炉、回转窑焚烧炉、流化床焚烧炉等，其中回转窑焚烧炉是危险废物焚烧处置的主流炉型，常见的危险废物焚烧处置炉型比较见表 8-1。

表 8-1　危险废物焚烧处置炉型比较

项目	优点	缺点	适用废物
多段焚烧炉	加热表面大，连续运行燃料消耗少	机械设备较多，维修保养困难，需增设二次燃烧设备	含可溶性灰分的废物及需要极高温度才能破坏的物质
回转窑焚烧炉	操作简单灵活、去除率及破坏率良好	燃烧问题不能得到有效控制，需要其他材料辅助	各种危险工业废渣、医疗废物、高浓度废液
流化床焚烧炉	结构简单、炉内热传导效率高 、容量大、温度稳定性优良	物料粒度要求高、易造成二次污染、设备易被低熔点物质毁损	粉状危险废物

危险废物焚烧处理工艺系统主要包括配伍系统、进料系统、焚烧系统、余热利用系统、烟气净化系统等，危险废物焚烧处置工艺流程见图 8-6。

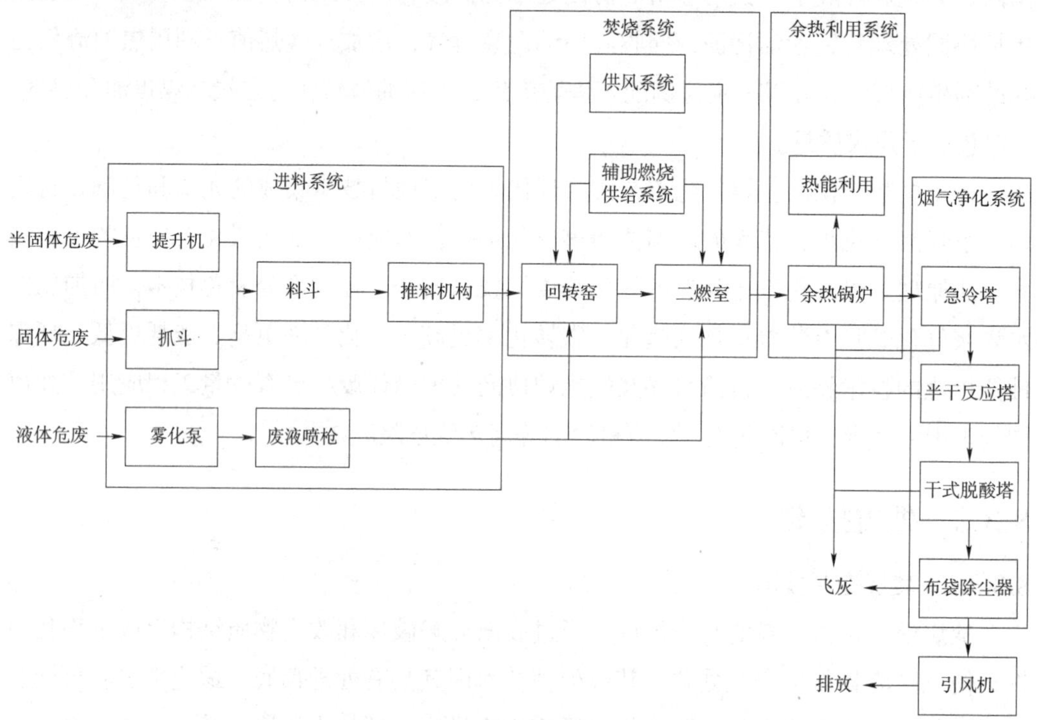

图 8-6　危险废物焚烧处置工艺流程

（1）配伍系统

为保障危险废物焚烧处理系统的炉窑温度稳定、污染物达标排放、焚烧处理系统运行的经济性与可靠性，在危险废物进入回转窑之前，要依据物料的化学组成、发热量等因素进行配伍，保证进入回转窑内的物料热值以及物料中卤化物、重金属、水分等含量稳定在一定范围内。通过破碎、混匀等过程，在料坑内实现物料的最终混合。

（2）进料系统

为增强进料过程的操作性、便利性、安全性，危险废物进料系统中以分类进料为主。分类进料主要是结合废物的形态特点，采用多种方式分别进料。对于散装固体废物和包装固体废物，进料时需预先卸至进料系统旁侧的大型散料坑后由抓斗送入进料斗；对于液态废物，企业通常将废液分为高、低热值两类，高热值废液可作为辅助燃料送往炉膛助燃，低热值废液送到一燃室焚烧。

（3）焚烧系统

回转窑及整个焚烧系统均在负压状态下运行，回转窑分为低温段和增温两段燃烧区域，废物在回转窑低温段与空气接触，完成加热、干燥、燃烧过程，在增温段完成挥发及燃尽过程。废物在挥发酚挥发气化的同时进行燃烧，回转窑内未燃烧完全的可燃气体进入二燃室，在过量空气的作用下完全燃烧。回转窑高温段焚烧温度控制在 1 100℃左右，废物在窑内停留时间大于 1 h。二燃室燃烧温度可达 1 100℃，且烟气在高温区停留时间大于 2 s，以保证有害物质在高温下充分分解。废物燃尽后产生的灰渣掉入水封刮板出渣机，经水淬冷却后排出。

（4）余热利用系统

危险废物经过焚烧系统二燃室出口烟温为 1 110℃左右，为了满足后端烟气处理温度要求，提高重金属在灰尘颗粒上的凝结，在二燃室后设置一套余热锅炉进行换热，将其热源转变成饱和蒸汽进行利用。危险废物余热利用系统可以有效地减少能源消耗。

（5）烟气净化系统

危险废物焚烧产生的尾气中含一定量的烟尘、酸性气体（NO_x、SO_2、HF、HCl 等）、CO、重金属和二噁英等，为防止焚烧产生的烟气对大气环境造成二次污染，必须对烟气进行净化处理。余热锅炉烟气通过急冷塔迅速冷却后，经除尘、引风、脱硫、活性炭吸附等组成的废气净化系统净化，进一步对酸性气体、重金属进行无害化处理后达标排放。目前，危险废物焚烧领域烟气净化工艺主要有干法、半干法、湿法及干湿组合的处理工艺。

8.3.3.2　填埋处置技术

危险废物填埋处置是一种把危险废物放置或贮存在土地中的方法。填埋往往被认是一种最终处置措施，就是在进行各种方式处理之后最后消纳的场地。填埋主要通过将危险废物与环境隔离。填埋场需要特别建造，并需长期维护和监测。危险废物填埋场由若干个处置单元和构筑物组成，主要包括接收与贮存设施、分析与鉴别系统、预处理设施、填埋处置设施（其中包括防渗系统、渗滤液收集和导排系统）、封场覆盖系统、渗滤液和废水处理系统、环境监测系统、应急设施及其他公用工程和配套设施。

固化 / 稳定化处理是危险废物常用的填埋预处理技术，是指通过物理、化学等手段，将危险废物转化成高度不溶性的稳定物质，使危险废物中有害物质封闭起来或者呈现化学惰性，从而达到稳定化、无害化的目的。固化 / 稳定化主要适用于处理不焚烧或无机处理的废物，如浓缩液、含重金属污泥、焚烧飞灰和炉渣等。固化 / 稳定化技术常见的处理方法有水泥固化、沥青固化和药剂固化等。水泥固化和沥青固化是传统的处置手段，而药剂固化是近些年来发展起来的新的处置方式，药剂固化对危险废物的处理效果主要取决于药剂的性能。

危险废物填埋场分为柔性和刚性两种类型。柔性填埋场是采用双人工复合衬层作为防渗层的填埋处置设施。以有机合成材料 HDPE 和黏土配合作为防渗构造，目前是危险废物柔性填埋场的主要构造。柔性填埋场具有造价低，技术相对成熟，操作简便等优点，但其对地质条件要求较高，入场废物受限。刚性填埋场是采用钢筋混凝土作为防渗阻隔结构的填埋处置设施。以钢筋混凝土作为框架和基础防渗结构，配合有机合成材料 HDPE 作为防渗构造。刚性填埋场受地质条件的限制较小，渗漏污染控制难度较小，入场废物指标要求较少，后期管理难度较小，有利于回收利用，且预处理要求低，建设难度低，但建设成本高。

8.4 几种典型危险废物利用处置技术

8.4.1 生活垃圾焚烧飞灰

生活垃圾焚烧飞灰是生活垃圾焚烧设施烟气净化系统捕集物和烟道及烟囱底部沉降的底灰，其在《国家危险废物名录》中的危险废物代码为 772-002-18。受入炉垃圾性质、焚烧炉炉体类型、烟气净化系统等因素影响，飞灰产出率存在较大差异，一般炉排炉飞灰产出率为 2%～3%，流化床焚烧炉飞灰产出率为 8%～12% 。

生活垃圾焚烧飞灰的主要物相为 SiO_2、CaO 等无机矿物成分，以及 KCl、NaCl 等可溶性盐，含较高浓度的氯化物、大量的重金属化合物（主要是 Zn、Pb、Cu、Cd、Cr、Ni、Hg 等）及痕量的二噁英类物质（PCDD/FS）等多种有毒有害组分。不同炉型产生的飞灰主要成分见表 8-2。由飞灰的组成可推断飞灰的环境危害主要表现在 3 个方面：重金属污染、二噁英类有机污染物污染以及可溶解氯盐污染。

表 8-2　不同炉型产生的飞灰的组成　单位：%

炉型	CaO	Cl	Na_2O	SO_3	SiO_2	MgO	Al_2O_3	Fe_2O_3	K_2O	P_2O_5
炉排炉	48.45	23.46	11.97	4.15	2.72	1.18	0.74	0.64	4.77	0.26
流化床	26.29	9.84	4.85	3.20	22.50	2.98	17.93	3.33	2.35	4.00

目前飞灰无害化和资源化方法大致可分为固化 / 稳定化、热处理、分离萃取、水泥窑协同处置和填埋技术，见表 8-3。

表 8-3　飞灰处理处置技术

处理技术		技术简介	优点	缺点
固化 / 稳定化	水泥固化	将飞灰和水泥按一定比例混合，经水化反应后形成坚硬的水泥固化体，飞灰中的重金属以氢氧化物或络合物的形式被包裹在水化硅酸盐中，降低飞灰中危险成分的浸出	工艺设备简单，材料来源广泛，易于操作	增容比大，不利于后期填埋；氯化物抑制水泥水化过程，降低固化体强度，易导致固化体破裂
	化学药剂螯合	选择与飞灰中重金属性质匹配的药剂，反应形成不溶或难溶的化合物、络合物或螯合物，使重金属的迁移性减小、毒性降低	飞灰增容增重比小；重金属稳定，不易被酸再次浸出	单一药剂难以达到理想效果；有机药剂价格高
热处理	烧结	低于熔点温度条件下提供焚烧飞灰颗粒的扩散能量，将大部分甚至全部气孔从晶体中排出，使飞灰颗粒间产生黏结，变成致密坚硬的烧结体，降低重金属的迁移能力	制备建材；降低重金属迁移能力	消耗较高能量；部分重金属气态挥发对环境造成二次污染
	熔融	在 1 200℃以上的高温下，对飞灰进行熔融，生成熔融炉渣，使废物中的有害物质稳定	二噁英受热分解；极大地降低重金属溶出可能性；熔渣可重复利用	能量消耗巨大；重金属及无机盐易挥发，使得后续处理困难
水泥窑协同处置		飞灰中的主要化学成分与水泥熟料非常接近，可作为水泥生产原料	有效分解二噁英；已实现了工程化应用	进入水泥窑协同处置前需进行水洗，成本较高
填埋		将垃圾焚烧飞灰固化螯合处理达到填埋场要求后送入安全填埋场进行填埋	简单易行	不能促进飞灰资源化利用，填埋场建设和运行费用高

8.4.1.1　固化 / 稳定化

固化 / 稳定化技术是一种通过添加固化剂将飞灰中重金属固化和二噁英等有害成分进行物化反应，从而转变为低溶解性、低浸出毒性的物质而固化 / 稳定化的技术。经过固化后的飞灰在满足毒性浸出或资源化应用标准后填埋或资源化利用。根据所添加固化剂和条件的不同，该技术主要包括水泥固化、化学药剂固化等，飞灰固化 / 稳定化工艺流程见图 8-7。

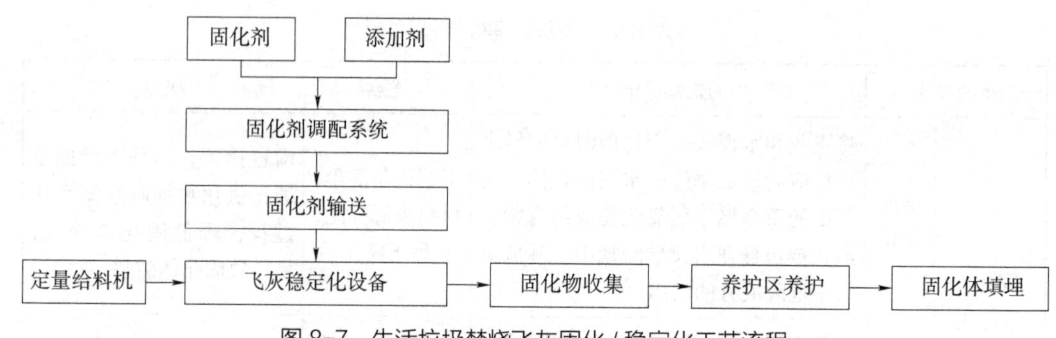

图 8-7 生活垃圾焚烧飞灰固化 / 稳定化工艺流程

水泥固化法是一种复杂的物理—化学方法，将飞灰和水泥熟料按照一定的比例混合反应，经水化反应后形成比表面积小、渗透性低、坚硬的水泥固化体，从而达到降低飞灰浸出毒性，达到稳定化、无害化的目的。目前，可用作固化剂的水泥品种有很多，但多数采用普通硅酸盐水泥。其一般存在以下问题：水泥的加入容易导致处理后产物体积的增加；部分重金属（Cu、六价铬、Cr 和 Zn 等）的固化效果欠佳；无法实现二噁英类有机污染物的降解。

化学药剂螯合技术是利用添加药剂中某种离子或官能团与飞灰中重金属反应，生成化学性质稳定的重金属沉淀或重金属络合物、螯合物，从而降低飞灰中重金属浸出，根据选用药剂不同，其固化效果存在差异。常用有机化学药剂包括氨基甲酸酯、有机磷酸盐和乙二胺四乙酸二钠盐、四硫代二氨基甲酸、六硫代胍酸、巯基官能化树枝状聚合物和二硫代羧基功能化四乙基五胺等螯合剂；无机药剂有 $FeSO_4$、绿矾、磷酸盐等，Na_2S 和硫脲也是有效处理飞灰的无机添加剂。

8.4.1.2 高温处理

高温处理技术一般是指在较高温度条件下实现飞灰中二噁英的降解和重金属的稳定化。根据热处理温度的不同，一般可分为烧结（700～1 100℃）、熔融 / 玻璃固化（1 000℃以上），飞灰高温处理化工艺流程见图 8-8。飞灰高温热处理技术一般具有减容、减量、操作简易、重金属稳定性高及二噁英分解彻底等优点，目前已受到广泛关注，并已在部分省份有少量应用，但是由于该项技术能耗高、成本大，因此还未大规模推广。

烧结技术是按照一定配比将飞灰与其他硅铝质组分、助熔剂等混合后，在低于熔融的温度（700～1 100℃）下使其部分熔融冷却后形成烧结体产物的技术。飞灰烧结体具有轻骨料、高强度的特点，可应用于建筑材料或道路结构等。

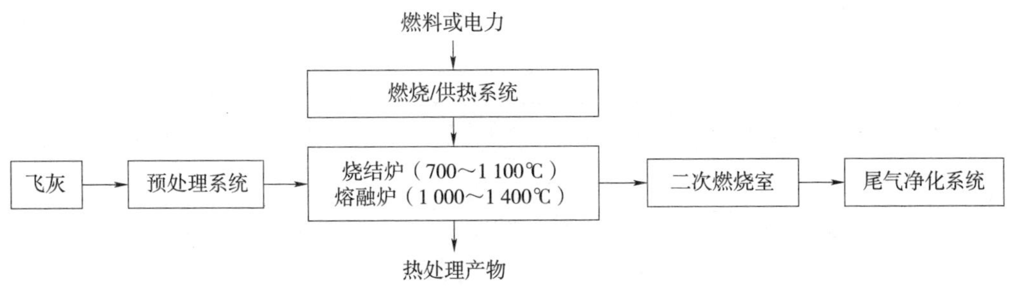

图 8-8 生活垃圾焚烧飞灰高温处理工艺流程

高温熔融是利用高温环境，使飞灰形成致密稳定的玻璃体，将重金属固化在 Si-O 四面体晶格结构中，同时高温环境下二噁英被彻底分解。该过程涉及的温度通常在 1 000～1 400℃，最终产生的熔渣可作为建材综合利用，实现飞灰的无害化、资源化处理。

等离子体熔融技术原理是利用高温环境对飞灰进行熔融，但不同于高温熔融，等离子体熔融技术采用等离子炬产生 1 500℃以上的等离子体处置飞灰，有机污染物彻底分解，重金属被固化在硅酸盐网络中，其浸出率远低于毒性特征浸出的标准限值，并且熔渣可作为高质量建材利用。

经玻璃化处理后，飞灰的微观结构和矿物特征发生变化，重金属的固化效果与其他技术相比十分突出，且通过毒性当量计算，二噁英类物质的分解率接近 100%。

8.4.1.3 水泥窑协同处理

我国垃圾焚烧飞灰中氯质量分数通常在 5%～20%，部分地区高达 20% 以上。高氯飞灰入窑会导致窑尾分解炉下的烟室等设备发生结皮堵塞，严重时会影响水泥煅烧系统的正常运行。同时，水泥熟料中氯质量分数较高，对混凝土中的钢筋具有腐蚀性，进而会影响建筑物的结构强度。因此，水泥窑协同处理技术通常会结合水洗工艺对飞灰进行预处理，水洗后氯的去除率可达 90% 以上，实现了飞灰的高效脱氯。

水泥窑协同处理技术是将水洗预处理中可去除可溶性盐分的飞灰作为原料，按照一定的添加比例投加到水泥生产工艺中，在水泥生产的 1 300～1 450℃高温条件下将飞灰中富集的二噁英等有机污染物进行热分解，实现飞灰处理。水泥窑协同处理水洗飞灰工艺由飞灰洗脱系统、蒸发结晶系统、入窑煅烧系统等组成，水泥窑协同处理飞灰典型工艺流程如图 8-9 所示。目前，国内外已有多条连续稳定运行的水泥窑协同处理飞灰工业生产线。

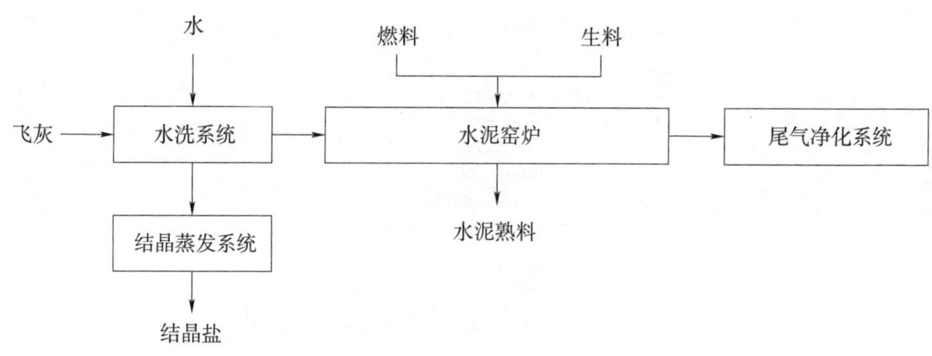

图 8-9　水泥窑协同处理生活垃圾焚烧飞灰工艺流程

8.4.2　农药废盐

工业废盐来源于农药行业、医药行业、煤化工行业、氯碱工业等生产过程以及固液分离、溶液浓缩结晶及污水处理等过程，具有来源广、数量多、成分复杂、有机物众多等特点。并非所有工业废盐均为危险废物，对于不明确是否具有危险特性的化工废盐，属于固体废物的，应根据《国家危险废物名录》《危险废物鉴别标准》（GB 5085.1～GB 5085.7）、《危险废物鉴别技术规范》（HJ 298—2019）等判定是否属于危险废物。

农药废盐主要来源于农药及中间体生产和固液分离、溶液浓缩结晶及废水处理等过程。废盐中含有多种有毒有害物质，成分复杂，毒性大、累积性强、难降解，如卤代烃类、苯系物类等，被多国列为优先污染物。《国家危险废物名录》列出了农药生产过程中产生的精（蒸）馏及反应残余物。

农药废盐产生量前 10 位的农药产品是草甘膦、百草枯、莠灭净、百菌清、毒死蜱、烟嘧磺隆、嗪草酮、多菌灵、麦草畏和吡虫啉，相应伴随产生的废盐占农药废盐总产量的比例分别为 46.6%、6.8%、5.6%、3.7%、3.2%、1.8%、1.5%、1.3%、1.0% 和 0.9%，占农药行业废盐总量的 72.2%。

农药行业产生的废盐包括单一废盐、混盐和杂盐（含杂质）。废盐产生量居前 10 位的农药产品生产过程中共产生 13 种单一废盐，包括 $NaCl$、$Na_4P_2O_7$、NH_4Cl、Na_2HPO_4、$Ca(ClO_3)_2$、$Ca_3(PO_4)_2$、$CaCl_3$、Na_2SO_3、$Al_2(SO_4)_3$、Na_2SO_4、K_2SO_4、KCl、Na_2S，其占农药废盐总产生量的比例分别为 38.1%、13.2%、6.4%、5.6%、3.6%、1.5%、1.1%、0.8%、0.6%、0.6%、0.3%、0.3% 和 0.1%。农药废盐的污染特征由于农药产品众多，且农药废盐产生的工艺多样，废盐中杂质成分和含量差异明显。

由于废盐含有大量的有机污染物，通常需要进行预处理去除其中有机污染物，再作为工业原料利用。预处理过程应严格监控，以防对环境造成污染。目前，我国去除农药废盐中有机污染物的主要技术有 3 种。

①热解碳化技术。在低于废盐熔点温度和控氧气氛条件下，对废盐中有机物进行分解碳化，使一部分有机物热解为挥发性气体，其余变为固态有机碳并形成灰分。

②高温熔融技术。相较于热解碳化技术，高温熔融技术是在更高的温度下对废盐进行预处理，反应温度通常为 800～1 200℃，高于废盐的熔点，使废盐在炉内全部成为熔融态，避免低温焚烧炉盐容易与耐火材料黏结的特性，同时有机物能够在此高温下完全分解，提高了废盐的纯度。董辉等采用高温熔融焚烧炉使废盐在 850～900℃下熔融，有机物得到有效去除。

③有机物氧化技术。将废盐溶解在水中，利用深度氧化技术降解有机污染物，再通过除杂、蒸发结晶等手段对废盐进行预处理。常用的有机物氧化技术包括高级氧化法、湿式催化氧化和水热氧化技术。

8.4.3　铝冶炼废物

铝冶炼主要包括氧化铝生产、电解铝生产、再生铝生产及铝加工等行业。我国氧化铝和电解铝产量及消费量多年位居世界第一。氧化铝生产过程主要产生赤泥等一般工业固体废物；电解铝生产过程主要产生炭渣、大修渣、电解铝铝灰等危险废物；再生铝生产过程主要产生再生铝铝灰；铝加工过程会产生铝加工铝灰等危险废物。根据《国家危险废物名录（2021 年版）》，铝冶炼生产过程主要产生的危险废物共有 5 种，包括大修渣、炭渣、铝灰（电解铝铝灰、再生铝铝灰）和除尘灰。

我国铝土矿品位较低，但铝锂共生储量较大，特别是北方区域。在 Al_2O_3 生产过程中，金属锂最终以 Li_2O 的形式混合在 Al_2O_3 中，Li_2O 含量 0.03%～0.09%。氧化锂随 Al_2O_3 被持续输送到电解质体系并稳定存在于电解质中，很难析出，也很难与其他金属元素发生置换反应。锂元素在电解铝生产过程不断富集，最终形成富锂铝电解质（LiF 超过 3%，甚至高达 9%～10%），并进一步进入危险废物炭渣和大修渣中。随着碳酸锂市场价格的不断攀升，目前国内也逐步对炭渣和大修渣开展提锂利用，提锂工艺包括浓酸浸出、焙烧、膜分离等。

8.4.3.1　大修渣利用处置技术

大修渣是电解铝生产过程中电解槽阴极材料直接与 950℃以上并带有腐蚀性的电解质以及铝液接触，铝电解槽在运行一段时间后，随着电解质和铝液不断侵蚀渗入，需要对电解槽进行停槽大修，更换下来的废旧阴极材料和耐火保温材料，其主要成分为阴极炭块、氟化盐、碳化铝以及铝合金、Al_2O_3、氧化硅、CaO 以及氰化物等。

大修渣中的主要有害物质是可溶性氟化物和氰化物，目前大修渣的处置方式主要为无害化后填埋处置。但填埋处置占地面积大、费用高。目前较为成熟的或已完成中试试验可逐步推广至工业领域应用的大修渣利用处置技术包括水泥窑协同处置技术、高温熔融玻璃化资源利用技术、阴极炭块掺烧技术、电解槽协同利用技术等。

（1）水泥窑协同处置技术

水泥窑协同处置技术处理大修渣的工艺流程主要为将大修渣破碎后输送至生料磨，经五级预热器进入分解炉后通过回转窑高温焚烧，最后生产水泥熟料。

（2）高温熔融玻璃化资源利用技术

高温熔融玻璃化资源利用技术主要针对大修渣中铝硅质废物（废槽衬）。该废物中 Si、Al 组分高，添加助剂后废物熔点降低，在富氧逆流平吹高温熔融窑炉系统中达到完全熔融；氟化盐转变为氟钠硅酸盐和氟钙硅酸盐，氰化物在高温熔融下分解，炭质材料充分燃烧，澄清后的熔融液经过窑炉流液口流出至水淬池中进行水淬冷却，生产玻璃化水淬渣产品，实现大修渣铝硅质废物无害化再利用。

（3）阴极炭块掺烧技术

阴极炭块掺烧技术主要针对大修渣中炭质固体废物（废阴极炭块）。废阴极高度石墨化（平均石墨化程度超过 50%），其主要成分是炭、冰晶石、氟化钠、氟化钙，具有一定热值。将废阴极炭块破碎与煤混合（炭煤比＜1%），经火电厂煤粉锅炉掺烧，掺烧过程中通过燃烧固氟、烟气脱氟等措施，可将炭块中的氟化物以 CaF_2 的形式沉积在炉渣和脱硫石膏中，氰化物在锅炉的燃烧高温区转化为 CO_2 和 NO_x。该技术在利用废阴极炭块热能的同时，可实现无害化处置，目前该技术已经完成企业工程中试试验。

（4）电解槽协同利用技术

电解槽协同利用技术主要针对大修渣中铝硅质废物。主要工艺是以铝硅质废物中的 Al_2O_3 和氧化硅作为原料，替代部分电解原料氧化铝，在电解槽中经电解形成金属 Al 和 Si，并在阴极沉积，在电解槽中电磁力的作用下混合形成铝硅中间合金。而铝硅质废物中的氟化物返回到电解槽电解质中，作为电解质的补充原料。电解槽协同利用技术可以将大修渣铝硅质再利用生产铝硅合金。

8.4.3.2 炭渣利用处置技术

电解铝炭渣主要包括炭素阳极不均匀燃烧、选择性氧化，铝液和电解质的侵蚀、冲刷等原因导致从阳极脱落进入熔盐电解质中的炭质残渣以及残阳极。炭渣的主要成分是以冰晶石为主的钠铝氟化物、Al_2O_3 和炭等。炭渣中的有害物质主要为可溶性氟化物，目前较为成熟的、已在工业上应用的电解铝炭渣利用处置工艺主要有浮选法和焙烧法。

（1）浮选法

浮选法主要来源于选矿工艺，利用炭渣中炭和电解质均不溶于水且密度不同的特性，将炭渣破碎加水磨细至一定浓度和粒度，加入浮选药剂进行搅拌，料浆进入浮选机并导入空气形成气泡。炭颗粒随气泡上浮至矿浆表面形成泡沫刮出，电解质自浮选槽底流排出，从而使炭渣中炭与电解质分离。分离出的炭粉经烘干后返回企业炭素车间或进入企业内部工业炉窑进行协同处置利用其热值，电解质经烘干后返回电解槽。

（2）焙烧法

焙烧法主要以回收炭渣中电解质为目的，工艺基本原理是将炭渣破碎研磨后混入助燃剂和分散剂，在回转窑中焙烧，使炭渣中的炭、氢等可燃物充分燃烧，液态熔融电解质从回转窑中流出，冷却后所得焙烧产物即为高纯度电解质，从而实现炭渣中电解质与炭分离的目的。

8.4.3.3　铝灰利用处置技术

铝的熔融环节都会产生铝灰，包含电解铝铝灰、再生铝铝灰、铝加工铝灰，通常分为一次铝灰和二次铝灰。铝灰主要来源于漂浮在铝熔体表面的不熔夹杂物、添加剂及与添加剂进行物理化学反应产生的物质，呈松散灰渣状。一次铝灰的主要成分为金属铝（含量超过 50%），铝的氧化物、氮化物和碳化物，盐、SiO_2、MgO 等金属氧化物及 K、Ca、Na、Mg 氯化物等；二次铝灰主要成分为金属铝（含量 5%～20%），铝的氧化物、氮化物、砷化物、硫化物和碳化物、钠盐、SiO_2 等。电解铝铝灰具有毒性和反应性危险特性，有害物质包括重金属（Se、As、Ba 等）、可溶性氟化物和氯化物，且在潮湿环境或与水体接触会发生化学反应生成 CH_4、NH_3、H_2、AsH_3 和 H_2S 等具有易燃性、毒害性和刺激性的气体。再生铝铝灰与电解铝铝灰主要成分类似，但再生铝铝灰主要来源于废弃铝合金产品，基本上不含有原铝冶炼过程中掺杂的氟化物电解质，同时又因来源复杂，可能混入其他种类重金属污染物。目前，应用较为广泛的铝灰前处理方法主要有热处理回收法和冷处理物理法；利用方式主要有生产 Al_2O_3、钢渣促进剂、钢厂精炼剂、$3CaO \cdot Al_2O_3$、$(NH_4)_2SO_4$ 和建材等产品；处置方式主要有前处理去除反应性，而后进入水泥窑协同处理或填埋场填埋。

（1）热处理回收法

热处理回收法主要针对一次铝灰，大多数电解铝生产企业都使用回转窑热处理法对一次铝灰提铝。一次铝灰本身具有物理潜热，在高温回转窑中，铝灰中的金属铝完全熔化，因铝熔体与铝灰中其他组分物质间湿润性较差，且存在较大密度差，铝熔体汇集到回转窑底部流出，从而实现铝灰提取金属铝。热处理法通常需要添加盐类助熔剂，有助于液态铝与铝灰的分离，但该工艺过程会引入新的污染物，增加二次铝灰的处理难度。

（2）冷处理物理法

冷处理物理法主要应用于二次铝灰回收金属铝粉。其工艺是将冷却后的二次铝灰进行研磨分选，通过重选、电选或机械筛分等物理方法，利用金属铝与其他物质间导电性、密度、延展性等物理性质的差异进行分离。但分离后的金属铝粉仍需通过热处理回收法提纯金属铝。目前，仅有少数企业利用冷处理物理法处理二次铝灰，后续利用处置仍有待推进。

（3）综合利用

目前，国内具有 Al_2O_3、电解铝的全产业链铝冶炼企业，将铝灰前处理去除其反应性、氟化物、气体（H_2、NH_3 等）后进入焙烧系统，加碱高温烧结产生 $NaAlO_2$，溶出后进入 Al_2O_3 系统生产氧化铝，生产 1 t Al_2O_3 可消耗 1.3～1.5 t 铝灰。末端具有危险废物经营资质的企业通常使用回转窑将铝灰火法烧制成 $3CaO \cdot Al_2O_3$ 作为钢厂精炼剂、钢渣促进剂等，使用湿法将铝灰无害化后生产氢 Al_2O_3、$3CaO \cdot Al_2O_3$ 生料、聚合 $AlCl_3$ 制净水剂等。

8.4.4　油气开采废物

在石油开采、常规天然气开采、页岩气开采、致密气开采、页岩油开采过程中，主要产生废弃油基钻井泥浆、油基岩屑、含油污泥等危险废物。开采过程中产生的油基岩屑主要来源于钻进过程中使用油基钻井液，在油基钻井液循环过程中，振筛机、除砂器、除泥器、离心机等设备会不断产生不同粒度的岩屑和泥浆的混合物，一般都由油、水、沥青、钻屑、高分子化合物及其他杂质组成，矿物油含量超过 20%。开采过程中产生的含油污泥主要来源于地面处理系统。采油污水处理过程中产生的含油污泥，再加上污水净化处理中投加的净水剂形成的絮体、设备及管道腐蚀产物和垢物、细菌（尸体）等组成了含油污泥。这种含油污泥一般具有含油量高、黏度大、颗粒细、脱水难等特点。国内外钻井岩屑处理处置方法主要有焚烧法、热脱附法、萃取法和化学清洗法等。

（1）焚烧法

采用焚烧法处理油基岩屑时，如果油基岩屑中含油量较高，其燃烧产生的热能还能回收利用；油基岩屑焚烧前一般还需要经过脱水、干化等预处理工艺，以利于油基岩屑的引燃和焚烧，减少因含水率高而损耗热能。焚烧处理法的优点是油基岩屑经焚烧后，其中的大部分有害物质消除彻底，避免对环境的污染，体积减容比高，处理工程安全。

（2）热脱附法

热脱附的基本原理是通过间接或直接对油基岩屑加热，系统温度在达到油基岩屑中水分、矿物油的沸点过程中，水分、矿物油逐步挥发，从而实现水相、油相与固相的三相分离。整个过程可分为水分挥发、轻质油分挥发、重质油分挥发及微量裂解等阶段，以物理反应为主，见图 8-10。水相与油相通过冷凝的方式加以回收，固相（含油率低于 0.3%）进入暂存库待危废厂家进一步收集处理。由于岩屑中的矿物油为白油或柴油，整体沸程在 300～400℃，采用热脱附技术简单、实用、能耗低，该技术在川渝地区的油基岩屑治理领域得到广泛应用。

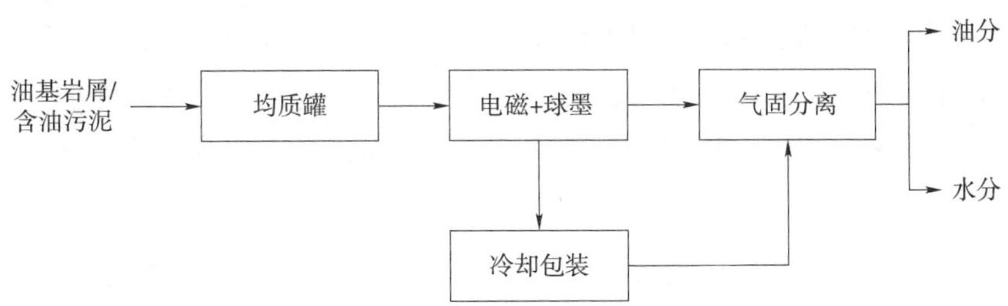

图 8-10　油基岩屑热脱附处理技术流程

（3）萃取法

油基岩屑的萃取处理技术主要包括传统的溶剂萃取以及新型的超临界萃取、微乳液萃取三种技术。超临界与微乳液萃取目前在工程上暂无应用。传统的溶剂萃取法最早用于液液萃取，根据“相似相溶”的原理，用与萃取对象性质相似的萃取剂来完成萃取过程。油基岩屑的萃取形式上是一种液固萃取，但本质上仍然是采用液态萃取剂完成对岩屑中柴油或白油的萃取，因此原理与液液萃取一致。首先，通过筛选恰当的萃取剂完成对岩屑的去油处理，萃取结束后，一般采用蒸馏的方式进行油分与萃取剂的分离，回收的油分用于回配钻井液，分离出来的萃取剂循环利用。油基岩屑的萃取流程见图 8-11。

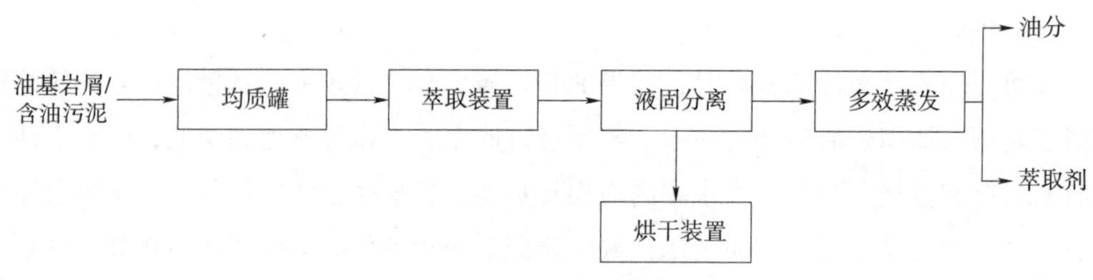

图 8-11　油基岩屑萃取处理技术流程

（4）化学清洗法

油基岩屑的热化学清洗技术是采用添加表面活性剂或碱性物质等化学药剂，并结合加热、超声、机械搅拌等手段，实现油分从固相表面的剥离，并利用油、水、固三相的密度差将油相从固相以及水相中分离出来的一种水基处理方式。

8.4.5　铅锌冶炼废物

我国铅锌冶炼企业分布广，相关企业铅锌冶炼工艺复杂，冶炼过程中产生大量冶炼渣。铅锌冶炼渣中不仅含有 Pb、Zn、Cr、Hg 和 As 等具有高度迁移性的重金属，还含有 Au、Ag 和 Pt 等贵金属，以及 Ga 和 In 等稀有金属，被视为重要的二次资源。铅锌冶炼工艺主要可以分为铅冶炼工艺和锌冶炼工艺。铅锌冶炼废物的处理技术主要分为三大类：生产建筑材料技术，固化 / 稳定化处理技术和有价金属综合回收技术。

8.4.5.1　生产建筑材料

将含锌冶炼渣等生产废物用作生产水泥、混凝土砖等建筑材料的原料不仅可以再利用固体废物资源，还节约了生产建筑材料所需的天然砂石等资源。生产建筑材料所用的含锌冶炼渣一般重金属含量较低，且化学性质稳定。虽然将含锌冶炼渣用于生产建筑材料有诸多好处，可以减少污染及占地面积，但只有重金属含量少的含锌冶炼渣能用于生产建筑材料，重金属含量多的废渣无法通过该途径处理。因为用含锌冶炼渣生产的建筑材料长期在自然侵蚀及外力破坏下，其中的重金属有可能释放出来，对周围环境造成威胁；并且由于建材市场的规范及建材标准的提高，用含锌冶炼渣为原料的建材市场严重缩减。

8.4.5.2　固化 / 稳定化处理

固化 / 稳定化属于无害化处理的范畴，经常通过物理或化学方法将有害废物包裹，使其转化为不可流动的包埋体，从而防止有害成分释放或将固体废物中的有毒、迁移性好的组分转化为低溶解性、低迁移性、低毒性组分。对于物理包容固化 / 稳定化技术，不仅会造成较大的增容比，处理后废渣的长期稳定性无法保证，有可能造成二次污染。固化 / 稳定化处理技术皆无法回收废渣中的重金属，资源二次利用度不高。

8.4.5.3　有价金属综合回收

目前从含锌冶炼渣中回收有价金属的技术主要有：火法处理技术、湿法处理技术、火法－湿法联合技术及选冶联合技术。

（1）火法处理技术

火法处理技术具有原料适应性强、工艺流程短及金属综合回收率高等优势。然而火法工艺的能耗较高、回收重金属稳定性差且可能产生二次废物污染等缺点。目前，主要的火法处理技术有回转窑挥发法、烟化炉连续吹炼法、Ausmelt 法、旋涡炉熔炼法及焙烧法等。

回转窑挥发法是把干燥的锌浸出渣和 45%～55% 的焦粉或碎煤加入回转窑，在 1 100～1 300℃下使渣中 90%～95% 的 Zn 还原挥发，补入空气进而氧化为 ZnO 粉，再通过收尘装置回收，同时大量的 Pb、Cd、In、Cr、Ga 等有价金属也进入烟尘，有利于综合回收。浸出渣中 90% 以上的 Fe、SiO_2 等进入窑渣，窑渣可进行堆存或用作建筑材料。然而该方法处理工艺流程较长，设备要求高且维修量大，燃煤或冶炼焦的消耗量大，且烟气中含二氧化硫需要处理。某公司对湿法炼锌产生的铅锌渣采取回转窑挥发处理，渣中 Pb、Zn、In 的回收率在 80%～90%。

烟化炉连续吹炼法广泛应用于各种炉渣回收工艺，与回转窑挥发法原理类似，区别在于烟化炉连续吹炼法中渣与还原剂反应时，反应物料为熔融态，而回转窑挥发法反应物料则为固态。该法具有金属回收率高、工艺流程短及降低成本及能耗的优点。

Ausmelt 技术处理锌浸出渣的工业化应用较少。该技术对炉料的适应性强、操作简便、能耗低且炉渣无害，但是引进费用高，投资过大，限制了其在国内的发展，应用较成功的即韩国温山冶炼厂。旋涡炉熔炼法金属挥发率高，生产连续稳定，但流程长，熔炼温度高，炉型小，处理能力小。

（2）湿法处理技术

湿法处理技术是指在各种药剂及条件下，将含锌冶炼渣中的有用金属溶解在浸出液中，再通过进一步工序，使有价金属选择性分离。湿法处理技术目前应用比较广泛，其具有选择性强，能耗低，环境污染小的优势。目前较为典型的工艺包括热酸浸出法回收锌，硫脲法、氰化法回收金银，氯盐法回收铅银，氧化浸出法回收铜铅锌等；然而其主要缺点是工艺流程繁杂，处理能力小，浸出废渣中重金属浸出毒性超标，需要进一步无害化处理。

热酸浸出法是湿法处理技术中应用较广泛的工艺之一，常用的酸有硫酸、硝酸、盐酸等。酸性浸出是在高浓度酸溶液中将 Fe、Cu、Zn 等金属元素溶于浸出液中，再通过铁屑置换等工艺将有色金属与 Fe 分离。该工艺对设备要求较高，且产生的大量铁渣难以资源化利用。此外，采用碱浸法、氨浸法等工艺处理含锌冶炼渣的研究也很多。碱浸法对设备友好，且浸出率高，浸出液净化难度较低，但液固比要求高，浸出后的锌离子浓度低。氨浸生产流程短，能耗低，但在实际操作过程中因氨气挥发而损失严重。

（3）火法 – 湿法联合技术

相较于单独的火法、湿法技术，火法 – 湿法联合技术结合了两者的优势，不仅可以有效地回收锌渣中的有价金属，还减少污染，降低能耗。该法首先通过火法将锌渣中难处理物质（如 $ZnFe_2O_4$、Zn_2SiO_4）的结构打开，使被包裹的有价金属裸露出来，再采用湿法浸出充分回收有价金属。

（4）选冶联合技术

选冶联合技术是先通过冶金工艺改变含锌冶炼渣中有用金属的物理或化学性质，再结合选矿工艺回收有价金属的方法。选冶联合技术可以避免火法及湿法工艺的缺点，同时选矿工艺具有成本低，污染小，金属回收效率高等优势。

在各种选矿方法中，浮选处理成本低，环境污染小，是目前应用较广泛，研究较完备的选矿方法；且金属硫化物具有天然可浮性，与其他种类的矿物相比，硫化矿浮选发展完善，浮选效果较好。重金属废物很少存在于硫化物中，而是大量存在于氧化物和氧化化合物中，通过硫化技术处理废渣，将其中的重金属转变为硫化物，这些硫化物具有良好的可浮性且相对不溶于水溶液，然后再通过浮选回收有价金属，同时处理后的重金属稳定性较好。目前，国内外学者提出了多种硫化浮选技术来回收含锌冶炼渣，包括表面硫化浮选技术、机械力诱发硫化浮选技术、水热硫化浮选技术、硫化焙烧浮选技术。

SOLID WASTE ENVIRONMENTAL MANAGEMENT

第9章 医疗废物环境管理

9.1　医疗废物的定义与特性

9.1.1　定义和分类

9.1.1.1　定义

从广义维度定义，医疗废物是指医疗卫生机构在运行过程中产生的所有废弃物，既包括具有感染性等危险特性的固体废物，也包括未被污染的并对人体、环境危害性较小的一般固体废物，例如，用来装载医疗用品的包装箱、对医疗机构的建筑设施进行修建而产生的建筑垃圾以及医疗卫生机构产生的日常生活垃圾等。世界卫生组织以广义的视角做出了概念上的界定，根据世界卫生组织发布的《医疗废物的安全管理》手册，医疗废物包括卫生保健设施、研究中心和与医疗程序有关的实验室内产生的所有废物。此外，它还包括源自小额和分散来源的相同类型的废物，包括在家中进行医疗保健过程中产生的废物（如家庭透析、胰岛素自我给药、康复护理）。美国国家环境保护局对医疗废物的界定为：在诊断治疗人或动物及相关研究、生物试验及研制过程中所产生的一切废物。欧盟并未采用单独立法的形式对医疗废物予以界定，而是通过对固体废物和危险废物明文立法的形式管理医疗废物。医疗废物在日本是非法规用语，是指从医院、诊所、卫生防疫、保健、检验等与医疗卫生有关的单位排出的全部废弃物的总称，根据其不同的属性划分为非感染性、感染性和放射性三大类。日本法规中的医疗废物专指“感染性废弃物”，包括来自医疗机构的感染性产业废物和来自家庭等生活活动中产生的感染性一般废物。

从狭义维度定义，医疗废物专指医疗机构因诊断治疗患者的过程中产生的，具有毒性、感染性并且对人体能产生直接或间接危害性的废物。韩国《废弃物管理法》规定医疗废弃物是指由保健医疗机关、动物医院、实验检查机关等排出的废弃物中可对人体造成感染等危害的废弃物，以及如人体组织等摘取物、实验用动物的死尸等，因保健和环保之需被认定为须特殊管理的废弃物。从 2003 年国务院颁布的《医疗废物管理条例》来看，我国是从狭义的角度来定义医疗废物的。《医疗废物管理条例》的出台是我国首次正式以法律形式对医疗废物进行概念上的界定。

9.1.1.2　分类

我国最早于 2003 年出台《医疗废物分类目录》。2021 年，出于加强对医疗废物规范化、精细化管理的目的，促进医疗废物科学分类、规范处置，国家卫生健康委员会和生态环境部组织对《医疗废物分类目录》进行了修订，形成《医疗废物分类目录（2021年版）》。与2003年版的目录相比，2021年版的医疗废物分类目录中增加了各类医疗废物的收集方式及注意事项，新增了豁免管理的内容以及明确不属于医疗废物的废物种类。

按照医疗废物的危害特性，可以将医疗废物划分为五类：第一类是感染性废物，指携带病原微生物具有引发感染性疾病传播危险的医疗废物。主要包括被患者血液、体液、排泄物等污染的除锐器外的废物；使用后废弃的一次性使用医疗器械，如注射器、输液器、透析器等；病原微生物实验室废弃的病原体培养基、标本，菌种和毒种保存液及其容器；其他实验室及科室废弃的血液、血清、分泌物等标本和容器；隔离传染病患者或者疑似传染病患者产生的废弃物。第二类损伤性废物，指能够刺伤或者割伤人体的废弃的医用锐器。主要包括废弃的金属类锐器，如针头、缝合针、针灸针、探针、穿刺针、解剖刀、手术刀、手术锯、备皮刀、钢钉和导丝等；废弃的玻璃类锐器，如盖玻片、载玻片、玻璃安瓿等；废弃的其他材质类锐器。第三类是病理性废物，指诊疗过程中产生的人体废弃物和医学实验动物尸体等。主要包括手术及其他医学服务过程中产生的废弃的人体组织、器官；病理切片后废弃的人体组织、病理蜡块；废弃的医学实验动物的组织和尸体；16周胎龄以下或重量不足500 g的胚胎组织等；确诊、疑似传染病或携带传染病病原体的产妇的胎盘。第四类是药物性废物，指过期、淘汰、变质或者被污染的废弃的药品。包括废弃的普通性药品、细胞毒性药物以及疫苗、血液制品等，但将具有麻醉、精神、放射性、毒性等药品排除在外，这些废物的分类与处置按照国家其他有关法律、法规、标准和规定执行。第五类是化学性废物，是指那些具有毒性、腐蚀性、易燃性、反应性的废弃的化学物品，其在收集时应当粘贴标签并且注明主要化学物质成分。

9.1.2 对环境和健康的影响

由于医疗废物中含有大量的细菌、病毒以及化学毒物，具有直接或间接感染性、毒性以及其他危害性。这些废物如果处理不当，将对环境和人类健康造成严重影响。首当其冲是对人类健康如感染性疾病的影响，医疗废物中的病原体数量巨大、种类繁多，具有空间传染、急性传染、交叉传染和潜伏传染等特征，其危害性更大；医疗废物携带的病原体、重金属和有机污染物经雨水和生物水解产生的渗滤液作用，可对地表水和地下水造成严重污染，进而危害人类健康。对环境的影响方面，医疗废物中的化学物质和微生物若直接排放到水源中，会导致水质污染，对地下水、河流和湖泊等水资源造成严重威胁，可能导致水资源短缺和生态系统崩溃；医疗废物中的有害物质，如有机溶剂和重金属，可以通过废物填埋、淋溶或施肥等方式进入土壤，对农田和生态环境造成污染，影响粮食和农产品的安全性，还可能导致土壤生态系统失衡；医疗废物的直接焚烧处置会释放出大量的有害气体和颗粒物，如 SO_2、NO_x 和细颗粒物等，污染大气环境，影响空气质量。

综上所述，医疗废物对环境和健康的影响不容忽视。为了减轻这些影响，需要采取科学、有效的治理措施，如分类收集、安全储存、有效处理、环保监管和宣传教育等，防止医疗废物的不当处理和管理导致环境污染和人类健康问题。

9.2　医疗废物主要管理政策法规

9.2.1　政策法规

9.2.1.1　发展历程

（1）起步探索阶段

在 20 世纪 90 年代及之前，我国尚未专门提出对医疗废物进行分类和处置的要求，直至 1998 年才初步将医疗废物纳入危险废物管理体系。2003 年“非典”疫情发生后，依据《中华人民共和国传染病防治法》和《固废法》，国务院制定并颁布《医疗废物管理条例》，才标志着我国医疗废物管理进入法治化轨道，医疗废物管理体系逐步迈入现代化建设进程。

《医疗废物管理条例》规定，国家推行医疗废物集中无害化处置，县级以上地方人民政府负责组织建设医疗废物集中处置设施；医疗废物集中处置单位，应申领危险废物经营许可证；生态环境部门和卫生健康部门分别负责对医疗废物收集、运输、贮存、处置活动中的环境污染防治和疾病防治工作实施统一监督管理。

2004 年国务院批准的《全国危险废物和医疗废物处置设施建设规划》，首次明确规定以地级市为单位集中建设运营医疗废物集中处置设施，以满足医疗废物处置需求，并且明确了以焚烧处置技术为主体、消毒处理技术（非焚烧技术）为补充的技术路线，逐渐形成了组织、制度、实施以及监管相统一的管理模式。

（2）发展完善阶段

自 2003 年《医疗废物管理条例》发布以后，我国先后出台了《医疗卫生机构医疗废物管理办法》（2003 年）、《医疗废物集中处置技术规范（试行）》（2003 年）、《医疗废物焚烧炉技术要求（试行）》（2003年）、《医疗废物转运车技术要求（试行）》（2003年）、《医疗废物集中焚烧处置工程技术规范》（2005年）、《关于明确医疗废物分类有关问题的通知》（2005年）、《医疗废物微波消毒集中处理工程技术规范（试行）》（2006年）、《医疗废物高温蒸汽消毒集中处理工程技术规范（试行）》（2006年）、《医疗废物化学消毒集中处理工程技术规范（试行）》（2006年）、《医疗废物专用包装袋、容器和警示标志标准》（2008年）、《危险废物（含医疗废物）焚烧处置设施性能测试技术规范》（2010年）、《关于进一步加强医疗废物管理工作的通知》（2013年）、《关于进一步规范医疗废物管理工作的通知》（2017年）等法规、规章、标准和规范性文件，逐步构建形成我国医疗废物处理处置监管的制度体系。

（3）优化提升阶段

2020年新冠肺炎疫情防控促进了医疗废物规范化环境管理工作的开展。2020年1月，生态环境部印发《关于做好新型冠状病毒感染的肺炎疫情医疗废物环境管理工作的通知》和《新型冠状病毒感染的肺炎疫情医疗废物应急处置管理与技术指南（试行）》，分别从医疗废物环境管理和处置技术两个方面指导地方开展相关工作。2020年2月，国家卫生健康委、生态环境部、住房和城乡建设部等十部门联合印发《医疗机构废弃物综合治理工作方案》，明确指出加强医疗机构废弃物综合治理，鼓励发展医疗废物移动处置设施和预处理设施，为偏远基层提供就地处置服务。通过引进新技术、更新设备设施等措施，优化处置方式，补齐短板，大幅度提升现有医疗废物集中处置设施的处置能力，对各类医疗废物进行规范处置。2020年4月30日，国家发展改革委、国家卫生健康委、生态环境部三部委联合发布了《医疗废物集中处置设施能力建设实施方案》，同样指出鼓励为偏远基层地区配置医疗废物移动处置和预处理设施，实现医疗废物就地处置。同月，新修订的《固废法》正式发布，进一步强调了医疗卫生机构分类收集的主体责任及医疗废物集中处置单位的收集、运输和处置责任。随后，国家卫生健康委、生态环境部等七部委在2020年5月14日发布了《关于开展医疗机构废弃物专项整治工作的通知》（国卫办医函〔2020〕389号），进一步推动《医疗机构废弃物综合治理工作方案》（国卫医发〔2020〕3号）中“开展医疗机构废弃物专项整治”任务的贯彻落实。2020年11月，生态环境部正式发布《医疗废物处理处置污染控制标准》（GB 39707—2020），首次以国家标准对医疗废物焚烧和非焚烧处理处置技术的污染控制作出统一规定。

2021年作为“十四五”时期的开局之年，医疗废物规范化环境管理工作又迈上一个新的台阶。2021年3月，《中华人民共和国国民经济和社会发展第十四个五年规划和

2035 年远景目标纲要》提出，加快建设地级及以上城市医疗废弃物集中处理设施，健全县域医疗废弃物收集转运处置体系。2021 年 5 月，国务院办公厅印发《强化危险废物监管和利用处置能力改革实施方案》（国办函〔2021〕47 号），提出“鼓励推广应用医疗废物集中处置新技术、新设备”和“鼓励发展移动式医疗废物处置设施，为偏远基层提供就地处置服务”。2021 年 11 月印发的《中共中央　国务院关于深入打好污染防治攻坚战的意见》中再次明确了“实施环境基础设施补短板行动，推动省域内危险废物处置能力与产废情况总体匹配，加快完善医疗废物收集转运处置体系”。2021 年 11 月，国家卫生健康委和生态环境部联合修订发布了《医疗废物分类目录（2021 年版）》，增加了分类的管理要求、收集方式、满足相应条件下的豁免管理等内容，在医疗废物环境管理新形势下又提出了分级分类、疏堵结合的创新性措施。2021 年，《医疗废物微波消毒集中处理工程技术规范》《医疗废物高温蒸汽消毒集中处理工程技术规范》《医疗废物化学消毒集中处理工程技术规范》修订发布并实施，对医疗废物环境管理提出了更高更规范的要求。2022 年 1 月，工业和信息化部等三部委印发《环保装备制造业高质量发展行动计划（2022—2025 年）》，提出立足新发展阶段，完整、准确、全面贯彻新发展理念，加快构建新发展格局，着力推动高质量发展，以深化供给侧结构性改革为主线，紧紧围绕深入打好污染防治攻坚战对环保装备的需求，以攻克关键核心技术为突破口，强化科技创新支撑，提升高端装备供给能力；推进产业结构优化升级，推动发展模式数字化、智能化、绿色化、服务化转型，加快形成创新驱动、示范带动、平台保障、融合发展的产业生态，加快科技成果转移转化，为经济社会绿色低碳发展提供有力的装备支撑。

我国医疗废物管理技术政策发展历程见图 9-1。

图 9-1　我国医疗废物管理技术政策发展历程

9.2.1.2 法律法规

（1）《中华人民共和国环境保护法》（以下简称《环境保护法》）

《环境保护法》明确了对破坏环境的行为所采取的一系列措施，就监管模式、许可制度和法律责任三个方面做出了规定，为医疗废物管理相关法律制度建设提供了法律依据。

第四十二条明确规定，排放污染物的企业事业单位和其他生产经营者，应当采取措施，防治在生产建设或者其他活动中产生的废气、废水、废渣、医疗废物、粉尘、恶臭气体、放射性物质以及噪声、振动、光辐射、电磁辐射等对环境的污染和危害。排放污染物的企业事业单位，应当建立环境保护责任制度，明确单位负责人和相关人员的责任。

（2）《固废法》

《固废法》明确了医疗废物按照国家危险废物名录管理，危险废物名录动态调整，强化了医疗废物收集、贮存、运输、处置过程的监督管理。

第九十条规定，医疗废物按照国家危险废物名录管理。县级以上地方人民政府应当加强医疗废物集中处置能力建设。县级以上人民政府卫生健康、生态环境等主管部门应当在各自职责范围内加强对医疗废物收集、贮存、运输、处置的监督管理，防止危害公众健康、污染环境。医疗卫生机构应当依法分类收集本单位产生的医疗废物，交由医疗废物集中处置单位处置。医疗废物集中处置单位应当及时收集、运输和处置医疗废物。医疗卫生机构和医疗废物集中处置单位，应当采取有效措施，防止医疗废物流失、泄漏、渗漏和扩散。

第九十一条规定，重大传染病疫情等突发事件发生时，县级以上人民政府应当统筹协调医疗废物等危险废物收集、贮存、运输、处置等工作，保障所需的车辆、场地、处置设施和防护物资。卫生健康、生态环境、环境卫生、交通运输等主管部门应当协同配合，依法履行应急处置职责。

（3）《中华人民共和国传染病防治法》（以下简称《传染病防治法》）

医疗废物的来源决定了其本身与传染病防治工作联系紧密。《传染病防治法》规定了对于医疗废物管理的具体要求。该法第六章至第八章从监管、保障措施和法律责任三个方面对传染病防治做出了规范，也在一定程度上为医疗废物的相关管理规则提供了依据。

第二十一条第二款规定，医疗机构应当确定专门的部门或者人员，承担传染病疫情报告、本单位的传染病预防、控制以及责任区域的传染病预防工作；承担医疗活动中与医院感染有关的危险因素监测、安全预防、消毒、隔离和医疗废物处置工作。

第三十九条第四款规定，医疗机构对本单位内被传染病病原体污染的场所、物品以及医疗废物，必须依照法律、法规的规定实施消毒和无害化处置。

（4）《医疗废物管理条例》

《医疗废物管理条例》明确了医疗废物的处理处置程序，集中体现了全程管理原则，突出了集中处置的原则，强化了监督管理的原则，并实行了分工负责的原则，是医疗废物管理领域一部具有里程碑意义的法律基础文件。与《医疗废物管理条例》同年出台的配套法规《突发卫生事件应急条例》和《医疗卫生机构医疗废物管理办法》，共同从行政法规层面完善了医疗废物处置的法律规范。

全过程管理。医疗废物从产生、分类收集、包装到收集转运、贮存、处置的整个流程处于严格控制。

无害化处置。建立专门的医疗废物集中处置设施，符合环境保护和卫生要求。禁止任何单位和个人转让、买卖医疗废物。

强化监督管理。卫生健康部门对医疗废物收集、运送、贮存、处置活动中的疾病防治工作实施统一监管；生态环境部门对医疗废物收集、运送、贮存、处置活动中的环境污染防治工作实施统一监管。

分工负责。医疗卫生机构负责产生、分类、收集；医疗废物集中处置单位负责转运、贮存、处置管理。

9.2.1.3　地方法规

上海、辽宁等多个省（区、市）出台了医疗废物管理的地方性法规，加强医疗废物收集处置管理，如表 9-1 所示。

表 9-1　部分地方医疗废物相关法规发布情况

省份	文件名称
上海	上海市环境保护条例（1994 年发布，2022 年修正） 上海市医疗废物处理环境污染防治规定（2007 年）
辽宁	辽宁省固体废物污染环境防治办法（2001 年发布，2017 年修正） 辽宁省医疗废物管理条例（2021 年发布）
江苏	江苏省固体废物污染环境防治条例（2009 年发布，2018 年修订） 江苏省医疗卫生机构医疗废物管理规定（试行）（2011 年发布）
湖北	湖北省医疗废物管理办法（2022 年发布）

续表

省份	文件名称
广东	广东省固体废物污染环境防治条例（2004 年发布，2018 年修订） 广东省医疗废物管理条例（2007 年发布）
广西壮族自治区	广西壮族自治区固体废物污染环境防治条例（2022 年发布） 广西壮族自治区医疗废物管理办法（2012 年发布）
海南省	海南省医疗卫生机构医疗废物管理规定（试行）（2014 年发布）
西藏自治区	西藏自治区环境保护条例（1992 年发布，2018 年修订） 西藏自治区医疗废物管理办法（2020 年发布）

9.2.1.4 标准规范

我国医疗废物管理技术标准体系逐渐健全，基本涵盖医疗卫生机构消毒、医疗废物收集、贮存、运输、处置及污染控制的全过程，还包括重大疫情期间医疗废物管理的特殊要求，目前发布的医疗废物相关的标准规范如表 9-2 所示。

表 9-2 医疗废物相关技术标准规范

序号	标准名称
1	《医院消毒卫生标准》（GB 15982—2012）
2	《消毒技术规范》（卫法监发〔2002〕282 号）
3	《医疗废物专用包装袋、容器和警示标志标准》（HJ 421—2008）
4	《医疗废物转运车技术要求（试行）》（GB 19217—2003）
5	《医疗废物集中处置技术规范（试行）》（环发〔2003〕206 号）
6	《医疗废物高温蒸汽消毒集中处理工程技术规范》（HJ 276—2021）
7	《医疗废物化学消毒集中处理工程技术规范》（HJ 228—2021）
8	《医疗废物微波消毒集中处理工程技术规范》（HJ 229—2021）
9	《医疗废物集中焚烧处置工程建设技术规范》（HJ/T 177—2005）
10	《危险废物（含医疗废物）焚烧处置设施性能测试技术规范》 （环境保护部公告 2010 年第 24 号）
11	《医疗废物集中焚烧处置设施运行监督管理技术规范》（试行）（HJ 516—2009）
12	《医疗废物焚烧环境卫生标准》（GB/T 18773—2008）
13	《医疗废物处理处置污染控制标准》（GB 39707—2020）
14	《危险废物（含医疗废物）焚烧处置设施二噁英排放监测技术规范》（HJ/T 365—2007）

9.2.2 管理制度

医疗废物全过程管理包括医疗卫生机构对医疗废物分类、收集、包装、运送、临时贮存，医疗废物的交接，集中处置单位对医疗废物的收集、贮存、运输、处置等环节。

9.2.2.1 分类收集制度

（1）分类收集要求

医疗卫生机构根据《医疗废物分类目录》对医疗废物实施分类管理，在医疗废物产生地点设置有医疗废物分类收集方法的示意图或者文字说明。感染性废物、病理性废物、损伤性废物、药物性废物及化学性废物不能混合收集，少量的药物性废物可以混入感染性废物，但应当在标签上注明。医疗废物中病原体的培养基、标本和菌种、毒种保存液等高危险医疗废物，应当首先在产生地点进行压力蒸汽灭菌或者化学消毒处理，然后按感染性废物收集处理。放入包装物或者容器内的感染性废物、病理性废物、损伤性废物不得取出。医疗卫生机构收治的传染病病人或者疑似传染病病人产生的生活垃圾，按照医疗废物进行管理和处置。应当使用双层包装物，并及时密封。化学性医疗废物应单独放置于专有的包装容器内，禁止混入其他医疗废物中。

（2）收集包装要求

《医疗废物专用包装袋、容器和警示标志标准》（HJ 421—2008）规定了医疗废物专用包装袋、利器盒和周转箱（桶）的技术要求以及相应的试验方法和检验规则，并规定了医疗废物警示标志，目前正在组织修订研究中。

①除损伤性之外的医疗废物

使用一次性的专用包装袋，主要技术要求包括：颜色为淡黄；在正常使用情况下，不应出现渗漏、破裂和穿孔；不应使用聚氯乙烯（PVC）材料；包装袋的明显处印制警示标志和警告语；表面基本平整、无皱褶、污迹和杂质，无划痕、气泡、缩孔、针孔以及其他缺陷；拉伸强度（纵、横向）≥20 MPa；断裂伸长率（纵、横向）≥250%。使用医疗废物专用包装袋时置于专用的盛器内，主要技术要求包括：固定放置的应为脚踏开启的封闭硬质容器；整体防液体渗漏，应便于清洗和消箱（桶）体侧面明显处应有警示标志和警告语；表面光滑平整，完整无裂损，没有明显凹陷，边缘无毛刺，具有防滑功能。

②损伤性医疗废物

使用一次性的专用硬质利器盒，主要技术要求包括：整体颜色为淡黄，铁质材料制成，封闭且防刺穿，侧面明显处有警示标志，连续 3 次从 1.2 m 高处自由跌落至水泥地面不会出现破裂、被刺穿等。

9.2.2.2 内部运送与暂时贮存制度

1）医疗机构内部运送与交接

医疗卫生机构内部运送医疗废物的时间和路线应当相对固定。运送路线应当以人流物流最少或较偏僻为原则。运送时间应当避开诊疗高峰时段。运送过程中转运者不得离开转运车。医疗废物应当运送到指定的暂时贮存场所。运送的时间、路线不可以随意更改。

医疗卫生机构内部运送医疗废物应当使用防渗漏、防遗撒、无锐利边角、易于装卸和清洁的专用运送工具（包括运送车和盛器），外表面须印（喷）制医疗废物警示标识和文字说明。每天运送工作结束后，应当对运送工具及时进行清洁和消毒。不得使用未经消毒和清洗的专用工具运送医疗废物。

在医疗卫生机构内部，医疗废物依次在本岗位医务人员、各部门分类收集管理人员、本机构医疗废物转运专职人员、本机构医疗废物暂时贮存管理人员进行交接，每个环节均应做好交接记录。

2）医疗机构内部暂时贮存

（1）分类收集点的设置

医疗卫生机构内部分类收集点是指设在门（急）诊、科室、医技部门、病房病区的用于接收各医疗岗位医务人员送交的医疗废物的暂时贮存点，用于向本机构暂存仓库运送前的医疗废物分类收集、包装和管理。诊所等小型医疗卫生机构医疗废物分类收集点通常与暂时贮存库、暂存柜合并设置。

（2）暂存设施、设备要求

医疗卫生机构不得露天存放医疗废物，应建立医疗废物暂时贮存设施、设备，并达到以下要求：①远离医疗区、食品加工区、人员活动区和生活垃圾存放场所，方便医疗废物运送人员及运送工具、车辆的出入；②有严密的封闭措施，设专（兼）职人员管理，防止非工作人员接触医疗废物；③有防鼠、防蚊蝇、防蟑螂的安全措施；④防止渗漏和雨水冲刷；⑤易于清洁和消毒；⑥避免阳光直射；⑦设有明显的医疗废物警示标识和“禁止吸烟、饮食”的警示标识。

（3）暂存设施卫生要求

医疗废物转交出去后，应当对暂时贮存地点、设施及时进行清洁和消毒处理。

医疗废物暂时贮存库房每天应在废物清运之后消毒冲洗，冲洗液应排入医疗卫生机构内的医疗废水消毒、处理系统。医疗废物暂时贮存柜（箱）应每天消毒一次。

9.2.2.3　委外处置转移制度

（1）医疗机构与集中处置单位交接要求

医疗废物运送人员在接收医疗废物时，应检查医疗卫生机构是否按规定进行包装、标识，并盛装于周转箱内，不得打开包装袋取出医疗废物。对包装破损、包装外表污染或未盛装于周转箱内的医疗废物，医疗废物运送人员应当要求医疗卫生机构重新包装、标识，并盛装于周转箱内。

医疗卫生机构交予处置的医疗废物，应当填写《危险废物转移联单》（医疗废物专用），经检查、核验，接收的医疗废物包装、标识符合规定且种类、重量与转移联单所载事项相符的，医疗卫生机构的交接人员和集中处置单位的运输人员应分别在联单上签字确认。《医疗废物运送登记卡》实行一车一卡，由医疗卫生机构医疗废物管理人员交接时填写并签字，当医疗废物运至处置单位时，集中处置单位接收人员确认该登记卡上填写的医疗废物数量真实、准确后签收。

（2）医疗废物转运

①转运车辆

医疗废物运送应当使用专用车辆，符合《医疗废物转运车技术要求（试行）》（GB 19217—2003）要求。因医疗废物属于危险废物，运输危险废物应当采取防治污染环境的措施，遵守国家危险货物运输管理的规定。医疗废物运送车辆应当有明显医疗废物标识，达到防渗漏、防遗撒以及其他环境保护和卫生要求。运送医疗废物的专用车辆不得运送其他物品。

运送车辆应配备:《医疗废物集中处置技术规范（试行）》规范文本、《危险废物转移联单》（医疗废物专用）、《医疗废物运送登记卡》、运送路线图、通信设备、医疗废物产生单位及其管理人员名单与电话号码、事故应急预案及联络单位和人员的名单、电话号码、收集医疗废物的工具、消毒器具与药品、备用的医疗废物专用袋和利器盒备用的人员防护用品。

②清洗消毒

医疗废物运输车辆每次使用后，应及时（24 h 内）在处置单位内清洗消毒，对车厢内壁喷洒消毒液后密封至少 30 min。当医疗废物运输车辆的车厢内壁或（和）外表面被污染后，应立刻进行清洗。禁止在社会车辆清洗场所清洗医疗废物运送车辆。

9.2.2.4　集中处置制度

医疗废物集中处置制度是由满足相应资质的医疗废物处置单位在政府建设的相关

处置设施对医疗废物进行集中化处置，并按相关规定向产废单位收取一定费用的制度。由于医疗废物本身具有特殊危险性和专业处置性，若将医疗废物交由不具备专业资质的单位或个人进行分散处置，将会埋下环境污染隐患，直接或间接损害人类健康。

《医疗废物管理条例》规定，国家推行医疗废物集中无害化处置，医疗卫生机构应当根据就近集中处置的原则，及时将医疗废物交由医疗废物集中处置单位处置。从事医疗废物集中处置活动的单位，应当向县级以上人民政府生态环境部门申请领取经营许可证；未取得经营许可证的单位，不得从事有关医疗废物集中处置的活动。不具备集中处置医疗废物条件的农村，医疗卫生机构应当按照县级人民政府卫生行政主管部门、环境保护行政主管部门的要求，自行就地处置其产生的医疗废物。

《危险废物经营许可证管理办法》规定，申请领取医疗废物处置经营许可证的单位应当具备下列条件：①有 3 名以上环境工程专业或者相关专业中级以上职称，并有 3 年以上固体废物污染治理经历的技术人员；②有符合国务院交通主管部门有关危险货物运输安全要求的运输工具；③有符合国家或者地方环境保护标准和安全要求的包装工具，中转和临时存放设施、设备以及经验收合格的贮存设施、设备；④有符合国家或者省、自治区、直辖市危险废物处置设施建设规划，符合国家或者地方环境保护标准和安全要求的处置设施、设备和配套的污染防治设施；还应当符合国家有关医疗废物处置的卫生标准和要求；⑤有与所经营的危险废物类别相适应的处置技术和工艺；⑥有保证危险废物经营安全的规章制度、污染防治措施和事故应急救援措施。

9.2.2.5 台账制度

医疗卫生机构和医疗废物集中处置单位，应分别建立医疗废物台账记录，记录内容应当包括医疗废物的来源、种类、重量或者数量、交接时间、处置方法、最终去向以及经办人签名等项目。记录资料至少保存 3 年，以备当地生态环境部门和卫生部门检查。

医疗废物产生单位和处置单位应当填报医疗废物产生和处置的台账记录和年报记录，并于每年 1 月向当地生态环境主管部门报送上一年度的产生和处置情况。

9.2.2.6 处置收费制度

我国实行医疗废物处置收费制度，属于经营服务性收费，实行政府指导价管理模式，是医疗废物处置产业化发展的重要前提和处置成本保障。处置收费机制充分发挥了市场配置资源的基础性作用，建立符合市场经济要求的医疗废物处置运行机制。鼓励多渠道融资支持医疗废物处置设施的建设和运营。当前主要有按床位和按重量两种收费模式。

9.3　医疗废物处理处置技术

9.3.1　非焚烧技术

9.3.1.1　高温蒸汽处理技术

（1）技术概况

高温蒸汽灭菌技术是利用高温蒸汽对医疗废物进行加热，病原微生物在高温作用下发生蛋白质变性和凝固，失去活性，达到医疗废物无害化的目的。技术具有投资低、运行费用低、可间隙运行、易于操作管理、对废物量波动适应性强、二次污染小、消毒效果可靠等优点，但容易产生恶臭控制问题。

国家环保总局于 2006 年发布了《医疗废物高温蒸汽集中处理工程技术规范（试行）》（HJ/T 276—2006），2021 年修订替代为《医疗废物高温蒸汽消毒集中处理工程技术规范》（HJ 276—2021）。该标准规定了医疗废物高温蒸汽消毒集中处理工程的污染物与污染负荷、总体要求、工艺设计、主要工艺设备和材料、检测与过程控制、主要辅助工程、职业卫生、施工与验收、运行与维护等。该标准在灭菌效果方面规定，高温蒸汽消毒处理效果检测应采用嗜热脂肪杆菌芽孢（ATCC 7953）作为生物指示物，集中处理工程的工艺设计应保证杀灭对数值≥4.00。根据规定，医疗废物在经过高温蒸汽灭菌处理之前，必须进行破碎处理，经破碎后的医疗废物粒径应不大于 5 cm。

（2）主要设备

医疗废物高温蒸汽灭菌系统由进料单元、蒸汽处理单元、破碎单元、压缩单元、废气处理单元、废液处理单元、自动控制单元、蒸汽供给单元及其他辅助单元等构成。高温蒸汽处理单元构成主要由蒸汽减温减压及进汽单元高温蒸煮消毒容器（反应釜）、抽真空系统、蒸汽冷凝系统、温度和压力探测传感装置等。高温蒸煮消毒容器在消毒前需要抽真空，其容器内真空度≥90 kPa。医疗废物高温蒸煮系统以 134℃、不低于 220 kPa 的高温蒸汽为介质，利用蒸汽的穿透力，深入医疗废物内部并释放蒸汽的潜热，使医疗废物迅速升温达到灭菌温度后维持一定时间，使细菌的蛋白质凝固变形，从而将所有微生物包括细菌芽孢全部杀死。

9.3.1.2　化学消毒处理技术

（1）技术概况

化学消毒技术是通过破碎搅拌及混合作用，使化学消毒剂包覆在废物表面，通过分裂病毒隔膜和关键外壳蛋白来破坏微生物形态和病毒的细胞组织，杀死或钝化病原体，实现医疗废物无害化。根据化学消毒剂的种类，化学消毒可分为含氯化学消毒技术和不含氯化学消毒技术；含氯化学消毒技术主要以次氯酸钠作为消毒剂，不含氯化学消毒技术常用过氧乙酸、氧化钙等作为消毒剂。由于采用次氯酸钠作为消毒剂时会产生含氯废水，目前氧化钙等碱性药剂是国内医疗废物化学消毒处理项目的常用消毒剂。总体而言，由于处理范围有限以及处理后有消毒剂残留等缺陷，采用化学消毒技术的医疗废物处理项目数量不多。

国家环保总局于2006年发布了《医疗废物化学消毒集中处理工程技术规范（试行）》（HJ/T 228—2006），2021年修订替代为《医疗废物化学消毒集中处理工程技术规范》（HJ 228—2021）。该标准规定了医疗废物化学消毒集中处理工程的污染物与污染负荷、总体要求、工艺设计、主要工艺设备和材料、检测与过程控制、主要辅助工程、职业卫生、施工与验收、运行与维护等。其中对于消毒效果、贮存要求、破碎要求等内容的规定与高温蒸汽灭菌技术规范基本一致。

（2）主要设备

化学消毒处理系统包括进料单元、破碎单元、药剂供给单元、化学消毒处理单元、出料单元、自动控制单元、废气处理单元、废液处理单元及其他辅助设备。从系统组成上看，化学消毒技术与高温蒸汽灭菌技术主要差异在核心处理单元。

9.3.1.3 微波消毒处理技术

（1）技术概况

微波是波长1～1 000 mm的电磁波，频率在数百兆赫至3 000 MHz之间，用于消毒的微波频率一般为（2 450 ± 50）MHz与（915 ± 25）MHz两种。微波消毒的技术原理较为复杂，通常认为微波产生的热效应、场效应及量子效应均对杀菌消毒有所贡献。目前，国内医疗废物微波消毒核心设备主要依赖进口，微波消毒技术通常不作为独立的医疗废物处理技术使用，而是与高温蒸汽灭菌技术联用，以提高处理效果。国内运行中的医疗废物微波消毒 + 高温蒸汽灭菌联用处理项目不超过10家。

国家环保总局于2006年发布了《医疗废物微波消毒集中处理工程技术规范（试行）》（HJ/T 229—2006），2021年修订替代为《医疗废物微波消毒集中处理工程技术规范》（HJ 229—2021）。该标准规定了医疗废物微波消毒集中处理工程的污染物与污染负荷、总体要求、工艺设计、主要工艺设备和材料、检测与过程控制、主要辅助工程、职业卫生、施工与验收、运行与维护等。其中对于消毒效果、贮存要求、破碎要求等内容的规定与高温蒸汽灭菌技术规范基本一致。

（2）主要设备

微波消毒系统包括进料单元、破碎单元、微波消毒处理单元、出料单元、自动控制单元、废气处理单元、废液处理单元及其他辅助设备。从系统组成上看，微波消毒技术与化学消毒技术基本一致，主要差异在核心处理单元。

9.3.1.4　摩擦热消毒处理技术

（1）技术概况

医疗废物摩擦热处理技术的核心原理是采用摩擦热作为医疗废物高温消毒的能量来源，摩擦热的产生源于消毒腔室内装有的多个固定的叶轮或叶片状的撞击板转子高速旋转的动能转化，在实现医疗废物充分研磨破碎的基础上，使医疗废物均匀摩擦受热，使致病微生物灭活，实现消毒处理目的。基于医疗废物自身摩擦生热的方式，使受热更均匀，消毒效率得到显著提升，同时能耗低，节能环保。在消毒处理过程中，温度升至 135℃以前，存在蒸汽湿热消毒作用过程；随着温度不断升高、水分蒸发完全，实现消毒的主要作用为基于摩擦热的干热消毒作用。因此，医疗废物摩擦热处理非焚烧技术是一种干热－湿热综合作用的消毒技术。

（2）主要设备

医疗废物摩擦热处理非焚烧技术装备主要由灭菌毁形室、过滤组件、温度传感器、工艺管路和控制系统组成。工艺路线由进料、破碎研磨、高温消毒、喷淋冷却、蒸汽冷凝、尾气净化、产物出料等环节构成。与传统消毒技术的消毒与破碎毁形是相对独立的两种处理过程不同，医疗废物摩擦热处理技术实现了消毒处理与破碎毁形的有机统一，缩减了消毒处理工艺流程、节约了设备建设安装成本，并有效提高了消毒处理的效率。

9.3.1.5　热裂解非焚烧处理技术

（1）技术概况

热裂解处理技术利用无剥离、微负压热裂解技术对医疗废物进行无害化、资源化处理。该技术是利用医疗废物中有机物的热不稳定性，在无氧或缺氧的条件下，通过天然气加热使热裂解炉快速产生热量，通过热传递，加热热裂解炉内的固体原料，完成固体与气体分离，气体物质形成气状后作为燃料加热使用，并从中提取炭渣和气体。

热裂解处理技术具有处理量大、污染排放少、经济效益好等技术优势。与传统焚烧工艺相比，热裂解炉不产生污水，几乎没有二噁英排放；热裂解产生的不凝气用于提高炉内温度，无须再用外部其他能源，节约了运行成本。而传统焚烧法是用外部能源进行提温。

（2）主要设备

热裂解处理技术系统包括进料单元、热裂解处理系统、气体处理系统、出渣系统等。

在热裂解处理系统环节，热裂解炉产生的热裂解气经过气包缓冲释压，先进入气体净化装置，净化后气体主要为低碳烃类可燃性气体，既节约燃料能源，又不污染环境。

9.3.1.6 高温干热技术

（1）技术概述

高温干热技术的灭菌原理是将医疗废物经过高强度碾磨后，暴露在负压高温环境下并停留一定时间，利用精准的传导程序使热量高效传导至待处理的医疗废物中；使其所带致病微生物产生蛋白质变性和凝固，进而导致医疗废物中的致病微生物死亡，使医疗废物无害化，达到安全处置的目的。其特点是整个过程不加水或蒸汽，对破碎物料高温加热实现对医疗废物的灭菌消毒，干加热程序比蒸汽装置使用的温度更高，处理所需时间更短。高温干热灭菌技术具有灭菌效率高、投资低、占地小、耗水量少等特点。

（2）主要设备

高温干热处理设备通常可由医疗废物处理系统、尾气净化系统、加热系统、自控系统等组成。医疗废物处理系统通常可将医疗废物碾磨成 1～5 cm 粒径大小，并在压强 300 Pa、温度 180～200℃的反应釜中，以不低于 10 r/min 的速度进行搅拌，经过 20 min 灭菌后，将无菌干燥的产出物排出反应釜。加热系统负责将反应釜加热并稳定在 180～200℃。所搭载的自控系统通常具备自检功能、预警功能、运行记录功能等，以便提升医疗废物灭菌处理过程的自动化程度。

9.3.2 焚烧技术

9.3.2.1 回转窑焚烧技术

（1）技术概况

回转窑焚烧系统由上料及进料系统、回转窑本体、二燃室和助燃空气系统组成。由于医疗废物在运输过程中由专用塑料袋密封包装，并置于一定规格的周转箱中，因而医疗废物在进入回转窑之前，需先通过特定的上料输送机构，将周转箱输送至倒料口，在倒料口通过机械倾倒装置将医疗废物从周转箱中倾倒至进料设备中。随后医疗废物通过进料设备输送至回转窑中，在 850℃以上高温焚烧足够的时间。高温烟气和熔渣从窑尾进入二燃室，焚烧残渣从窑尾进入灰渣处置装置。二燃室内温度始终维持在 1 100℃以上，高温烟气中未燃烬组分二燃室得到充分燃烧，烟气中的二噁英和其他有害成分的 99.99% 以上将被分解。根据焚烧理论，烟气充分焚烧的原则是“3T+1E”原则，即保证足够的温度（危险废物焚烧炉：＞1 100℃）、足够的停留时间（危险废物焚烧炉：1 100℃以上时＞2 s）、足够的扰动（二燃室喉口用二次风或燃烧器燃烧让气流形成旋流）、足够的过剩氧气，其中前三个作用是由二燃室来完成。二燃室出来的烟气通过后续的烟气净化系统处理后达标排放。

（2）主要设备

①回转窑及进料设备

医疗废物回转窑焚烧系统通常配置螺旋输送或液压推杆进料系统。回转窑采用顺流式，固体、半固体、液体废弃物从筒体的头部进入，助燃的空气由头部进入，随着筒体的转动缓慢地向尾部移动，完成干燥、燃烧、燃尽的全过程。经过足够时间的高温焚烧，物料被彻底焚烧成高温烟气和熔融残渣，通过对回转窑的运行进行控制，保持约 50 mm 厚的稳定渣层可以起到保护耐火层作用，其操作温度应控制在 850℃以上，高温烟气和熔渣从窑尾进入二燃室，焚烧残渣从窑尾进入灰渣处置装置。

回转窑分窑头、窑尾、本体、传动机构等几个部分。窑头的主要作用是完成物料的顺畅进料、布置一个燃烧器及助燃空气的输送，以及回转窑与窑头的密封。回转窑的窑头是用耐火材料进行保护，耐火层由一层金属结构支撑着，位于窑头的低断面。在窑头下部设置一个废料收集器收集废物漏料。

回转窑前、后端板的密封采用柔性金属鳞片方式密封。金属鳞片密封技术，能够适应窑体上下窜动、窑体长度伸缩、直径变化以及悬臂端轻微变形的状况。

回转窑本体是一个由 25 mm 的钢板（带轮、齿轮等局部加厚）卷成的一个钢制圆筒，内衬耐火材料。在本体上面还有两个带轮和一个齿圈，传动机构通过小齿轮带动本体上的大齿圈，然后通过大齿圈带动回转窑本体转动。窑尾是连接回转窑本体以及二燃室的过渡体，它的主要作用是保证窑尾的密封以及烟气和焚烧残渣的输送通道。为保证物料向下传输，回转窑必须保持一定的倾斜度；由于危险废物物料的波动性，焚烧时间长短不一，焚烧炉需要较大程度的调节，焚烧炉设计转速为 0.05～0.5 r/min。

②二燃室

回转窑焚烧炉的高温焚烧烟气从窑尾进入二燃室，烟气在二燃室燃尽，二燃室的温度控制在 1 100～1 180℃，为了避免辐射和二燃室外壳过热，二燃室设计成由钢板和耐火材料组成的圆柱筒体。根据焚烧理论，烟气充分焚烧的原则是“3T+1E”原则，即保证足够的温度（危险废物焚烧炉：>1 100℃）、足够的停留时间（危险废物焚烧炉：1 100℃以上时>2 s）、足够的扰动（二燃室喉口用二次风或燃烧器燃烧让气流形成旋流）、足够的过剩氧气，其中前三个作用是由二燃室来完成。在二燃室下部设置两个柴油燃烧器，保证二燃室烟气温度达到标准以及烟气有足够的扰动。回转窑本体内少量没有完全燃烧的气体在二燃室内得到充分燃烧，并提高二燃室温度，在二燃室内温度始终维持在 1 100℃以上。在此条件下，烟气中的二噁英和其他有害成分的 99.99% 以上将被分解。

二燃室是通过支撑结构固定在钢结构平台上，在下部有一弧形结构使回转窑尾部插入二燃室里。在二燃室平行底部有出渣口和用厚钢板制成的出渣槽。在出渣槽的上部采用耐火材料进行保护，渣槽的底部用法兰与下部连接。

二燃室侧面装有水冷刮渣器，可自动将熔渣从回转窑尾部刮出。二燃室下部放置灰渣处置设施，排出熔融的炉渣进入灰渣处置设施处理。二燃室上部有一烟气出口，高温烟气通过该出口进入余热锅炉。二燃室顶部布置烟气紧急出口。

二燃室的顶部有紧急烟囱，由开启门和钢板烟囱组成，其底部由气动机构控制的密封开启门。紧急烟囱的主要作用是当焚烧炉内出现爆燃、停电等意外情况，紧急开启的旁通烟囱，避免设备爆炸、后续设备损坏等恶性事故发生。当炉内正压超过一定数值时，气动机构会自动开启密封开启门，通过紧急烟囱排放烟气，特殊时刻可手动开启密封开启门。紧急烟囱的密封开启门平时维持气密，防止烟气直接逸散。

③助燃空气系统

助燃空气系统主要用于向回转窑和二燃室提供燃烧所需的空气。

一次助燃风机

回转窑在窑头设有供风口，废物在被扬起落下的过程中，物料与空气中的氧充分混合。设置单独的助燃空气风机。

二次助燃风机

二燃室设置单独的助燃空气风机。沿二燃室环向布置风箱，风管旋向布置，二次助燃空气风速为 30～50 m/s，在风的带动下，烟气呈螺旋上升，加强了烟气与空气的混合，延长了烟气在炉内的停留时间。

主要工艺设备包含一次助燃空气风机、二次助燃空气风机及附件，两台风机均为变频调速，风量通过一两次助燃空气风机工作频率与炉内含氧连锁自动调节。

回转窑冷却风机

回转窑冷却风机给回转窑的冷却端部件提供冷却空气，空气来自外界环境。

冷却风机设置进口流量调节阀，并根据工作状况需要，设置软连接、消音器等。

烟道不同部位采取不同的材料和保温防腐措施。在烟道和风道上设置清灰口用于清灰，同时设置人孔或手孔，用于管道清理和维修。

9.3.2.2　热解气化技术

（1）技术概况

热解气化炉系统主要由热解气化炉本体和二燃室构成。与回转窑焚烧需要通入足量空气保证一定过剩空气系数不同，热解气化炉主要通过部分废物燃烧放热将医疗废物中的有机组分裂解形成小分子，因而热解气化炉本体处于还原性氛围，如此就需要减少外部空气进入热解气化炉内。为在医疗废物的连续进料处置过程中保证热解气化炉的密封性，热解气化炉本体通常由两个（或以上）一燃室组成，每个一燃室交替使用。

（2）主要设备

医疗废物进入一燃室后，通过助燃器点火开始燃烧，由于一燃室供氧量较少，通常只有燃烧所用化学剂量所需氧量的 20%～30%，所以已燃烧的废物释放的热能在一燃室内逐步将填装的废物在炉腔内干燥、裂解、燃烧和燃尽；各种化合物的长分子链逐步被打破成为短分子链，变成可燃气体，可燃气体的主要成分是：N_2、H_2、CH_4、C_2H_6、C_6H_8、CO 及挥发性硫，可燃性氯等。二燃室是将一燃室产生的可燃气体和经预热的新鲜空气混合燃烧的过程，在整个过程中燃烧的均为气态物质。二燃室的温度通常控制在 1 100～1 150℃，烟气在二燃室的停留时间为 2 s 以上，在这种环境下，绝大部分有毒有害气体被彻底破坏转化成 CO_2 及各种相应的酸性气体。

热解气化炉一般运行模式为：首先，将危险废物投入 A 热解炉（简称 A 炉）点火热解气化，同时喷燃炉将燃烧炉加热至 500℃，A 炉中被热解气化的气体进入燃烧炉后与空气混合燃烧。在 A 炉运行时，热解炉 B（简称 B 炉）开始投料。当 A 炉中的废物热解气化约至第 8 个小时时，废物中的有机物含量为 1%～3%，呈灰白色状态，此时 B 炉也已投料完毕，开始点火。初期 A 炉残余可燃气体加上 B 炉的初始热解气化量正好可满足燃烧炉温度维持在 1 100℃以上系统自燃时所需的可燃气体量。系统采用计算机集中控制原理，整个系统为一个常压系统，鼓风量和引风量要通过压力传感器变频控制风机转速来自动控制热解炉和燃烧炉的空气量（模糊理论），因此自动化水平要求较高。当温度为 1 100℃自燃时，热解气体量不够，当燃烧温度下降时，热解炉气阀开度开大，同时，燃烧炉空气阀自动关小，燃烧温度又上升到 1 100℃以上；当燃烧温度高于设定温度时，热解炉气阀开度关小，同时，燃烧炉空气阀自动开大，燃烧温度又下降到 1 100℃。当 B 炉进入灰化过程时，A 炉又开始点火，如此循环往复，达到全自动连续不断地燃烧。

根据废物在热解炉内的热解气化特点，从上至下可将其划分成气化层、传热层、流动化层、燃烧层和灰化层 5 层。热解炉内的废物在缺氧（供以小风量）条件下利用自身的热能使废物中有机物的化合键断裂，转化为小分子量的燃料气体，然后将燃料气导入焚烧炉内进行高温完全燃烧。废物先在干燥预热区干燥后，下降到热分解区（200～700℃）进行分解，生成的燃料气体上升至炉顶出气口导入焚烧炉，残留碳化物继续下降，在燃烧气化区（1 100～1 300℃）进一步气化，生成的燃料气体上升至炉顶出气口导入燃烧炉，最后剩余残渣从炉底排出。

第10章 固体废物减污降碳协同增效

SOLID WASTE ENVIRONMENTAL MANAGEMENT

10.1 国际固体废物减污降碳

10.1.1 国际固体废物领域碳排放

根据《联合国气候变化框架公约》的要求，所有缔约方应按照联合国政府间气候变化专门委员会（IPCC）《国家温室气体清单指南》编制各国的温室气体清单报告，报告框架内废弃物领域与能源领域、工业领域、农林业和其他土地利用领域一同被列为四大领域。据 IPCC 统计，当前全球废弃物领域直接排放的温室气体占所有领域总排放量的 3%～5%。据联合国环境规划署（UNEP）报告指出，全球每年产生 110 亿～120 亿 t 固体废物（包含城市固体废物和建筑垃圾）。

美国环境保护局于 2021 年 4 月发布最新的《美国温室气体排放和碳汇清单》显示，2019 年美国城市固体废物和工业固体废物的填埋和生物处理共排放温室气体 1.6 亿 t（二氧化碳当量，以下温室气体排放量均为二氧化碳当量），占全国总排放量的 2.5%。日本环境省发布的 2021 年《日本温室气体清单报告》显示，2019 年日本以填埋、生物处理、无能量回收焚烧方式处理处置城市固体废物、工业固体废物和危险废物共排放温室气体近 4 000 万 t，达到全国总排放量的 3.3%。2021 年 5 月，欧洲环境署发布的《欧盟 1990—2019 年温室气体清单和 2021 年清单报告》显示，欧盟 27 个成员国 2019 年的废弃物领域排放温室气体 1.4 亿 t，占整个区域总排放量的 3.3%，占比与日本类似。

发达国家由于普遍建立了较为完善的固体废物处理处置系统，部分国家禁止原生生活垃圾直接进入填埋场，因此在发达国家废弃物领域温室气体排放量占比相对较小。反之，发展中国家由于废物处理处置设施欠缺，其废弃物领域的温室气体排放量占比与发达国家相比可能会明显更高。例如柬埔寨 2019 年发布《柬埔寨国家温室气体排放清单报告》，表示柬埔寨固体废物处理处置主要以填埋方式为主，2016 年温室气体排放量为 450 万 t，占全国总排放量的 6.5%。

10.1.2 国际固体废物减污降碳典型实践

围绕“无废”（zero waste）和“零排放”（zero emission）的理念，一些发达国家和区域正致力于通过循环型固体废物管理模式，来促进达成碳中和的政策和行动。材料源头减量、再利用和回收是材料可持续管理的重要方法，材料的开采、加工、运输和处置等都会导致温室气体排放，材料的生命周期管理模式越来越受到重视。相关报告显示美国 2006 年 42% 的温室气体排放来源于材料和产品的制造、使用和处置。改变材料的管理模式是减少或避免温室气体排放的重要策略。

（1）以循环经济模式推动碳减排

循环经济行动有助于减少对新初级材料的需求以及与资源开采和加工相关的温室气体排放，欧盟是制定相关政策领先者。2020 年 3 月欧盟委员会通过的《循环经济行动计划》是“欧洲绿色协议”的主要组成部分之一，该计划表明，欧盟将以向循环经济转型为手段，以减轻对自然资源的压力，并创造可持续的增长和新的就业机会。欧盟把发展循环经济设为实现 2050 年碳中和目标的决定性条件。欧盟发展循环经济促进碳中和的手段主要有 3 点：①分析评价资源循环率对缓和和适应气候变化的作用；②改进模拟工具精准评估循环经济对碳减排的益处；③提升资源循环率在未来能源和气候计划中的分量。

阿姆斯特丹是欧洲可持续发展的先驱城市之一，2010 年，该市制定了《阿姆斯特丹 2040 年远景规划》，确立了向可持续发展转型的基本目标与框架。该规划主要围绕可再生能源、洁净空气、循环经济、弹性气候四个方面展开；通过细化切实可行的政策措施、高效的机制安排和激励社会各利益相关方参与的对话和磋商模式，推动阿姆斯特丹在空气净化、二氧化碳减排、可再生能源使用、循环经济和创新等方面取得了显著成效，打造了宜居的绿色低碳城市。阿姆斯特丹还通过与管理链中的所有利益相关者合作，实施逐步部署的战略，优化了城市的废物收集系统。目前，阿姆斯特丹已经建立了 3 000 个纸类回收点、3 000 个玻璃回收点和 226 个塑料回收点。从社会、生态、地方和全球四个层面来看，阿姆斯特丹已经形成了一个有效的城市循环经济体系。

（2）“无废”建设与碳减排目标协同

C40 城市气候领导联盟，作为应对气候变化而成立的全球性城市网络也正在探索通过改造现有固体废物和材料管理系统，通向气候安全的未来。C40 城市在 2017 年 11 月发布的《着重加速：城市面向 2030 年的战略性气候行动方法》中提出，要以有效利用资源的方式管理废物排放，从线性经济模式转变成循环经济模式，加速实现联合国 2030 年碳减排目标。2018 年 8 月，伦敦、纽约、巴黎、东京等 23 个 C40 城市发布《迈向“无废城市”宣言》，承诺到 2030 年人均废物产生量减少 15%，填埋和焚烧量减少 50%，分类率提高到 70%。

纽约市每年要处理处置大量的生活垃圾，不仅造成经济负担，还导致温室气体排放和环境风险。自 2001 年 Fresh Kills 垃圾填埋场关闭以来，纽约市几乎将所有的生活垃圾外运处置。为了缓解这一状况，纽约市制定了高规格的“无废”目标，到 2030 年，生活垃圾最终处置量较 2005 年（360 万 t）减少 90%，并实现原生垃圾“零填埋”。此举也将有助于纽约实现到 2050 年较 2005 年减少 80% 碳排放的气候变化目标。纽约市的“无废”目标得到了全市各界的积极响应和支持，同时也引发了多项社会行动，包括深入研究分析“无废城市”的直接效益和间接效益、激励公众参与减量和回收活动、促进相关利益方协同合作、新增 10 万个生活垃圾收集设施等。此外，纽约市还制定了一系列具体的目标和措施。如到 2020 年实现金属、塑料、玻璃、纸制品的单独回收，建设一座日处理量 500 t 有机垃圾并生产可供暖甲烷的处理设施，推动所有学校成为“无废学校”；到 2030 年，较 2005 年商业废物减少 90% 等。

（3）固体废物综合管理促进碳减排

新加坡综合废物管理设施是一项集固体废物和废水处理于一体的项目，利用后水、垃圾和能源之间的协同效应，实现更高效的资源回收和更节省的空间。该项目由国家环境局的综合废物管理设施和水务局的 Tuas 再生水厂组成，将采用先进技术处理多种废物；项目分两期建设，预计在 2024 年和 2027 年分别完成第一期和第二期。项目完工后，综合废物管理设施将包括废物能源转化设施、材料回收设施、厨余垃圾处置设施和污泥焚烧设施，每天可以处理 5 800 t 可焚烧废物、250 t 可回收垃圾、400 t 源头分类食品废物和 800 t 脱水污泥。新加坡目前废物回收率为 61%，废物焚烧率为 37%，焚烧后的残渣和其他 2% 的不可回收废物会被填埋。2019 年，新加坡共产生了 723 万 t 固体废物，其中回收利用 425 万 t，回收率为 59%，相比 2018 年，废物产生量下降了 6%，也是自 2017 年以来连续第三年下降，使得 Semakau 垃圾填埋场寿命延长至 2035 年。2019 年，新加坡固体废物产生量最大的是建筑垃圾，产生量占比 20%，其次是黑色金属、纸张、塑料和食物垃圾；在废物回收利用方面，建筑垃圾、黑色金属、有色金属的回收率都高达 99%。

10.1.3　国际固体废物管理减污降碳评估

国际上十分关注固体废物碳减排潜力的核算工作，已有研究从全生命周期的角度对固体废物从源头减量、循环利用到最终处置等全链条的温室气体减排潜力进行估算的实例。2015 年，联合国环境规划署与国际固体废物协会（International Solid Waste Association，ISWA）联合出版的《全球废弃物管理展望》报告中指出，从整个生命周期的视角看，综合垃圾管理带来的碳减排可达全球排放的 10%～15%；如果考虑预防产生措施，可达 15%～20%。同年，欧洲的独立环境智库 Eunomia 在其《固废管理对低碳经济的潜在贡献》报告中也通过大量的数据分析揭示出：与垃圾有关的碳排放主要在于生产阶段；循环利用的减排效果非常明显；填埋与焚烧之间的相互替代没有显著差别。

2019 年，联合国环境大会通过的《全球资源展望 2019》提出 1970—2017 年，全球每年的资源开采量从 270 亿 t 增加到 920 亿 t，增长了三倍多并仍在持续增加。报告指出，这些活动造成了世界范围内近一半的温室气体排放。全球固体废物的产生量大约占资源开采量的 50%，若固体废物都能够作为替代材料或替代燃料进行再生利用，则可以减少全球碳排放的 25%；若考虑替代燃料本身带来的碳减排效果，固体废物碳减排的潜力将远大于 25%。

英国曼彻斯特大学（The University of Manchester）的 Alejandro Gallego-Schmid 等 2020 年在清洁生产杂志（*Journal of Cleaner Production*）发表的《在建筑环境中循环经济与气候变化减缓关联》（*Links between circular economy and climate change mitigation in the built environment*）的报告中，提出在闭环的资源解决方案可以使单个功能单元减少 30%～50% 的碳排放，但是取决于循环效率和回收设施的运输距离。该报告包括钢铁、水泥、木材、塑料等各种材料，涵盖延长使用、再制造、再使用、回收等各个回收利用和源头减量措施，地理范围为欧盟。可以看出这是基于全生命周期考虑的一个数值，比完全从产生后的废物管理得到的数据要高。

瑞典的一家咨询机构材料经济（Material Economics）2018 年发布的报告《循环经济——一个气候减缓的强有力力量》（*The Circular Economy a Powerful Force for Climate Mitigation*）指出，针对钢铁、塑料、铝、水泥四种材料，考虑加强材料回收利用、产品材料效率、循环商业模式 3 个情景估算，欧盟循环经济对温室气体减排的贡献为 56%。

部分国家对固体废物领域减污降碳有针对性地开发了评估工具。美国环境保护局开发了“城市固体废物减废模型”（WARM），以帮助固体废物规划者和组织跟踪并自愿报告几种不同废物管理实践的温室气体排放减少、节能和经济影响情况。模型涵盖废纸、食物垃圾、园林垃圾、废塑料、电子废物等 11 大类城市固体废物和建筑垃圾全生命周期评估的减排潜力，包括源头减量、循环利用、堆肥、厌氧发酵、燃烧和填埋管理方式；计算并汇总来自基本情景和废物管理实践活动的环境和经济影响。欧盟环境署也自主研发了“固体废物管理温室气体排放计算工具”（SWM-GHG 计算器）和“欧洲废物管理的碳足迹工具”（CO_2ZW），用于估算城市、区域或国家级城市固体废物管理的温室气体排放量。工具涵盖有机垃圾、废纸、废金属以及废塑料等 9 大类城市固体废物，处理方式包括堆肥、厌氧、填埋、焚烧、能源回收焚烧以及循环利用。但几类方法均有自身的优点及不足，各种核算边界相互交叠，计算结果交叉，具有较大的不确定性。

对固体废物管理和温室气体减排相关报告和学术论文进行检索，搜索得到 524 篇报告和学术论文，筛选并分析了含有效数据的 122 篇，获得 138 个全球范围内固体废物管理碳减排潜力相关数据，数据面涵盖全球 45 个国家和区域。通过对 122 篇文献进行系统梳理（见表 10-1），从固体废物类型来看，①城市固体废物通过源头减量、循环利用、堆肥 / 厌氧发酵、焚烧、能源化或者综合管理措施处理处置，能直接和间接减少温室气体的排放量占总排放量的 2.7%～12.3%（共计 120 个数据），平均值为 6.2%，标准差为 0.5%；②以循环利用处理工业固体废物，能直接和间接减少温室气体的排放量占总排放量的 0.7%～12.6%（共计 4 个数据），平均值为 6.7%，标准差为 6.0%；③以堆肥 / 厌氧发酵、能源化或综合性措施处理农业固体废物，能直接和间接减少温室气体的排放量占总排放量的 0.3%～8.7%（共计 8 个数据），平均值为 3.9%，标准差为 3.6%；④以循环利用或综合性措施处理建筑垃圾，能直接和间接减少温室气体的排放量占总排放量的 4.0%～17.5%（共计 6 个数据），平均值为 10.8%，标准差为 6.7%。

表 10-1　固体废物管理与温室气体减排潜力平均值

类型 / 方式	堆肥 / 厌氧发酵	焚烧	循环利用	能源化	源头减量	综合管理
城市固体废物	7.2% 区间： 1.3%～13%	3.5% 区间： 0.1%～7%	6.9% 区间： 0.5%～13%	2.7% 区间： 0.6%～5%	4.8% 区间： 0.6%～9%	12.3% 区间： 1.5%～23%
工业固体废物	—	—	6.7% 区间： 0.7%～13%	—	—	—
建筑垃圾	—	—	17.5% 区间： 9%～26%	—	—	4.0%
农业固体废物	0.3%	—	—	8.7% 区间： 1.6%～16%	1.6%	2.7%

初步概算，全球城市固体废物、工业固体废物、农业固体废物和建筑垃圾 4 类固体废物全过程累积平均温室气体减排潜力为 13.7%～45.2%，平均值为 27.6%。

10.2 我国固体废物减污降碳

固体废物污染防治“一头连着减污，一头连着降碳”。开展“无废城市”建设，在工业、农业、生活领域系统推进固体废物减量化、资源化和无害化，能够更好地推动能源结构根本改变和产业结构、交通运输结构、用地结构的优化调整，从而实现减污降碳协同增效。本节旨在探讨各领域开展的减污降碳政策和工作成效。

10.2.1 我国减污降碳管理政策

①制度方面。为深入贯彻落实党中央、国务院关于碳达峰、碳中和的重大战略决策，扎实推进碳达峰行动，2021 年国务院发布了《2030 年前碳达峰行动方案的通知》（国发〔2021〕23 号）。通知指出构建有利于绿色低碳发展的法律体系，具体措施包括推动能源法、节约能源法、电力法、煤炭法、可再生能源法、循环经济促进法、清洁生产促进法等法律的制定修订，加快节能标准更新和制定修订一批能耗限额、产品设备能效的国家标准和工程建设标准，并提高节能降碳要求。通知要求健全可再生能源标准体系，建立健全氢能源制、储、输、用标准，完善工业绿色低碳标准体系。同时要求建立重点企业碳排放核算、报告、核查等标准，探索建立重点产品全生命周期碳足迹标准，参与国际能效、低碳等标准的制定修订，加强国际标准协调。为进一步落实新发展阶段生态文明建设有关要求，协同推进减污降碳，实现一体谋划、一体部署、一体推进、一体考核，2022 年 6 月，生态环境部等七部门联合印发《减污降碳协同增效实施方案》（环综合〔2022〕42 号），方案提出增强城市减污降碳协同创新的要求。方案要求在国家环境保护模范城市和“无废城市”建设中，强化减污降碳协同增效，并探索不同类型城市减污降碳推进机制，加快实现城市绿色低碳发展。

②市场方面。为了增加市场参与度和市场化竞争机制，进一步推动减污降碳工作，中共中央、国务院《关于完整准确全面贯彻新发展理念　做好碳达峰碳中和工作的意见》明确提出着力推进市场化机制建设，增强碳排放交易、用能权交易和电力交易等市场的作用。《财政支持做好碳达峰碳中和工作的意见》（财资环〔2022〕53 号）通过引导产业布局优化实施排污许可制度，完善排污权的有偿使用和交易制度，培育交易市场等措施，激励企业和行业实施碳达峰碳中和工作。此外，意见进一步完善了企业、金融机构的碳排放报告和信息披露制度，健全了市场化多元化投入机制，设立了国家低碳转型基金和绿色低碳产业投资基金，为企业绿色低碳转型及发展提供资金助力。

为进一步引导和推动经济绿色低碳发展，2021 年国务院印发的《2030 年前碳达峰行动方案》明确指出要完善投资政策、发展绿色金融、推进财税价格政策、制定绿色采购标准，为绿色低碳项目提供资金支持和政策保障，进一步推动减污降碳工作。在强调加大对绿色低碳投资项目的财政政策支持时，《减污降碳协同增效实施方案》（环综合〔2022〕42 号）提出推进气候投融资，建设国家气候投融资项目库，开展气候投融资试点。

③技术方面。为促进绿色低碳技术的创新和应用，推动碳达峰碳中和目标的实现，并提升适应气候变化的能力，《科技支撑碳达峰碳中和实施方案（2022—2030 年）》（国科发社〔2022〕157 号）提出通过创新赛事、科技成果转化引导基金等措施，支持绿色低碳科技企业技术创新和转化。设立绿色低碳技术专场赛，搭建技术交流平台，促进企业资源对接。引导资金和投资机构支持低碳技术创新，建设知识产权数据库，提升企业利用知识产权的能力。《财政支持做好碳达峰碳中和工作的意见》（财资环〔2022〕53 号）通知指出支持绿色低碳科技创新和基础能力建设。加强绿色技术研发和推广应用，促进产业化并建立评估、交易体系和创新服务平台。同时加强碳达峰碳中和的基础理论、方法、技术标准、实现路径研究，支持生态系统碳汇基础支撑。此外，还支持适应气候变化能力建设，提高防灾减灾能力。

④监管方面。为确保企业的碳排放达标，并便于对企业进行监管和管理，以及推动能源绿色低碳转型，《减污降碳协同增效实施方案》（环综合〔2022〕42 号）提出健全完善碳排放统计核算和监管体系，加强对碳排放的监测和计量体系建设，以确保企业的碳排放达标并进行监督管理。研究建立固定源污染物与碳排放核查协同管理制度，实行一体化监管执法。依托移动源环保信息公开、达标监管、检测与维修等制度，探索实施移动源碳排放核查、核算与报告制度。《国家发展改革委、国家能源局关于完善能源绿色低碳转型体制机制和政策措施的意见》（发改能源〔2022〕206 号）强调建立能源绿色低碳转型监测评价机制。重点监测能耗强度、能源消费及碳排放系数等指标，评估转型机制与政策的执行情况和效果。完善能源绿色低碳发展考核机制，强化相关考核，建立台账和督导协调机制。

10.2.2　我国固体废物减污降碳行动

10.2.2.1　工业领域固体废物减污降碳

工业领域固体废物减污降碳主要围绕推广清洁生产技术、采用新型节能环保设备和技术、加强绿色制造和绿色供应链建设、推动工业固废协同利用等方面开展，这些实践能够显著降低资源消耗和污染物排放，从而提高能源利用效率和生产效益。

清洁生产促进源头减量。基于推动企业进行清洁生产改造，降低污染排放和碳排放，促进实现环境保护和可持续发展的目标。《减污降碳协同增效实施方案》（环综合〔2022〕42号）提出加强清洁生产审核和评价认证的应用。《关于印发工业领域碳达峰实施方案的通知》（工信部联节〔2022〕88号）提出要提升清洁生产水平，并开展清洁生产审核和评价认证，推动多个行业的清洁生产改造。《国家发展改革委、国家能源局关于完善能源绿色低碳转型体制机制和政策措施的意见》（发改能源〔2022〕206号）中提出建立清洁低碳能源产业链供应链协同创新机制，推动清洁低碳能源技术的创新和产业化能力的建设。《中共中央 国务院关于深入打好污染防治攻坚战的意见》（2021年11月2日）要求重点行业深化清洁生产改造并开展自愿性的清洁生产评价认证，推动绿色制造和资源循环利用。《“十四五”循环经济发展规划》（发改环资〔2021〕969号）提到规范清洁生产审核行为，加强清洁生产技术创新和标准体系建设，探索开展清洁生产整体审核试点示范工作。

绿色发展协同固废利用。为推进工业绿色低碳发展，提高工业能效，推动工业固体废物综合利用，《关于印发工业领域碳达峰实施方案的通知》（工信部联节〔2022〕88号）和《关于印发工业能效提升行动计划的通知》（工信部联节〔2022〕76号）提出了推进工业“互联网+”绿色低碳的相关措施和要求。鼓励利用工业互联网、大数据等技术，为生产流程再造、跨行业耦合、跨区域协同、跨领域配给等提供数据支撑。《关于印发工业能效提升行动计划的通知》提出支持工业企业、工业园区建设工业绿色微电网，推动分布式光伏、分散式风电、高效热泵等一体化系统的开发运行，进行多能高效互补利用。《关于加快推动工业资源综合利用实施方案》（工信部联节〔2022〕9号）要求加大推广先进工艺，强化生产过程资源的高效利用和循环利用，降低固废产生强度。推动工业固废规模化高效利用，包括有价组分提取、建材生产、市政设施建设、井下充填、生态修复、土壤治理等领域的规模化利用。此外，还提出了针对复杂难用固废的综合利用能力提升措施、探索碱渣高效综合利用技术、推动磷石膏综合利用措施、提高赤泥综合利用水平及强化固废资源跨产业协同利用。

10.2.2.2 生活领域固体废物减污降碳

生活领域固体废物减污降碳的策略主要包括推动绿色低碳生活方式、推广节能家电及绿色产品、实施垃圾分类、加强废旧物资回收利用。

绿色低碳生活方式。绿色低碳生活有助于保护生态环境，节约能源资源，提高生活质量以及实现生态文明。《国务院关于加快建立健全绿色低碳循环发展经济体系的指导意见》（国发〔2021〕4 号）、《国务院关于印发 2030 年前碳达峰行动方案的通知》（国发〔2021〕23 号）、《减污降碳协同增效实施方案》（环综合〔2022〕42 号）等文件要求，提升绿色低碳发展水平，将绿色低碳发展纳入国民教育体系。积极推广绿色消费，提升绿色产品在政府采购中的比例，倡导绿色低碳生活方式，从源头减少污染物和碳排放，开展绿色社区建设，推广绿色包装，引导公众选择绿色低碳出行方式，并加强生活垃圾分类和减量化、资源化，治理塑料污染和过度包装。《国务院关于加快建立健全绿色低碳循环发展经济体系的指导意见》（国发〔2021〕4 号）指出要提升交通基础设施绿色发展水平，打造绿色公路、铁路、航道、港口和空港，推广新能源汽车充换电、加氢等基础设施建设。逐步提升交通系统智能化水平，整治环境脏乱差，开展绿色生活创建活动。

垃圾分类和资源回收利用。为提高废旧资源的回收利用率，促进再生资源可持续利用，实现经济绿色低碳循环发展，《国务院关于加快建立绿色低碳循环发展经济体系的指导意见》（国发〔2021〕4 号）提出加强再生资源回收利用，推进垃圾分类回收与再生资源回收“两网融合”，鼓励建立再生资源区域交易中心，引导企业建立逆向物流回收体系。《“十四五”循环经济发展规划》（发改环资〔2021〕969 号）和《关于加快推动工业资源综合利用实施方案》（工信部联节〔2022〕9 号）指出推动再生资源规范化利用，实施再生资源回收利用行业规范管理，促进资源向优势企业集聚。加强再生原材料推广使用制度，拓展再生原材料市场应用渠道，提升再生资源的战略性矿产资源供给保障能力。

10.2.2.3　建筑领域固体废物减污降碳

加强建筑行业绿色低碳发展，通过建立建筑节能标准体系、引入绿色认证和标准、推广绿色低碳建材、开展节能设计、提升建筑垃圾再生利用等措施，减少能源消耗和碳排放，促进低碳建筑的发展。

绿色建筑低碳发展。为推动建材行业和建筑行业绿色低碳转型，推广绿色建材使用，提高建筑能效水平，《关于印发 2030 年前碳达峰行动方案的通知》（国发〔2021〕23 号）提出推动建材行业向轻型化、集约化、制品化转型，推广绿色建材产品，推动节能技术和能源管理体系的应用。推广绿色低碳建材和绿色建造方式，大力发展装配式建筑，强化绿色设计和绿色施工管理。《中共中央　国务院关于完整准确全面贯彻新发展理念做好碳达峰碳中和工作的意见》（2021 年 9 月 22 日）指出加强绿色低碳建筑的发展，推广使用节能建材和技术，实施建筑能耗限额管理。城乡建设领域要加强绿色低碳建筑的创建和装配式建筑的推广。《城乡建设领域碳达峰实施方案》（建标〔2022〕53号）指出全面提高绿色低碳建筑水平，推动绿色建筑的创建，提高城镇新建建筑的绿色建筑标准执行率，推动低碳建筑规模化发展，推广装配式建筑和钢结构住宅。《“十四五”建筑节能与绿色建筑发展规划》提出加大绿色建材产品和技术研发投入，推广高性能建筑材料，鼓励发展预制构件和部品，优化选材提升建筑健康性能，推广新型功能环保建材产品。《财政支持做好碳达峰碳中和工作的意见》（财资环〔2022〕53号）提出加大对碳达峰碳中和工作的支持力度，建立绿色低碳产品的政府采购需求标准体系，大力推广应用装配式建筑和绿色建材，促进建筑品质提升。

建筑垃圾再生利用。在推动建筑垃圾再生利用和循环经济发展中，一系列政策文件明确了具体的发展方向和重点任务。其中《减污降碳协同增效实施方案》（环综合〔2022〕42号）指出加强建筑拆建管理，推动超低能耗建筑、近零碳建筑规模化发展。稳步发展装配式建筑，推广使用绿色建材。鼓励小规模、渐进式更新和微改造，推进建筑垃圾再生利用。《“十四五”循环经济发展规划》（发改环资〔2021〕969号）指出推进建筑垃圾资源化利用，培育建筑垃圾资源化利用行业骨干企业，加快建筑垃圾资源化利用新技术、新工艺、新装备的开发、应用与集成。《“十四五”建筑节能与绿色建筑发展规划》（建标〔2022〕24号）提出加强建筑拆建管理，提高绿色建筑比例，鼓励建筑垃圾再生利用，加强规划、设计、施工和运行管理，提高绿色建筑工程质量，完善绿色建筑运行管理制度，推动建筑能耗和资源消耗的实时监测与统计分析。

10.2.2.4 农业领域固体废物减污降碳

农业领域固体废物减污降碳措施包括优化农业产业结构、推广节能低碳技术、绿色农业产业链、加强农业碳汇建设、农业投入品减量增效、废弃物资源化利用，通过技术创新、模式创新、管理创新等手段，推动农业领域的绿色发展和低碳转型。

绿色农业低碳发展。为加快农业绿色发展，推动种养循环生态农业发展，《国务院关于加快建立健全绿色低碳循环发展经济体系的指导意见》（国发〔2021〕4号）和《“十四五”推进农业农村现代化规划》（国发〔2021〕25号）指出鼓励发展生态种植与养殖，发展生态循环农业，提高畜禽粪污资源化利用水平，推进农作物秸秆综合利用，加强农膜污染治理及农药肥料包装废弃物回收利用。持续推进化肥农药减量增效、推进高毒高风险农药淘汰和病虫害绿色防控技术。《减污降碳协同增效实施方案》（环综合〔2022〕42号）指出推行农业绿色生产方式，协同推进种植业、畜牧业、渔业节能减排与污染治理。发展稻渔综合种养、渔光一体、鱼菜共生等多层次综合水产养殖模式。《“十四五”循环经济发展规划》（发改环资〔2021〕969号）指出推行种养结合、农牧结合、养殖场建设与农田建设有机地结合。打造一批生态农场和生态循环农业产业联合体，探索可持续运行机制。

农业农村减排固碳。农业农村节能减排是全面推进乡村振兴、实现农业绿色发展、加强农业农村生态文明建设的重要内容，近年来国家发布一系列政策推动农业农村减排固碳。《国务院关于印发2030年前碳达峰行动方案的通知》（国发〔2021〕23号）指出重点发展绿色低碳循环农业，推广农光互补、光伏 + 设施农业、海上风电 + 海洋牧场等模式。加强研发应用增汇型农业技术，实施耕地质量提升行动，提高土壤有机碳储量。《“十四五”推进农业农村现代化规划》（国发〔2021〕25号）和《“十四五”现代能源体系规划》（发改能源〔2022〕210号）强调推动农业农村减排固碳和生产生活方式绿色转型。加强绿色低碳、节能环保的新技术新产品研发和产业化应用，加快农业领域用能的清洁替代，提升农业生态系统碳汇能力。建立农业农村减排固碳监测网络和标准体系。《农业农村减排固碳实施方案》（农科教发〔2022〕2号）提出优化稻田水分灌溉管理，推广节水灌溉技术，改进施肥管理，选育低碳水稻品种，减少甲烷排放。推广精准饲喂技术，改进畜禽品种，降低反刍动物肠道甲烷排放。加强畜禽养殖粪污资源化利用，减少甲烷和氧化亚氮排放。改进畜禽粪污处理设施，推广粪污密闭处理技术，实现粪污资源化利用，降低排放。推进渔船渔机节能减排，开展海洋牧场示范区建设，促进渔业生物固碳。《科技支撑碳达峰碳中和实施方案（2022—2030年）》（国科发社〔2022〕157号）提出重点研发生物炭土壤固碳技术、秸秆可控腐熟快速还田技术、微藻肥技术、生物固氮增汇肥料技术、岩溶生态系统固碳增汇技术、黑土固碳增汇技术、生态系统可持续经营管理技术等。

10.2.3　我国固体废物管理减污降碳潜力

（1）循环经济领域减污降碳评估

2021年，中国循环经济协会发布的《循环经济助力碳达峰研究报告》，对我国循环经济碳减排进行量化和预测。报告聚焦资源再生循环利用、大宗固废综合利用、生物质废弃物能源化利用、余热余能回收利用等六个重点领域。其中资源再生循环包括废钢铁、再生有色金属、废纸、废塑料、废橡胶、废旧纺织品；大宗固体废弃物即年产生量在1亿t以上的单一品类固体废弃物，具体包括煤矸石、粉煤灰、尾矿、工业副产石膏、冶炼渣、建筑垃圾和农作物秸秆等七类；生物质废弃物包括生活垃圾、厨余垃圾、市政污泥、畜禽粪污等，仅对生产环节进行评估。评估结果显示，2020年我国通过发展循环经济可减少碳排放26亿t；“十三五”期间，发展循环经济对碳减排的综合贡献率为25%；“十四五”期间，发展循环经济有望对碳减排的综合贡献率达30%。

（2）典型“无废城市”建设地区减污降碳评估

相关研究团队对我国“无废城市”建设城市碳减排效益进行了评估。陈勇院士团队对徐州市“无废城市”试点建设期间的碳减排效益进行评估，研究以 2018 年为基准年，2020 年为目标年；包含城乡生活、农业以及工业等各领域的各类废弃物，具体类别包括生活领域的生活垃圾、再生资源、建筑垃圾和市政污泥，农业领域的秸秆、畜禽粪便、废农膜，工业领域的粉煤灰、炉渣、煤矸石等一般工业固体废物以及危险废物。固体废物处置过程考虑了源头减量、中端回收以及末端处置等全部环节。评估结果显示，徐州在“无废城市”试点建设期间，仅通过源头减量各类固体废物，即可实现碳减排量超过 1 531 万 t（以 CO_2 当量计）。

（3）我国“无废城市”建设减污降碳评估

巴塞尔公约亚太区域中心从生命周期视角核算固体废物碳减排潜力的工具的适用性，以美国环境保护局开发的“废物减量模型”（Waste Reduction Model，WARM）为基础，进行了废物类别的拓展和数据补充，建立了涵盖工业固体废物、生活垃圾、再生资源、农业固体废物和建筑垃圾等典型固体废物类型从源头减量、循环利用到处置全生命周期的“废物减量模型”。将 2019 年固体废物管理情况设定为基准情景，将 2020 年固体废物管理情况设定为“无废城市”试点建设情景，将 2035 年固体废物管理情况设定为“无废城市”建设完成情景，并对不同情景下固体废物管理指标进行设定。根据估算结果，2020 年“无废城市”试点城市建设下，我国固体废物处理直接碳排放量为 2.1 亿 t（以 CO_2 当量计），固体废物循环利用避免碳排量为 18.9 亿 t（占我国 2020 年温室气体排放量的 15.4%）。2035 年“无废城市”建设完成情景直接碳排放量约为 8 867 万 t，避免碳排放量为 44.6 亿 t。对比 2020 年，通过递次推进“无废城市”建设，2035 年固体废物综合管理将贡献碳减排效益 25.7 亿 t 二氧化碳当量，约占 2020 年温室气体排放量的 20.9%。

第11章 『无废城市』建设

SOLID WASTE ENVIRONMENTAL MANAGEMENT

11.1 “无废城市”建设理念

11.1.1 国际“无废城市”建设理念

1973 年，美国耶鲁大学保罗·帕尔默博士首次公开提出“无废”（zero waste）一词，用于从化学品中回收原料，但直至 20 世纪 90 年代后期“无废”（zero waste）理念才受到了社会各界的广泛关注。1989 年，美国加利福尼亚州通过了《综合废物管理法案》（*Integrated Waste Management Act*），“无废”理念首次进入国家法案，并设立了废物填埋减量的目标。1995 年，澳大利亚首都堪培拉通过到 2010 年实现无废法案（No Waste by 2010 bill），成为世界上首个设立“无废”目标的城市。2002 年，新西兰零废弃信托基金定义了“无废”理念为“既包括追求回收最大化、废物最小化的末端解决方案，也包括考虑产品再使用、维修和回收，使材料重新回到自然系统或投入市场的产品设计理念”。2003 年，美国旧金山市和日本上胜町分别制定高标准的“无废”目标，提出到 2020 年完全取代填埋和焚烧方式。2009 年，国际零废弃联盟提出“无废”为“系统地设计和管理产品及过程，避免和减少原材料使用量、废物产生量，减少原材料和废物中的有毒物质，保存或回收所有资源，而不是以焚烧或填埋的方式处理废物”。2019 年，在联合国环境大会第四届会议上，“无废”理念写入第 4/8 号《废物的无害环境管理》决议。2022 年 12 月，第 77 届联合国大会通过决议，宣布 3 月 30 日为“国际无废日”。

很多国家将“无废”视为固体废物环境管理的一个目标，旨在减少废物的产生量或填埋量。但是，不同经济社会发展阶段，固体废物所产生的环境问题差异很大，固体废物环境污染防治所采取的政策和措施也各不相同。美国“无废”体系下的管理内容主要是城市生活中产生的固体废物，包括日常生活垃圾、餐厨垃圾、建筑废物等。美国环境保护局提出了 100 项“无废”措施，涉及相关目标和规划的制定、地方政府政策的执行、道路废物收集、食品垃圾处理、处理处置设施建设、回收体系建设、建筑垃圾处理、处置方式的限制要求、强制性措施、宣传教育等诸多方面。欧盟的“零废物计划”及“循环经济一揽子计划”围绕将废物管理融入经济发展中，以宏观政策引领可持续发展；减少产品中有毒有害物质的使用，确保废物再利用安全；以提高资源效率为核心，谋求经济和环境共赢三个方面展开。日本提出了“循环型社会”理念，公布了《循环型社会形成推进基本法》，通过促进生产、物流、消费以至废弃的过程中资源的有效使用与循环，将自然资源消耗和环境负担降到最低限度。新加坡提出了“新加坡可持续蓝图 2015”，旨在通过减量、再利用和再循环，努力实现食物和原料无浪费，并尽可能将其再利用和回收，给所有材料“第二次生命”，使新加坡成为一个“零废物”国家。

从全球范围来看，目前提出过“无废城市”建设的多为发达国家，因为这些国家在国家法规政策、经济发展水平、技术基础、固体废物管理体系等方面相对先进，有能力和条件推动“无废城市”建设。然而，即使在发达国家内部，对于“无废城市”的管理理念也存在一定差异，这可能受到地区特点、文化背景等多方面因素的影响。

11.1.2 我国“无废城市”建设理念

党的十八大以来，党中央、国务院把固体废物污染防治摆到生态文明建设的突出位置，持续推进固体废物进口管理制度改革。我国是世界上人口最多、产生固体废物量最大的国家，每年新增固体废物超过 100 亿 t，历史堆存总量高达 600 亿至 700 亿 t。固体废物产生强度高、利用不充分，部分城市“垃圾围城”问题十分突出。开展“无废城市”建设试点，是党中央作出的一项重大改革部署，是城市整体层面深化固体废物综合管理改革的有力抓手，是提升生态文明水平、建设美丽中国的重要举措。

2018 年 12 月，国务院办公厅印发《“无废城市”建设试点工作方案》（国办发〔2018〕128 号），将“无废城市”的内涵定位为以“创新、协调、绿色、开放、共享”的新发展理念为指导，通过推动形成绿色发展方式和生活方式，持续推进固体废物源头减量和资源化利用，最大限度地减少填埋量，将固体废物环境影响降至最低的城市发展模式。“无废城市”并不是没有固体废物产生，也不意味着固体废物能完全资源化利用，而是一种先进的城市管理理念，旨在最终实现整个城市固体废物产生量最小、资源化利用充分、处置安全的目标，需要长期探索与实践。

11.2 “无废城市”建设推进过程和机制

11.2.1 国家层面

11.2.1.1 试点期间

党中央、国务院高度重视固体废物污染环境防治工作，部署持续推进固体废物进口管理制度改革，加快垃圾处理设施建设，实施生活垃圾分类制度，推动固体废物管理工作迈出了坚实步伐。2018 年 6 月，《中共中央 国务院关于全面加强生态环境保护 坚决打好污染防治攻坚战的意见》明确提出，开展“无废城市”试点，推动固体废物资源化利用；12 月，国务院办公厅印发《“无废城市”建设试点工作方案》，明确了“无废城市”建设总体要求、建设任务、实施步骤和保障措施，“无废城市”建设试点工作正式启动。

2019 年 5 月，结合国家重大发展战略，综合考虑不同领域、不同发展水平及产业特点、地方政府积极性等因素，生态环境部会同相关部门确定了深圳市、包头市、铜陵市、威海市、重庆市（主城区）、绍兴市、三亚市、许昌市、徐州市、盘锦市和西宁市等 11 个城市以及雄安新区、北京经济技术开发区、中新天津生态城、福建省光泽县和江西省瑞金市等 5 个特殊地区，作为“无废城市”建设试点；同月，印发《“无废城市”建设试点实施方案编制指南》和《“无废城市”建设指标体系》（环办固体函〔2019〕467 号），成立了“无废城市”建设试点咨询专家委员会，科学指导各试点城市编制“无废城市”建设试点实施方案，截至 2019 年 9 月，试点城市和地区的实施方案全部通过国家评审。

为强化顶层设计，做好督促指导帮扶，生态环境部会同相关部门成立了“无废城市”建设试点部际协调小组，加强对试点工作的指导、协调和督促；组织开展“无废城市”建设部门责任清单制度研究，提出优化固体废物管理体制机制，强化部门分工协作，根据城市经济社会发展实际，以深化地方机构改革为契机，建立部门责任清单；明确各类固体废物产生、收集、转移、利用、处置等环节的部门职责边界，提升监管能力，形成分工明确、权责明晰、协同增效的综合管理体制机制，由试点城市政府负责落实实施。构建“无废城市”建设适用技术推广平台，发布先进适用技术 74 项，其中 8 项技术在试点城市落地。加强指导帮扶，自 2019 年 5 月开展“无废城市”建设试点工作以来，生态环境部针对“11+5”个试点城市和地区，组建了 7 个技术帮扶工作组，多次前往各试点城市和地区，开展“无废城市”建设调研和技术帮扶工作。

11.2.1.2 “十四五”期间

2021 年 11 月，中共中央 国务院在《关于深入打好污染防治攻坚战的意见》中提出，应坚持“减量化、资源化、无害化”的原则，聚焦减污降碳协同增效，拓展和深化“无废城市”建设。同年 12 月，生态环境部印发了《“十四五”时期“无废城市”建设工作方案》，分别从顶层设计、工业领域、生活领域、农业领域、建筑垃圾、危险废物和“制度、技术、市场和监管”四大体系建设等方面提出了“十四五”时期“无废城市”建设的七项重点工作任务，标志着“无废城市”建设工作从局部试点向全国推开迈进。2022 年 1 月，工业和信息化部、生态环境部等联合印发《加快推动工业资源综合利用实施方案》，鼓励有条件的地区开展“无废城市”建设，有条件的工业园区和企业创建“无废工业园区”“无废企业”。同年 4 月，生态环境部会同 17 个部门发布了“十四五”时期“113+8”个“无废城市”建设名单。同时，生态环境部等 14 个单位联合印发《生态环境损害赔偿管理规定》，落实了地方党政责任，明确了牵头部门和工作联动，规范了统一赔偿工作程序，有助于促进生态环境损害赔偿工作实现常态化、规范化、科学化运行，为“无废城市”建设工作提供了强有力的制度保障。2023 年 8 月，国家发展改革委、生态环境部等部门印发《环境基础设施建设水平提升行动（2023—2025 年）》，支持开展“无废城市”建设的地区率先探索，形成可复制、可推广的设施模式。

2024 年 1 月，中共中央　国务院发布了《关于全面推进美丽中国建设的意见》，提出到 2027 年“无废城市”建设比例达到 60%，固体废物产生强度有明显下降；到 2035 年“无废城市”建设实现全覆盖，东部省份率先全域建成“无废城市”的重要目标；首次提出了“城乡‘无废’”理念，将“无废城市”建设的重心从城市扩展到乡村，标志着“无废城市”建设向全国范围的推进工作迈出了重要一步。

为加强“十四五”时期“无废城市”建设，生态环境部与国家开发银行合作，推动“无废城市”建设融资试点工作，探索解决建设过程“融资难、融资贵”的问题，2022—2023 年，生态环境部多次赴河北、吉林等地调研，就“无废城市”建设项目融资模式进行交流。加强宣传推广，设立“中国无废城市”公众号、视频号，“环境保护”的微信公众号设立“无废城市”专栏，在中国环境、环境经济等杂志宣传“无废城市”建设工作。

11.2.2　省域层面

2021 年 11 月，中共中央　国务院印发《关于深入打好污染防治攻坚战的意见》，明确要求稳步推进“无废城市”建设，“十四五”时期，推进 100 个左右地级及以上城市开展“无废城市”建设，鼓励有条件的省份全域推进“无废城市”建设。2022 年以来，生态环境部指导地方加快推动省级“无废城市”建设，浙江、重庆、天津、上海、江苏、山东、海南、湖南、江西等 9 个省份印发了省级全域“无废城市”建设方案。甘肃、河南、河北、辽宁、吉林、安徽、湖北、广东、贵州、福建等 10 个省份制定了全省“无废城市”建设梯次推进工作方案。西藏、海南、青海等 15 个省区将“无废城市”建设作为污染防治攻坚战、高质量发展绩效考评的重要指标。

①“无废城市”建设纳入地方法规。上海市发布《上海市无废城市建设条例》，是全国首部“无废城市”建设地方立法，自2024年6月5日起施行；河北省、浙江省、山东省、云南省、福建省等省份将“无废城市”建设工作纳入《固体废物污染环境防治条例》。

②建立“无废城市”成效评估机制。江苏省制定了《江苏省设区市“无废城市”建设实施方案质量评估工作细则》，将考核结果纳入对地方污染防治攻坚成效考核内容。浙江省开展全域“无废城市”建设评估和星级评定，达到三星级标准的设区市和县，可授予“清源杯”。广东、吉林、福建等省份也分别印发了《广东省“无废城市”建设试点成效评估工作方案》《“十四五”时期“无废城市”建设成效评估办法（试行）》《福建省“十四五”时期全域“无废城市”建设指标体系及评估细则》。重庆市印发了《重庆市全域“无废城市”建设成效评估指南（试行）》《重庆市“无废指数”指标体系及评价说明（试行）》。

③建立“无废城市”建设激励机制。为进一步调动地方开展“无废城市”建设的积极性，推动江苏省“无废城市”高质量建设，2023年12月，江苏省财政厅、省生态环境厅联合印发实施《江苏省“无废城市”建设奖励办法（试行）》。

④建立省域“无废城市”建设长效工作机制。黑龙江、湖南、新疆等17个省份成立了“无废城市”工作小组。天津、内蒙古、西藏等11个省份建立了联席会议制度。江西、湖北、四川、宁夏等14个省份召开了工作推进会。山西、广西、云南等13个省份建立了技术指导帮扶组。福建、陕西、甘肃等21个省份建立技术帮扶专家库。

⑤出台省域“无废细胞”建设相关文件。在“无废细胞”建设方面，黑龙江省印发了《黑龙江省“无废城市细胞”创建三年工作方案（2023—2025年）》，组织各地市开展无废社区、乡镇、学校、企业等8种“无废细胞”创建。浙江省印发《浙江省“无废城市细胞”建设评估管理规程（试行）》和《浙江省“无废城市细胞”建设评估指南》，明确了工厂、园区、医院、景区等22类“无废细胞”的评估细节。江西省印发了《江西省“无废细胞”建设指南（试行）》，明确了机关、企业、商圈、医院、社区、乡村、矿山、景区等8类“无废细胞”建设、申报、建成评估等工作流程和有关单位主要职责，提出了建成后的管理工作与保障措施。山东省发布《关于开展山东省“无废细胞”建设工作的通知》和《山东省“无废细胞”建设评价指南》，建立了规范统一的“无废细胞”建设和评价标准。

11.2.3 城市层面

所有开展“无废城市”建设的城市根据国家《“十四五”时期“无废城市”建设工作方案》积极推动“无废城市”建设。

①建立高位推进机制。市级党委、政府将“无废城市”建设工作作为“一把手”工程，成立了以党委、政府负责同志为组长的“无废城市”建设领导小组，通过地方立法、建立部门责任清单等方式，形成分工明确、权责明晰、协同增效的管理体制机制。

②因地制宜编制实施方案。各城市坚持问题导向、目标导向，结合本地实际编制实施方案，合理设定目标任务，制定废物清单、责任清单、任务清单和项目清单等“四大清单”，并以党委、政府文件印发实施方案。

③成立工作专班。建立工作调度、评估、考核机制以及工作简报、专报、通报制度。各市政府负责同志定期召开推进会、协调会、专题会，研究解决重点难点问题，狠抓实施方案落实落地。

④强化要素保障。制度建设方面，建立部门责任清单，完善固体废物管理的相关制度，完善固体废物统计范围、口径、分类和方法。技术支撑方面，加快技术推广应用与攻关，探索水气固协同治理方案，完善技术标准体系建设，加强科技创新能力与成果转化。市场培育方面，优化市场营商环境，鼓励各类市场主体参与“无废城市”建设工作。资金保障方面，结合财力统筹安排资金支持区域固体废物集中处置公共基础设施建设等重点工作；鼓励有条件的城市建立完善多元化投入渠道，充分吸引社会资本加大投入。强化监督方面，完善固体废物环境信息管理，健全环保信用评价体系，推行环境污染责任保险，落实固体废物排污许可等。宣传发动方面，增强全民环保意识，积极构建“无废城市”建设全民行动体系。

11.3 “无废城市”建设进展与成效

11.3.1 试点期间“无废城市”建设成效

2019 年以来，生态环境部会同相关部门认真落实党中央、国务院关于开展“无废城市”建设试点工作的决策部署，通过压实试点城市主体责任，加强技术帮扶，引导资源要素集聚，培育“无废”文化等举措，指导深圳等 11 个试点城市和雄安新区等 5 个特殊地区扎实推进试点工作。经过各方的共同努力，截至 2021 年年底，试点城市累计完成固体废物利用处置工程项目近600项，完成了制度、技术、市场、监管体系相关保障能力任务1 000多项，带动投资1 200亿元，发挥了导向和引领作用；形成了一批可复制推广的示范模式，包括97项改革举措和经验做法；通过开展形式多样的宣传教育活动，推进节约型机关、绿色饭店、绿色学校等“无废细胞”建设，培育“无废细胞”7 200余个，营造了良好的文化氛围，“无废”理念不断深入人心，雄安新区率先编制“无废城市”教材，纳入雄安新区15年教育体系，植入“无废基因”。

建立了一套“无废城市”建设指标体系。在试点建设过程中开展指标体系研究，从固体废物源头减量、资源化利用、最终处置、保障能力、群众获得感5个方面设置了18类59项指标，形成了一套系统的“无废城市”建设指标体系，涵盖了固体废物管理重点领域和关键环节，发挥了重要的引领作用。该指标体系以固体废物源头减量、资源化利用、最终处置三个方面指标为指导，为指引试点城市深入践行绿色发展理念，实现城市固体废物产生量最小、资源化利用充分、处置安全提供了路径；由制度、技术、市场、监管四大体系组成的保障能力指标，为试点建设提供了动力支撑；以宣传教育和群众满意程度为核心的群众获得感指标，成为检验试点工作成效的“试金石”。

形成可复制、可推广的示范模式。试点城市先行先试、探索创新，在推动工业固体废物贮存处置总量趋零增长，加强生活垃圾源头减量、提高资源化水平、推动主要农业废弃物的全量化利用与美丽乡村建设融合、强化固体废物的环境监管等方面形成97项改革举措和经验做法，为推进固体废物污染防治能力提升提供了可复制推广的改革经验。例如，包头市工业固体废物领域“无废冶山”；徐州市秸秆高效还田及收储用一体多元化利用模式；三亚市塑料污染综合治理模式；雄安新区“建筑垃圾拆、建、用一体化就近消纳模式”；深圳市退役动力电池监管—回收—利用全过程管理处置模式。

“无废城市”理念得到广泛认同。随着试点工作的深入，“无废”理念初步取得各方认同。国家“无废城市”建设试点工作的启动被评为2019年国内十大环境新闻，其示范效应由点及面逐渐呈现。浙江省以绍兴为引领，率先在全省范围推开“无废城市”建设。广东省提出珠三角所有城市将开展“无废试验区”的试点建设工作。自2020年起，重庆市主城区以外区县也逐步开展“无废城市”建设，与四川省形成成渝地区双城经济圈，共同推进“无废城市”建设。我国的“无废城市”建设工作也得到世界范围的广泛关注，第四届联合国环境大会将“无废城市”建设试点工作写入了《废物环境无害化管理》决议。

产业协同和区域协调发展成效初现。试点城市围绕推动可持续发展，推动提升固体废物综合治理能力，提高固体废物减量化、资源化、无害化水平，提升不同类型固体废物之间协同回收、利用处置能力，实现城市管理与固体废物管理有机融合。铜陵市构建资源型城市产业链协同减废模式，拓展产业共生领域，提高固体废物综合利用水平；中新天津生态城多措并举，构建了一套基于小城镇的生活垃圾精细化管理模式；雄安新区将试点建设作为落实京津冀协同发展战略、打造绿色示范高地的具体举措。威海市以“无废”促“精致”，将试点建设作为精致城市建设的重要内容推进落实。

11.3.2 “十四五”时期“无废城市”建设进展

“十四五”时期各省（区、市）积极印发“无废城市”建设实施方案，“无废城市”进入全面建设阶段，进展顺利，成效初显。

顶层设计及推动实施方面，生态环境部 2022 年、2023 年连续两年组织召开“无废城市”建设工作推进会，推动各地印发实施方案，扎实推进重点任务落实。中央财办、工业和信息化部、国家发展改革委等多部门印发指导意见，加快推进各地村镇、工业园区、企业开展“无废乡村”“无废工业园区”“无废企业”的建设工作，支持开展“无废城市”建设的地区率先探索，形成可复制、可推广的经验模式。目前共有天津、河北、辽宁、吉林、上海、江苏、浙江、安徽、福建、江西、山东、河南、湖北、湖南、广东、海南、重庆、贵州、甘肃 19 个省（市）全域或次第推进“无废城市”建设。“十四五”时期的 113 个地级及以上城市和 8 个特殊地区扎实推进“无废城市”建设，114 个城市和地区成立了“无废城市”建设工作领导小组，约 87% 的城市和地区建立工作协调、信息通报、考核、简报等工作机制。浙江、河南、吉林等 19 个省份印发省级方案，积极推进全域“无废城市”建设。云南、海南、西藏等 15 省份将“无废城市”建设纳入对地方污染防治攻坚战成效考核及高质量发展绩效评价内容。山东等 6 个省份将“无废城市”建设写入地方性法规，上海市率先颁布“无废城市”建设条例。

技术创新和模式探索方面，多地积极开展“无废城市”科技创新体系建设、信息化管理及投融资模式探索。在技术创新方面，绍兴市通过构建基于城市固体废弃物资源化共生网络的无废城市建设模式，展示了科技创新在推动“无废城市”建设中的重要作用。在智慧监管方面，重庆实施电子转移联单制度，重点单位实施全过程危险废物“一物一码”精细化可追溯管理；深圳首创视频远程执法超 3 万次。在融资模式探索方面，江苏、三门峡等地金融机构为“无废城市”建设项目提供资金支持，生态环境部联合国家开发银行开展“无废城市”建设融资试点工作，探索多元融资模式。2023 年，国家开发银行向“无废城市”建设领域投放资金超 500 亿元，覆盖 27 个省份。在“无废细胞”建设方面，各地以机关、学校、工厂、园区、乡村、景区等为对象，出台“无废细胞”建设指南和评价标准，累计创建 2 万余个“无废细胞”。其中江苏省积极推进“无废运河”建设，提升船舶污染物分类收集处置率。中石化等通过开展“无废集团”创建工作，危险废物产生强度同比降低 28%，创建工作取得经济效益 5.47 亿元。山东青岛以家电回收为起点，打造融合回收、拆解、再生循环互联“无废工厂”。全国 28 家化工园区全面启动“无废园区”建设，有助于推动化工园区绿色低碳高质量发展。

多领域协同推进方面，生态环境部每年印发“无废城市”建设工作推进计划，推动有关地方围绕固体废物管理重点领域和关键环节加快探索创新，解决重点、难点问题，在工业、生活源、建筑、农业、危险废物领域加强监管，提升治理能力，鼓励各领域固体废物协同处置。生态环境部组织实施国家“十四五”规划危险废物“1+6+20”重大工程，健全危险废物生态环境风险防控技术支撑体系，基本实现固体废物管理信息系统全国“一张网”。在减污降碳协同增效领域，落实重点行业碳达峰实施方案；巴塞尔公约亚太区域中心组织开展“无废城市”减污降碳协同增效典型案例征集活动，评选出包括工业固体废物领域、危险废物领域、农业固体废物领域、生活垃圾（包含厨余垃圾）领域以及再生资源领域共 36 个案例作为首批“无废城市”建设减污降碳推荐案例，显示出我国“无废城市”建设工作在减污降碳协同方向已经取得了一定的成效和经验。重庆、四川共同推进成渝地区双城经济圈“无废城市”共建，粤港澳大湾区探索建设“无废湾区”共建模式，长三角地区开展“无废城市”区域共建机制研究。

“无废理念”宣传方面。构建“1+N”宣传矩阵工作机制，联合新华网开展“无废城市”市长访谈录，就高质量推进“无废城市”建设进行专题访谈，持续宣传各地建设工作典型经验，充分发挥先进带动作用。杭州市首次提出“无废亚运”理念，推动建成 33 个“无废亚运”场馆、81 家“无废亚运”饭店、4 家“无废亚运”工厂，在筹办过程中，全面贯彻“无废”理念，加强固体废物全生命周期管理，最大限度地减少固体废物的产生。巴塞尔公约亚太区域中心在巴塞尔公约、鹿特丹公约、斯德哥尔摩公约 2022 年缔约方大会中，成功举办了题为“建设‘无废城市’：从理念到实践”的多边会，并发起“国际无废城市”网络建设倡议，以加强城市之间的交流合作，推动更多城市携手促进“国际无废城市”建设进程。截至 2024 年，“国际无废城市”网络已获得 48 个国家和地区加入，为促进国内外“无废城市”建设经验交流，讲好中国故事发挥了重要作用。联合国大会也通过决议设立“国际无废日”，促进国际“无废城市”建设。2024 年 3 月 30 日“国际无废日”，浙江、河南、天津等 8 个省份、71 个地级及以上城市开展了丰富多彩的主题活动。

第12章 『无废城市』建设典型案例

SOLID WASTE ENVIRONMENTAL MANAGEMENT

12.1　工业固体废物

铝加工业是郑州市工业六大主导产业之一，全市规模以上企业 127 家，已形成“铝土矿开采—氧化铝提炼—电解铝生产—铝材加工—铝终端制品”完整的产业链条。郑州市依托铝加工产业发展基础和优势，培育再生铝综合利用产业，积极探索铝加工行业绿色低碳转型路径，建立“资源—产品—再生资源”的反馈式生产流程，通过技术创新和产业升级，实现铝加工产业的节能减排和资源循环利用（图 12-1）。

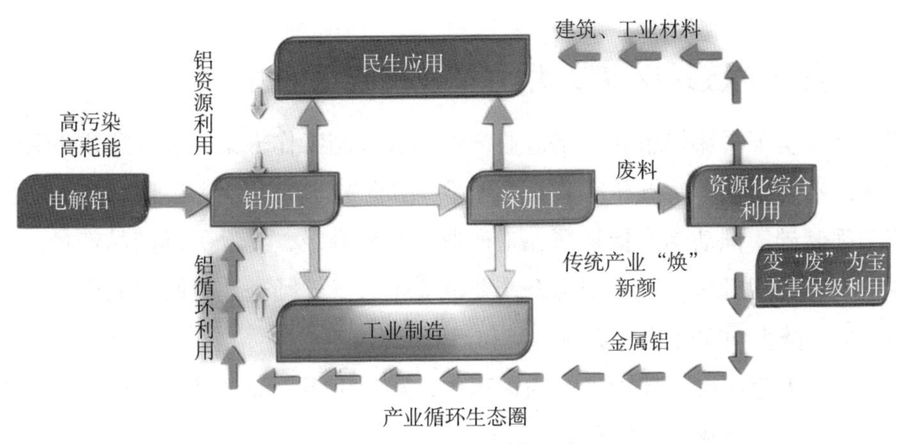

图 12-1　典型铝业产业循环生态圈

12.1.1　优化产业结构

推动铝工业结构调整和转型升级，鼓励企业通过新建、技改、提质、增效等方式，提升企业自利用能力，加大处置新技术推广应用，从根本上减少铝灰渣产生量。截至 2023 年，郑州市再生铝产能已经达到 88 万 t，铝制油箱料、液罐料、交通用中厚板、药用箔、镜面铝等产品占国内市场份额的 60% 以上，铝灰渣产生量由 2021 年的近 10 万 t 降至 2023 年的 8 万 t，下降近 20%。

12.1.2　强化综合利用

在全省率先试点编制《郑州市铝行业铝灰（渣）规范化管理指引（试行）》，规范了铝灰渣的全流程管理，进一步提升产废企业及经营单位铝灰渣规范化管理水平。郑州市已建成 8 个规模总计达 60 万 t 的铝灰渣利用处置项目，全市铝灰渣综合利用率达到 100%，同时辐射周边地区乃至全省，有效解决了铝灰渣资源化利用难题。经营单位创新管理模式，优化创造符合企业特点的“卓润智能仓储”系统，实现全流程机器人作业。

12.1.3 推动铝工业绿色转型

再生铝的能源消耗量仅为生产电解铝的 3%～5%，优先布局上游再生铝产业链，可节约大量能源和资源，将“铝加工”变为“绿加工”。依托巩义市、登封市和上街区铝加工产业发展基础和优势，培育再生铝综合利用产业，探索铝加工行业绿色低碳转型路径。

12.1.4 激发“链式反应”，增强产业核心竞争力

郑州市印发了《郑州市先进制造业产业链链长制工作方案》和《郑州市高端铝加工产品和高端氧化铝产品指导目录（试行）》。围绕先进铝基材料产业链，抓紧补短板、锻长板、强基础，推动铝及铝精深加工产业的转型升级，提升关键产品产量，实现铝加工业的延链提质升级，进一步提升产业链竞争力。鼓励企业之间形成产业链上下游的协同效应，减少中间环节的资源浪费和运输成本。

在深化“无废城市”建设工作的进程中，郑州市铝工业循环利用产业链模式对于产业相对聚集的大中城市具有重要的借鉴意义。

12.2 农业固体废物

衡水一直将探索农业固体废物收集体系建设和高值化利用作为推进“无废城市”建设工作的重要抓手，不断提高畜禽养殖废弃物和农作物秸秆综合利用水平，形成了可推广可复制的“气、电、热、肥”联产生态循环模式（见图 12-2）。

衡水市安平县大力推动农业废弃物的资源化利用项目建设，通过实施沼气发电项目，沼渣、沼液生产生物有机肥项目，生物天然气项目及生物质热电联产项目等，对县域内畜禽粪污、废弃秸秆等农牧业废弃物进行综合治理，实现年处理畜禽粪污 30 万 t，年产沼气 657 万 m^3，发电并网 1 512 万 kW·h；沼液通过水肥一体化、喷灌、滴灌等农田水利工程施用于农业种植，在安平县内及周边建设 58 座液肥加液站，覆盖 11.2 万亩作物，沼渣肥通过大户使用、协议利用机制实现还田，形成了完整的种养结合“气、电、热、肥”联产生态循环的发展模式。

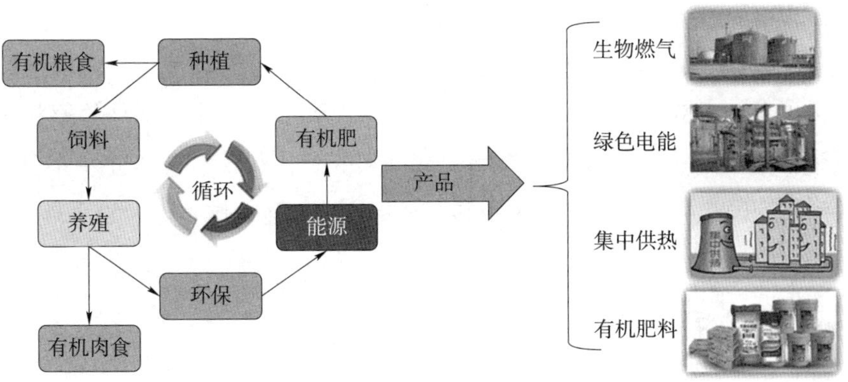

图 12-2　生态循环模式示意

衡水市武强县通过建设大型中温厌氧沼气综合利用工程、污水处理工程、有机肥生产项目和沼液还田项目，引进先进的技术以及国外进口设备，全程采用 PLC 自动控制系统，年处理奶牛粪尿 40 万 t 以上，年处理生产污水约 10 万 t，年生产沼气 1 200 万 m^3，年发电 2 400 万 kW · h，碳减排约 8 万 t，年生产牛卧床垫料 8 万 m^3、沼液 30 万 t。实现大型畜牧养殖场从“奶牛养殖—奶牛粪污环保处理—生物沼气生产—生物沼气发电—牛卧床垫料再生系统—生物质有机肥生产—生物质沼液还田—有机饲草种植—有机原奶生产供应”的生态循环模式。具体操作的工艺流程见图 12-3。

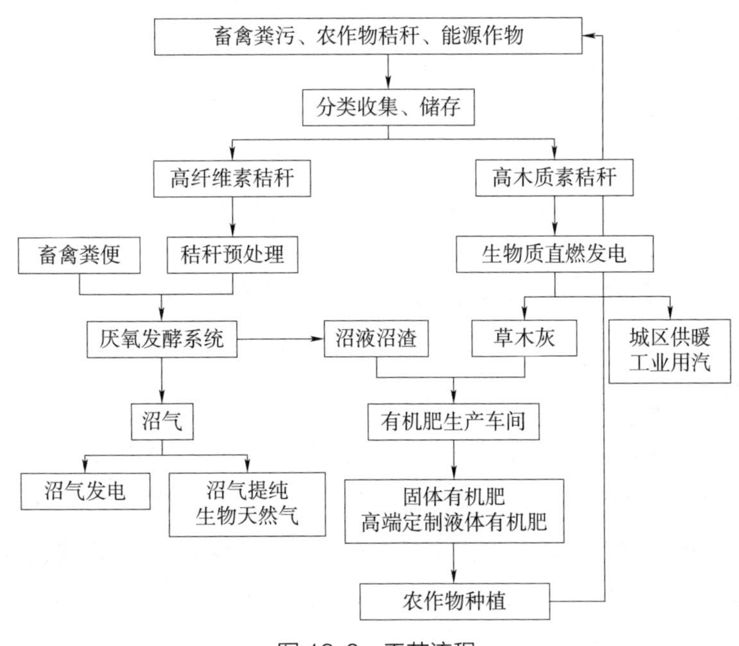

图 12-3　工艺流程

衡水市以畜禽废弃物为原料，以大型沼气工程为抓手，打造了“气、电、热、肥”联产的生态循环模式，解决了当地农业可持续发展难题，为当地生态环境治理闯出了一条崭新的道路。模式的复制与推广适用于养殖大县或者农作物秸秆等原料充足的县域，可以最大限度地实现农牧业废弃物的减排和资源化利用，为推进种养循环、发展乡村振兴，实现国家的“碳达峰、碳中和”目标添砖加瓦，作出更大的贡献。

12.3 生活垃圾

近年来，重庆市南岸区铜元局街道通过“数治、智治、共治”三步走，破解生活垃圾投放收运、宣传推广、常态运行等方面难题，构建“党建统领、政府主导、社会助力、全民参与”的全领域协作模式，积极探索走出一条可复制、可推广的“无废城市”建设新路径。

12.3.1 健全“数治”链条体系，破解投放收运难题

科学布局分类收集容器、厢房、中转站，配齐配强桶边指导力量，打通垃圾分类“神经末梢”，率先启用集“自动感应开盖、蓝牙积分、刷卡积分、二维码积分”于一体的数字化投放设备，实现垃圾分类投放“零接触”、积分数据“可视化”。新建 4 个厨余垃圾接驳点，购置 3 辆厨余垃圾专用运输车，确保做好第二次精准分拣，集中承担辖区厨余垃圾转运任务，形成垃圾分类运输的闭环管理。有针对性地制订分类清运处理方案，联动专业企业，实现生活垃圾的资源化、无害化处理。试点运行街道首创的智能监管平台 App，自动生成每日生活垃圾清运联单信息和“电子台账”，建成垃圾分类收运全链条的精细化、一体化、智能化联单管理模式。

12.3.2 构建“智治”体验场景，破解宣传推广难题

以“科技、人文、绿色”为主题元素，打造全区首个“有体验场景、有宣讲课堂”的垃圾分类综合宣教实践基地（见图 12-4），吸引群众“打卡”体验。开辟垃圾分类图书角、互动角，探索运用垃圾分类 VR 游戏、“生活环境风险小卫士”动态捕捉互动游戏等智慧化娱乐宣教方式，打造“沉浸式”亲子互动游戏体验场景，吸引家庭参与。自主开发街道垃圾分类一体式宣传推广微信小程序“同源有你”，设置垃圾分类积分兑换、志愿者申请、宣传活动、微学习专区等多个功能模块，构建垃圾分类“良性循环”互动机制。

图 12-4 垃圾分类综合宣教实践基地

12.3.3 营造“共治”良好氛围，破解常态运行难题

组建社会单位、中小学幼儿园、购物广场等“三大联盟”激活共建动能；打造公益品牌“绿色课堂”坚持每周开讲，每月组织“变废为宝”手工活动，释放共享潜能；在示范小区每个单元建立垃圾分类“红黑榜”机制，每月评选环保家庭、环保先锋。

目前，重庆市南岸区铜元局街道已率先建成投用全区首个大型厨余垃圾接驳站（见图 12-5），自主开发全区首个垃圾分类监管平台 App 和宣传互动小程序，智能投放设施覆盖率居全区前列。

图 12-5 铜元局街道厨余垃圾接驳站

12.4 建筑垃圾

成都市双流区建筑垃圾资源化利用示范基地是该市“无废城市”建设的先导性项

目，是推进建筑固废减量化、资源化、无害化，促进城市可持续发展和绿色转型，实现人与自然和谐共生的城市发展新模式的成功实践。项目设计年处理建筑垃圾 40 万 t（含装修垃圾 5 万 t）于 2022 年建成试运行。项目建设有 40 000 m^2 建筑垃圾资源化利用厂房、4 000 m^2 产学研综合楼和 1 000 m^2 的科普教育展厅。项目围绕实现“双碳”目标，推行绿色设计、绿色建造、绿色制造、绿色运维的全生命周期管理，将生产与环境保护科普教育紧密结合，主动承担环境保护主体责任。项目概况见图 12-6。具有以下特色亮点：

图 12-6 成都市双流区建筑垃圾资源化利用示范基地

12.4.1 绿色建造

项目为二星级工业绿色建筑，采用 BIM 设计建设预制率为 93% 的全生命周期管理标准化绿色工厂，部品部件、内外装饰装修、围护结构和机电管线等一体化集成；工厂顶部采用 PC 阳光板，四周采用 21～24 m^2 的长条形窗设计，充分利用太阳光；海绵城市雨水收集、存储设施有效实现雨水的下渗、滞蓄或再利用。

12.4.2 绿色制造

采用机器人、光选机智能精准分拣，结合风选、水浮选，使拆除垃圾再生骨料含杂率低于 5‰，装修垃圾骨料含杂率低于 1%，建筑垃圾综合利用率高于 95%。将建筑垃圾源化利用与绿色建材研发相融合，研发制造全生命周期管理的高端部品化、功能性绿色建材；适用于装配式装修、海绵城市、城市有机更新、乡村振兴和生态环境修复等不同应用场景，培育公园城市建设新质生产力。

12.4.3　绿色运维

项目采用“减震隔离＋吸音降噪＋负压除尘＋废水回用”系列环保措施，生产过程废渣、废水零排放；采用自动感应喷雾降尘系统，实时联网监测厂区各项环境指标，实现全过程绿色化。与政府共同搭建管理“无废城市”智慧管理系统，与监管部门联网，实现建筑垃圾从源头拆除、运输、处置、资源化利用的闭环管理；并通过“互联网＋大数据＋人工智能＋区块链”技术实现中央集成控制、可视化、智能化管理，配套专用程序实现在手机上对拆除垃圾和装修垃圾进行报备、处置、结算。

12.4.4　绿色教育

配套建设有科普教育展厅，加强“无废城市”宣传，普及建筑垃圾危害及资源化利用知识，提升公众参与意识，倡导绿色生活方式，充分展示企业环保主体意识和环境保护社会责任。

该项目具有非常显著的生态效益，按照国际统一测算方法，项目达产后，每年可节约土地 40 亩、节约矿产资源 165 万 t、节约标准煤约 50 万 t、减少二氧化碳排放约 133 万 t。同时，促进建筑垃圾资源化利用产业健康发展，其示范性带动周边投资，对当地发展经济、增加财政收入、促进当地相关产业的发展和解决劳动力就业等方面起到积极的推动作用，为成都市全面建设践行新发展理念的公园城市示范区及打造“无废城市”谱写了绿色低碳新篇章。

12.5　危险废物

2020 年，深圳有 1.45 万家危险废物产生单位，产生危险废物 67.18 万 t/a，主要来自中小微企业及机动车维修、实验室检测机构等社会源行业。而危险废物收运相关限制较多，单家收运企业的收运资质通常难以覆盖一家小微产废单位的全部危险废物种类。为优化危险废物收集转运处置体系，解决小微企业危险废物收集处置难题，深圳创新开展危险废物“一证式”收集改革。从降低收运企业经营成本着手，2021 年发放了首批危险废物综合收集许可证，核准综合收集规模为10万t/a以上；打破了小微产废企业危险废物“自寻出路、分别转运”的传统模式，构建了危险废物的综合收集、分类贮存和规模化安全处置的全过程危废处置新模式。

一是加强立法保障。修订《深圳经济特区生态环境保护条例》，针对固体废物污染环境防治法等法律尚未明确规定的内容，改革危险废物收集经营许可制度，扩大危险废物收集许可证的收集范围。二是加强规划布局。编制并印发了《深圳市危险废物集中收集贮存设施布局规划（2021—2025年）》，规划建设24个高标准、智慧化集中收集贮存转运设施。采用视频监控、二维码等技术对收集单位危险废物贮存、转移、利用及处置等实施监控，做到来源可追溯、贮存可查看、去向可跟踪。三是转变管理思路，优化营商环境。危险废物收集“一证式”改革，主要专注服务小微产废企业和需转运外地协同处置的危险废物，提供危险废物贮存、收集、转运、处置全流程的专业服务。打破了小微产废企业危险废物“自寻出路、分别转运”的传统模式，构建了危险废物的综合收集、分类贮存和规模化安全处置的全过程危废处置新模式；让产废单位不再为危险废物处置“伤脑筋”，实现区域全覆盖、小微企业全收运、处置过程全闭环，打通危险废物收集转运“最后一公里”。四是视频巡检，减少对企业运营影响。执法人员在办公室通过系统连接危险废物产生单位或经营单位环保责任人，借助环保责任人手机视频同步功能，对危险废物规范化管理在线喊查、喊改，线上下达整改和线上上传整改情况，实行闭环管理，实现对危险废物“不见面”检查和“非现场”监管模式。

深圳市立足优化营商环境，通过降低收运企业经营成本，为危险废物贮存、收集、转运、处置全流程提供专业服务，打破了小微产废企业危险废物“自寻出路、分别转运”的传统模式，建立的危险废物“一证式”收运模式，成功解决危险废物收运处理点多、面广、量小的难题，对以中小企业、私营企业占比较高的城市具有较好的推广应用价值。

12.6 “无废细胞”建设

12.6.1 “无废集团”

2022年4月，生态环境部发布《关于同意中国石油化工集团有限公司开展“无废集团”建设试点工作的复函》，同年7月，召开“无废集团”建设试点工作启动会，中石化正式启动“无废集团”建设。截至目前，已有 28 家所属企业经生态环境部评估创建成功，15 项危废“点对点”“白名单”等支持性政策落地；第二批支持性政策取得生态环境部批复，9 座区域危废处置中心建成投用，建成 1 套危废全过程信息化管控平台并在 12 家先行先试企业实现应用，创建工作取得经济效益 5.47 亿元，形成 59 项可复制、可推广的典型案例。中国石化初步培育形成具有一定规模的固体废物利用处置产业，固体废物减量化、资源化和无害化水平大幅提升。

①推动固体废物源头减量。研发和推广减少固体废物产生量及资源化利用工业固体废物的生产工艺技术，从源头上减少固体废物产生量。开展石油石化行业重点类别固体废物危险特性调查及环境风险评估，为动态修订《国家危险废物名录》中石油石化行业危险废物描述或纳入《危险废物豁免管理清单》等提供科学依据。

②提升危险废物转移效率。简化危险废物跨省转移审批手续。经生态环境部批准后，开展危险废物跨省转移“白名单”试点。对环境风险可控、合理运距范围内的中国石化所属企业产生的危险废物跨省转移至其他所属企业的危险废物设施利用处置的，纳入生态环境主管部门“白名单”管理。

③加快固体废物利用处置设施建设，提升危险废物利用处置能力。积极开展区域性危险废物集中处置中心建设，在满足内部危险废物处置需求的同时，服务区域内其他企业。危险废物“点对点”定向利用豁免管理。以可作为上下游企业原料或可返厂再生或利用的危险废物为重点对象，选取长期稳定合作的上下游企业，制订工作方案，实行“点对点”利用豁免管理。开展废塑料回收利用体系建设，启动示范项目。

④加强固体废物监管监控能力建设。加强固体废物环境风险防控。建立中国石化危险废物环境风险识别与排查评价管理技术体系，建立健全突发环境事件固体废物污染应急响应体系，加强危险废物环境应急处置支持能力。推进危险废物环境信息化管理。推进中国石化“无废集团”信息化平台建设，实现所属企业危险废物全生命周期环境管理、环境风险识别、预警与防范及政企间信息共享，推动建立全国危险废物环境管理信息“政企一张网”。加强固体废物污染防治专业人才队伍建设。每年组织两期专题培训班，培养危险废物多元化管理技术人才队伍；参与建设生态环境部石油石化行业专家库。

12.6.2 “无废园区”

江苏扬子江国际化学工业园位于江苏省张家港市，是长江流域开发成效最为明显，江苏沿江开发经济建设和生态建设同步发展的典范，产业结构最富特点的、竞争力最强的化工园区之一。也是江苏省循环经济试点园区、首批国家级生态工业示范试点园区。近年来，园区积极响应省、市对“无废城市”建设工作的具体部署，将“无废园区”的建设工作不断抓牢抓细抓实，构建协同保障体系、智慧监管体系和综合利用技术体系，总结凝练化工园区智慧监管与利用处置“无废园区”模式。

①构建“驻场服务”和“托底服务”协同保障体系。统筹园区内、张家港市内一般固体废物处置利用资源，为一般工业固废产量较小的园内企业提供“收集—分拣—转运”配套服务，提高综合处置利用水平。

②完善工业固废数字智慧监管体系。将一般工业固体废物全面纳入信息化监督管理。在产销端管理上，依托数字化、智能化监管平台，建立“电子联单转运”制度和经营、处置机构资质“备案制度”，规范园内一般固体废物产废企业和经营、处置机构管理，引导园区固废就地就近利用。在智慧监管上，强化固废物流信息轨迹监控。每次固废转移任务会生成唯一的联单号标识，可扫码获取全流程详细的记录，支持查看转移车辆的轨迹及时间，平台可对运输车辆、路线的异常情况自动预警，推动实现智能化管理。扬子江国际化学工业园智慧园区管理中心见图 12-7。

图 12-7　扬子江国际化学工业园智慧园区管理中心

③引进工业固废处置利用先进技术。引进工业废盐综合利用项目和高温等离子综合利用项目，利用低温裂解技术去除工业废盐中的有机物，实现工业废盐再生利用；利用等离子体高温高能属性，将危险废物中的无机成分熔融后经急冷固化形成玻璃体，

作为建筑材料产品。引进废白土资源综合利用技术，利用蒸汽饱和法压榨出废白油再经酯化和酯交换后得到生物柴油，渣土用于生产微生物类有机肥料。扶持企业自主研发废锂渣资源化利用技术，回收锂资源的同时实现硅酸铝渣的资源化利用。

12.6.3 “无废工厂”

近年来，泰安市在推动新型工业化强市建设进程中，积极引导工业企业创建“无废工厂”，通过原料替代、工艺改造、技术更新等绿色转型手段，最大限度地减少生产原辅料投入与废物产生。截至目前，泰安市已创建 30 家国家级绿色工厂、18 家省级绿色工厂，国家级绿色工厂数量居全省前列。

①多举措践行绿色生产。围绕减排、增效两个维度持续降低能源消耗，采取优化工艺、改进设备和节约能源等措施，将生产过程中消耗的能源降至最低。2023 年通过技术部攻关，冰线老化罐冰水实现自动控制，降低传输冷量损耗，用电量节约 8.3%。完成 CIP 管式换热器冷凝水回收至巧克力外加热罐内，节约蒸汽使用量，避免重复消耗能源，每年节约蒸汽 37 t，提高工厂能源利用率。

②全方位倡导节能环保。通过电子显示屏、宣传栏、节水节电标牌等宣传设施和工具营造浓厚的节能环保氛围。大力推广无纸化办公，采用无纸化会议系统、网络审批流程等代替大量的纸张使用，最大限度地减少固体废物产生。教育培训引入中粮在线教育平台，学习、培训、考试全部线上进行。安全管理及日常报表引入安全管理信息化平台，彻底告别纸质报表，达到零废弃物的目标，同时减少 A4 纸采购，既节约了管理成本，又减少了废物产生。

③高标准处置危险废物。采用科学的废物处理技术，将废弃物最大限度地回收利用和无害清除。工厂技术团队将原来 CIP 清洗使用酸碱桶经过改善，使用罐装，去掉原来小包装桶，厂家直接使用罐车运输酸碱，降低对环境的影响，保护自然资源，每年可减少危废桶 1 500 个，全年实现危险废物产生量降低 25%。

④聚合力共享“无废”理念。通过设置宣传栏、组织科普讲座等方式，对全体员工开展了“无废工厂”理念的宣贯，倡导节约适度、绿色低碳的生活方式，推动“无废”理念深入人心。截至目前，共组织开展“无废城市”主题专项培训三场，参加人员 296 人，利用班前会进行“无废工厂”基础知识培训，参与培训人数 278 人，鼓励员工主动参与“无废工厂”的创建活动，提高企业员工环保意识，组织户外宣传实践活动 2 次。

12.7 “无废经济”

许昌是中原城市群核心城市之一，产业特色鲜明，民营企业工业产值占全市工业产值的80%以上。针对存在的固体废物资源化利用能力水平不高、最终处置设施不健全等问题，坚持把“无废经济”市场体系建设作为重点，紧盯固体废物回收利用处置产业市场发展和骨干企业培育，激发市场主体活力，助推固废产业发展，有力地推进了许昌市“无废城市”建设。

①以顶层设计为引领，优化固废产业布局。许昌市立足自身优势，坚持把顶层设计放在固废产业发展的关键位置，着力打好“规划牌”。制定印发了《中国制造2025许昌行动纲要》《许昌市战略性新兴产业培育发展计划的通知》《许昌市创新驱动发展战略规划》等文件，把固废产业作为全市九大新兴产业之一高质量推进，不断拓展环保装备和服务产业发展空间。制定了完善的组织管理、财政税收、土地供给、人才引进等政策措施，探索开展环境污染责任保险、绿色债券、绿色基金等业务。

②以要素保障为动力，加快固废市场升级。许昌市持续加大金融、人才、技术等要素对固废产业的支持力度，坚持要素跟着项目走，优先保障重点项目用地、环境容量、融资需求。为企业和金融投资机构搭建交流的平台，采用特许经营、政府与社会资本合作等方式，积极推进“无废城市”政府投资项目实施。深入开展“无废城市”建设投融资试点，组建市级政府投融资平台，建立固废处置利用项目库，积极探索多元融资模式，市场化推进投融资试点项目落地。充分发挥重点产业人才在产业转型升级中的引领支撑作用，引导支持企业与高校及科研院所开展深度合作。

③以“领军企业”为支点，引领固废市场发展。许昌市充分发挥固废“领军企业”的自身优势，提出“制定一套标准、探索一种模式、落地一个产业”的总体要求，突出创新引领、开放发展，不断提升固废产业发展水平，增强绿色经济竞争力。培育一批优势骨干企业，积极鼓励固废企业参与生活垃圾、建筑垃圾、危险废物及工业固体废物处理处置和产业集聚区循环化改造。依托各行业“领军企业”，促进各产业集群蓬勃发展，建设一批产业集群。紧抓国家“一带一路”战略机遇，深入开展对德合作，借助中德（许昌）中小企业合作示范区平台，引进一批技术先进项目。

④以精准服务为支撑，优化固废市场营商环境。许昌市紧盯固废回收利用处置企业遇到的难点，精准施策，强化服务，为“无废经济”市场体系建设提供有力支撑。积极落实污染防治第三方企业税收优惠政策，积极争取中央、省财政农村畜禽粪污资

源化利用整县推进、农村环境整治、生态文明建设、资源综合利用、环境污染防治等专项资金，统筹支持“无废城市”建设试点工作。围绕节能环保产业发展，建立产业发展联席会议制度，各产业集聚区设立办事机构，专题解决产业发展难点堵点。坚持“企业办好围墙内的事、政府办好围墙外的事”，着力深化“放管服”改革，优化营商环境，持续压缩审批事项、优化审批程序、提高审批效率。

许昌市“无废经济”市场体系建设模式对于我国建设高标准“无废经济”市场体系具有重要借鉴意义，在民营经济较为发达、营商环境良好的城市可进行推广。

12.8 “无废”宣传

2022 年，三亚市“无废城市”建设工作领导小组建设了第一批 9 个“无废城市”建设示范项目，选择西岛、鹿回头、蜈支洲岛、光大环保产业园、上外三亚附中、崖州科技城、马岭社区、三亚市生态环境局、凤凰机场等点位，将“无废理念”与城市文旅有机融合，串联无废示范基地与特色功能区，策划可观、可赏、可学、可玩的“沉浸式游览”，打造无废党建研学、无废海岛旅游、无废休闲生活三条路线，强化“无废”辐射带动效应。见图 12-8。

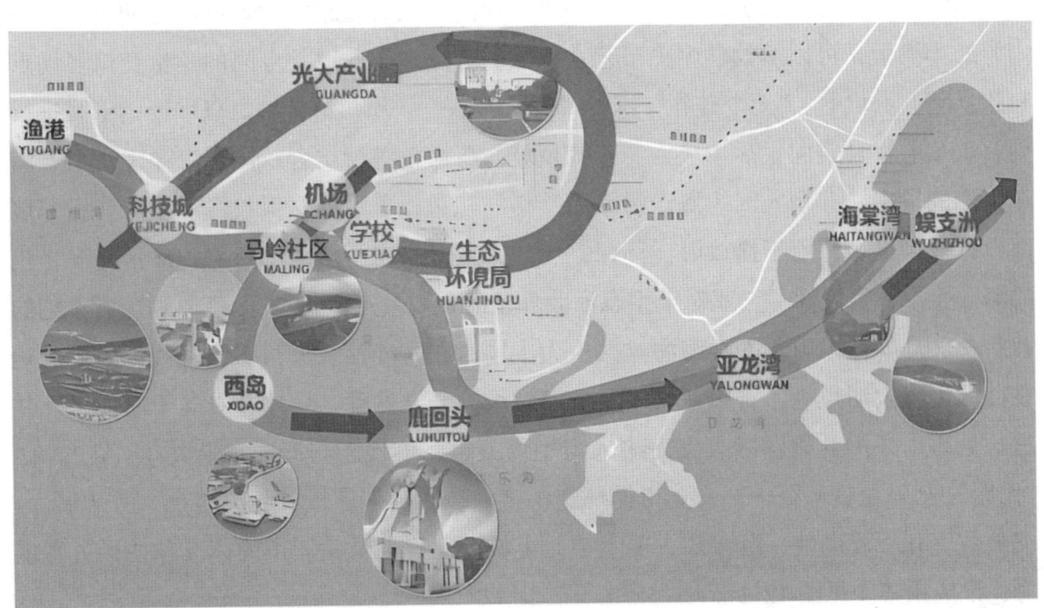

图 12-8　三亚市“无废城市”建设示范项目

点位一：无废办公——三亚市生态环境局。打造“无废办公场所”宣传墙，宣传三亚市生态环境局的“无废办公”内容，核心围绕制度建设、垃圾分类和禁塑工作成果及相应的宣传措施进行展示。点位二：无废第一印象区——凤凰机场。在候机楼墙面打造场景式彩绘墙，以“无废三亚欢迎‘不塑’之客”为主题，呼吁游客通过禁塑行为保护环境。点位三：“无废画卷”文创客厅——西岛。在文创馆内厅搭建“无废画卷”文创客厅，以照片装置的形式展现西岛居民保护海洋生态的日常工作，展现西岛居民保护环境的积极性，调动西岛居民保护海生态热情度的同时提升游客保护海洋生态的意识。点位四：“无废画卷”水上客厅——蜈支洲岛。在游客中心码头入口打造岛屿打卡互动空间，展示蜈支洲岛的生态元素和潜在风险。设施中部的珊瑚造型设置简单易懂的翻翻乐，一面是蜈支洲岛的海洋生物，背面设置危害海洋生物、海洋环境的海洋垃圾，提醒游客爱护海洋生态环境。点位五：“无废画卷”城市自然艺术客厅——鹿回头景区，以知识形象墙和互动翻翻乐，打造“无废城市”自然艺术特色打卡体验区。设置翻翻乐互动功能，正面为景区特有的动植物，背面为危害动植物的垃圾，对到达现场的学生进行环保教育。摩天轮上展示趣味环保标语，让到访的游客、学生能更好地记住环保的理念。点位六：“无废城脊”超创枢纽——上外三亚附中。打造环保演讲、“无废”艺术作品微展等多功能宣传点。以学生群体的风格进行创意表达，一句标语用六个国家的语言表达，体现外国语学校的特点。设施中设置可以定期更新活动内容的小黑板，可以摆放学生关于艺术作品的方形盒子，以及专门的学生交流互动点和休息区。点位七：“无废硅谷”沉浸式海域站点——崖州科技城。以墙绘的形式进行创意表达，将真实的生活垃圾、实验室垃圾与海洋鱼进行结合，体现海洋垃圾对于海洋生态的危害，并融入因为海洋污染而受伤的鲸鱼，警示受众保护海洋生态。相邻墙面设置投影区域，用于播放海洋环保宣传片，日常呈现为活动的鱼群，显示充满生机的海洋生态，也展示了三亚对于生态渔业养殖的重视。点位八：“无废原画”看不到的背后——马岭社区。以人类与海洋共生为主题，在马岭社区进行墙绘宣传，主要表达在社区进行生活垃圾、餐厨垃圾以及槟榔垃圾的分类处理，将垃圾隔离于海洋之外并进行处理，还海洋以洁净，大海中人与生物共舞，体现人与海洋和谐共生。点位九：“无废三亚”发展基石——三亚市循环经济产业园。谋划建设“无废城市”宣传展厅，突出数字化、互动性、沉浸式，展示“无废城市”规划及三亚市固体废物协同处置能力建设成果等（见图 12-9）。

图 12-9 点位九：“无废三亚”发展基石——三亚市循环经济产业园

12.9 “无废城市”建设与减污降碳

宁波市奉化区以“无废城市”建设为契机，打造“政企民”三线统筹模式，创新“海洋伙伴”环保舱示范项目。以减污降碳为重点战略方向，以技术创新引领为核心，融合数字创新技术与云智能综合平台，破解海洋污染物处理与废塑料高值化利用难题，激发村民护滩自主性，实现海洋垃圾治理工作常态化发展。

①构建 O2O 全生命周期协同减排。“海洋伙伴”环保舱设有海洋废弃物智能回收柜，收集废塑料、废金属和废机油等废弃物，提供线上回收咨询服务，实现自主投递和线上预约双回收模式；配置智能资源回收中心，建立废弃物“收集—储存—转运—处置”全过程追溯管理体系；建立积分兑换机制，投递海洋垃圾获得“碳积分”，可兑换海洋废弃塑料循环再生的文创产品或品尝咖啡；设立全产业链垂直整合创新平台，通过产业化回收、分类、筛选、造粒、改性等程序，实现废弃塑料高值化利用。

②推进全过程创新协同保障。创建“收集—运输—处置—再生—高值化”的全产业链数字化和可溯源的回收创新生态，形成了资源回收、商业模式创新和海洋伙伴慈善公益云智能污染治理综合生态系统。实现“产品可追溯”，其产品拥有唯一全生命周期的数字碳护照，可在产业、商业与公益环保创新生态平台使用，实现对海洋废塑料循环再生产品真实性、合规性的追溯鉴别。云智能数字化监管平台见图 12-10。

图 12-10　云智能数字化监管平台

③创建全生态机制协同富裕。“海洋伙伴”环保舱通过“咖啡 +”实现“咖啡经济”与海洋保护、渔村共富融合，搭建海碳普惠金融服务平台，实现惠渔助渔机制慈善公益。打造渔业科技成果转化和产业化示范基地及生态旅游示范区，构建海产品线下交易平台，促进渔民增产增收。渔民每年可实现收入近万元以上的增长，受惠人群超过 300 人。

“海洋伙伴”环保舱可有效实现海洋污染的治理和海洋废弃物的高质化再利用，减少对海洋生物甚至人类健康的影响。2023 年 7 月至今，累计回收 1 300 多吨废弃塑料，废油若干。项目执行期内产业链高值化销售收入 1 000 万元，新增利税 30 万元。预计综合惠渔惠农效益可达 150 万元 /a，并覆盖 30% 左右的群体。奉化区对应的减碳量接近 5 000 t，减少海洋废油污染 30～100 m^3。通过宁波模式的探索和创新总结，可实现对不同沿海区域的复制推广。

参考文献

[1] 江俊蓉 . 论危险废物越境转移的法律控制 [D]. 重庆：重庆大学，2006：19.

[2] 李金惠，于可利，等 . 环境保护部项目《危险废物越境转移》项目报告 [R]. 2008：17.

[3] 王兆龙，张喆，贾佳，等 . 中国控制危险废物越境转移管理现状与展望 [J]. 中国环境管理，2022（4）：7-12.

[4] 段立哲，李金惠 . 巴塞尔公约发展和我国履约实践 [J]. 环境与可持续发展，2020，45（5）：3.

[5] 彭政，姜晨，余劭坤 . 基于斯德哥尔摩公约履约经验强化我国新污染物治理的思考 [J]. 环境保护，2023，51（7）：24-27.

[6] 冯新斌，史建波，李平，等 . 我国汞污染研究与履约进展 [J]. 中国科学院院刊，2020，35（11）：1344-1350.

[7] 陈光荣，王曦 . 美国固体废物管理的法律调整 [J]. 环境与可持续发展，1990（2）：2-7.

[8] 郭薇 . 美国对危险废物的法律规制及其对我国的启示 [D]. 山东师范大学，2018.

[9] 李金惠，段立哲，郑莉霞，等 . 固体废物管理国际经验对我国的启示 [J]. 环境保护，2017，45（16）：69-72.

[10] 郭永园 . 美国州际生态治理对我国跨区域生态治理的启示 [J]. 中国环境管理，2018，10（1）：86-92.

[11] 陈燕，蓝楠 . 美国环境经济政策对我国的启示 [J]. 中国地质大学学报（社会科学版），2010，10（2）：38-42.

[12] 陈勇 . 废塑料无害化回收利用发展现状及趋势 [J]. 现代化工，2022（9）：42.

[13] 余毅，赵爱华，等 . 固体废物管理立法与借鉴——欧盟和日本 [M]. 北京：中国环境出版集团，2022.

[14] 罗楠，何珺，于诗桐，等 . 日本突发环境事件应急管理机制与措施 [J]. 世界环境，2021（6）：82-85.

[15] 钟锦文，钟昕 . 日本垃圾处理：政策演进、影响因素与成功经验 [J]. 现代日本经济，2020（1）：68-80.

[16] 赵娜娜，李影影，董庆银，等 . 东盟国家固体废物管理及投资机遇分析 [J]. 科技管理

研究，2020，40（18）：7.

[17] 房德职，李克勋 . 国内外生活垃圾焚烧发电技术进展 [J]. 发电技术，2019，40（4）：367-376.

[18] Qiu J.J.，Lü , F.，Zhang H.，Huang Y.L.，Shao L.M.，He P.J. Persistence of native and bio-derived molecules of dissolved organic matters during simultaneous denitrification and methanogenesis for fresh waste leachatep [J]. Water Research，2020，115705.

[19] Shao L.M.，Deng Y.T.，et al. DOM chemodiversity pierced performance of each tandem unit along a full-scale “MBR+NF ” process for mature landfill leachate treatment [J]. Water Research，2021，195，117000.

[20] 李国志 . 农业废弃物综合利用理论与实践 [M]. 哈尔滨：东北林业大学出版社，2021.

[21] 边炳鑫 . 农业固体废物的处理与综合利用 [M]. 第 2 版 . 北京：化学工业出版社，2018.

[22] 中国标准出版社 . 一般固体废物分类与代码 [S]. 北京：中国标准出版社 , 2020.

[23] 中华人民共和国生态环境部 . 固体废物分类与代码目录 [S/OL].（2024-1-22）[2024-03-01]. https: //www.mee.gov.cn/xxgk2018/xxgk/xxgk01/202402/W020240201609764467443.pdf.

[24] 中华人民共和国生态环境部 . 国家危险废物名录（2021 年版）[S]. 北京：中华人民共和国生态环境部 , 2021.

[25] 中华人民共和国国家统计局 . 中国统计年鉴 2023[M]. 北京：中国统计出版社 , 2023.

[26] 中华人民共和国国家统计局 . 中华人民共和国 2023 年国民经济和社会发展统计公　报 [R/OL].（2024-2-29）[2024-3-15].https：//www.stats.gov.cn/sj/zxfb/202402/t20240228_1947915.html.

[27] Xin Zhao，Ruo-Chen Li，Wen-Xuan Liu，Wen-Sheng Liu，Ying-Hao Xue，Ren-Hua Sun，Yu-Xin Wei，Zhe Chen，Rattan Lal，Yash Pal Dang，Zhi-Yu Xu，Hai-Lin Zhang，Estimation of crop residue production and its contribution to carbon neutrality in China，Resources，Conservation and Recycling，Volume 203，2024，107450，https: //doi.org/10.1016/j.resconrec.2024.107450.

[28] 中华人民共和国农业农村部 . 全国农作物秸秆综合利用情况报告 [R/OL].（2022-10-10）[2024-3-15]. http: //www.moa.gov.cn/xw/zwdt/202210/ t20221010_6412962.htm.

[29] 中华人民共和国农业部 . 农膜回收行动方案 [EB/OL].（2017-12-31）[2024-3-15]. http：//www.moa.gov.cn/nybgb/2017/dlq/201712/t20171231_613 3712.htm.

[30] 农业部，国家发展改革委，财政部，住房和城乡建设部，环境保护部，科学技术部 . 关于推进农业废弃物资源化利用试点的方案 [EB/OL].（2016-9-19）[2024-3-15]. http: //www.moa.gov.cn/govpublic/ FZJHS/201609/t20160919_5277846.htm.

[31] 中华人民共和国生态环境部 .2019 年全国大气污染防治工作要点 [EB/OL].

（2019-2-27）[2024-3-15]. https: //www.mee.gov.cn/xxgk2018/xxgk/xxgk05/ 201903/ t20190306_694550.html.

[32] 韩艺，杨文军，江桃．农作物秸秆禁烧政策执行阻滞及其破解：一个力场分析框架 [J/OL]. 农林经济管理学报：1-14[2024-03-07]. https: //tlink.lib.tsinghua.edu.cn：443/http/80/net/cnki/kns/yitlink/kcms/detail/36.1328.f.20240109.1719.006.html.

[33] 中国共产党中央，中华人民共和国国务院．关于全面推进美丽中国建设的意见 [EB/OL].（2023-12-27）[2024-3-15]. https: //www.gov.cn/gongbao/2024/issue_11126/202401/content_6928805.html.

[34] 陶志平．畜禽养殖粪污对农村生态环境的影响及综合治理 [J]. 畜牧兽医科技信息，2023（3）：25-27.

[35] 国务院办公厅．国务院办公厅关于加快构建废弃物循环利用体系的意见 [EB/OL].（2024-2-6）[2024-3-15]. https: //www.gov.cn/zhengce/zhengceku/202402/content_6931080.htm.

[36] 丛宏斌，沈玉君，孟海波，等．农业固体废物分类及其污染风险识别和处理路径 [J]. 农业工程学报，2020，36（14）：28-36.

[37] 农业农村部办公厅，国家发展改革委办公厅．秸秆综合利用技术目录（2021）[S/OL].（2021-10-16）[2024-3-15]. https: //www.ndrc.gov.cn/fggz/hjyzy/zyzhlyhxhjj/ 202110/t20211029_ 1314925.html.

[38] 柳建平，刘露．农作物秸秆资源循环利用：技术、模式及存在的主要问题 [J]. 地球与环境，2023，13（2）.

[39] 何晶晶．固体废物处理与资源化技术 [M]. 第 2 版．北京：高等教育出版社，2023.

[40] 薛智勇．农业固体废物处理与处置 [M]. 郑州：河南科学技术出版社，2016.

[41] 张鑫，全淑苗．基于中国政策的废旧农膜回收再利用现状研究 [J]. 中国塑料，2022，36（7）：136-142.

[42] 刘作云，姬瑞华，等．农村废弃物利用与处置技术 [M]. 北京：中国林业出版社，2019.

[43] 胡华龙，郑洋，郭瑞．发达国家和地区危险废物名录管理实践 [J]. 中国环境管理，2016，8（4）：76-81.

[44] 陈阳，郭瑞，靳晓勤，等．我国危险废物转移管理制度研究与讨论 [J]. 环境保护科学，2017，43（5）：111-114.

[45] 丁木生．废矿物油再生利用的工艺和行业现状分析 [J]. 化工时刊，2020，34（4）：20-23.

[46] 梁扬扬，李金惠，董庆银，等．我国废润滑油管理和再生利用技术现状 [J]. 环境工程

技术学报，2018，8（3）：282-289.

[47] 李静，刘海兵，王赞，等．我国废有机溶剂再生利用现状分析及建议 [J]. 资源再生，2022（10）：48-51.

[48] 范传艺．简述电镀污泥的资源化利用 [J]. 皮革制作与环保科技，2023，4（6）：125-128.

[49] 周新荣，李铁，赵晓，等．废催化剂综合处理技术现状及前景分析 [J]. 中国资源综合利用，2024，42（3）：83-85.

[50] 柴天红，曾亮，黄欢欢，等．水泥窑协同处置工业固体废弃物的探讨 [J]. 江西建材，2022（10）：9-10，13.

[51] 竹涛，范诗晗，李芙蓉，等．固体废物的工业窑炉协同处置进展 [J]. 化工环保，2024，44（1）：1-10.

[52] 蒋建国，王伟．危险废物稳定化/固化技术的现状与发展 [J]. 环境科学进展，1998（1）：56-63.

[53] 牛云，余玲玲，刘海兵，等．危险废物焚烧管理与处置现状 [J]. 环境保护科学，2024，50（3）：42-47.

[54] 邢杨荣．危险废物焚烧配伍与燃烧反应分析 [J]. 环境工程，2008，26（S1）：203-204.

[55] 陈竹，肖燕，伍长青．危险废物焚烧余热利用与烟气净化工艺分析 [J]. 环境卫生工程，2017，25（3）：34-37.

[56] 王少权，吕自强，王辉，等．危险废物焚烧烟气净化工艺研究 [J]. 能源环境保护，2012，26（2）：30-32，21.

[57] 蒋旭光，常威．生活垃圾焚烧飞灰的处置及应用概况 [J]. 浙江工业大学学报，2015，43（1）：7-17.

[58] 万晓，王伟，叶暾旻，等．垃圾焚烧飞灰中重金属的分布与性 [J]. 环境科学，2005（3）：172-175.

[59] 赵瑞东，王晓燕．生活垃圾焚烧飞灰治理路径初探——以北京市为例 [J]. 环境保护与循环经济，2023，43（11）：24-29.

[60] 竹涛，种旭阳，王若男，等．生活垃圾焚烧飞灰处理技术研究进展 [J]. 洁净煤技术，2022，28（7）：189-201.

[61] 张春飞，丁朝阳．生活垃圾焚烧飞灰处置技术研究进展 [J]. 环境科技，2023，36（2）：53-59.

[62] 靳美娟．城市生活垃圾焚烧飞灰水泥固化技术研究 [J]. 环境工程学报，2016，10（6）：3235-3241.

[63] 顾田春，杨才溢，王宇成，等．垃圾焚烧飞灰中重金属固化/稳定化研究进展 [J]. 山

东化工，2023，52（19）：105-109.

［64］李国林．垃圾焚烧飞灰螯合剂及稳定工艺研究进展及应用现状 [J]. 科技创新与应用，2023，13（20）：159-162.

［65］张子龙．生活垃圾焚烧飞灰无害化处理及资源化利用研究 [J]. 广东化工，2022，49（15）：143-144，163.

［66］潘新潮．直流热等离子体技术应用于熔融固化处理垃圾焚烧飞灰的试验研究 [D]. 浙江大学，2008.

［67］孙绍锋，蒋文博，郭瑞，等．水泥窑协同处置危险废物管理与技术进展研究 [J]. 环境保护，2015，43（1）：41-44.

［68］王年禧，霍慧敏，何艺，等．化工废盐产生和处理技术研究进展及启示 [J/OL]. 环境工程学报：1-13[2024-05-08].

［69］姚靖靖，张辉，聂玉莲．化工行业废盐资源化利用研究综述 [J]. 现代盐化工，2023，50（5）：1-3，34.

［70］吴骞，袁文蛟，王洁，等．工业废盐热处理技术研究进展 [J]. 环境工程技术学报，2022，12（5）：1668-1680.

［71］陈坚栋．工业废盐的资源化利用处理方法分析 [J]. 当代化工研究，2022（14）：67-69.

［72］刘宏博，郝雅琼，吴昊，等．铝冶炼行业危险废物产生和利用处置现状与管理对策建议 [J]. 环境工程技术学报，2021，11（6）：1273-1280.

［73］王海斌，朱江凯，李勇，等．电解铝大修渣的无害化处理研究进展 [J]. 化工科技，2020，28（6）：69-74.

［74］高宇．电解铝工业危废处置技术现状与发展趋势 [J]. 有色冶金设计与研究，2019，40（4）：33-35.

［75］温铝刚，孙海璐，李京彦．宁夏青铜峡铝厂铝电解炭渣回收利用综合分析 [J]. 内蒙古石油化工，2019，45（6）：13-14.

［76］张含博．电解铝厂铝灰处理工艺现状及发展趋势 [J]. 有色冶金节能，2019，35（2）：11-15.

［77］李远兵，孙莉，赵雷，等．铝灰的综合利用 [J]. 中国有色冶金，2008（6）：63-67.

［78］王伟菁，齐涛，李永利，等．钛铝危废的资源化利用和无害化处理进展 [J]. 矿产保护与利用，2019，39（3）：28-36.

［79］吴娜，聂志强，李开环，等．页岩气开采钻井固体废物的污染特性 [J]. 中国环境科学，2019，39（3）：1094-1100.

［80］姜勇，赵朝成，赵东风．含油污泥特点及处理方法 [J]. 油气田环境保护，2005（4）：42-45，64.

[81] 张博廉，操卫平，赵继伟，等. 油基钻井岩屑处理技术展望 [J]. 当代化工，2014，43（12）：2603-2605.

[82] 刘宇程，王茂仁，吴建发，等. 油基岩屑热脱附处理技术研究进展 [J]. 天然气工业，2020，40（2）：140-148.

[83] 陈红硕. 川渝地区油基岩屑处理技术研究现状及展望 [J]. 石油化工应用，2022，41（5）：1-5，8.

[84] 顾丝雨，刘维，韩俊伟，等. 含锌冶炼渣综合利用现状及发展趋势 [J]. 矿产综合利用，2022（5）：1-8.

[85] 王菲，张曼丽，王雪娇，等. 我国铜、铅和锌冶炼过程中危险废物产生与污染特性 [J]. 环境工程技术学报，2021，11（5）：1012-1019.

[86] 蒋勇军，俞音，章媛媛，等. 典型行业含砷废渣固化－稳定化处理技术研究 [J]. 中国资源综合利用，2022，40（7）：11-14.

[87] 陈玲玲，韩俊伟，覃文庆，等. 铅锌冶炼渣综合利用研究进展 [J]. 矿产保护与利用，2021，41（3）：49-55.

[88] 吴筱，李若贵. 锌冶炼渣综合回收工艺技术 [J]. 中国有色冶金，2020，49（4）：54-57.

[89] IPCC，Waste Management[EB/OL]. https: //www.ipcc.ch/site/assets/uploads/2018/02/ar4-wg3-chapter10-1.pdf.

[90] UNEP，Solid waste management[EB/OL]. https: //www.unep.org/explore-topics/resource-efficiency/what-we-do/cities/solid-waste-management.

[91] 高洁，呼和涛力，袁汝玲，等. “无废城市”试点建设与碳减排效益分析：以徐州市为例 [J]. 环境工程学报，2023，17（3）：979-989.

[92] 呼和涛力，袁浩然，刘晓风，等. 我国农村废弃物分类资源化利用战略研究 [J]. 中国工程科学，2017.

[93] 安叶，张义斌，黎攀，等. 我国市政生活污泥处置现状及经验总结 [J]. 给水排水，2021；

[94] 郑丽娜. 我国建筑废弃物产生特性与管理特征研究 [D]. 深圳大学，2018.

[95] SONG Q，LI J，ZENG X. Minimizing the increasing solid waste through zero waste strategy[J]. Journal of Cleaner Production，2015（104）：99-210.

[96] Zero Waste International Alliance. Zero Waste Definition[EB/OL].（2004-11-29）. http: //zwia.org/zerowaste-definition/.

[97] ZAMAN A U，A comprehensive review of the development of zero wast management：lessons learned and guidelines[J]. Journal of Cleaner Production，2015，91：12-25.

[98] 蒙天宇. “无废城市”建设的国际经验及启示 [N]. 中国环境报，2019-01-31（003）.

[99] 郑凯方，温宗国，陈燕 .“无废城市”建设推进政策及措施的国别比较研究 [J]. 中国环境管理，2020，12（5）：48-57.

[100] United States Environmental Protection Agency. Browse Examples and Resources for Transforming Waste treams in Communities[EB/OL].（2019-03-06）.

[101] 李玉爽，李金惠 . 国际“无废”经验及对我国“无废城市”建设的启示 [J]. 环境保护，2021，49（6）：67-73.

[102] 日本环境省 . 第三次循环型社会形成推进基本计划 [R]. 2013.

[103] Ministry of the Environment and Water Resources and Ministry of National Development, Singapore. Sustainable Singapore Blueprint 2015[R]. 2014.

[104] 刘丽丽 . 我国“无废城市”建设进展与成效 [J]. 中国环保产业，2024（1）：26-28.

[105] 郭芳 . 深入学习贯彻全国生态环境保护大会精神 扎实推进“无废城市”高质量建设 [J]. 环境保护，2023，51（24）：13-17.

[106] 郭伊均 . 持续深化“无废城市”建设 [J]. 半月谈，2024.

[107] 张宏伟，王芳 . 省域“无废城市”建设探索与建议 [J]. 环境工程学报，2023，17（12）：3805-3810.